전기해결사 여수낚시꾼의

전기는 보인다

김인형 지음

BM (주)도서출판 성안당

도서 A/S 안내

성안당에서 발행하는 모든 도서는 저자와 출판사, 그리고 독자가 함께 만들어 나갑니다.

좋은 책을 펴내기 위해 많은 노력을 기울이고 있습니다. 혹시라도 내용상의 오류나 오탈자 등이 발견되면 "좋은 책은 나라의 보배"로서 우리 모두가 함께 만들어 간다는 마음으로 연락주시기 바랍니다. 수정 보완하여 더 나은 책이 되도록 최선을 다하겠습니다.

성안당은 늘 독자 여러분들의 소중한 의견을 기다리고 있습니다. 좋은 의견을 보내주시는 분께는 성안당 쇼핑몰의 포인트(3,000포인트)를 적립해 드립니다.

잘못 만들어진 책이나 부록 등이 파손된 경우에는 교환해 드립니다.

저자 문의 e-mail : kimih2917@naver.com(김인형)

본서 기획자 e-mail : coh@cyber.co.kr(최옥현)

홈페이지 : http://www.cyber.co.kr 전화 : 031) 950-6300

머리말

이제 막 전기에 입문하고자 하는 전기지망생
또는 전기자격증을 따고 바로 현장에 뛰어든 초보 전기인 여러분!
전기는 눈에 보이지 않습니다.
그러나 진정한 전기인이라면 전기를 볼 줄 알아야 합니다.

전기는 눈에 보이지 않기 때문에 전기를 보기 위해서는 먼저 기본에 충실해야 합니다. 특히 현장에서는 위험한 전기를 다루기 때문에 더욱더 기본이 중요합니다.

전기의 기본은 기초 이론입니다. 전기가 어렵다고들 말하는데 먼저 현장에서 사용하는 설비에 관한 자료 등을 많이 보고 학습한다면 전기를 쉽게 이해할 수 있습니다.

그리고 현장실무를 할 때 항상 '왜?'라는 물음을 생활화한다면 전기는 한걸음 여러분 앞에 와있을 것입니다. 전기는 정직한 것으로 현장에서 문제가 생기면 그 원인을 바로 찾아서 조치를 취해야 합니다. 이때 전기 기초 이론을 현장실무에 접목시켜 일하다 보면 언젠가 전기는 보이게 될 것입니다.

이 책은 전기실무를 막 접하는 초보 전기인 여러분들을 위한 책입니다. 또한 특별히 선임자가 없고 전기를 혼자 책임져야 하는 분들을 위한 책입니다.

저자는 약 45년간 석유화학에서 직접 전기를 접한 전기장이입니다. 그래서 현장에서 실제 체험하며 얻은 노하우를 「전기는 보인다」라는 책에 담았습니다.

아무쪼록 이 책이 현장에서 전기를 다루는 데 마중물이 되길 바랍니다.

그리고 이 책을 보다가 이해가 되지 않거나 현장에서 일하다가 의문이 생기면 언제든지 전기해결사의 이메일(kimih2917@naver.com)로 문의를 주십시오.

성심성의껏 답변해드리겠습니다.

항상 전기인 여러분들을 환영합니다.

전기해결사 여수낚시꾼 김인형 드림

가이드

「전기는 보인다」 알차게 보는 법

동영상강의와 함께 공부하세요!

[전기는 보인다]에 수록된 내용은 저자 및 보조 강사에 의해 칠판 강의로 자세히 설명하고 있습니다. 학습 시 동영상강의와 병행하면 학습효과를 높일 수 있습니다.

동영상강의 무료로 보는 방법

네이버에서 [시설관리몰] 카페 검색▶시설관리몰(https://cafe.naver.com/114er)에 접속 후 회원 가입▶카페의 무료수강 절차에 따라 수강 신청▶전기는 보인다

1

궁금한 내용은 질문해주세요!

학습 시 궁금한 내용을 시설관리몰에 올려주시면 저자의 상세한 답변을 직접 경험할 수 있습니다.

질문하는 방법

시설관리몰(https://cafe.naver.com/114er)
▶전기는 보인다▶[질문 코너]

3

2

저자와의 만남이 있어요!

오프라인을 통해 진행하는 [저자와의 만남]에 적극 참여하여 상호 정보교류를 할 수 있습니다.

만나는 방법

시설관리몰(https://cafe.naver.com/114er)
▶전기는 보인다▶[저자와의 만남]

4

저자의 블로그를 방문해보세요!

저자의 블로그에는 본 교재의 내용 외에 방대한 전기실무 자료들이 오픈되어 있으므로 언제든지 자유롭게 열람할 수 있습니다.

방문하는 방법

저자 블로그 주소 : https://blog.naver.com/kimih2917

차례

CHAPTER 01 일반전기 1

CHAPTER 03 누설전류 97

CHAPTER 04 중성선 113

CHAPTER 05 차단기 137

CHAPTER 06 전동기 191

CHAPTER 07 커패시터 239

CHAPTER 08 변압기 259

CHAPTER 01 일반전기

001
SECTION

전기에서 (+), (−) 전압은 무엇을 의미하나요?

전하량은 전위차로 높은 곳에서 낮은 곳으로 이동하게 되는 것인데, 이때 실제 회로에서 저항이 전위차를 만드는 역할을 하는 것이 맞는지 궁금합니다.

전압이 전위차입니다. 저항이 전위차를 만드는 것이 아니라 전류가 흐르면서 저항 양단에 전위차가 생기는 것입니다.

(1) 전하는 전기량으로서 (+)전하와 (−)전하가 있는데, 그 양은 똑같이 존재합니다. (+)전하가 모이는 곳이 (+)전위가 되고 (−)전하가 모이는 곳이 (−)전위가 되는 것입니다. 그래서 전하량은 (+)전하량, (−)전하량이라 하고 그 양이 같기 때문에 양을 가지고 높다거나 낮다고 하지 않습니다. 일반적으로 '(+)전하가 모인 곳이 전위가 높고, (−)전하가 모인 곳이 전위가 낮다.'라고 합니다.

(2) 전하량이 높은 곳에서 낮은 곳으로 이동하는 게 아니고 (+)전하의 전위가 높기 때문에 (−)전하 쪽으로 이동하면서 전류가 흐르는 것입니다. 그리고 저항은 전위를 만드는 것이 아니고 단순히 (+)전하와 (−)전하가 서로 만나 결합하면서 일을 하게 하는 역할을 하는데 그 과정에서 저항 양단에 전위차가 생기는 것입니다. 여기에서 (+)전하의 이동을 전류의 흐름이라 하고 (−)전하의 이동을 전자의 이동이라 생각하면 쉽게 이해할 수 있습니다.

(3) 전기란, 발전기에서 (+)전하와 (−)전하를 만들고 분리시켜 전압(전위)을 만들고 저항을 연결하여 (+)전하와 (−)전하가 만나 일을 하도록 하는 것입니다.

(4) 전위차는 전원에서 (+)전하와 (−)전하가 부하로 가는 과정에서 저항 양단에 발생하는 것으로 전원의 에너지인 (+), (−) 전하가 사라지면 전위차도 없어집니다.

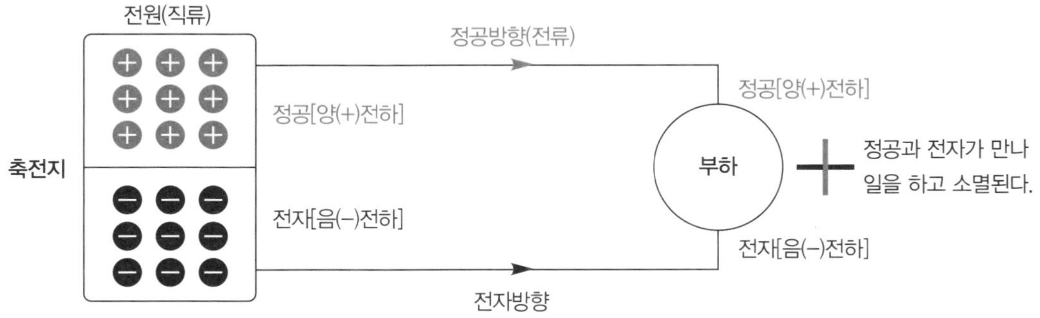

| 직류 전기에너지의 소멸과정 |

- 부하에서 (+)전하와 (–)전하가 만나 일을 하고 전원의 전하[(+)전하, (–)전하]들이 소멸된다. 실제 자유전자가 정공으로 이동하여 전기에너지가 소멸되는데 전기에서는 이를 전류가 (+)에서 (–)로 흐른다고 말한다.
- 축전지는 에너지가 부하에서 소멸되면 (+)전하와 (–)전하가 없어지기 때문에 충전을 해야만 부하에 계속 에너지를 공급할 수 있다.

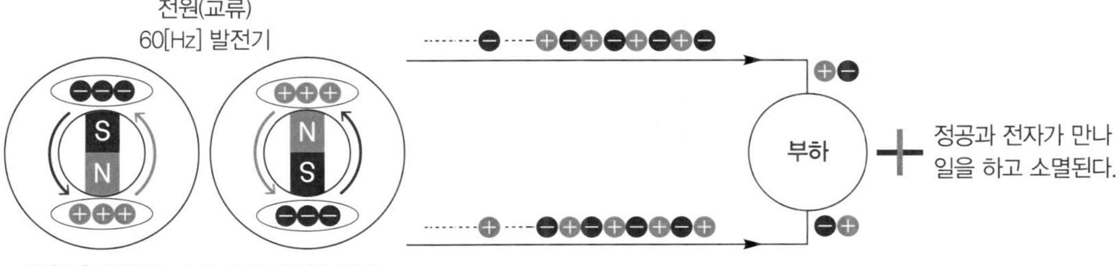

| 교류 전기에너지의 소멸과정 |

- 교류는 발전기에서 자석이 회전하면서 코일에 (+)전하(정공)와 (–)전하(전자)를 생성한다.
- 60[Hz] 2극일 경우 1초에 60회전을 하여 코일에는 (+), (–) 전하가 120번 바뀌면서 충전된다. 발전기가 회전을 하지 않으면 (+), (–) 전하를 생성하지 못하기 때문에 부하에 에너지를 공급하지 못한다.

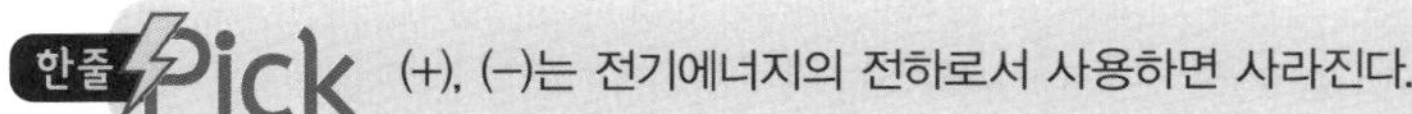

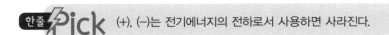

(+), (–)는 전기에너지의 전하로서 사용하면 사라진다.

'전기가 흐른다'라는 말은 무슨 의미인가요?

흔히 '전기가 흐른다'라는 말을 많이 합니다. 여기서 '흐른다'라는 의미가 무엇인가요? 단상의 경우를 예로 들어보면 하트상(L1, L2, L3 중 1개)에서 출발 → 부하 → 중성선(N)으로 귀로, 중성선(N)에서 출발 → 부하 → 하트상으로 귀로, 하트상과 중성선(N)에 동시 출발 → 부하에서 소멸하는 게 맞는지 궁금합니다.

전기가 흐르는 것이 아니라 전류가 H에서 N으로, N에서 H로 흐릅니다.

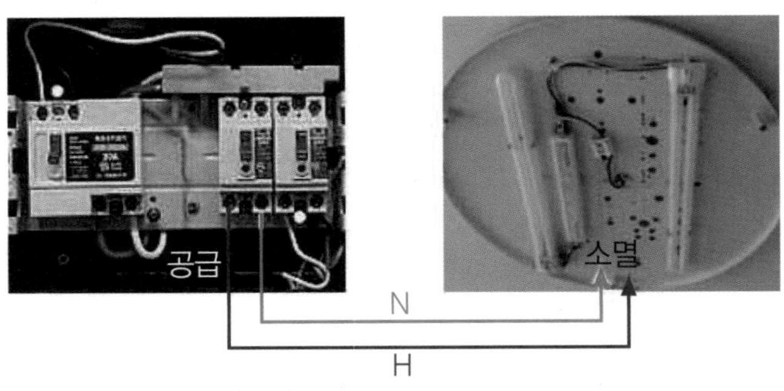

| 단상 전류의 흐름(에너지 소멸) |

(1) '전기가 흐른다'고 하지 않고 '전류가 흐른다'고 해야 합니다. 어떤 도선에 1[A]의 '전류가 흐른다'는 것은 그 도선을 통해 매초 1[C]의 전하가 이동하고 있다는 것을 의미합니다.

(2) 전류는 (+)전위에서 (−)전위로 흐릅니다. 교류는 (+)전위와 (−)전위의 위치가 H와 N에서 1초에 120번(60[Hz]일 때) 서로 바뀝니다. 그리하여 전류의 방향도 H에서 N으로, N에서 H로 120번 바뀝니다. 이것은 전기적으로 해석한 것이고, 실제로는 (+)전하와 (−)전하가 각 전위(H와 N)에서 나와 부하에서 서로 결합하고 소멸됩니다.

60[Hz]의 교류에서는 1초에 전류의 방향이 60회, (+), (−) 극성이 120번 바뀌고, 전류의 방향도 120번 바뀌어 흐른다.

003 SECTION

'전류가 흐른다'는 것은 무슨 의미인가요?

직류의 경우 극성 즉, (+), (−)가 정해져 있어 (+)에서 (−)방향으로 전류가 흐릅니다. 하지만 교류의 경우(60[Hz]일 때)에는 1초에 60번 (+), (−)가 바뀐다고 배웠습니다. 그럼 가정에서 보통 220[V](하트상) N선을 쓰는 경우 (+)220[V]에서 N으로 흐르고 다시 N선에서 (−)220[V]로 흐르고, 이것을 1초에 60번 반복해서 흐르는 것인지, 아니면 그냥 220[V]에서 N선으로 원을 그리듯이 계속 순환하면서 흐르는 것인지 궁금합니다.

H선과 N선이 1초에 (+), (−) 극성이 60번씩 바뀌고, 방향이 120번 바뀌어 흐릅니다.

직류와 교류의 차이는 '전위가 바뀌는가, 바뀌지 않는가'입니다. 직류는 전류가 흐르는 방향이 바뀌지 않으나 교류는 HOT(H)선과 NEUTRAL(N)선이 1초에 60번씩 (+)가 (−)로, (−)가 (+)로 바뀌면서 H에서 N으로 60번, 그리고 N에서 H로 60번 흐릅니다. 이렇게 N선과 H선에서 (+), (−)가 1회씩 나오는 것을 1사이클 1[Hz]라 하고, 교류 60[Hz]는 1초에 전류의 방향이 120회[(+), (−) 극성이 각 60회씩 120번 바뀌는 것입니다.

예를 들면, 백열등도 우리가 느끼지 못하지만 1초에 120번 극성이 바뀌면서, 0이 될 때 꺼졌다가 켜집니다.

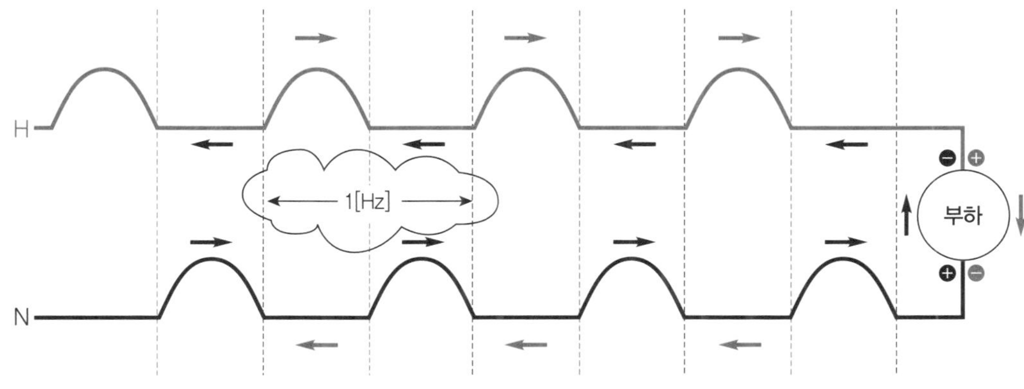

| 교류 전류의 흐름 |

- 60[Hz]는 1초에 (+), (-)가 60번 발생하고, 전류의 방향이 120번 바뀐다.
- 1[Hz]는 $\frac{1}{60}$(1[Hz]의 시간=16.6[ms])초 주기를 가진다.
- 1[Hz]는 1개의 (+)와 1개의 (-)를 가진다.

한줄 Pick

1. 교류 60[Hz]의 1[Hz]는 1사이클로 주기가 $\frac{1}{60}$(16.6[ms])초이다.
2. 극성은 1초에 120번$\left(\frac{1}{120}=8.3[ms]\right)$ 바뀐다.

전류가 L1상에서 중성선(N선)으로 흐르나요?

전류는 (+)에서 나와 (−)로 흐른다는 것을 일반적으로 알 수 있습니다. 실제 현장에서 시퀀스 회로도를 보면 단상은 L1과 N선 2가닥이 있는데 그러면 L1이 (+)이고 N이 (−)라는 의미로 보면 되는지 궁금합니다. 그래서 L1에서 N으로 전류가 흐른다고 생각해야 하나요? N이 접지인 것도 같고 3상 3선식이나 3상 4선식 와이-델타 모터 시퀀스 회로도를 보면 모터에는 3상이 다 들어가는데 제어회로는 왜 L1과 L3 또는 N 2가닥만 들어가는지, 전류가 어떻게 흐르는지 이해가 안갑니다. L1, L2, L3, N의 의미를 모르겠습니다.

(1) L1과 N은 (+)도 되고 (−)도 됩니다(N에서 L1으로도 전류가 흐름).

(2) 모터 3상은 3가닥이지만 단상은 2가닥이 들어갑니다.

먼저 교류에 대해 이해해야 합니다. 직류는 전압이 P(+)와 N(−)으로 위치가 일정합니다. 따라서 전류의 방향도 (+)에서 (−)로 항상 일정한 방향으로 흐릅니다. 교류는 전압선 H와 중성선 N의 전위[(+)와 (−)]가 교대로 (+)로 되었다가 (−)로 되고, (−)가 (+)로 되는 일정한 주기를 가지고 바뀌기 때문에 전류도 전위에 따라 교대로 바뀌어 흐릅니다. 그래서 교류를 말할 때에는 몇 [V]에 몇 [Hz]라고 합니다. 여기에서 [V]는 전압, 전위이지만 [Hz]는 주파수로 (+)와 (−) 전위가 H선과 N선에 각각 1초 동안 나오는 횟수[(+) 1번, (−) 1번이 1회]이므로 60[Hz]에서 1초 동안 H선과 N선이 각각 (+)도 60번, (−)도 60번씩 변환됩니다. 제어회로에서의 L1, N은 교류이기 때문에 L1이 (+)가 되면 N은 (−)가 되고, N이 (+)가 되면 L1은 (−)가 됩니다. 그러므로 전류가 N에서 L1으로도 흐른다는 것을 이해해야 하며, 이것이 교류입니다. 그리고 L1, L3일 경우에도 마찬가지로 L1이 (+)가 되면 L3는 (−)가 되고, L3가 (+)가 되면 L1은 (−)가 됩니다. 교류 3상 4선식의 경우 먼저 중성선(N)은 L1, L2, L3 합의 전압입니다(부하를 평형 시에 '0'으로 보고 그 값은 가상적임). 그리고 L1, L2, L3의 전압은 전기각 120°차의 전압으로 극성[(+), (−)]이 L1, L2, L3가 번갈아가면서 60[Hz]인 경우 1초에 단상과 마찬가지로 60회[(+) 1번, (−) 1번] 바뀌는 것입니다.

중성선에서도 1초에 60번 (+)가 되기 때문에 전류가 N에서 H로도 60번 흐른다.

단상 2선식에서의 전류 흐름은 어떻게 되나요?

가정집에서 사용하는 단상 220[V]에서 부하를 사용하면 전류의 흐름은 어떻게 되는 것인지 궁금합니다. 부하를 사용하면 하트상은 220[V]이고, 중성선은 0[V]인 게 맞는 것인지도 알고 싶습니다.

중성선에서도 (+)220[V]가 60회 바뀌므로 중성선에서 하트상으로 60회 흐릅니다.

단상은 중성선의 전위가 다음 그림처럼 L1상이 (−)일 때 1초에 60번 (+)가 됩니다. 편의상 하트상을 L1상이라 하겠습니다. 다음 그림은 전위를 표시한 것이기 때문에 N선이 전위가 높을 때에는 전류는 반대로 N선에서 L1상으로 흐릅니다. 그러므로 교류는 전류가 왔다갔다 합니다. N선이 0[V]라는 것은 대지와의 전압이 0[V]인 것을 뜻합니다. 이는 N선을 접지하기 때문에 대지와 N선이 0[V]라는 의미입니다.

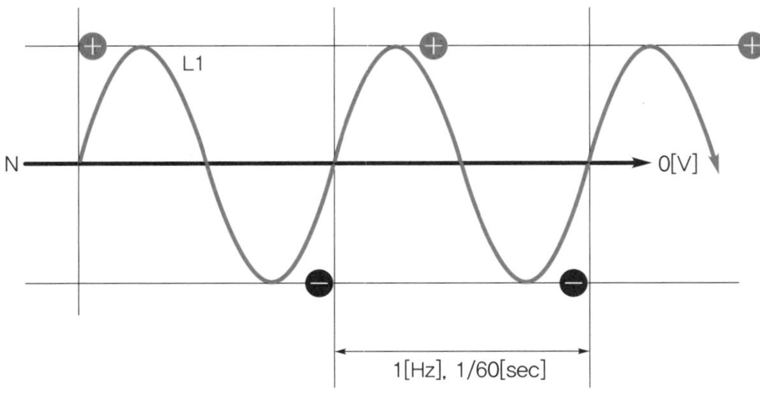

| 중성선(N)의 전위 |

1. 중성선(N)은 대지와 접지되어 있다.
2. 중성선(N) 전위는 대지와는 동전위이지만 H선과는 (+)가 되기도 하고 (−)가 되기도 한다.
3. 전류는 H선이 N선보다 (+)일 때는 H선에서 N선으로, (−)일 때는 N선에서 H선으로 흐른다.

006 SECTION

단상, 3상, 4상의 차이는 무엇인가요?

전자회로 부분만 배우다 보니 '왜 3상을 사용할까?'라는 의문이 들었습니다. L1, L2, L3를 쓰는 3상, 그리고 L1, L2, L3, N을 쓰는 4상, 마지막으로 단상, 이렇게 각각의 상들을 쓰는 이유와 이들의 장단점을 설명해주시기 바랍니다.

(1) 단상과 3상은 있어도 4상은 없습니다.

(2) 단상은 회전력이 없고, 3상은 회전력을 갖기 때문에 모터에 사용할 때에는 3상이 좋습니다.

(3) 3상은 단상 3개를 하나의 기기로 만들기 때문에 경제적입니다.

(1) 단상은 전력을 적게 사용하는 일반 가정주택에서 많이 사용하고, 3상은 대용량 동력기기를 많이 사용하는 공장 등에서 3선(3상 3선식)이나 4선(3상 4선식)으로 사용합니다.

(2) 3상을 동력에 사용할 때에는 중성선을 사용하지 않습니다. 기본적으로 단상은 2선이고 3상은 3선 또는 4선입니다. 이것을 쉽게 이해하기 위해서는 원을 그려 놓고 생각하면 됩니다. 단상은 (+), (−)가 180°이고, 3상은 90°에 L1의 (+)를 그리고 270°의 위치에 L1의 (−), 또 210°에 L2의 (+)를, 30°에 L2의 (−)를, 330°에 L3의 (+)를 그리고 150°에 L3의 (−)를 그리면 각 상간 120° 위상차를 가진 모양이 됩니다. 이것을 한 바퀴 돌리면 단상은 (+), (−)가 한번 나오고, 3상은 L1, L2, L3가 돌아가면서 (+)되고 (−)가 되는 것을 알 수 있습니다. 다음 그림을 보면 이해가 쉬울 것입니다.

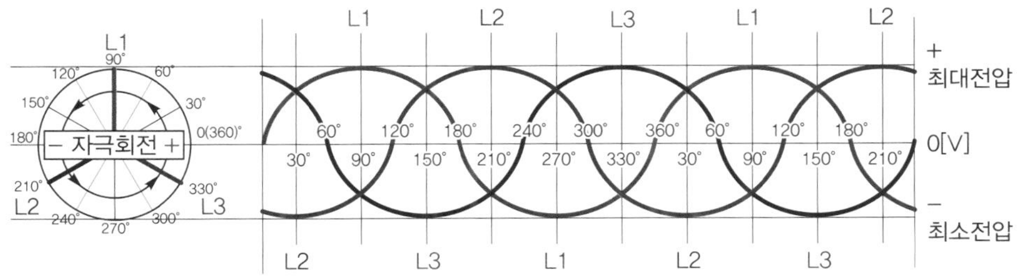

❙ 전기 상회전에 따른 각 상 전위 ❙

- 단상은 (+)가 한번 나올 때, 3상은 L1, L2, L3이 돌아가면서 1번씩 나온다. 앞서 언급했듯이 단상은 (+)와 (-)가 180° 대치하기 때문에 극성이 반대로, 즉 (+)가 (-)로, (-)가 (+)로 된다 하여도 서로 끌어당기는 힘만 있고 회전력이 없어 모터를 회전시키지 못한다.
- 그러나 3상은 60° 간격으로 (+)와 (-)가 변환되는 것을 알 수 있다. 어느 한 방향으로 N, S 자극이 생기게 되는 것이다. 이 상태에서 3상 전원은 L1, L2, L3 방향으로 회전하기 때문에 이 회전방향으로 모터가 회전한다.
- 단상과 3상의 차이는 이러한 회전력의 유무이다. 단상은 회전력을 만들어 주기 위해 별도로 무엇인가를 해주어야만 하기 때문에 구조가 복잡해지고 TROUBLE이 많이 발생한다. 때문에 동력 모터는 주로 3상으로 사용한다.

1. 단상은 회전력이 없고 3상은 회전력을 가지고 있다.
2. 단상 모터는 회전력이 없기 때문에 별도의 기동방법이나 기동장치가 필요하다.

007 SECTION 단상 2선, 단상 3선, 3상 3선, 3상 4선식의 의미는 무엇인가요?

단상 2선, 단상 3선, 3상 3선, 3상 4선식, △결선과 Y결선이 무엇인지 설명해 주시기 바랍니다.

△결선은 코일의 시작과 끝이 서로 붙어 삼각형 모양을 하는 결선이고, Y결선은 각 코일의 끝이나 시작만 COMMON을 하여 Y모양이 되는 결선을 말합니다.

단상과 3상을 이해하려면 원을 그려서 이해하면 쉽습니다.

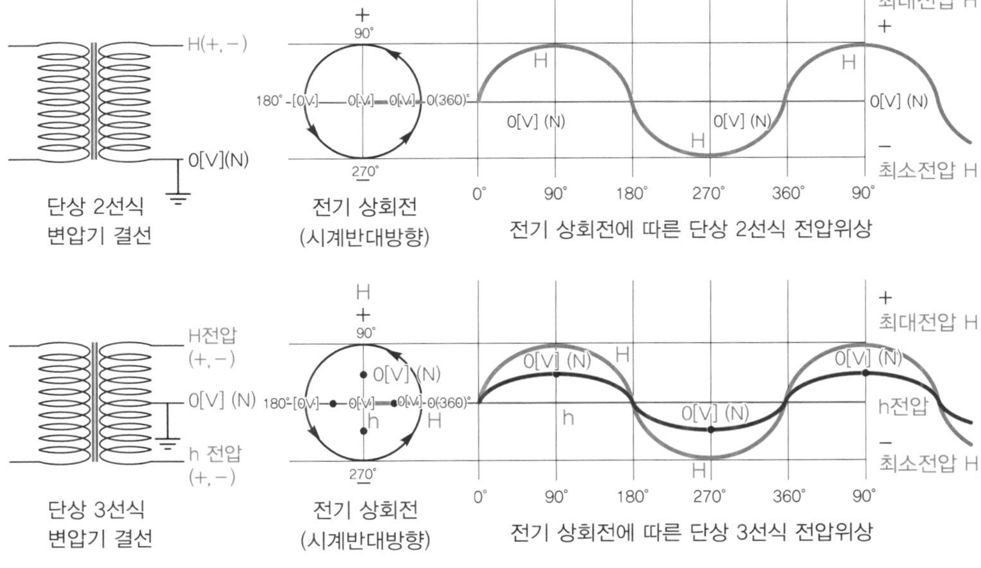

| 단상 전압위상 |

(1) 단상 2선식 : 위상 180° 차로 2개의 선을 긋고, X축을 경계로 위 0~180°까지를 (+), 아래 180~360°까지를 (−)로 하고 돌려보면 2개의 선전압이 180° 차를 가지고 (+)와 (−)가 변화하는 것을 알 수 있는데, 이것이 단상 2선식입니다.

(2) 단상 3선식 : 2개의 선이 만나는 중간의 선으로, 항상 각 선에 대해 0의 위치에 있는 중성선을 가집니다[N : 1선, H(H, h) : 2선].

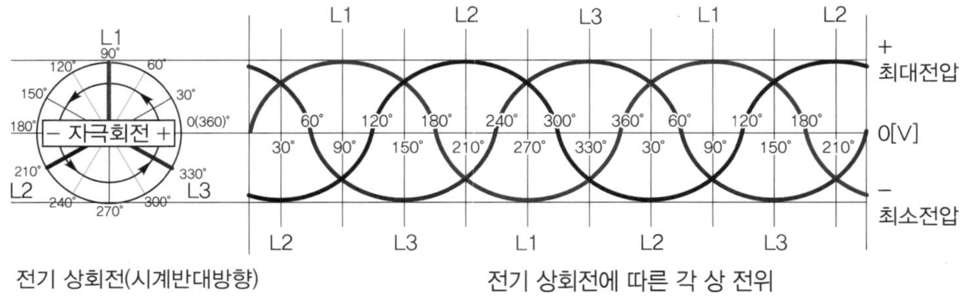

❙ 3상 전압위상 ❙

(3) 3상 3선식 : 360° 원을 그리고 120°마다 3개의 선을 긋고, X축을 경계로 위 0~180°까지를 (+), 180~360°까지를 (−)라고 하고 돌려보면 3개의 선이 120° 차를 가지고 (+)와 (−)가 변화하는 것을 알 수 있습니다. 이것이 3상 3선식입니다.

(4) 3상 4선식 : 3상 3선식에서 3개의 선과 3개의 선이 만나는 중간의 선 1개로, 항상 각 선에 대하여 0의 위치에 있는 중성선을 가지고 있습니다. 3상 모터는 중성선을 사용하지 않고 3상(L1, L2, L3)만 사용합니다.

(5) △결선은 3개의 코일 & 부하(HEATER나 저항 등)를 삼각형 모양으로 결선한 것이고, 성형(Y)결선은 Y모양으로 3개의 코일 & 부하(HEATER나 저항 등)의 한 단자를 공통결선하고 3상 4선식의 전원 중간선을 결선하는 방법입니다.

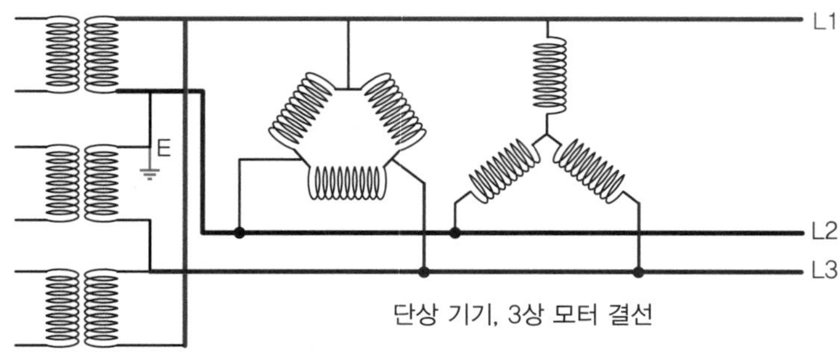

❙ 3상 3선식 결선 ❙

- 단상 기기는 델타결선에서 상간(L1-L2 또는 L2-L3, L3-L1)에 연결하여 사용한다.
- 3상 모터는 상기와 같이 △결선이나 Y결선을 사용한다.

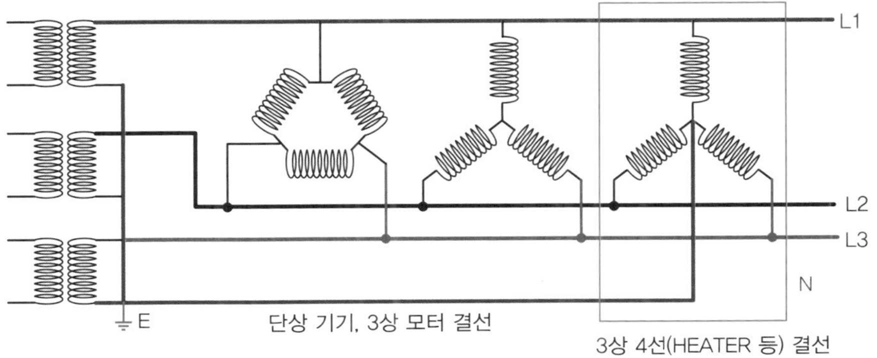

| 3상 4선식 결선 |

- 단상 기기는 △결선에서 상간(L1-L2, L2-L3, L3-L1)을 사용하기도 하지만 Y결선에서 각 상과 중성선(L1-N, L2-N, L3-N)을 주로 사용한다.
- 3상 모터는 위와 같이 △결선이나 Y결선을 사용하나 중성선을 사용하지 않고(L1-L2-L3)만 사용한다.

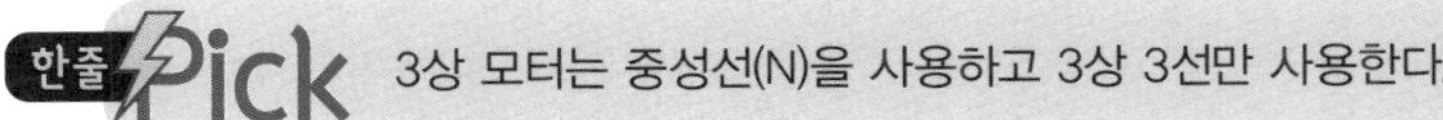

3상 모터는 중성선(N)을 사용하고 3상 3선만 사용한다.

3상 교류는 어떻게 흐르나요?

직류, 교류가 어떻게 흐르는지 궁금합니다. 흐르는 방향이 서로 똑같다고 볼 수 있는지 알고 싶습니다.

(1) 전류는 (+)전위에서 (–)전위로 흐릅니다.

(2) 직류는 (+), (–) 전위가 일정하고, 교류는 (+), (–) 전위가 주기를 가지고 연속적으로 바뀌어 전류의 방향도 전위에 따라 바뀝니다.

직류는 전압의 극성이 일정하기 때문에 전류가 항상 한쪽 방향으로만 흐르는 데 반해 교류는 전압이 (+), (–) 극성을 가지고, 위상이 일정한 주기를 가지고 변하면서 전류도 그 전압에 따라 변화합니다. 3상 역시 각 상의 전압이 회전하면서 일정한 주기를 가지고 바뀌기 때문에 그 전압에 따라 전류도 바뀌게 됩니다. 다음 그림은 각 상에 대한 전압의 변화를 나타낸 것입니다. 다음 그림에서 녹색선은 순간전압을 나타내고 이는 시간에 따라 그림처럼 주기를 가지고 변합니다. 현재의 녹색선은 90°의 위치로 L1상이 (+)이고, L2상과 L3상은 (–)이므로 전류는 L1상에서 L2, L3상으로 흐르게 됩니다. 하지만 270°의 위치에서는 반대로 L2, L3상이 (+)이고 L1상은 (–)가 되어 전류가 L2, L3상에서 L1상으로 흐르게 됩니다.

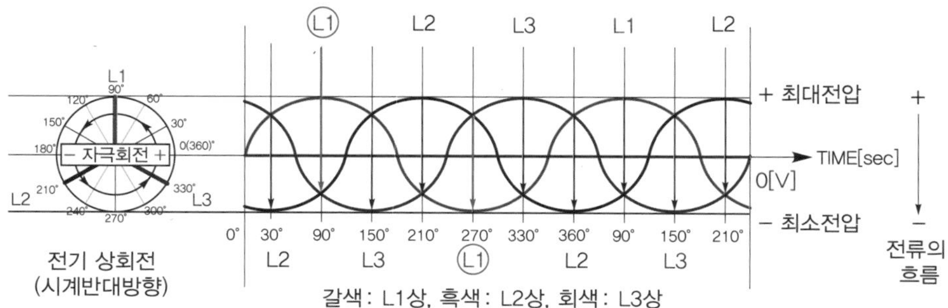

| 전기 상회전에 따른 각 상 전위와 전류 방향 |

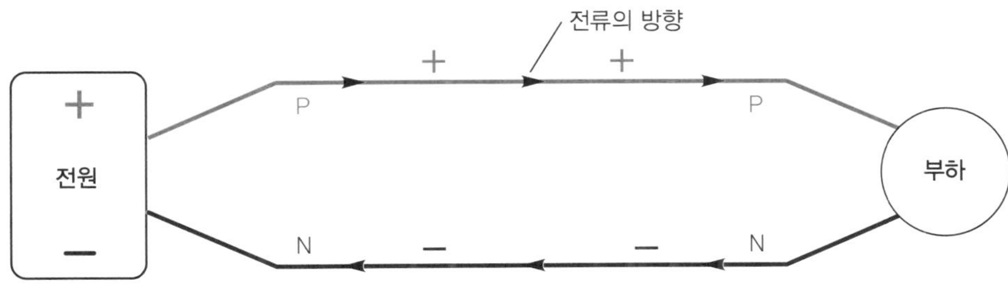

| 직류 전류의 방향 |

- 직류(BATTERY, 정류기)는 전압의 위상이 바뀌지 않기 때문에 부하에 흐르는 방향은 항상 같다.

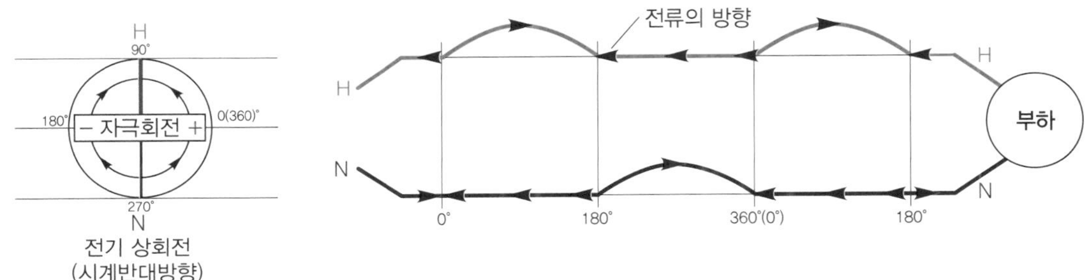

| 단상 교류 전류 방향 |

- 교류 주파수가 60[Hz]이기 때문에 전류의 방향이 1초에 120번 바뀐다(→H→N→H→N→H).

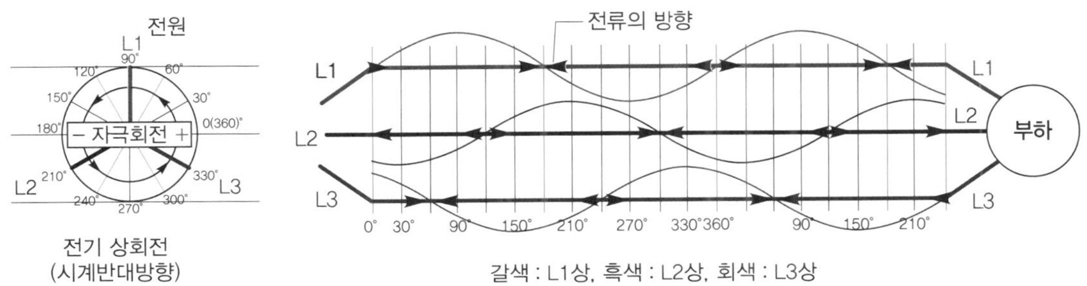

| 3상 3선식 전류 방향 |

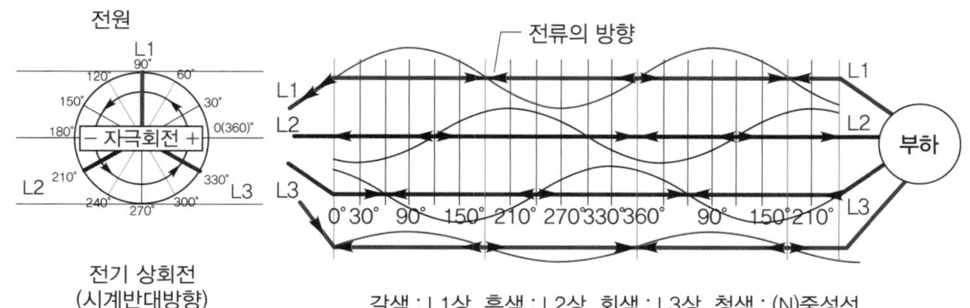

┃3상 4선식 전류 방향┃

- L1, L2, L3는 전원측에서 부하측으로 흐르고 N은 부하에서 불평형 전류가 전원측으로 흐르는 것을 표시하였다.

전류는 (+)에서 (–)로 흐른다.

전압과 전류는 무슨 관계인가요?

옴[Ω]의 법칙에서는 전압이 높아지면 전류가 커집니다. 그런데 전력을 보면 전력은 전압과 전류의 곱에 비례하는데, 이때 일정한 전력에서 전압이 떨어지게 되면 전류는 올라갑니다. 옴의 법칙과 전력을 어떻게 구분해서 생각해야 하는지 알고 싶습니다.

쉽게 생각하면 전열기는 옴의 법칙$\left(I=\frac{V}{R}\right)$이, 모터는 전력 공식$(P=V\times I)$이 적용된다고 보면 됩니다.

부하에 따라 적용하는 공식이 다릅니다. 즉, 일을 하는 것이 무엇이냐에 따라 달라집니다.

(1) 모터는 부하가 일정$(P=VI)$하기 때문에 전압이 높아지면 전류가 작아집니다.

(2) 전열기는 저항이 일정$\left(I=\frac{V}{R}\right)$하기 때문에 전압이 높아지면 전류가 커지게 됩니다. 즉, 모터는 일을 많이 할수록 전류가 커지고, 전열기는 전압을 높여줄수록 일을 많이 합니다.

① 단상 전력(P) 공식 : V(전압)$\times I$(전류)

② 3상 전력(P) 공식 : $\sqrt{3}\times V\times I$

③ 옴의 법칙 : V(전압)$=I$(전류)$\times R$(저항)

모터는 전력이 일정하고, 전열기는 저항이 일정하다.

010 SECTION

어스(EARTH)란 무엇인가요?

'어스가 나갔다'는 말을 종종 듣습니다. 보통 판넬(PANEL)을 보면 440[V]와 220[V]용 메거를 나타내는 판넬(PANEL)이 있습니다. 어스가 나갔다고 하면 평상시에는 바늘의 지침이 ∞(무한대)를 가리키던 것이 0(제로)으로 내려가는 것인데, 여기서 어스라는 것이 정확히 무엇인지 알고 싶습니다.

어스가 나면 어스를 잡으라고 하는데, 어디서 어스가 났는지는 각 전원부 전원을 내렸을 때 바늘이 원상태로 돌아오는 그 지점을 문제의 진원지라고 보아도 되는지, 추가로 가끔 작업 중에 모터측 어스선을 만드는 작업이라는 것도 있었는데, 이것은 또 무엇을 하는 것인지도 궁금합니다.

(1) '어스가 나갔다'는 것은 지락사고로 누전이 되는 것을 말합니다.

(2) '어스를 잡는다'는 것은 절연을 측정하여 어디에서 누전이 발생하는지를 점검하는 것을 말합니다.

(3) 어스선을 만드는 것은 기기에 접지작업을 하여 누전 시에 바로 대지로 전류가 흐르게 하는 것을 말합니다.

(1) 기기에 사고가 나면 대부분 지락누전이 되기 때문에 누전 시 발생하는 사고를 예방하기 위하여 전동기 외함에 어스선을 설치하여 누설전류를 대지로 BY-PASS 하도록 합니다. 지락·소손 사고가 나면 절연이 불량으로 나옵니다. 이때, 절연을 점검하여 사고점을 찾아 원인을 찾습니다.

(2) 만약 어스를 하지 않고 절연된 곳(전기가 통하지 않는 바닥)에 기기가 설치된 경우 전기기기가 소손되었을 시 전기기기 외함에는 그대로 전기가 충전되어 있어 사람이 만지게 되면 전기가 흘러 감전사고가 발생합니다. 접지작업은 도체로 된 사고기기 외함을 만지더라도 사고전류가 흐르지 않도록 하고, 대지로 흘러가게 하기 위해 외함을 대지와 전선으로 연결하는 것을 말합니다. 그리고 어스가 났다는 것은 전기가 흐르지 말아야 할 곳으로 전류가 누설(빠지고)되고 있다는 것을 말합니다.

다음 사진은 Y-△기동을 하기 위하여 설치된 결선(접지 포함)이 완료된 모터입니다.

| Y-△결선을 한 모터 |

접지(EARTH)는 사고발생 시 화재, 폭발, 감전사고 등을 예방하기 위하여 사고전류가 대지로 흐르도록 설치한다.

정격전압, 정격전류는 무엇을 의미하나요?

정격전압, 정격전류라는 용어를 사용하는데 이들의 정확한 뜻을 알고 싶습니다.

(1) 정격전압이란 전기기기가 정상동작을 할 수 있도록 제작회사에서 요구하는 전압을 말합니다.

(2) 정격전류란 전기기기에 정격전압을 공급하여 100% 부하운전이 될 때의 전류를 말합니다.

전기해결사 PICK

전기기기를 운전하면서 반드시 확인하여야 하는 것이 정격전압과 정격전류입니다. 대부분 전기기기의 사용전압은 MAKER에서 기재한 용량의 ±10% 이내에서 사용하도록 하고 있습니다.

(1) 사용전압이 높거나 낮으면 기기가 정상적으로 작동하지 않습니다.

(2) 정격전류를 초과하면 기기가 소손되어 화재위험이 있으며, 운전전류는 기본적으로 정격전압을 공급하여 100% 부하운전될 때 정격전류를 초과하지 않아야 합니다.

기기를 사용할 때는 반드시 정격전압을 확인하고 사용하여야 한다.

012 SECTION 상 밸런스(부하분담)의 범위는 어느 정도로 보아야 하나요?

(1) 다음 표에서의 부하 불평형 상태는 정상인지 아닌지 궁금합니다.
(2) 불평형 용량이 어느 정도의 범위를 넘어서면 안 되는 것인지 알고 싶습니다.
(3) 다음 표에서 특별히 낮은 부분은 허용범위 내에 있다고 보면 되는지도 설명 부탁드립니다.

| 판넬 전압 전류 점검 |

판넬	전압			전류		
	L1	L2	L3	L1	L2	L3
특고압	2,328.13	23,073	23,093.75	86	85.8	86.1
저압 1	382.36	379.75	382.68	166.3	171.14	139.44
저압 2	382.33	380.88	382.8	155.48	159.57	178.22
저압 3	382.14	380.84	382.96	131.12	105.54	135.22
발전기	0	0	0	0	0	0

(1) 부하의 불평형 상태는 정상입니다.
(2) 불평형은 정격용량의 30% 미만이 되어야 합니다.
(3) 특별히 낮은 부분이 없습니다.

특고압 차단기 VCB나 저압 차단기 ACB의 불평형 SETTING을 정격용량(OCR SETTING)의 30%로 합니다. 그래서 VCB & ACB의 부하는 OCR SETTING의 30%만 초과하지 않으면 문제는 없습니다. 그리고 분전반과 같은 LOCAL 부하에서의 불평형은 정격만 초과하지 않으면 크게 문제되지 않습니다.

이것은 경우에 따라서 부하에서 단상만 사용하는 경우가 많기 때문입니다. 위 표의 경우 차단기와 변압기에 영향을 미칠 정도가 아니기 때문에 전압에도 크게 영향을 주지 않으므로 이상 없습니다.

불평형 부하는 중성선에 전류가 흐르게 하고, 중성선에 흐르는 전류가 주위 전선로에 NOISE 등을 유도시키며 부하에 전압불평형을 초래합니다.

질문 더+

Q 중성선에 흐르는 전류를 측정했을 때 나타난 수치가 불평형 전류라고 봐도 되는 것인지 설명 부탁드립니다.

A 맞습니다. 중성선을 측정했을 때 나타나는 수치가 불평형 전류입니다.

A+ 불평형률은 $\frac{\text{최대 상전류} - \text{최소 상전류}}{\text{3상 평균전류}}$이고, 중성선에 흐르는 전류는 불평형에 의한 전류입니다.

한줄 Pick 수전실 불평형 설정은 30%로 한다(OCGR 설정).

가전제품의 소비전력이란 무엇을 의미하나요?

(1) 가정에서 사용하는 가전제품의 라벨에 보면 [정격소비전력]이라고 표시가 되어 있습니다. 예를 들어 히터의 소비전력이 3,000[W]라고 써 있다면 1시간에 3,000[W]를 사용하는 것으로 보는 것이 맞는지 알고 싶습니다.

(2) 히터의 경우 강, 약 조절에 상관없이 약으로 1시간을 써도 3,000[W]를 소비하고, 강으로 1시간을 써도 3,000[W]를 소비하는 것인지 궁금합니다. 제 생각에는 강하게 할 경우 전력을 더 사용할 것 같은데 말입니다.

(3) '정격소비전력=최대전력'을 의미하는 것이 맞는 것인지 알고 싶습니다.

(1) 전력량에는 시간인 [h]가 붙어야 합니다.

(2) 아닙니다. 열과 양은 비례합니다. 그러므로 히터의 경우 약으로 사용을 하면 열의 발생이 작아 전력의 소비량도 작아집니다.

(3) '정격소비전력'은 곧 '최대전력'을 의미하는 것이 맞습니다.

(1) 3,000[W]는 부하기기가 낼 수 있는 최대 능력치(정격소비전력)이며, 이때 강으로 놓고 사용했을 때의 전력을 말합니다.

(2) 부하기기를 얼마나 사용하느냐는 부하용량×시간(열과 양은 비례)을 통해 알 수 있습니다.

① 강으로 1시간 사용 : 3,000[W]×1[h]=3[kWh](=3,000[Wh]), 2시간 사용 : 6[kWh]

② 약으로 1시간 사용 : 소모되는 용량이 500[W]라면 500[W]×1[h]=0.5[kWh] =500[Wh]이다.

1. [W]는 전력으로 시간이 없다.
2. [Wh]는 전력량으로 시간을 가진다.

014 SECTION

전력[W]과 전력량[Wh]은 무슨 차이가 있나요?

와트[W]는 전력의 단위이고, 전력은 에너지입니다. 1[W]라 함은 1초당 1[J]의 에너지를 소모했음을 의미합니다. 그럼 10[W]는 초당 10[J]의 에너지를 소모한다고 봐도 되는지 궁금합니다.

보통 전기제품에는 정격전력이 표시되어 있는데, 만약 100[W]라고 표시되어 있다면 이것이 1초당 소모전력인가요, 한 시간당 소모전력인가요?

전기용품 안전 관리법에 의한 표기	
품명	전기 온풍기
모델명	HTF-505RRF
안전인증번호	SH07022-9007
정격전압	단상 교류 220[V], 60[Hz], 13.6[A]
소비전력	3.0[kW]
사용장소	옥내용

┃전기 온풍기 명판┃

100[W]는 전력[W]으로 '양'의 의미를 가지고 있지 않기 때문에 초도 아니고 시간도 아닙니다.

[W]라는 것은 양이 없는 임의의 표현이지만 순시(눈 깜짝할 시간)의 상태라고 생각하면 됩니다. 즉, 시간이 없다고 보는 것입니다. 시간이 없으면 양도 없는 것이 됩니다. 결과적으로 허상이라고 이해하시면 됩니다. 허상은 보이긴 해도 실제는 없는 것과 마찬가지입니다. 여기에 시간이라는 실체가 있어야 비로소 보이는 실상 전력량[Wh]이 됩니다.

[h]는 시간의 단위로 30분은 0.5[h]가 되고 1분은 $\frac{1}{60}$[h]가 됩니다. 그래서 전력량[Wh]을 말할 때에는 전력[W]에 사용한 시간[h]을 곱해 줍니다. 실시간은 10초도 되고 10시간도 되며 1년도 될 수 있습니다. 만약 1[kW] 히터를 10분 사용했다면 10분은 $\frac{1}{6}$[h]이므로 $1[kW] \times \frac{1}{6}[h] = 0.166\,[kWh]$가 됩니다.

질문 더+

Q 소비전력이 1[kW]라고 되어 있는 히터가 의미하는 것은 1시간 사용했을 때 전력량이 1[kWh]라는 것인데, 그럼 왜 처음부터 1[kWh]라고 표기하지 않고 1[kW]라고 쓰는지 이유가 궁금합니다.

A 시간이 없기 때문입니다.

A+ 1[kWh]는 앞에서 언급하였듯 시간이 포함된 양의 개념입니다. 30분을 사용하여도 1[kWh]가 나올 수 있고, 10시간을 사용하여도 1[kWh]가 나올 수 있습니다. 그럼 30분을 사용해서 1[kWh]가 나오는 것과 10시간을 사용해서 1[kWh]가 나오는 것은 무엇이 다를까요? 그것은 시간이라는 [h]가 붙는다는 점을 생각하면 쉽게 이해할 수 있습니다. 30분 사용해서 1[kWh]가 나오는 것은 용량이 2[kW]이고, 10시간을 사용해서 1[kWh]가 나오는 것은 용량이 0.1[kW]이므로 시간이 달라도 사용량은 같습니다.

예 1[kWh]=0.5[h]×2[kW]=10[h]×0.1[kW]

1. [W]는 순간적인 일을 나타내고 [Wh]는 시간 동안 일을 한 양이다.
2. 전력요금은 [kWh]로 계산하여 나온다.

015 SECTION 분전반에 접지가 없을 때 절연점검은 어떻게 해야 하나요?

저희 집은 오래된 집이라 세대 분전함에 접지가 없습니다. 이때 절연저항 체크는 어떻게 해야 하는지 난감합니다.

NEUTRAL LINE(중성선)을 이용하여 측정하면 됩니다.

분전반은 기본적으로 접지를 하도록 하고 있습니다. 우리가 사용하는 전원선에는 HOT LINE(하트선)과 NEUTRAL LINE(중성선)이 있습니다.

NEUTRAL LINE(중성선)은 전원변압기에서 중성점 접지를 합니다. 그렇기 때문에 누전이 되면 중성점 접지를 통하여 누전전류가 흘러 들어갑니다. NEUTRAL LINE(중성선)은 변압기 중성점에서 접지를 한 선이기 때문에 접지선보다 더 확실한 점검을 할 수 있습니다. 그러면 NEUTRAL LINE은 어떻게 찾을까요?

(1) HOT LINE은 차단기의 왼쪽, 옆으로 고정 시는 위쪽(좌) 그리고 NEUTRAL LINE은 아래쪽(우)으로 오게 설치합니다. 시공 시 전기의 기본을 가지고 시공했다면 믿을 수 있지만, 상기의 기준만 가지고는 확신을 할 수 없습니다.

(2) 이렇게 해도 모를 경우에는 주위의 구조물에 박혀 있는 금속체와 전압을 측정하여 전압이 나오지 않는 1차선을 이용해 이 선을 접지로 부하측 절연을 점검하면 됩니다.

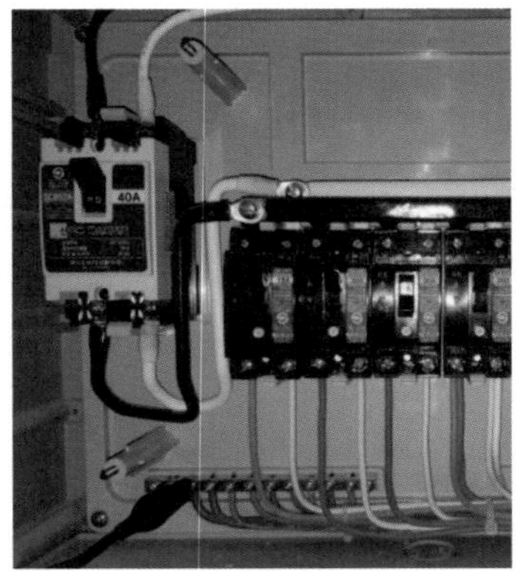

| 분전반과 같은 판넬 내에서 H와 N선의 위치 |

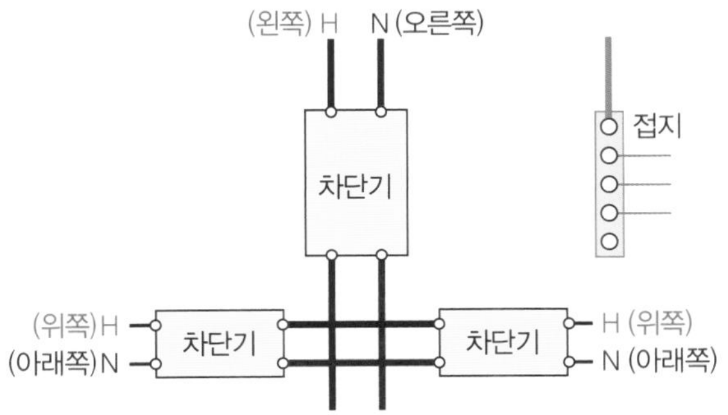

| 분전반과 같은 판넬 내에서 H와 N선의 위치 |

- 단자대나 BUS 등의 극성이나 번호는 기본적으로 좌에서 우로, 위에서 아래로, 가까운 곳에서 먼 곳으로, 앞에서 뒤로 정한다(예 왼쪽, 위쪽, 앞쪽, 가까운 쪽이 L1이나 1번이고, 오른쪽, 아래쪽, 뒤쪽, 먼 쪽이 L3(N)이나 끝번이 됨).

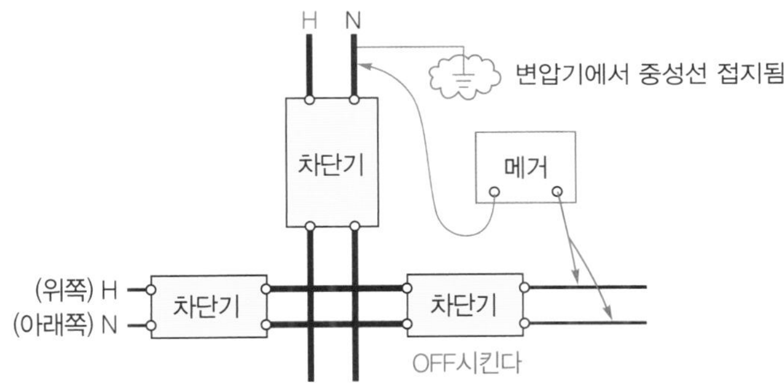

| 분전반에 접지선이 없을 때 절연측정방법 |

- N선은 기본적으로 차단기 오른쪽에 설치하지만 측정 시에는 N선이라는 것을 확실하게 알아야 하므로 주위에 매입되어 있는 금속체와 전압을 측정하여 무전압 상태임을 확인하여야 한다.

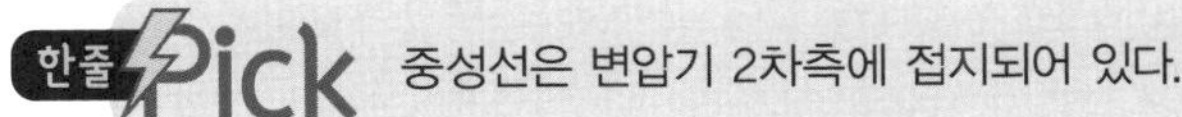

중성선은 변압기 2차측에 접지되어 있다.

016 SECTION

한 선으로 어떻게 집전(방법)하나요?

전기에는 양극(+)과 음극(−)이 있어 2가닥 선을 연결해야 TV나 냉장고도 켜고, 청소기도 돌리고, 스마트폰 충전도 할 수 있습니다. 그런데 지하철의 집전장치(팬터그래프)를 보면 전기 공급전선이 하나입니다.

인터넷을 찾아보니 전선 하나로 집전하여 철로로 접지한다고 하는데, 이것 또한 이해가 되지 않습니다. 그러면 전등을 켤 때 한 선으로 전기를 받고, 다른 한 선으로 접지(땅으로)를 하면 전등이 켜지는 게 맞는지, 배터리 충전할 땐 한 선으로 전기를 받고, 다른 한 선은 접지한다면 충전이 되는지 궁금합니다.

한 선으로는 전원을 공급하지 못합니다. 지하철의 경우 레일도 전선입니다. 그렇기 때문에 전선은 (+), 레일은 (−)가 되어 이를 통해 지하철 기관차에 전원을 공급합니다.

(1) 전기는 회로가 높은 곳에서 낮은 곳으로 구성되어야 흐르는데 (+)에서 (−)로 흐릅니다. 지하철도 마찬가지로 철로 위에 위치한 전선과 철로는 (+), (−) 즉, 배터리와 같습니다. 다만 철로가 바닥에 있고 접근하기 쉬워(기관차가 위에 있어) 느끼지 못하는 것입니다. 약 20,000[V] (+), (−)의 직류(DC)전기를 만들어 하나는 전선에, 다른 하나는 철로에 공급하고 있습니다.

(2) 한 선만으로는 절대 전기가 흐르지 않습니다. 접지에 전기를 공급해야만 전기가 흐릅니다.

(3) 접지는 땅, 대지도 하나의 전선 역할을 합니다. 우리가 쓰는 가정용 전기는 전선 하나를 땅에 접지하여 2가닥의 전선 중 한 선이 전기와 같은 극성을 갖습니다. 그래서 2가닥의 전선 중 1가닥을 만졌을 때 전류가 흐르고, 1가닥은 전기가 땅의 전기와 전위가 같기 때문에 전류가 흐르지 않습니다. 그렇다고 하여 전기가 흐르는 한 선과 땅(접지)으로 전등을 켜는 일은 불가능하며, 된다 하여도 누전차단기가 바로 작동합니다. 땅의 전기흐름은 저항이 많아 전류가 많이 흐르지 못합니다.

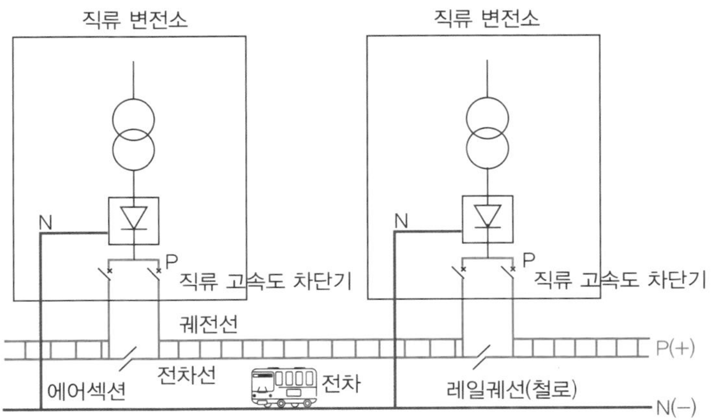

| 철도궤전로의 기본 구성 |

- 전류는 직류 변전소 P(+)에서 궤전선으로, 궤전선에서 전차로, 전차에서 레일로, 레일에서 직류 변전소 N(-)으로 흐른다. 부하에는 P(+)와 N(-)이 연결(전차)이 되어야만 전류가 흐른다.

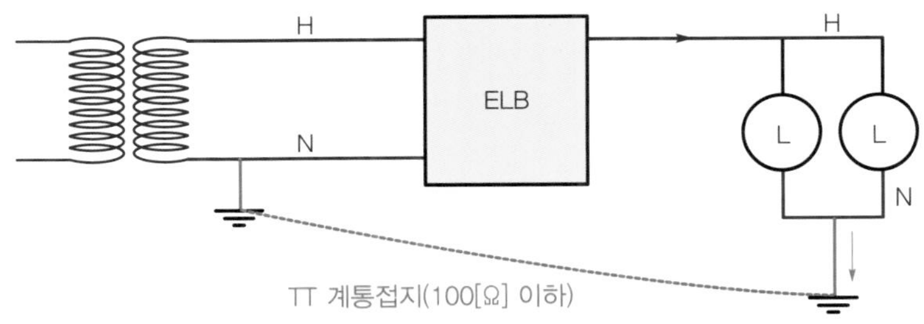

| 접지선을 전원선으로 사용하면 안 되는 이유 |

- H에서 나온 전류가 저항이 큰 접지로 흐르기 때문에 전등에 걸리는 전압은 낮다. 그리고 전원에서 나온 전류가 부하를 거쳐 누전차단기로 가야 하는데 접지로 가기 때문에 누전차단기가 트립된다. 절대로 접지선을 이용하여 전기를 사용하면 안 된다.
- 접지선은 기기에 누전이 생길 때에만 전류가 흐르게 하여 감전사고를 예방한다.

1. 철도의 레일도 전선으로 작용한다.
2. 접지선을 전원선으로 사용하면 안 된다.

017 SECTION

절연저항 측정 시 계속 수치가 증가하는 이유는 무엇인가요?

메거링을 하면 바로 측정했을 때의 절연값이 시간이 지나면서 점점 높아지는데 그 이유에 대하여 설명 부탁드립니다.

전원이 전로에 충전이 되면서 충전전류가 서서히 줄어들기 때문입니다.

도체와 도체 간에는 정전용량이라는 것이 존재합니다. 처음 전압을 가하면 충전전류가 많이 흐르다가 시간이 지나면서 충전전류가 줄어들고 충전이 완료되면 순수 절연불량에 의한 전류만 흐르게 됩니다. 처음에는 충전전류가 포함되어 많이 흐르기 때문에 절연저항값이 낮은 것입니다($V=I\times R$). 기본적으로 절연측정은 1분 정도 측정하여 처음과 1분 후의 절연을 비교해야 합니다(완전히 충전되어 수치가 변하지 않을 때까지 하면 됨).

이를 성극지수$\left(\dfrac{\text{1분 후의 절연}}{\text{처음 절연}}\right)$라 합니다. 이 값은 절연값과 별개로 1 이상이 되어야 좋은 것입니다.

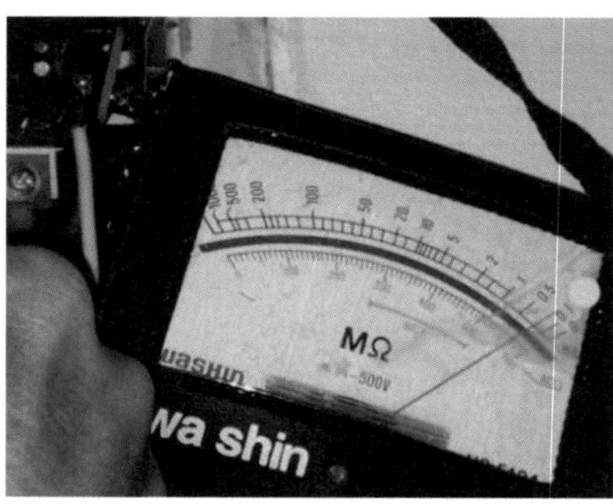

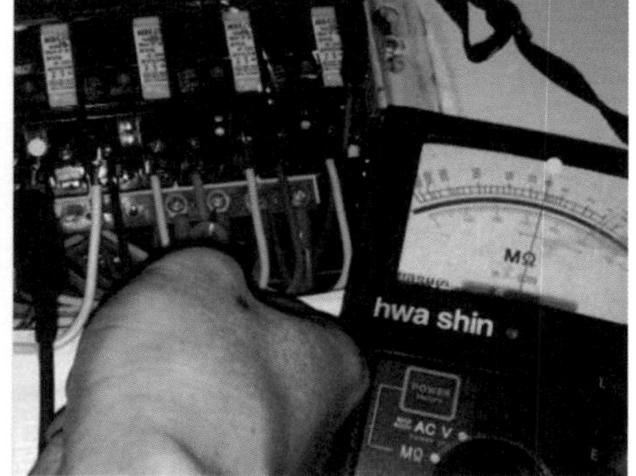

| 절연저항 측정 |

1. 성극지수 $=\dfrac{\text{1분 후의 절연}}{\text{처음 절연}}$ 은 1 이상이 되면 좋다.
2. 성극지수 $=\dfrac{\text{10분 후의 누설전류}}{\text{1분 후의 누설전류}}$ 는 1 이하가 되면 좋다.

018 SECTION 작업용 전선릴 케이블이 소손되는 원인은 무엇인가요?

전선릴을 연장하여 인버터 용접기에 연결하고 작업하던 도중 전선화재로 인한 사고의 사진입니다. 전선릴을 감겨있는 상태에서 사용했을 때 발열로 인한 화재로 추정됩니다. 이러한 화재의 정확한 원인이 무엇인지 궁금합니다.

전선릴을 사용하면 실제 전선에 흐르는 허용전류가 약 50% 정도 밖에 되지 않아 과열로 인한 발열화재가 발생한 것입니다.

(1) 전선을 감으면 코일이 됩니다. 코일은 인덕턴스라는 저항을 가지고 있으며, 인덕턴스는 주파수(교류)에 따라 X_L(교류저항)이 있습니다. X_L은 주파수(f)에 비례합니다($X_L=2\pi fL$).

(2) 인버터는 기본파(60[Hz])보다 높은 고조파를 많이 함유하고 있습니다. 그렇기 때문에 주파수에 비례하여 저항이 증가합니다. 실제 전선은 1회선의 전류가 흐르기 때문에 1회선의 전선에서는 자속이 상쇄되어 나타나지 않지만, 여러 겹이 겹치면 트레이나 덕트처럼 전체적으로 완전히 상쇄되지 않고 전선 간 상호작용에 의한 불평형 자계에 의하여 전선의 허용전류 저감 현상이 발생합니다. 그리고 케이블 릴은 전선이 여러 겹으로 겹쳐 감기기 때문에 전선에서 발생한 열이 발산되지 않고 계속 누적되어 온도가 상승하게 되고 그에 따라 도체 저항이 증가하여 케이블에서 전압강하가 발생되고 발열소손이 되는 것입니다.

(3) 전기를 사용할 경우 가능하면 전선은 감아서 사용하지 않습니다. 그리고 현장에선 접지선을 FIG TAILS(둥글게 말은 상태)로 만들지 않고 짧게 연결합니다. 요즘 케이블 릴은 이와 같은 사고를 예방하기 위하여 온도 S/W를 내장하고 있습니다.

정격 : 유연케이블 완전신장 AC 16[A] 250[V]
유연케이블 완전신장 AC 5[A] 250[V]
최대 허용부하 : (풀었을 때) 4,000W–16[A] 250[V]
(감겨 있을 때) 1,250W–5[A] 250[V]

| 케이블 릴에 붙여진 사양 라벨 |

가능하면 케이블 릴은 전선을 풀어서 사용하는 것이 좋다. 전선을 풀고 사용하면 정격전류가 16[A]이지만, 감아서 사용하면 5[A]이다.

019 SECTION 후크메타 및 메거의 사용법은 어떻게 되나요?

(1) 메거 테스터기로 가정에 있는 드라이기, 냉장고 등의 플러그 접지에 메거의 EARTH(검정) 라인을 대고, 빨간색(LINE) 리드봉을 플러그에 각각 한 번씩 붙여서 절연저항을 체크하는 게 맞는지 알고 싶습니다. 만약 플러그에 접지가 없을 경우 섀시나, 수도꼭지에 EARTH 부분을 대고, LINE 부분을 플러그에 붙여서 테스트해도 괜찮은지 설명 부탁드립니다.

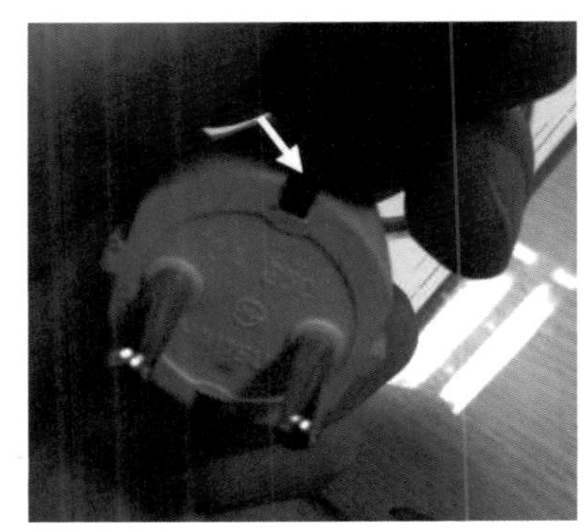

(2) 다음 사진은 후크메타로 가전제품의 저항을 측정하는 것입니다. 현재 제품의 플러그에 후크메타를 저항 부분에 맞추고 양 리드봉을 가져다 놓았습니다. 저항값이 저렇게 나오면 이상이 없는 게 맞는지 설명 부탁드립니다.

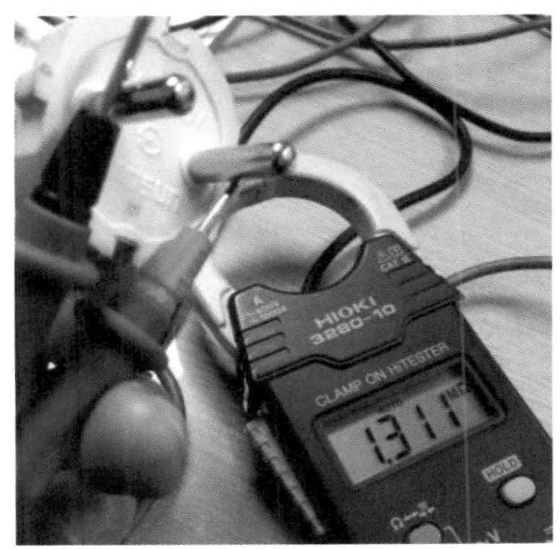

(3) 다음 사진처럼 OF가 나오면 제품에 문제가 있는 것인지 아닌 것인지 궁금합니다.

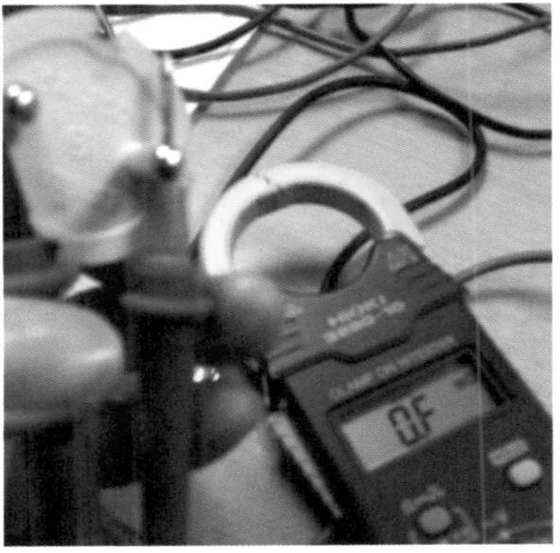

(1) 기기 외함이 수도꼭지와 연결된 금속체에 설치 되었을 때는 질문과 같이 측정하여도 됩니다.

(2) 1.3[MΩ]는 정상일 수도 있고, 비정상일 수도 있습니다.

(3) OF는 정상일 수도 있고, 비정상일 수도 있습니다.

(1) 접지극과 기기 외함 간 저항을 측정하여 접지선의 연결상태를 먼저 점검(0[Ω])하고 플러그 각 전극과 차례로 접촉시켜 측정합니다. 기기 외함이 수도꼭지와 절연이 된 상태에서는 수도꼭지와 절연을 측정할 수 없습니다.

(2) 플러그에 접지가 없는 경우 부하기기의 금속성 외함과 플러그 각 극과의 절연을 측정합니다(부하기기 누전여부 확인). 저항을 측정하는 것은 후크메타나 테스터기로 측정을 하여도 됩니다. 그런데 위의 두 번째 사진에 나타난 1.3[MΩ]값은 정상일 수도 있고 비정상일 수도 있습니다. 기기 자체에 S/W가 있어 S/W를 OFF하면 회로가 개방되어 그렇게 나올 수 있습니다. S/W가 있을 경우엔 S/W를 ON시키고 측정을 하여야 합니다.

(3) 기본적으로 단선 유무는 저항이 수십[Ω] 이하가 나오는 것이 정상입니다. 후크메타의 저항 RANGE는 일반 테스터와 같은 기능을 합니다. OF(단선)가 나온다고 무조건 불량은 아닙니다. 부하기기의 내부구성에 따라 전원이 인가되지 않았을 때 회로가 끊어진 상태로 구성될 수도 있습니다. 기구에 S/W가 있는지 확인하고 ON시킨 후에 측정을 하여야 합니다. 물론 모터나 마그네트 코일처럼 양쪽이 연결되어 있는 경우 단선되면 OF가 측정되고 이때는 불량이 맞습니다. 저항이 너무 작은 경우 단락, 소손을 의심하여야 합니다.

1. 기기의 이상 유무는 저항점검과 절연점검으로 확인한다.
2. 단선 유무로 저항측정 시 기기에 S/W가 있는지 확인하여야 한다.
3. 단선점검은 저항이 0에 가깝게 나와야 하고, 절연저항은 높게 나와야 한다.

020 SECTION 전압과 전선의 굵기는 무슨 관계가 있나요?

전압과 전선의 굵기에 관한 관계식이 있는 걸로 알고 있습니다. 변압기를 보니 1차측 전선보다 2차측 전선이 굵은 것처럼 보여 책도 찾아봤는데 전력손실 관계식과 비교를 해봐도 이해가 잘 되지 않습니다. 알려주시기 바랍니다.

(1) 전선의 굵기는 전류에 따라 결정합니다.

(2) 변압기의 정격전류는 1차 전압이 높기 때문에 1차 전류가 적고 2차 전압은 낮기 때문에 2차 전류가 많습니다.

(3) "P=1차 전압×1차 전류=2차 전압×2차 전류"입니다.

(1) 변압기의 1차 전력과 2차 전력은 같습니다.

(2) 전압과 전선은 다음과 같은 관계가 있습니다(전력공식 이용 $P=VI$).

① 동일한 전력을 전송하는데 있어 전압이 높으면 전류를 적게 보내도 되므로 전선의 굵기가 가늘어도 됩니다.

② 동일한 굵기의 전선으로 동일한 전력을 전송한다면 전압이 높을 경우 전선에 흐르는 전류가 작아집니다.

③ 동일한 전선에 전압을 높이면 높일수록 많은 전력을 전송할 수 있습니다. 그리고 중요한 것은 전선이 굵으면 굵을수록 저항이 작아져 전력손실이 작아진다는 것입니다.

한줄 Pick 전선은 굵을수록 전력손실이 작다.

021 SECTION 220[V] 사용 콘센트에서 190[V]가 측정되는 이유는 무엇 때문인가요?

220[V] 사용 콘센트에서 전압이 190[V] 측정됩니다. 부하연결 시 전압이 0[V]로 떨어지고 기기가 작동되지 않습니다. 전원선과 접지선 전압은 223[V], 다른 한 선은 25[V] 정도 나옵니다. 결선 문제는 아닌 것 같은데 차단기 이상 시에도 이럴 수 있는 것인지 궁금합니다.

차단기의 내부 접촉자가 불량이면 그러한 현상이 나타날 수 있습니다.

불량유무는 이상이 없는 차단기로 교체한 후 테스트를 해보시면 됩니다. 하지만 차단기에 부하가 많이 걸린 상태에서 아주 많이 작동을 한 경우가 아니라면 차단기 불량보다는 콘센트까지의 배선 접촉불량일 가능성이 많습니다.

콘센트 전압이 190[V] 나오고 부하연결 시 전압이 0[V]로 떨어진다는 것은 전원 자체가 정상적으로 공급되지 않는 것입니다. 문제는 접촉불량으로 보입니다. 콘센트에서 콘센트로 보내는 단자를 확인해 보시기 바랍니다.

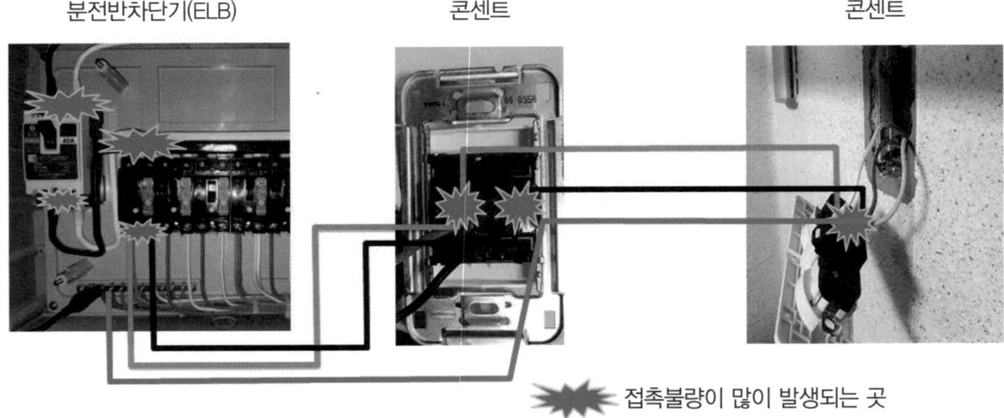

| 접촉불량이 많이 발생되는 곳 |

- 전선이 완전히 접촉이 되지 않으면 콘센트 양단에 전압이 걸리지 않지만 접촉불량일 경우에는 전압이 걸리다가 부하를 걸면 전압이 뚝 떨어진다.

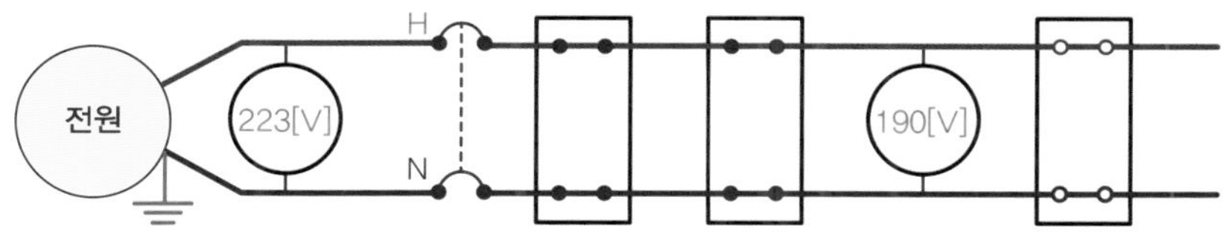

❙ 접촉불량 상태에서 부하가 연결되지 않았을 때 ❙

- 접촉불량 상태에서 부하가 연결되지 않았을 때 단자로 되어 있거나 선을 연결한 부분에서 접촉불량이 발생한다.
- 전원측에서의 H선과 대지전압은 N선과 전압이 같다.
- 기본적으로 전선로의 저항은 0[Ω]에 가깝고 전압계의 저항은 10[kΩ] 이상이다. 여기에서 전압계 전압과 전선로의 전압은 저항비에 비례하여 걸린다. 정상적이라면 전압계의 저항이 10[kΩ]이고 전선로의 저항이 0이므로 부하측 전선로 즉, 전압계에 전원전압이 전부 걸린다.
- 부하가 걸리지 않은 상태에서 부하측 전압이 190[V]라는 것은 전원에서 부하측까지 약 33[V]가 드롭이 된다는 것이다. 이것을 식으로 풀면 전원전압(223[V])−전압계 전압(190[V])=전선로전압(33[V])이다. 따라서 접촉불량에 의한 전선로의 저항은 $10,000\times\frac{33}{191}=1,736[\Omega]$이 된다.

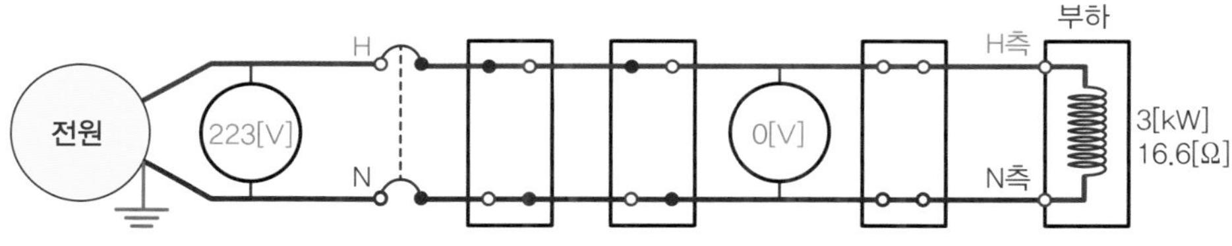

❙ 접촉불량 상태에서 부하가 연결된 경우 ❙

- 접촉불량 상태에서 부하가 연결되면 부하저항은 수~수십[Ω]이 된다. 예를 들어 부하가 3[kW]라면 $\frac{223^2}{3,000}\fallingdotseq16.6[\Omega]$이 된다.
- 위의 내용을 식으로 풀면, 접촉불량에 의한 전선로의 저항이 1,736[Ω]이고 부하저항이 16.6[Ω]이므로 부하가 걸리면 부하에는 $223\times\frac{16.6}{(1,736+16.6)}\fallingdotseq2.1[V]$가 걸린다. 그리고 접촉불량인 곳에 부하가 걸리면 $223-2.1\fallingdotseq221[V]$가 걸리고 경우에 따라 화재가 발생할 수 있다.

접촉불량은 화재의 원인이 된다.

전선의 허용전류는 얼마인가요?

히터나 전열기구에서 차단기 용량=정격전류×1.25인데, 전선의 허용전류는 정격전류의 몇 배인지 알고 싶습니다.

(1) 부하정격전류의 1.25배 이상이어야 합니다.

(2) 부하 최대전류＜차단기 정격전류＜전선 허용전류

전선의 허용전류는 정격부하보다 커야 되며, 최대사용전류는 차단기 정격전류의 80%를 초과하지 않도록 해야 합니다. 전열기나 히터는 사용전력이 변하지 않습니다. 그리고 차단기는 전선의 허용전류보다 작아야 합니다. 그러므로 $\frac{1}{0.8} < I_w$ 입니다.

차단기의 용량에 여유가 있어야 최대운전전류에 견디고, 전선이나 부하에서의 단락사고 등과 같은 사고가 발생했을 때 전선에 이상이 생기지 않고 차단기가 동작 전기회로를 보호할 수 있습니다. 따라서, 전선은 전열기 정격의 1.25배 이상의 허용전류를 갖는 전선을 사용해야 합니다.

전선은 기기정격의 1.25배 이상 사용하여야 한다.

023 SECTION 전등작업 시 단락사고가 발생하는 이유는 무엇 때문인가요?

이번에 저희 중학교 강당에 콘센트가 없어서 새로 신설하게 되었습니다. 스위치를 뜯어보니 적색과 백색선이 있었습니다. 그리고 천장 텍스를 뜯어보니 2가닥 백색과 청색이 있고, 적색도 있었습니다. 천장 전등라인에서 회로분리를 하기 위해 적색선을 펜치로 피복을 벗기니 '펑' 소리와 함께 쇼트가 나서 차단기가 떨어졌습니다. 기초적인 것이지만 질문 드리겠습니다.

(1) 1가닥씩 만지면 괜찮은 거 아닌가요? 보통 이렇게 활선상태에서도 작업을 했었습니다.

(2) 이러한 공사를 할 때 어떤 식으로 작업을 하는 게 안전한 건지 알고 싶습니다. 차단기를 내리고 했어야 하는데, 차단기를 못 내릴 경우가 간혹 있어서 말입니다.

(3) 그리고 왜 쇼트가 났는지 궁금합니다.

(1) 1가닥씩 만져도 감전이 될 수 있습니다.

(2) 위험합니다. 차단기를 내리고 작업하시기 바랍니다.

(3) 단락이 되어 쇼트가 발생한 것입니다.

(1) 1가닥씩 만지면 괜찮은 것이 절대 아닙니다. 2선 중 1가닥은 HOT LINE으로 대지와 전전압이 걸리기 때문에 몸이 접지된 상태에서 만지면 감전됩니다.

(2) 몸, 공구, 그리고 주위의 충전부위를 완전히 절연시키고 작업을 해야 합니다.

(3) 쇼트는 말 그대로 단락입니다. 단락은 전선 2가닥이 합쳐진 것입니다. 절단 시 두 선을 같이 절단하거나 절단한 선이 HOT선으로 주위 접지된 금속체와 닿았을 때 발생합니다. 단락이 되면 아크가 발생하는데 그때 아크의 온도가 약 3,000[℃] 정도가 되어 단락된 부분의 전선 금속체가 용융되어 주위로 비산, 화상, 화재를 일으킬 수 있습니다.

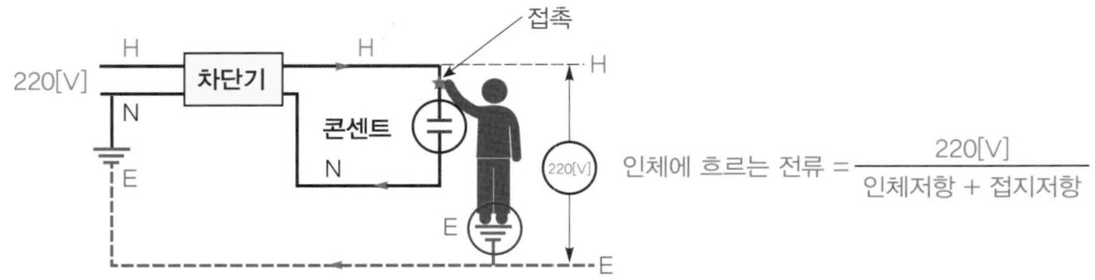

| H선을 만지거나 지락시키는 경우 |

- 절연화를 신거나 절연이 되는 것을 깔고 작업하면 감전사고를 예방할 수 있다.
- H선은 대지와 220[V]가 걸리기 때문에 몸이 절연이 되지 않은 상태에서 만지면 감전이 되고 그 선을 펜치로 절단하다가 주위의 접지된 부분과 접촉되면서 H선 220[V]가 지락(단락)이 된다.

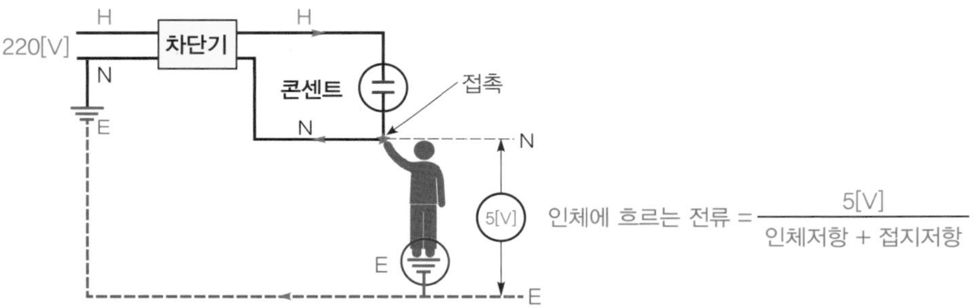

| N선을 만지거나 지락시키는 경우 |

- 안전을 위하여 반드시 접지를 하여야 한다.
- N선은 대지에 접지를 하기 때문에 전압이 0~수[V] 밖에 걸리지 않아서 감전이 되어도 크게 위험하지 않다. 그 선에 펜치와 같은 금속체가 접지된 부분과 접촉되어도 지락전류가 적거나 흐르지 않기 때문에 위험하지 않다.

1. 전선에는 H(전압)선과 N(중성)선이 있는데 H선은 전압선으로 매우 위험하다.
2. N선은 변압기의 중성점을 대지에 접지한 선으로 H선에 비하여 위험하지는 않지만 만지면 안 된다.
3. 단락이 되면 매우 높은 아크열(약 3,000[℃] 정도)을 발생시켜 금속체를 용융시킨다.

024 SECTION 안정기의 역할은 무엇인가요?

형광등기구에는 안정기가 다 달려있는데 그 역할이 무엇인지 궁금합니다.

안정기는 전류를 제한하는 역할을 합니다.

안정기는 가스레인지나 수도의 밸브처럼 열리는 만큼만 가스나 물을 흘려보내는 역할을 합니다. 전기분야에서는 안정기를 전류제한기라고 합니다. 부하전력을 제한하고 부하전류가 안정기의 정격만큼만 흐르도록 합니다. 그렇기 때문에 안정기가 큰 것에 작은 LAMP를 사용하면 LAMP에 전류가 많이 흘러 금방 수명을 다하고, 안정기가 작은 것에 큰 LAMP를 사용하면 어둡거나 점등이 되지 않습니다.

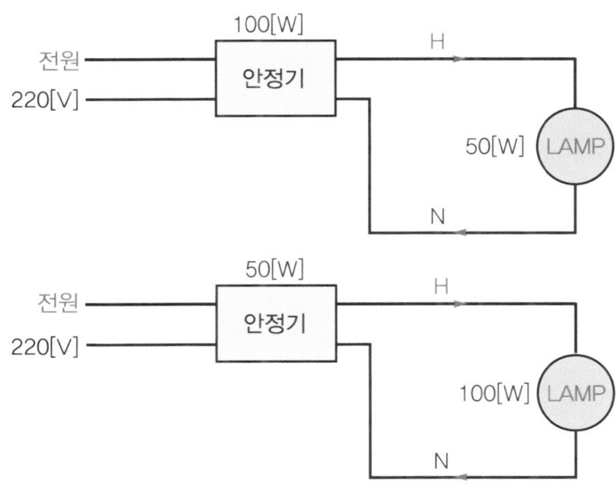

| LAMP 안정기 회로 |

- 첫 번째 그림의 경우 50[W] LAMP가 100[W]의 일을 하기 때문에 금방 점등불량이 된다.
- 두 번째 그림의 경우 100[W] LAMP가 50[W]의 일을 하기 때문에 전등이 어두워진다.

- 안정기가 없으면 부하에 의해서만 전류가 흐른다.
- 전등에 사용하는 안정기는 부하의 양, 즉 밝기를 제한하기 위하여 사용하는 전류 제한장치이다(수도, 가스 등에 사용하는 밸브와 같음).
- 전등에 사용하는 안정기는 전등용량에 맞추어 사용하여야 한다(안정기=LAMP).
- 안정기가 전등용량보다 작으면 전등에 전류가 정격전류보다 작게 흐르므로 전등이 어둡다.
- 안정기가 전등용량보다 크면 전등에 정격전류보다 많이 흐르기 때문에 램프의 수명이 매우 짧아진다.

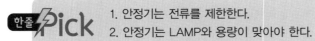

1. 안정기는 전류를 제한한다.
2. 안정기는 LAMP와 용량이 맞아야 한다.

025 SECTION

스위치에서 단락이 일어나는 이유는 무엇인가요?

전기작업 중 중성선을 제외하고 전기가 흐르는 두 선이 붙으면 합선이 되고, 펜치나 공구 등으로 두 선을 한 번에 자르면 '펑' 하면서 펜치가 나가떨어지는 현상이 발생하기도 합니다. 스위치를 만들 때 회로를 보니 두 선이 각각 스위치에 한 쪽씩 붙어 있었습니다. 이 경우 또한 스위치를 ON했을 때 위의 경우와 똑같이 두 선을 합선시키는 것이나 마찬가지인데 왜 합선이 일어나지 않고 동작하는 것인지 궁금합니다. 2가닥을 붙이면 '펑'하고 터지는 선이 스위치만 거쳐도 이상이 없는 게 도무지 이해가 가지 않습니다.

(1) 스위치는 부하에 전류가 흐르도록 길을 만들어 주는 역할을 합니다.

(2) 스위치로 흐르는 전류는 부하저항에 의하여 결정됩니다. 부하가 없는 전원 2선은 단락 시에 저항이 0에 가까운 전선밖에 없기 때문에 전류가 무한대에 가깝게 흐르면서 '펑'하고 터지는 것입니다.

스위치는 일방적으로 전류를 흐르게 하는 것이 아니라 전기를 전달하기 위하여 전류를 흐르게 하거나 차단하는 역할만 하는 것입니다. 전류가 흐르는 것이란 형광등이나 모터, 히터, 선풍기 등 전기기계, 기구들이 정확하게 작동하는 것을 말합니다. 이러한 기계, 기구들을 통틀어 전기기기라 하는데 전기기기들은 각각 자신의 역할을 하는데 필요한 전류만 흐르게 합니다.

다음 그림을 보면 첫 번째 그림은 부하 즉, 전기기기, 기구, 기계가 S/W를 통하여 연결이 되어 있고, 두 번째 그림은 부하 즉, 전기기기 없이 전선으로만 연결되어 있습니다. 그렇기 때문에 부하가 있을 경우 S/W에 흐르는 전류는 부하에서 필요한 전류만 흐르고, 부하인 전기기구 및 기계 없이 두 선을 직접 스위치에 연결하면 전선의 저항은 거의 0에 가까워 단락(쇼트)이 되는 것입니다(전류=전압/저항).

부하가 있는 스위치는 그 부하에 필요한 전류를 흐르게 하여야 하므로 전류의 크기에 따라 그 용량이 달라지고 전류를 차단하거나 흐르게 할 때 전기가 흘러야 하므로 스위치의 크기도 부하에 따라 달라지며 스위치를 열고 닫을 때 그 부분에서 SPARK 현상이 나타나기도 합니다.

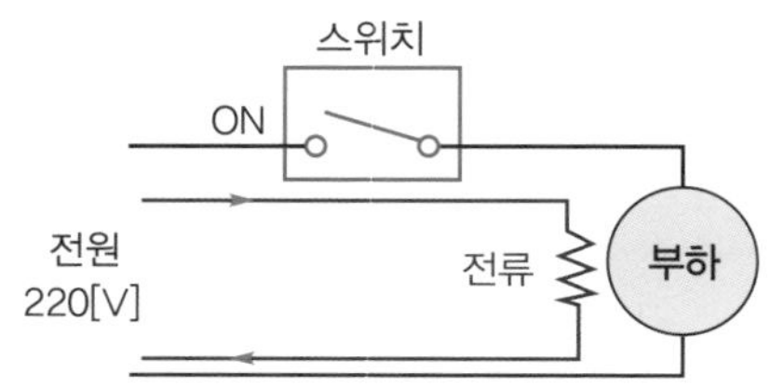

❙ 부하가 있는 상태에서 스위치를 ON시킬 경우 ❙

- 스위치는 부하가 일을 하도록 회로의 문을 열고 닫는다.
- 부하란 일을 하는 전기기기를 말하는데 전류가 흐르는 것을 제한하는 저항이다.
- 스위치를 ON시키면 부하에서 필요한 만큼만 전류를 공급한다.
- 스위치에 흐르는 전류는 $\frac{\text{전원전압}}{\text{부하저항}}$으로 부하에서 필요한 전류만 흐르기 때문에 그 전류에 충분히 견딜 수 있다.

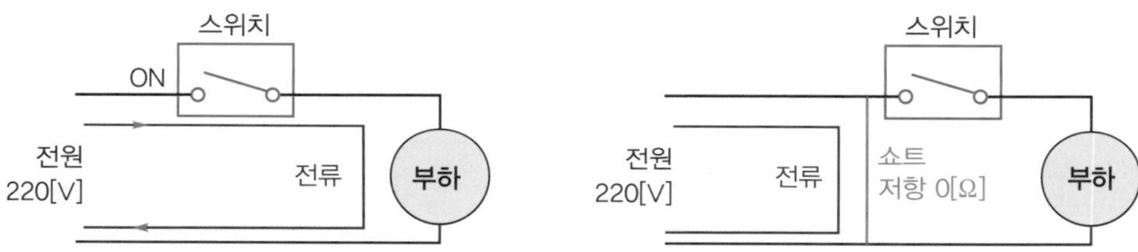

❙ 부하가 없는 상태에서 스위치를 ON시키거나 두 선을 단락시킬 경우 ❙

- 부하를 단락시키고 스위치를 ON시키거나 스위치 앞에서 2선을 단락시키면 전류를 제한하는 부하가 없어 저항이 0이 되고 전류가 무제한으로 흐르게 된다.
- 2선을 쇼트시켰을 때 흐르는 전류 $= \frac{\text{전원전압}}{\text{부하저항(0[Ω]이므로)}} =$ 무한대가 된다.

1. 단락은 부하가 없고 저항이 0인 상태로 전류가 무한대로 흐르는 상태이다.
   $\frac{\text{전압}(\neq 0)}{\text{저항}(0)} = \text{전류}(\infty)$
2. 전선도 저항을 가지고 있다.

3상에서 L1, L3로 단상을 사용하면 전압과 위상 파형은 어떻게 되나요?

3상에서 L1상과 L3상 간 위상이 120° 차가 발생하는데 그것을 단상으로 사용할 경우 그 파형과 전압, 그리고 위상이 어떻게 되는지 궁금합니다.

단상을 사용하여도 L1–L3상의 위상은 180°입니다.

전기는 가능하면 그림으로 그려서 이해하는 것이 쉽습니다. 다음 그림을 보면 L1, L3 각 상의 전압은 중성점 0[V]를 기준으로 120°의 위상차를 가지지만 L1–L3 간의 위상은 0[V]를 기준으로 180°의 위상차를 가집니다.

3상에서 상전압과 선간전압의 위상차는 30°이고, 전압은 선간전압이 상전압보다 $\sqrt{3}$배 크며, L1–L3 간 위상은 180°의 위상차를 가집니다.

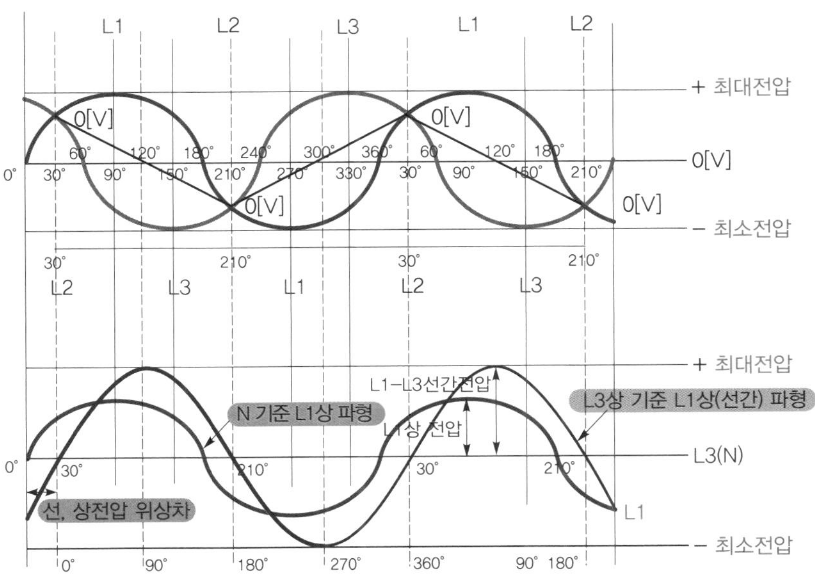

| 3상에서 L1상과 L3상을 사용할 때 전압파형 |

- 선간전압은 상전압과 30°의 위상차를 가지며 선간전압은 상전압의 $\sqrt{3}$배이고 L1–L3 간 위상차는 180°이다.

3상 4선식에서 L1상과 L3상을 단상으로 사용하여도 L1–L3의 위상은 180°이다.

027 SECTION

전류와 전압 중 어느 것이 위험한가요?

전압은 100만[V]이어도 전류가 낮으면 위험하지 않다고 들었습니다. 보통 사고 사례 같은 것을 봐도 고압이라는 단어 자체가 높은 전압이지, 높은 전류는 아닌데 말입니다. 전류보다 전압이 더 위험한 게 맞는지 궁금합니다.

인체에 흐르는 전류는 전압에 의하여 흐르기 때문에 전압이 더 위험합니다.

인체의 저항은 일정하기 때문에 전류는 전압에 의하여 결정됩니다$\left(\text{전류}=\dfrac{\text{전압}}{\text{저항}}\right)$.

예를 들면 1,000[A]의 전류가 흐르는 10[V]의 전압은 손으로 만져도 감전이 되지 않지만, 전류가 흐르지 않는 154[kV]의 전압은 만지는 즉시 감전에 의하여 사망하게 됩니다. 그 이유는 인체의 저항은 일정하고 전류가 전압에 의하여 결정되기 때문입니다. 전압이 높을수록 위험하므로 전압이 높으면 전류가 다른 곳으로 누설이 되지 않도록 케이블의 절연체도 굵어지고, 송전철탑도 그만큼 높아집니다.

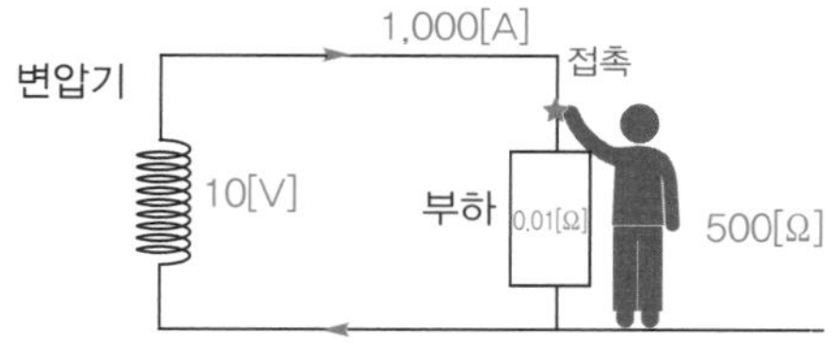

| 전압이 낮고 전류가 많이 흐르는 회로 |

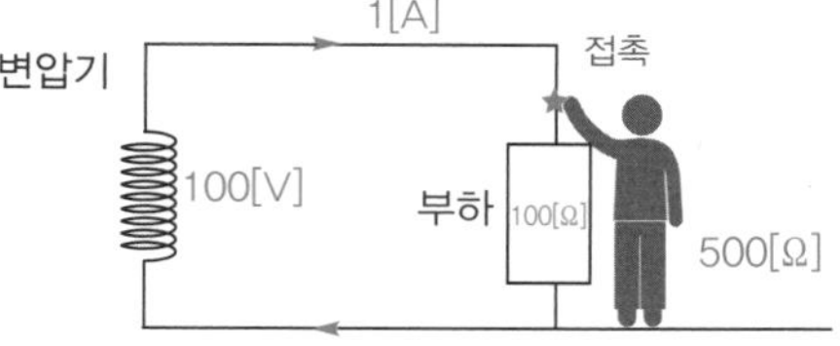

| 전압이 높고 전류가 적게 흐르는 회로 |

- 위험한 것은 사람을 통해 흐른 전류의 양이다.
- 위 그림을 보면 낮은 전압에 1,000[A]의 전류가 흐르는 회로에서 인체에 흐르는 전류는 $\dfrac{10[V]}{500[\Omega]}=20[mA]$이지만 높은 전압에 1[A]의 전류가 흐르는 회로에서는 $\dfrac{100[V]}{500[\Omega]}=200[mA]$가 흐른다. 인체에 흐르는 전류는 전압과 인체 저항에 의하여 결정된다.

한줄 Pick 전류는 전압에 비례하고 저항에 반비례한다(옴의 법칙).

028 SECTION Y결선에서 선간전압과 상전압 사이의 크기가 $\sqrt{3}$배인 이유는 무엇인가요?

Y결선에서 선간전압과 상전압의 뜻은 알겠는데 왜 $\sqrt{3}$배의 차이가 나는지 이론적으로 이해가 되지 않습니다.

상전압 간에 120°의 위상차를 가지고 있기 때문입니다.

먼저 3상 전압에 대한 개념을 이해해야 합니다. 3상이란 발전기에서 전기를 생산할 때 발전기의 구조에 의해 만들어집니다. 발전기의 구조를 보면, 360° 원형으로 된 고정자 철심에 크게 L1, L2, L3라고 하는 3개의 코일을 각각 120° 위치에 배치하고, 발전기 회전자 자석 N−S를 돌려 만드는 것입니다.

이렇게 만들어진 전기는 발전기 회전자 자석 N−S가 1번 돌아갈 때 3개의 코일에는 다음 그림과 같이 120°의 위상차가 생기는 1[Hz]의 전압이 생성됩니다. Y결선이나 △결선은 그 3개의 코일 한쪽 끝을 어떻게 했느냐에 따라 결정됩니다.

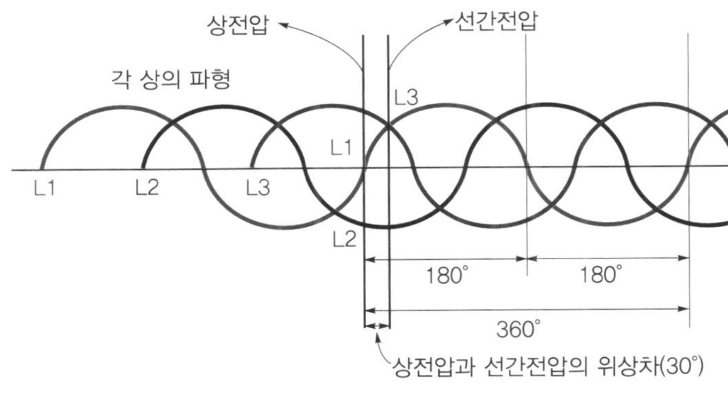

| 각 상전압의 위상 |

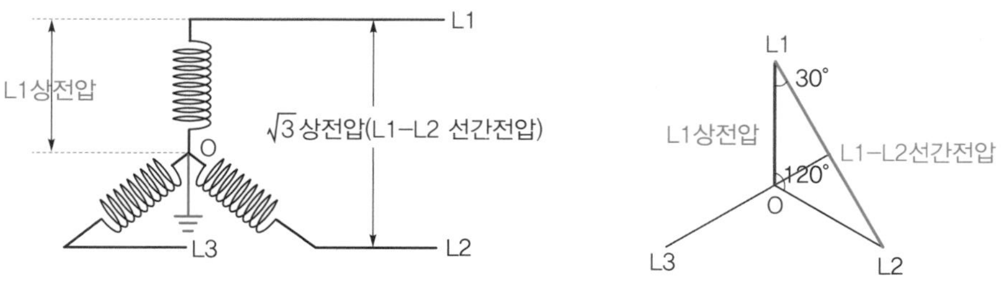

| 상전압과 선간전압과의 관계 |

- L1–L2 선간전압은 $2 \times L1\cos\theta(30°) = 2 \times L1 \times 0.866 = L1 \times \sqrt{3}$이다.

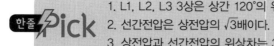

1. L1, L2, L3 3상은 상간 120°의 위상차를 가지고 있다.
2. 선간전압은 상전압의 $\sqrt{3}$배이다.
3. 상전압과 선간전압의 위상차는 30°이다.

029 SECTION 중성선을 이용한 절연측정 방법은 어떻게 되나요?

절연저항을 측정할 때 중성선을 이용해도 되는지 알고 싶습니다.

변압기에서 중성점을 접지하였기 때문에 중성선도 접지선입니다.

(1) 다음 그림을 참고하시기 바랍니다. 절연측정 시 접지와 측정을 하는 것이 정상이고 측정하고자 하는 기기 자체도 접지가 되어 있어야 합니다. 만약 기기가 접지되지 않았다면 기기의 외함과 측정을 하여야 합니다. 변압기 중성점 접지를 이용할 때는 분전반에서 절연을 측정하려고 하는데 분전반에 접지가 되어 있지 않을 때입니다. 절연을 측정할 때 중성선은 변압기 2차측에서 중성점을 접지한 선으로 가장 좋은 방법이 됩니다.

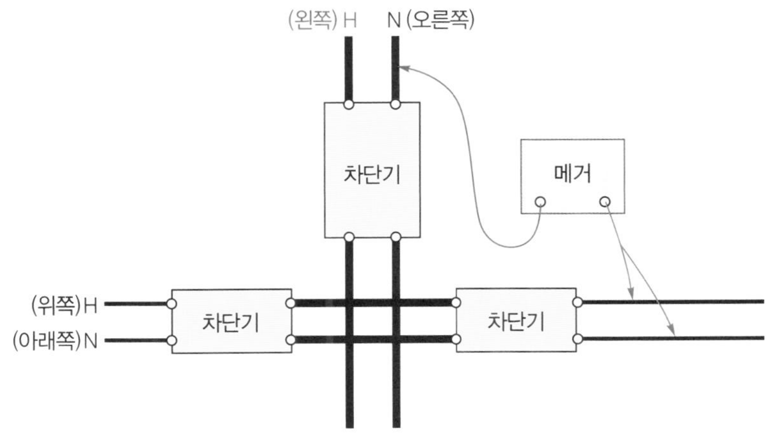

| 분전반에 접지선이 없을 때 절연측정 방법 |

- N선은 기본적으로 차단기 오른쪽에 설치하지만 측정 시에는 N선이라는 것을 확실하게 알아야 하여야 하므로 주위에 매입되어 있는 금속체와 전압을 측정하여 무전압상태임을 확인하여야 한다.

(2) 절연이란 전로와 비전로 간의 저항을 측정하는 것으로 1차 HOT LINE에서 누설전류가 변압기 2차 중성점으로 돌아오는 정도를 측정하는 것입니다.

(3) 기기의 접지선을 직접 변압기 접지선에서 가져오지 않았다 해도 누설 시에 대지를 통하여 누설전류는 변압기 2차 중성점으로 돌아와야 합니다. 다만 측정 시 중성선은 확실하게 접지가 되어 있어야 합니다. 또한, ELB는 반드시 차단(OFF)시키고 해야 합니다.

(4) 접지선과 전원선을 기준으로 전압을 측정하여 전압이 걸리지 않는 선이 중성선입니다. 분전반에 접지선이 있을 경우에는 기본적으로 그 접지선을 이용하는 것이 더 좋습니다.

한줄 Pick
중성선은 변압기 2차 중성점에서 접지되어 있다.

030 SECTION

전압불평형률이란 무엇인가요?

불평형률이 2% 미만이거나 6%를 넘는 등 다양하게 측정되고 있습니다. 몇 % 정도이면 펌프나 모터 등을 보수 및 교체해야 되는 것인지 알고 싶습니다.

모터의 불평형률은 전류 20% 정도로 합니다.

(1) 순수부하의 문제에 의한 불평형도 있을 수 있지만, 전원 자체의 전압불평형에 의하여 불평형이 발생하기도 합니다. 전압불평형은 특별한 경우 사고가 아니면 사용에 영향이 있을 정도로 불평형이 발생되지 않습니다.

(2) 불평형의 기본은 기기의 정격전류입니다. 기기를 사용할 때 정격전류만 초과되지 않으면 크게 염려할 필요는 없습니다. 모터 정격이 10[A]에서 10%라고 하여도 1[A]입니다.

(3) 모터 자체의 불평형률은 운전 중 발생하는 것이 아니라 제작 시 이미 결정됩니다. 그리고 모터에 공급하는 전압에 의하여 발생합니다. 운전 중의 불평형률은 전원 자체의 불균형(전압차와 역률)에 의해 크게 좌우됩니다. 전원 자체의 불평형률은 매우 복잡한 요소를 가집니다.

(4) 모터 등의 불평형률에 대한 보호 SETTING은 대개 20%로 하고 있습니다. 전원결상이나 모터 1상 단선이 아닌 상태에서 불평형률은 20% 이상 되지는 않습니다.

모터의 불평형률 보호 SETTING은 20% 정도(결상보호)로 한다.

031 SECTION

피상[kVA], 유효[kW], 무효[kVar] 전력의 계산방법은 무엇인가요?

변압기 일부를 이설하려고 하는데 전력과 전류 계산방법을 문의하고자 합니다. 어느 정도까지 사용 가능한지 [kVA]와 [kW]의 계산방식이 궁금합니다.

(1) 설비이용은 [kVA] 즉, 피상전력으로 결정이 됩니다.

(2) 피상전력[VA]은 전압[V]×전류[A]이고, 유효전력[W]은 전압[V]×전류[A]×역률입니다.

(1) [kVA]는 피상전력으로 변압기 용량을 의미하며, 이는 사용할 수 있는 용량입니다.

(2) [kVA]는 사용하기 위해 가져가는 전력이고, [kW]는 실제 사용한 전력, [kVar]는 사용하지 못한 무효전력입니다. 결국 가져가서 실제 사용한 것과 사용하지 못하는 것의 차이입니다.

(3) 사용하기 위해 가져간 전력과 실제 사용한 전력을 나타낸 것이 역률입니다. 역률이 좋다는 전력은 가져간 것을 유효하게 잘 사용하는 것이고, 나쁘다는 것은 잘 사용하지 못한다는 것입니다. 여기에서 전력요금은 실제 사용한 전력에 대하여만 요금을 부과합니다.

(4) 가져 와서 사용하지 못하는 전력을 가져오지 않도록 하는 것이 역률개선이고, 역률을 개선하기 위하여 커패시터를 설치합니다. [kVA]와 [kW]가 같을 때를 역률 1로 보고, 실제 사용할 만큼만 전력을 가져가는 것입니다. 그래서 한전에서는 사용하지도 않고 수용가에서 가져가는 무효전력에 대하여 기준 이하일 때는 할증요금을 부과하고, 기준 이상을 유지할 때에는 감액하여 줍니다. 필요 이상의 전력을 가져가면 한전의 전력설비가 그만큼 커져야 하며 역률을 좋게 하면 피상전력[VA]이 줄어들고 피상전류[A]도 줄어듭니다.

① 만약 역률이 0.9라면 그 변압기의 90% 밖에 부하를 사용하지 못합니다.

② 3상 전력계산은 전압×전류×$\sqrt{3}$×0.9(역률)=피상전력×0.9 입니다.

(5) 피상전력[kVA]은 전체 전력으로 역률없이 계산하는 것이고, 유효전력[kW]은 역률을 넣고 계산하는 것입니다.

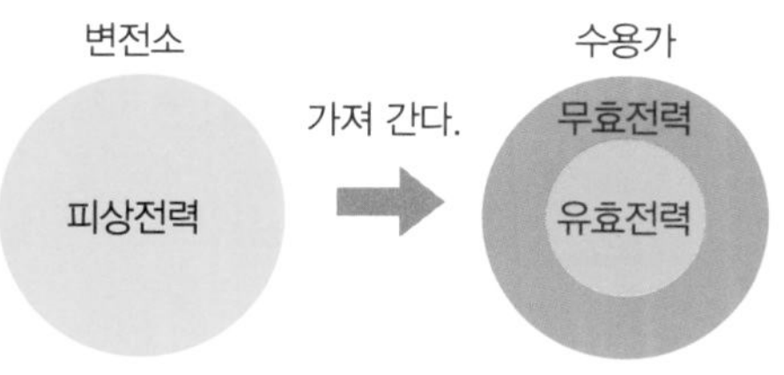

| 전력관계 |

- 피상전력 : 사용할 수 있는 전력
- 유효전력 : 실제 사용한 전력
- 무효전력 : 사용하지 못한 전력(지상, 진상 전력)
- 무효전력을 줄이는 것을 역률개선이라 한다.
- 역률 $= \dfrac{\text{사용한 전력}}{\text{사용할 수 있는 전력}}$
- 피상전력 $= \sqrt{(\text{유효전력}^2 + \text{무효전력}^2)}$

무효전력을 없애면 유효전력을 더 사용할 수 있다.

전압이 높아지면 전류값은 어떻게 되나요?

전압이 높으면 전력량계가 빨리 돌아가는 게 맞는지 궁금합니다. 제 상식으로는 전압이 높으면 전류가 낮아짐으로써 전력(P)값이 일정하여 계량기는 일정하게 돌아갈 것 같습니다. 하지만 옴[Ω]의 법칙으로 생각하면, 전압이 높으면 전류값도 높아지므로 R은 일정하나 전압과 전류가 높아져 계량기가 빨리 돌아갈 수도 있는지 설명 부탁드립니다.

동력부하는 P가 변하지 않기 때문에 전압과 전류에 반비례하고, 전열부하는 R이 변하지 않기 때문에 전압에 비례합니다. 전압이 상승하면 동력부하의 전류가 감소하고, 전열부하의 전류가 증가합니다.

(1) 전동기와 같은 동력부하는 P가 부하에 의하여 정해져 있기 때문에 부하가 변하지 않으므로 전압과 전류에 반비례하여, 전압이 높아지면 전류가 작아지고 전압이 낮아지면서 전류가 커집니다. 실제 부하가 변하지 않기 때문에 부하로 공급하는 전력은 변하지 않지만 전선과 변압기 등에 흐르는 전류에 의한 I^2R이 감소하여 전력손실은 약간 줄어듭니다.

(2) 히터와 같은 전열기의 저항부하는 저항이 일정하기 때문에 전류는 옴의 법칙($V=I\times R$)에 의해 전압에 비례하여 커집니다.

| 동력부하 |

| 저항부하 |

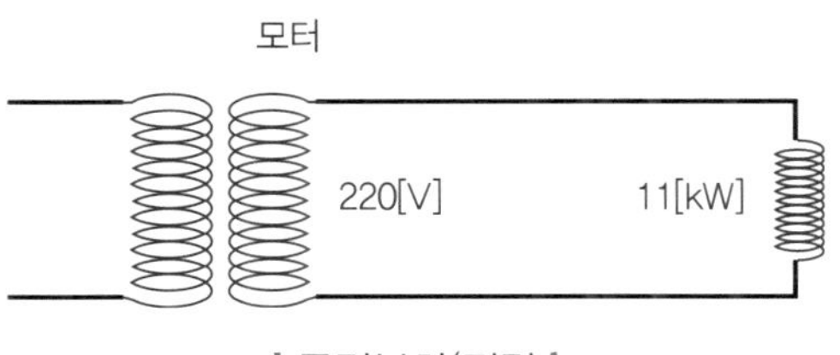

| 동력부하(전력 |

- 전력공식 적용 : 모터는 일의 양[kW]이 정해져 있다.

  11[kW]=전압×전류=220[V]×전류, 전류=$\frac{11[kW]}{220[V]}$=50[A]이다.

  예 위 그림에서 220[V] 전압이 250[V]가 된다면 전동기는 11[kW]=250[V]×전류이므로 전류는 50[A]에서 $\frac{11[kW]}{250[V]}$=44[A]가 되어 전류가 감소한다.

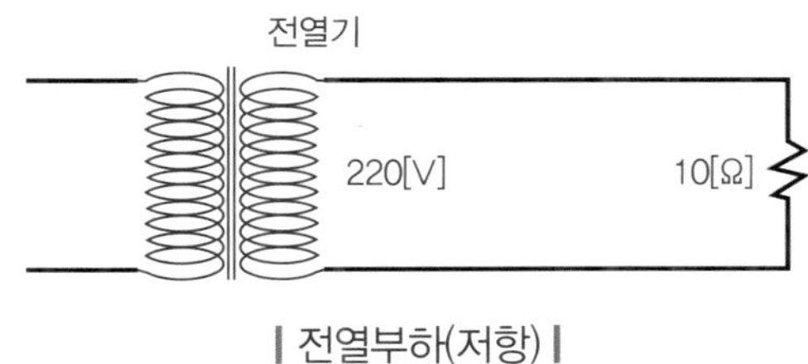

| 전열부하(저항) |

- 옴의 법칙 적용 : 전열기는 저항이 정해져 있다.

  전류 = $\frac{전압}{전류}$ = $\frac{220[V]}{10[Ω]}$ = 22[A]

  전력 = 220[V]×22[A]=4,84[kW]이다.

  예 위 그림에서 220[V] 전압이 250[V]가 된다면 전열기는 전류 = $\frac{250[V]}{저항}$ 이므로 전류는 22[A]에서 $\frac{250[V]}{10[Ω]}$ = 25[A]로 증가한다. 전력도 250[V]×25[A]=6.25[kW]로 증가한다. 그러므로 전력이 4.84[kW]에서 6.25[kW]로 증가한다.

- 전압이 높아지면 전열기는 전력이 전압에 비례하기 때문에 가열로 인하여 소손되기 쉽고, 전압이 낮으면 전동기의 전류가 증가하여 전동기가 과전류에 의하여 소손될 수 있다.

1. 전기를 사용할 때에는 항상 정격전압을 확인하고 사용하여야 한다.
2. 대부분 전기기기의 허용사용전압은 ±10% 이내로 사용하도록 하고 있다.
3. 동력부하는 P(전력)이 일정하고 전열부하는 R(저항)이 일정하다.

033 SECTION

대지전압이 뜨는 이유가 무엇인가요?

분전함에서 절연저항을 측정하기 위해서 메인차단기를 OFF한 상태로 메인 1차측(N선)과 2차측(부하)에 리드선을 접촉했더니, 대지전압이 뜹니다. 대지전압이 뜨는 곳은 평균 40~70[V]까지였습니다.

(1) 대지전압이 뜨는 이유가 무엇인지 궁금합니다.

(2) 메인차단기(ELB 30[A])를 차단한 상태에서 대지전압 60[V]가 뜬다면 매우 위험한 상태로 봐야 하는지도 알고 싶습니다.

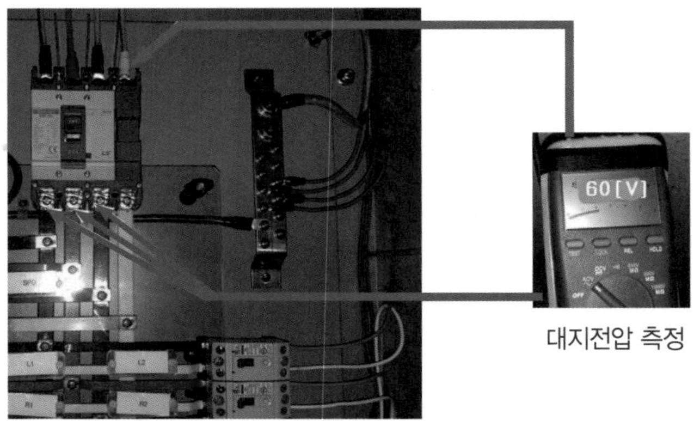

| 대지전압 측정 |

(1) 대지전압이 뜨는 이유는 분기회로의 전선이 다른 전력선과 같이 설치되었기 때문입니다.

(2) 순간적인 쇼크는 받을 수 있지만 위험하지는 않습니다.

(1) 전류가 흐르는 다른 전력선과 분기용 전선이 같이 설치되면 전류가 흐르는 전력선에 의하여 분기용 전선에 전압이 유도되어 중성선과 전압이 발생합니다. 이 전압은 정전유도 및 전자유도에 의해 발생합니다. 이 전압이 아주 높으면 위험합니다. 하지만 일반적인 전압 60[V]는 충전된 유도용량이 적기 때문에 위험하지는 않습니다. 이때, 접촉 시 순간적으로 방전이 됩니다. 작업 시 확실하게 메인차단기가 OFF 되었는지를 확인하고 작업하는 것이 안전합니다.

(2) 차단기도 오래 사용하게 되면 내부에 아크로 인하여 절연이 안 좋을 수 있습니다. 기본적으로 전선을 설치할 때 가장 이상적인 방법은 다른 전선로와 충분한 이격거리를 두고 설치하는 것입니다.

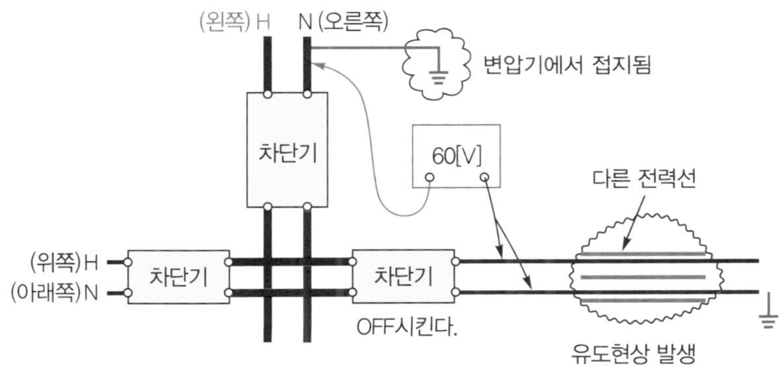

| 차단기 2차 전선로에 대지전압이 걸리는 원인 |

- 위 그림과 같이 부하로 가는 전선이 다른 전류가 많이 흐르는 전선과 같이 설치되면 유도전압이 발생한다. 이 전압을 흔히 허전압이라고도 한다(유도전압은 다른 전력선의 전류, 길이, 전력선과의 간격에 비례함).
- 순간 접촉 시 충전된 전하가 방전되면서 약간 찌릿할 정도의 충격이 발생할 수 있으나 안전상에는 이상이 없다. 하지만 그 전압이 아주 높을 경우에는 순간 쇼크를 받을 수 있다.

1. 전력선과 전선이 같이 있으면 유도가 되어 전압이 발생한다.
2. 신호선이나 제어용 전선은 전력선과 분리하여 설치하여야 한다.
3. 같이 사용할 경우 차폐 SHIELD가 되는 선을 사용하여야 한다.

034 SECTION

영상전류와 지락전류는 무엇을 의미하나요?

영상전류와 지락전류의 의미에 대해서 알고 싶습니다.

(1) 영상전류 : 변압기의 중성점으로 흐르는 전류입니다.

(2) 지락전류 : 지락발생 시 대지를 통하여 변압기 중성점으로 흐르는 전류입니다.

영상이라는 것은 0, 즉 ZERO(제로)상이라는 것입니다.

기본적으로 3상 4선식 전력기기에 있어서 상을 말할 때 L1상, L2상, L3상, 0상이라고 합니다. 여기서, 영(0)상은 L1상, L2상, L3상이 합쳐지는 중성점이 0이 되는 점을 말합니다.

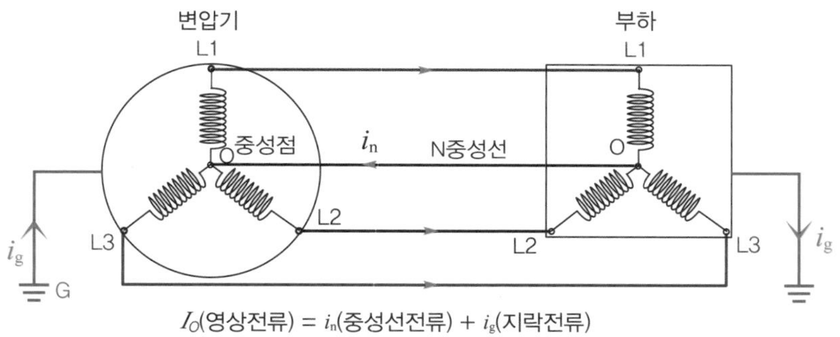

| 영상전류와 지락전류 |

1. 중성선에는 불평형전류가 흐르고 접지선에는 지락전류가 흐른다.
2. 불평형전류와 지락전류는 변압기의 중성점으로 흐른다.

035 SECTION

단상에서 1선이 다른 세대 계량기를 경유하여 접속 시 계량기는 어떻게 되나요?

다음 그림과 같이 전선작업이 되어 있는 경우 계량기에 의한 A세대의 전기 사용량과 B세대의 전기 사용량은 어떤 현상에 의해 발생하는지 알고 싶습니다. 예를 들면

(1) A세대는 정상 사용량, B세대는 B세대 사용량+A세대 사용량으로 보면 되는지 궁금합니다.

(2) 한 선만 물렸으니 A세대는 정상 사용량, B세대는 B세대 사용량+A세대 사용량의 50% 정도로 보는 게 맞는지도 궁금합니다.

(3) 한 선만 물렸으니 A세대는 정상 사용량, B세대는 B세대 사용량+A세대 사용량의 30% 정도로 보는 게 맞는지 알려주시기 바랍니다.

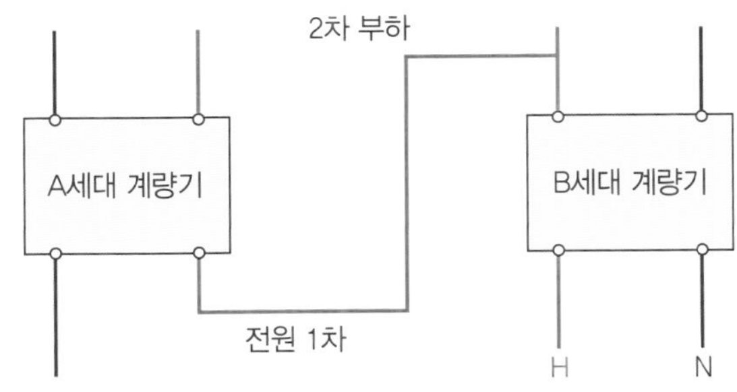

| 세대 계량기를 다른 계량기와 경유하여 설치할 경우 2차 부하 |

A세대는 자기 사용량만 적산되고 B세대는 자기 세대+A세대 사용량이 적산됩니다. B세대에 적산되는 양은 A세대 사용량이 얼마인가에 따라 적산됩니다.

입력측 단상으로의 결선은 4가지(A, B, C, D)로 볼 수 있습니다. A, B의 경우는 B세대 전력량계 전류코일에 A세대의 전류까지 흘러 같이 적산되고 C, D의 경우는 전류코일에 자기 것만 흘러 자기 것만 적산됩니다.

결론적으로 B세대 적산 유무는 A세대의 전류가 B세대의 전류코일을 거쳐서 나오느냐에 따라 결정됩니다.

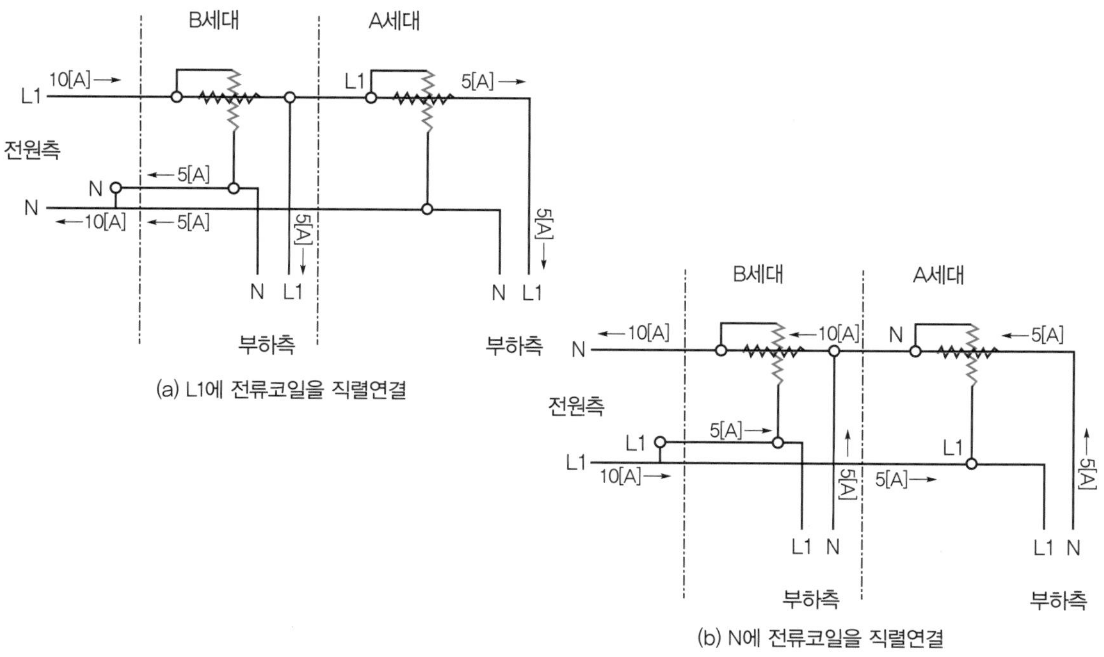

(a) L1에 전류코일을 직렬연결

(b) N에 전류코일을 직렬연결

| B세대에 A세대 전력량이 같이 적산 |

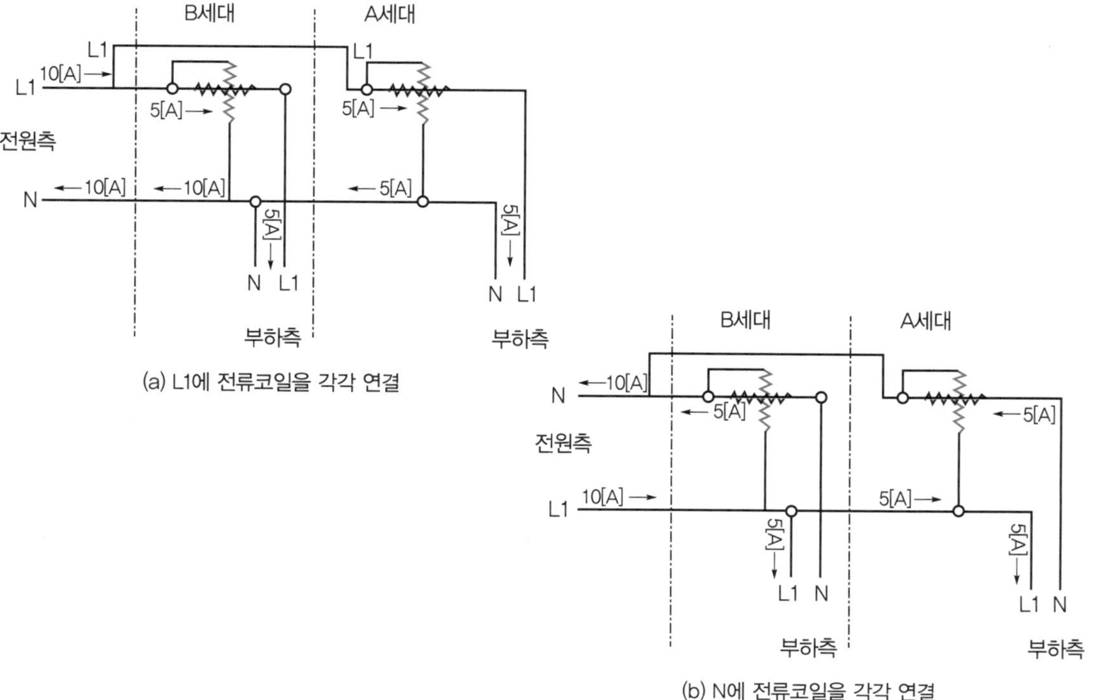

(a) L1에 전류코일을 각각 연결

(b) N에 전류코일을 각각 연결

| 각각 자기 세대 전력량만 적산 |

- 아래 두 그림은 3상 4선식에서 2상 3선식의 경우로 첫 번째 그림과 같이 각 상 전류를 각 세대 전류코일에 흘릴 때는 A, B 세대가 자기 사용량만 적산이 되지만, 두 번째 그림과 같이 A세대가 B세대 전류코일로 흐르면 B세대 전력량 = A ∠(A세대 전력) + B ∠(B세대 전력) 로 차가 생긴다. 그것은 V결선으로 합성전류이기 때문이다.

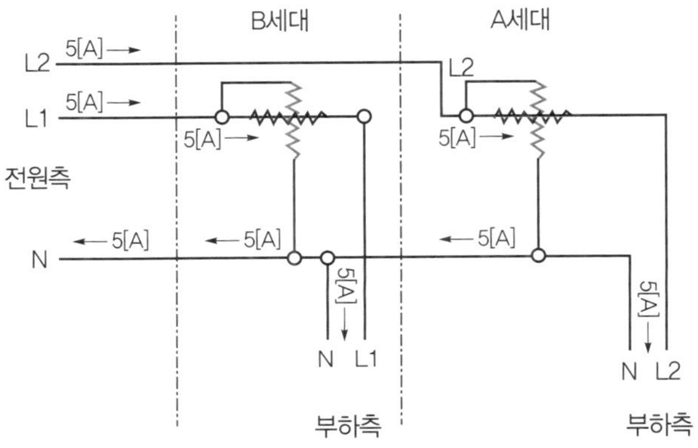

| 2상 3선식 결선 |

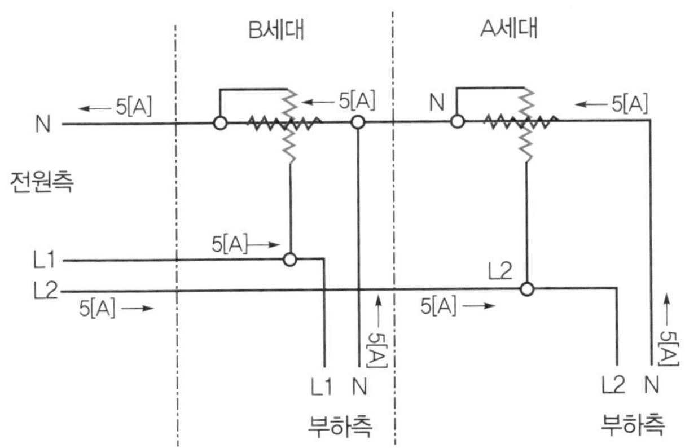

| 각 세대의 전류 성질(크기, 역률)이 다르기 때문에 다르게 적산 |

1. 적산전력계(계량기)는 PT(전압)와 CT(전류)에 의하여 동작된다.
2. 전력량은 사용지침에 CT & PT의 배율을 곱하여 구한다.

036 SECTION

L1-N의 전압이 140[V]가 나오는 이유는 무엇인가요?

얼마 전에 신설한 분전반에 연결된 콘센트를 측정해보니 L1-N:140[V], L1-G : 220[V], N-G : 80[V] 이렇게 나왔습니다. 문제는 차단기 2차 N선의 접촉불량이라고 들었습니다. 여기서, N선 이상 시 왜 L1-N이나 N-G에서 이런 전압이 측정되는지 설명 부탁드립니다.

접촉불량이 되면 접촉불량이 일어나는 곳에서 전압이 강하되기 때문입니다.

다음 그림을 보면 N과 G는 기본적으로 변압기에서 COMMON이 되어 G는 접지를 시키고 N은 전압선과 같이 부하에 전원을 공급합니다. 그런데 N선이 변압기에서부터 분전반 차단기 부하로 가면서 그 사이 어느 부분에선가 접촉이 불량해지면 그곳에서 전압이 DROP이 되기 때문입니다.

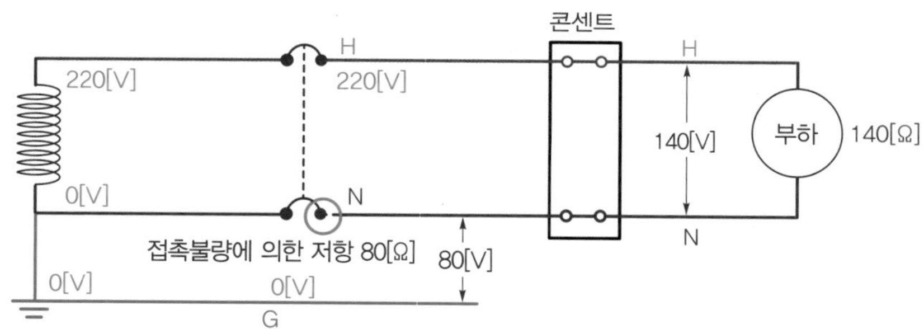

❙ L1과 N의 전압이 140[V]가 나오는 이유 ❙

- 콘센트에 걸리는 전압 = 전원전압 220[V] - 접촉불량에 의한 전압 80[V] = 140[V]

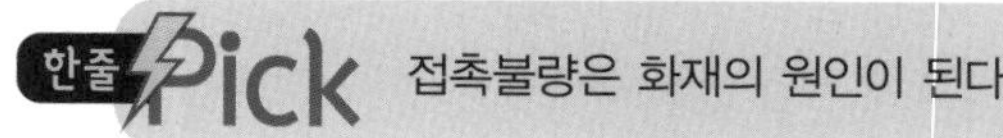

한줄 Pick 접촉불량은 화재의 원인이 된다.

무효전력의 역할은 무엇인가요?

유효전력과 무효전력의 이론만 봤을 때 교류회로에 흐르는 전류에는 전력의 전송에 기여하는 유효성분과 기여하지 않는 무효성분이 있다고 나와 있습니다. 여기서 무효전력은 어떠한 역할을 하는지 그 의미와 역할에 대해 자세히 알고 싶습니다.

무효전력은 변압기, 모터 등과 같은 유도기기가 유도작용을 할 수 있도록 합니다.

(1) 무효전력은 교류에서만 발생합니다.

(2) 유도기기의 전력전달은 코일이 합니다.

(3) 저항은 전력을 소모만 하고 전달하지는 못합니다.

(4) 교류에서 전력을 전달(유도작용)하기 위하여 필수적으로 코일을 사용하는데, 코일에 흐르는 전류는 전압보다 위상이 90° 늦기 때문에 $VI\cos\theta(90^\circ)$로 인하여 무효전력이 발생합니다. 쉽게 설명하면 무효전력이 역할을 하는 것이 아니라 상기와 같이 코일을 사용하면서 필요불가결하게 발생하는 것입니다.

(5) 직류는 유도작용을 하지 못합니다.

1. 지상무효전력은 변압기 등 코일을 사용하면 필요불가결하게 발생한다.
2. 지상무효전력은 진상무효전력인 커패시터를 사용하여 개선할 수 있다.
3. 역률이 나쁘면 기기의 이용률이 떨어지고 전력손실도 발생한다.

038
SECTION

간선 굵기를 선정하는 방법에는 무엇이 있나요?

1개의 분전반에 전등부하 10[kW]와 3상 전동기부하 15[kW]를 같이 설치했습니다. 배전반과 분전반 사이의 거리는 30[m]입니다. 전압강하는 4.4[V]로 계산했습니다. 전등부하전류가 약 45.5[A]$\left(I=10\times\frac{1,000}{220}\right)$이고, 전동기 부하전류는 약 23[A]$\left(I=15\times\frac{1,000}{\sqrt{3}\times380}\right)$가 나왔습니다. 그래서 전류의 합이 약 68.5[A]로 근사값 69[A]로 하고 계산하면 간선 굵기 $=17.8\times30\times\frac{69}{1,000\times4.4}=8.37$[mm³]가 나옵니다, 그래서 10[mm³]인지 아니면, $30.8\times30\times\frac{69}{1,000\times4.4}=14.49$[mm³]여서 16[mm³]인지 궁금합니다.

전선의 길이가 짧을 때에는 허용전류를 가지고 구하고, 길이가 길 경우에는 전압강하를 가지고 구합니다.

(1) 허용전류로 구할 경우 : 정격전류가 50[A] 이하에서는 1.25배, 50[A] 이상일 때에는 1.1배로 구합니다.

(2) 전압강하식으로 구할 경우 : 3상 4선식일 경우에는 $17.8\times\frac{LI}{1,000\times\text{전압강하}}$로 계산합니다.

(3) 전선의 길이가 길고 짧은 것에 대한 기준이 없으므로 두 가지 방법으로 구한 다음 굵은 전선으로 선택하여 선정합니다.

① 3상 4선식의 공식에서 17.8과 3상 3선식의 공식에서 30.8은 계산에 있어서 상전압으로 구하는 것과 선간전압으로 구하는 차이로, 그 값은 같아야 됩니다. 3상 4선식의 전압강하식으로 구한 전압강하 전압은 상전압강하이고 3상 3선식에서 구한 전압은 선간전압강하입니다. 그 이유는 $\frac{17.8}{\frac{\text{선간전압}}{\sqrt{3}}}=\frac{30.8}{\text{상전압}}$으로 같기 때문입니다.

② 질문을 공식에 접하여 계산해 보면 다음과 같습니다.

㉠ 전등부하 10[kW]를 3상으로 나누어 전류를 구하고, 그 전류를 모터의 전류와 더해주어야 합니다. 역률을 무시하고 3상 전류값을 구하면

$\frac{25[kW]}{380[V]\times\sqrt{3}}$ ≒ 40[A]가 됩니다.

ⓒ 계산은 3상 3선식의 30.8을 적용하고 선간의 전압강하를 적용하면 됩니다. 그런데 전압강하를 3상 3선식과 3상 4선식에 똑같이 4.4[V]를 적용했기 때문에 굵기가 다르게 나온 것입니다. 이렇게 계산한 전선의 굵기와 상기 계산한 40[A]의 전류값을 1.25배로 구한 전선 굵기와 비교하여 굵은 전선을 선정하면 됩니다.

1. 전선의 굵기는 전압강하, 허용전류, 단락강도에 의하여 구하고 그 중 가장 굵은 값으로 선정을 하여야 한다(저압은 단락강도 무시).
2. 3상에서 3선식으로 구하는 굵기와 4선식으로 구하는 굵기는 같다.

039 SECTION

3상 4선식 Y결선에서 상전압, 선간전압의 관계는 어떻게 되나요?

(1) 3상 4선식 Y결선에서 중성점과 하트상을 연결해서 사용할 때 단상은 전압원이 하나라고 들었습니다. 그렇다면 중성점에서의 전압은 0[V]가 아닌지 궁금합니다. 전압이 있으면 단상이라는 게 전압원이 하나인 것으로 알고 있는데, 제가 잘못 알고 있는 것인지도 알려주시기 바랍니다(Y결선에서도 각 상에 전류 및 전압이 있는데 중성점에만 없는 이유).

(2) 선간전압과 상전압에 대한 설명 부탁드립니다.

(3) 중성점에 대해서도 설명 부탁드립니다.

(1) 중성점의 전압은 0이 맞고, 중성점으로도 전류는 흐릅니다.

(2) 상전압은 중성점과의 전압이고, 선간전압은 상간의 전압입니다.

(3) 중성점은 3상의 경우 코일 한쪽 끝을 연결하여 3상의 기본인 0전위를 갖는 점입니다.

(1) 전압이란 2점간의 전위차가 있어야 존재합니다. 그리고 기준점이 있어야 합니다. 다음 그림에서 상전압 220[V]는 중성점 전위 0[V]를 기준으로 한 전압입니다. 220[V](상의 전위)−0[V](중성점 기준전위)=220[V]가 됩니다. 이것은 상전압으로 중성점과 상과의 전압입니다.

(2) △결선에서는 상전압이나 선간전압이 같은데, 이것은 상전압과 선전압 기준점이 다른 상전압으로 같기 때문입니다. Y결선에서는 상전압 기준점이 중성점이고, 선간전압 기준점은 다른 상전압입니다.

(3) 중성점은 Y결선에서만 존재하고, 3상이 합하여지는 점 가운데를 말합니다. 그리고 전기적으로 3상의 합이 되는 점(0전위)입니다.

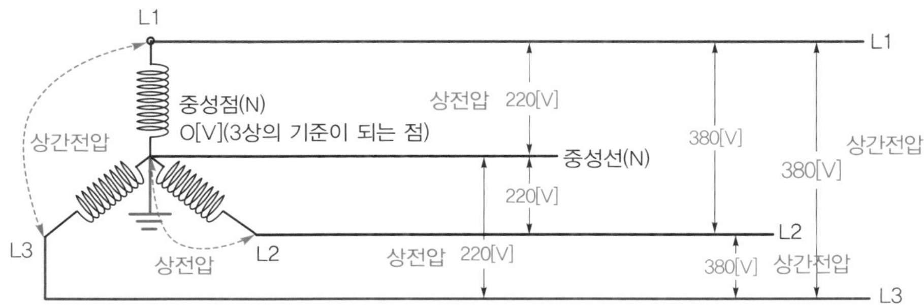

| 중성점, 상전압, 상간전압의 의미 |

- 상전압(220[V]) : 기준점인 중성점(N)과 각 상의 전압(N-L1, N-L2, N-L3 전압)
- 상(선)간전압(380[V]) : 기준점을 상으로 하고 상과 상 간의 전압(L1-L2, L2-L3, L3-L1 전압)

중성점은 3상이 합하여진 곳이고, 상전압은 중성점과의 전압이며, 선간전압은 상과 상 간의 전압이다.

RLC 회로에서 전력소모량은 어떻게 되나요?

RLC 회로에서 왜 R만 전력을 소모하고 LC는 소모하지 않는지 궁금합니다.

전압과 전류의 위상이 90° 다르기 때문입니다.

전력은 V(전압)×I(전류)×$\cos\theta$(전압과 전류의 위상차)인데, 커패시터는 $\cos\theta$가 90°로 0이기 때문에 P(전력)=V(전압)×I(전류)×0=0이 됩니다.

Q L, C성분에 의한 전류 중 전력커패시터나 케이블에서 발열이 발생하는 이유와 전력을 소모하지 않으면 발열도 없어야 하는 것이 아닌지 설명 부탁드립니다.

A 커패시터 안에 있는 절연유나 전선에도 R성분은 아주 적지만 존재합니다.

A+ 교류전압을 가하여 절연체의 누설전류를 측정하여 절연체의 양부를 테스트하는 것을 도블테스트(Tan−δ TEST)라 합니다. 유전정접(Tan−δ)시험은 영어로는 POWER FACTOR 테스트라고 하고, 비파괴적 시험방법에 속하며, 절연물 전체의 평균적인 열화 상태를 확인하는데 사용됩니다.

절연물은 기본적으로 커패시턴스 성분으로 해석하는데 이 절연물에 교류전압을 인가하면 일반적으로 전압에 대하여 90° 위상이 앞선 충전전류($I_c=j\omega CV$) 및 전압과 동상인 누설전류가 흐르며, 유전정접은 누설전류를 충전전류로 나눈 값을 나타냅니다. 이 값이 0에 가까울수록 좋습니다.

1. 전력은 R에서만 소모된다.
2. L과 C는 전력 저장장치이다. 교류에서는 L과 C도 전류가 흐르는 것을 방해한다.
3. L에서는 전류가 전압보다 90° 늦고, C에서는 전류가 전압보다 90° 빠르다.

041 SECTION

커패시터와 코일은 부하가 아니고 전원 저장장치인가요?

전기실에 커패시터가 있는데 이것의 역할이 무엇인지 이해하기 쉽게 설명 부탁드립니다.

| 커패시터 판넬 |

교류 전기를 사용하면 코일에 의하여 90° 늦은 전류가 불필요하게 흐르게 됩니다. 커패시터는 불필요하게 흐르는 90° 늦은 전류를 없애기 위하여 반대로 90° 빠른 전류를 흐르게 합니다.

커패시터를 이해하기 쉽도록 복잡한 공식을 배제하고 개념적으로만 기술한 것입니다. 커패시터와 코일은 부하가 아니고 전원 저장장치로 작용을 하므로 전력을 소모하지 않습니다.

(1) 전원의 위상과 커패시터에 흐르는 전류의 위상은 진상 90°, 코일의 위상은 지상 90°입니다(커패시터와 코일의 전류는 180° 위상차가 발생하여 역으로 작용).

(2) 전원전압이 높을 경우 커패시터로 전류를 충전하다가 전원전압이 낮으면 커패시터에서 전원 쪽으로 방전을 하게 됩니다. 결국, 커패시터는 전력을 소모하지는 않고 전원과 서로 주고받기만 합니다.

(3) 역률이 나쁘다는 것은 전력을 가져갔다가 쓰지도 않고 되돌려 보내는 양이 크다는 것입니다(코일은 커패시터의 반대로 동작을 하면서 역률을 나쁘게 하기 때문에 코일회로에 커패시터를 넣어 0으로 만드는 것이 역률 1로 하는 것임).

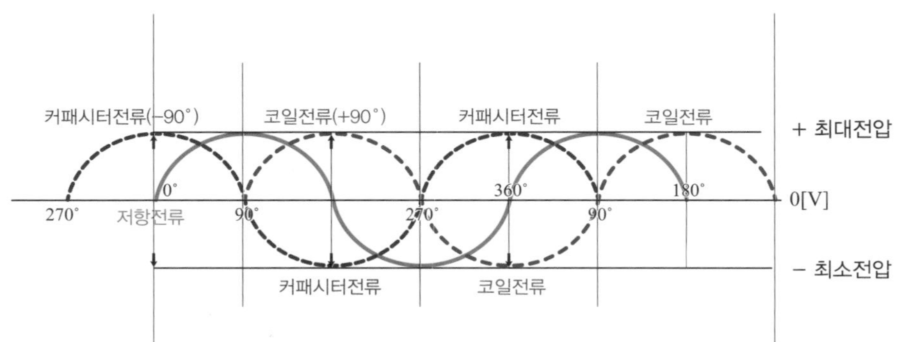

| 교류회로에 흐르는 *RLC* 전류 |

- $L(+90°)$과 $C(-90°)$ 전류는 위상이 180°가 되기 때문에 서로 상쇄역할을 한다.
- $L(+90°)$과 $C(-90°)$ 전류의 크기가 서로 갈다면 서로 상쇄되어 저항에 의한 전류만 흐른다.

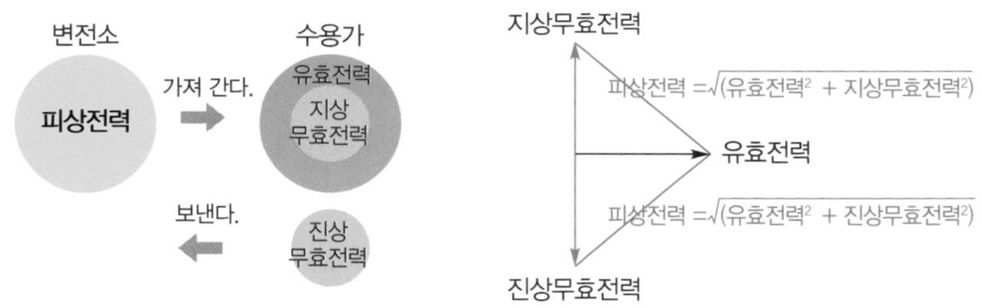

| 전력 관계 |

- 역률은 $\dfrac{\text{사용한 전력}}{\text{사용할 수 있는 전력(가져간 전력)}}$ 이며, 무효전력을 줄이는 것을 역률개선이라고 한다.
- 피상전력은 사용할 수 있는 전력, 유효전력은 실제 사용한 전력, 무효전력은 사용하지 못한 전력(지상, 진상 전력)을 말한다.
- 피상전력 = $\sqrt{\text{유효전력}^2 + \text{무효전력}^2}$

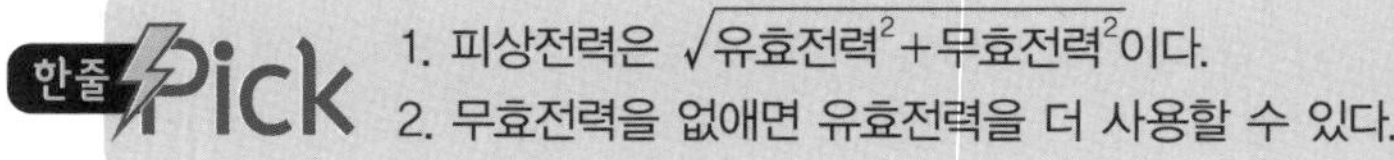

1. 피상전력은 $\sqrt{\text{유효전력}^2 + \text{무효전력}^2}$이다.
2. 무효전력을 없애면 유효전력을 더 사용할 수 있다.

042 SECTION 공조기 전기판넬 장비(차단기, 마그네트, 커패시터 등) 선정 시 주의할 사항은 무엇인가요?

(1) LS산전 차단기, 마그네트 선정표를 기준으로 변경요청을 했는데 용량이 과하거나 부족하여 문제되는 것은 없는지 궁금합니다.

(2) 차단기 선정 시 정격전류의 몇 배 정도를 선정하는지 궁금합니다(직입, Y-△ 선정 차이점).

(3) 마그네트 선정 시 정격전류의 몇 배 정도를 선정하는지도 궁금합니다(직입, Y-△ 선정 차이점).

(4) 전기판넬 내부의 케이블 굵기는 차단기 용량에 맞추지 않고 EOCR이 과부하를 보호할 수 있다고 하여 굵기가 가는 것들이 있습니다. 그러면 모터까지의 간선도 굳이 더 굵을 필요는 없는 게 아닌지 궁금합니다.

(5) Y-△ 기동용 마그네트 3개 중 1, 2번(△운전)의 용량이 같고, 3번(Y운전)의 용량이 작아도 되는 것이 아닌지 설명 부탁드립니다.

(6) 커패시터의 용량이 모터용량에 비해 과하거나 부족한 경우 사용상 문제가 되지 않는지에 대해서도 설명 부탁드립니다.

(1) MAKER의 선정기준으로 요청했다면 문제가 없습니다.

(2) 차단기는 Y나 △ 모두 정격전류의 3배 이하로 선정합니다(기동 시 트립되지 않으면 차단기 용량이 작아도 문제는 없음).

(3) 마그네트는 정격전류의 125%로 선정합니다. 단, Y기동 △운전의 경우 모터로 가는 선이 6가닥으로 즉, 마그네트로 흐르는 전류는 운전전류의 $1/\sqrt{3}$이 흐르므로 125%의 $1/\sqrt{3}$ 이상 선정하면 됩니다.

(4) 모터의 전선도 정격전류보다 1.25배 크면 됩니다.

(5) Y 마그네트 용량은 △ 마그네트 용량보다 1단계 작아도 됩니다.

(6) 커패시터 용량이 작으면 역률은 낮아지지만 문제는 생기지 않습니다. 하지만 커패시터 용량이 크면 모터 정지 시 커패시터에 저장된 에너지가 모터의 여자전원으로 되어 모터가 잠깐 발전되고 빨리 정지가 되지 않습니다.

(1) MAKER의 선정기준이 기본입니다. 차단기는 기동 시 차단되지 않도록 하기 위하여 3배 이하(대부분 2.5배 정도 선정)로 선정하고 전선은 최대사용전류(정격전류)의 1.25배 이상으로 하여야 합니다.

(2) 모터는 EOCR(과전류 계전기) 등으로 보호를 하고 차단기는 단락사고나 모터 소손사고 시 전원측 1차로 사고가 파급되는 것을 방지합니다.

(3) MC는 모터 정격전류의 1.25배 이상을 선정하는 것이 좋습니다.

(4) MC는 크면 클수록 좋습니다.

① Y기동 △운전 시 마그네트나 전선선정 시에는 전류가 선전류가 아닌 상전류가 흐르기 때문에 상전류를 감안하여 선정하면 됩니다.

② MC1을 메인으로 쓸 경우엔 정격전류를 반영하고 그냥 △와 같이 사용할 경우 $1/\sqrt{3}$ 정격전류를 반영하면 됩니다. 이때에도 최대전류의 1.25배를 반영합니다.

한줄 Pick 수 · 배전 기기의 용량은 정격 사용용량보다 125% 이상이어야 한다.

043 SECTION 클램프형 접지저항계로 접지저항을 측정하는 방법과 측정값은 어떻게 구하나요?

발전기 외함은 114.5[Ω]이 나오고 중성선은 접지값이 나오지 않습니다. 접지저항계가 클램프 형태라 전선에 걸어서 측정을 했는데도 값이 다른 이유가 무엇인지 궁금합니다. 제가 측정하는 방법이 틀렸는지에 대해서도 알고 싶습니다.

중성선 접지가 되지 않은 것 같습니다.

(1) 발전기의 전압이 저압 400[V] 미만이므로 접지저항은 100[Ω] 이하이면 됩니다.

(2) 후크형의 접지저항계는 측정 시 측정값 중 접지에 따른 오차값이 (+)가 되기 때문에 접지를 다중으로 한 한전의 배전선로 측정할 때 사용합니다.

(3) 접지측정 시 측정하고자 하는 접지선은 다음 그림처럼 폐회로가 되어야 합니다. 우리가 측정하고자 하는 저항은 R_g입니다. R_g는 R_1~R_N 병렬저항과 직렬로 (+)되어 측정됩니다. R_1~R_N 병렬저항이 무수히 많으면 그 값이 0에 가까워 순수 측정하고자 하는 접지저항 R_g가 후크형 접지저항계에 측정됩니다.

(4) 기본적으로 다음 그림은 R_1~R_N 병렬저항이 무수히 많거나 혹은 저항이 없는 도선 등으로 R_g저항과 같이 직렬 연결되면 R_1~R_N 병렬저항값이 0에 가까워 측정값에 영향을 작게 줍니다. 하지만 R_1~R_N 병렬저항값을 0으로 할 수가 없기 때문에 실제 저항값에 오차가 많이 생깁니다. 그리고 현장에서는 메인 접지를 대지 속에서 메시로 하고 기기에 메인 접지에서 2 POINT 이상 접지를 합니다. 이 경우 후크형 접지저항계로 측정할 때 주의를 하여야 합니다.

(5) 메인 접지에서 2POINT 이상 접지를 하고 그 상태로 접지선의 저항을 측정하면 순수 접지값이 아닌 접지선 자체의 저항값으로 0이 나옵니다. 일반적으로 측정이 편하다고 많이 사용하는데 측정원리를 몰라 측정오류를 범하는 경우가 많이 있습니다.

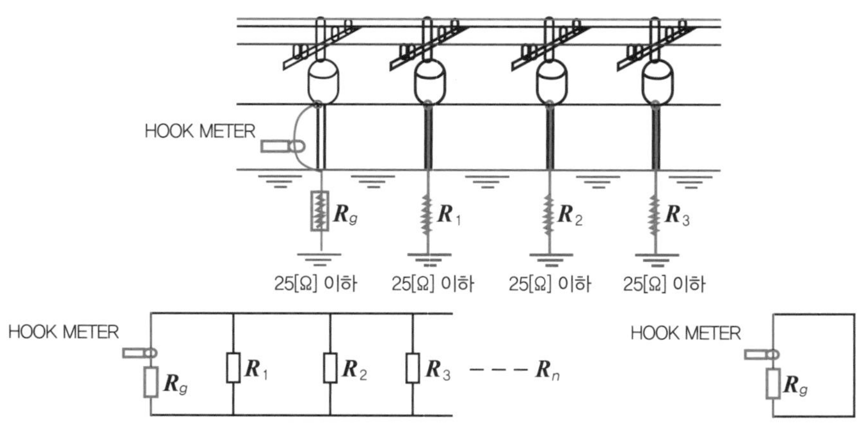

| 한전 22.9[kV] 배전선로 |

- 위 그림에서 측정하고자 하는 저항은 변압기의 접지저항 R_g이다.
- 결론은 $R_1+R_2+R_3+R_4$ 병렬(합성)저항을 0에 가깝게 하여 순수 R_g의 값을 측정하는 것이다.

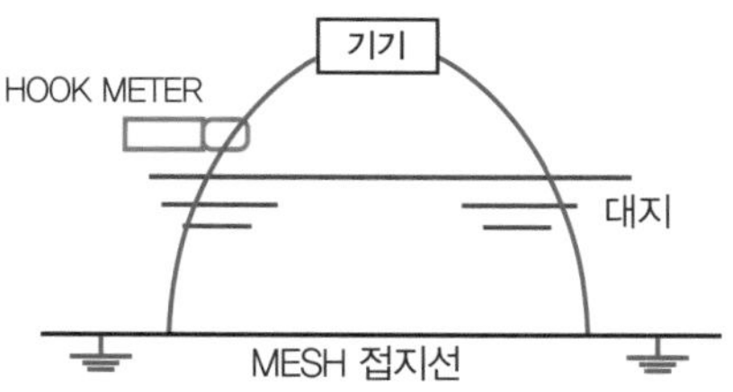

- 현장에서는 기기의 접지를 2POINT 이상 한다. 이 상태에서 오른쪽 그림과 같이 측정하면 접지저항과 상관없이 0이 나와야 한다.
- 이것은 접지 루프로 접지선의 시공이 정상인 것을 확인하는 것이다.

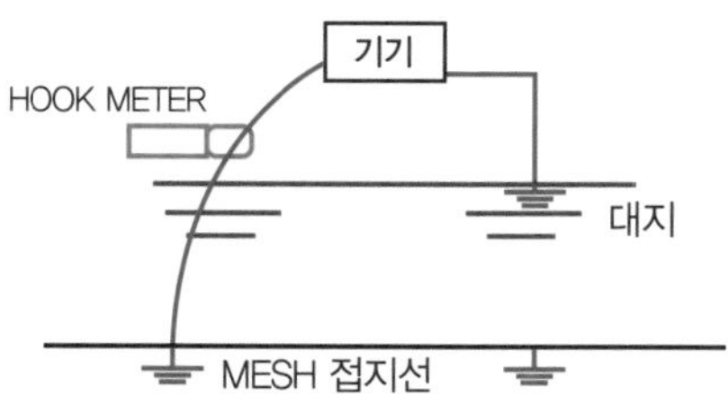

| 현장에서 측정 시 주의할 점 |

- 현장에서의 접지는 측정하고자 하는 접지선을 제외하고 모두 해체하여야 하고 기기의 몸체를 별도로 대지와 접지시켜야 한다(폐루프가 되어야 한다).
- 절연이나 접지를 시키지 않으면 측정이 되지 않는다.

클램프형 접지저항계는 측정 시 LOOP가 되어야 한다. 단, MESH로 LOOP가 되면 안 되고 대지로 LOOP가 되어야 한다.

044 SECTION

유도로 인한 오동작 방지 방법은 무엇인가요?

MCC와 LCS 사이의 거리는 300[m]이고, 메뉴얼 동작버튼으로는 온오프가 잘 됩니다. 오토셀렉션 후 DCS 운전으로 설계(케이블 미포설 상태)되었습니다. DCS는 JUMPER해서 테스트하는데 JUMPER를 떼면 오프되지 않고 자기유지가 되고 릴레이 MY4N인 것을 보조계전기 MR-4로 바꾸니까 정상동작이 됩니다.

선로체크, 절연도 정상, LCS 결선도 정상, LCS로 나가는 2.5SQ×7C와 판넬 컨트롤전원 N의 각 선의 전압을 확인하니 40[V]가 나오고, 7C 중 회로를 위해 H 전원을 넣으면 각 선과 N에 129[V]의 전압이 나왔습니다. 그래서 릴레이가 죽지 않고 유지되는 상황이었습니다. 저는 유도전압이라고 생각되는데 눈에 보이는 현상이 아닐뿐더러 보조계전기로 바꾸었을 때 정상동작되어 버리니 사용자측에서는 판넬 설계문제라는 오해가 생길까 걱정입니다.

이 점에 대해서 자세한 설명 부탁드립니다.

조작전선의 유도에 의한 현상입니다.

위 사항은 조작선이 다른 전력선들과 같이 설치되었을 때 일어나는 현상입니다. 릴레이 양단에 전원이 110[V]이고, 1[W], 20[kΩ], 220[V]라면 2[W], 25[kΩ] 저항을 다음 그림과 같이 병렬로 설치해보시기 바랍니다.

저항을 연결해 테스트한 결과 잘 동작합니다. 전압은 20[V]로 떨어지고 저항 없이는 전압이 129~150[V] 정도로 자기유지됩니다.

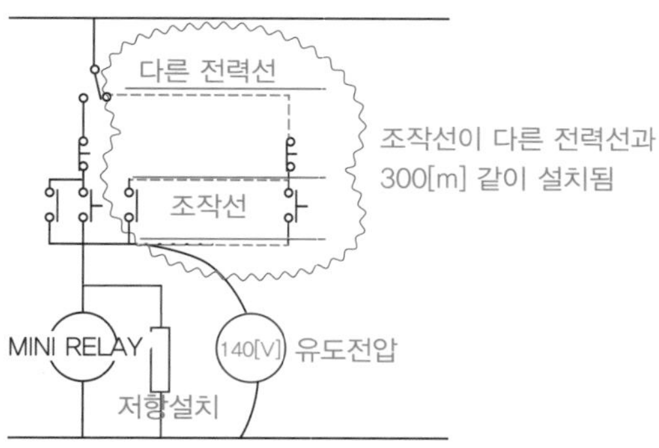

❙ 조작전선을 다른 전력선과 같이 설치 ❙

- 조작전선이나 제어전선이 다른 전력선과 같이 설치되면 그 전선에 유도전력이 생긴다. 그 유도전력이 작아서 MINI RELAY는 동작하지만 큰 릴레이 같은 것들은 그냥 소멸된다.
- 다른 전력선 전류가 크고 전력선과의 거리가 가까울수록 유도전력은 크게 발생한다. 그러므로 MINI RELAY 양단에 저항을 설치하여 유도전력을 소멸시킨다.

상기 현상은 전자유도현상에 의하지만 LED LAMP나 SIGNAL LAMP 등과 같이 잔불과 같은 현상이 발생할 경우에도 효과가 있다.

045 SECTION 플러스, 마이너스 접지란 무엇인가요?

플라즈마 용접기의 경우 모재측 접지에 물리는 케이블이 플러스, 일반 인버터용접기의 경우 모재측에 물리는 케이블이 마이너스 개념이라고 합니다. 그러면 모재에 물리는 케이블은 접지 개념으로 전기회로를 만들어 줍니다. 여기서, 용접기 2차가 직류이다 보니 서로 접지를 한 (+)와 (−)에 의하여 접지케이블에서 충돌이 일어날 수가 있는지 궁금합니다.

(+), (−)가 접지케이블에서 충돌이 일어나는 것이 아니라 용접되는 부분에서 충돌이 됩니다.

전기의 기본은 전위입니다. 전위는 두 점 간에 (+), (−)로 존재합니다. 우리는 이것을 전원(전압)이라 합니다. 하나의 전원 기준전압은 0[V]입니다. 접지는 무수히 많은 전원들의 기준점입니다. 어떤 것은 (+)를 접지로, 또 어떤 것은 (−)를 접지로 하여 사용합니다. 전원전압은 두 점 간에 존재하는데 접지는 1점이기 때문에 아무런 영향을 주지 않습니다.

예로 100[V] BATTERY 2개를 1개는 (+)를 접지하고, 또 1개는 (−)를 접지하여도 각 개별 BATTERY에 대해서만 (+)와 (−)전위로 존재할 따름입니다. 이것은 전압이 다른 수많은 변압기들이 접지를 하여도 아무런 영향을 주지 않는 것과 같습니다. 이 접지들은 그림과 같이 대지를 통하여 전기적으로 공통접지를 한 것과 같습니다.

참고 PIPE의 부식을 방지하기 위한 전기방식에서는 (+)를 대지에 접지하고 PIPE에 (−)를 가압한다.

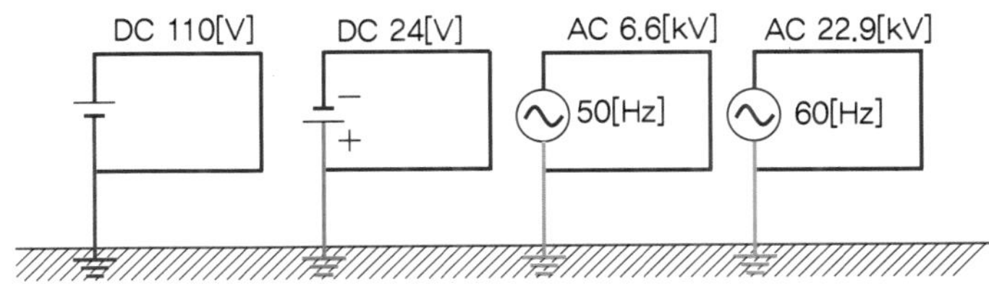

| 각기 다른 전원들의 접지 |

대지에는 무수히 많은 전원의 1극[(+) 혹은 (−)]이 존재한다.

046 SECTION

전압이 같으면 똑같이 일을 하나요?

언젠가부터 12[V] LED 랜턴을 켜두면 얼마가지 못해서 불이 깜박깜박 거리는 현상이 발생하여 배터리 문제라는 생각이 들어 배터리를 한번 만들어서 실험해보았습니다. 건전지 AAA 1.5[V] 8개를 직렬로 연결했더니 11[V]가 나왔습니다. 그래서 건전지 내부저항 때문에 전압이 다운되었다고 생각하고 AAA 건전지 9개를 직렬로 연결해서 12.3[V]를 만들었습니다. 그런 다음에 랜턴에서 기존에 들어있던 건전지를 분리시키고 제가 만든 건전지를 연결하였는데 불이 켜지질 않습니다. 다시 랜턴에 달려있던 전지전압을 측정해보니 12.1[V]가 나옵니다. 그런데 원래 랜턴에 달려있던 전지 12.1[V]를 연결하면 불이 켜지긴 합니다. 전압은 제가 만든 전지가 더 높은 상황입니다. 이 현상을 어떻게 이해해야 하는지 알려주시면 감사하겠습니다. 그리고 똑같은 전압이라도 전지 종류에 따라서 불이 켜질 수도 안 켜질 수도 있는지에 대해서도 설명 부탁드립니다.

배터리의 전원용량은 [Ah]로 나타냅니다. 전압이 높아도 [Ah]용량이 작고 내부저항이 크기 때문에 불이 켜지지 않는 것입니다.

(1) 배터리가 신품이라면 1.5[V]는 약 1.6[V] 정도가 나와 9개를 연결하면 14.5[V] 정도가 되어야 하는데 12.1[V]라면 기본적으로 배터리는 완전 방전이 된 상태입니다.

(2) 배터리는 전압도 중요하지만 용량이 더 중요합니다. 일반적으로 [Ah]를 배터리의 용량이라고 합니다. 방전이 다 되면 배터리의 [Ah]는 작아지고 내부저항이 아주 많이 커집니다. 전압이 높아도 부하가 걸리면 내부저항이 매우 크기 때문에 전류를 흘리지 못합니다.

(3) 12[V] 랜턴의 부하용량을 확인하여야 합니다. 용량이 크면 신품으로 교체를 하여도 점등이 안 될 수 있습니다. 기본적으로 교류 전기를 사용할 때도 용량이 작은 변압기에 부하가 많이 걸리면 과부하가 되면서 전압이 DROP되어 부하의 전압이 많이 DOWN되는 것과 같습니다.

(4) 부하를 연결하고 실제 배터리의 전압을 측정해 보시기 바랍니다. 아마 전압이 나오지 않을 것입니다. 여기에서 변압기의 %Z를 한 번 더 생각해야 합니다. 따라서, 전원용량은 부하용량보다 항상 커야 됩니다.

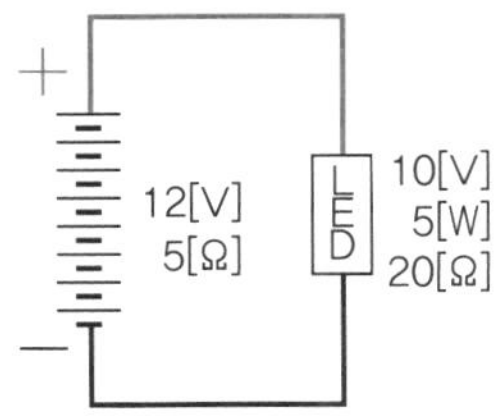

| 건전지 8개를 직렬연결한 경우 |

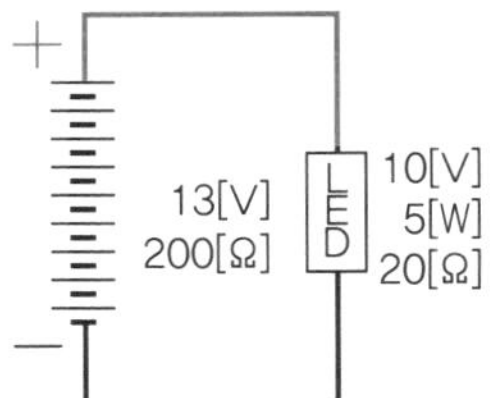

| 건전지 9개를 직렬연결한 경우 |

- 건전지가 방전되면 내부저항은 커지고 충전된 용량이 작아진다.
- [Ah]는 알 수 없으므로 내부저항만 커졌다고 생각하고 계산을 하면 첫 번째 그림은 $\left(\frac{12[V]}{25[\Omega]}\right)^2 \times 20=4.6[W]$이고, 두 번째 그림는 $\left(\frac{13[V]}{220[\Omega]}\right)^2 \times 20=0.07[W]$가 된다.

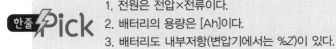

1. 전원은 전압×전류이다.
2. 배터리의 용량은 [Ah]이다.
3. 배터리도 내부저항(변압기에서는 %Z)이 있다.

50[Hz]의 전원과 60[Hz]의 전원을 연결하면 어떻게 되나요?

50[Hz]의 전원과 60[Hz]의 전원을 연결하면 10[Hz]의 파고가 생긴다고 생각하는데 어떤 현상이 발생하는 것인지 설명 부탁드립니다.

주파수가 맞지 않으면 단락사고가 발생합니다.

얼마의 전압으로 어떻게 연결하느냐가 중요합니다. 기본적으로 우리가 사용하는 전원이라면 그것을 그대로 연결하면 단락현상이 나타납니다. 다음 그림은 50[Hz]와 60[Hz] 전원이 중첩되는 것을 나타낸 것입니다. 그림을 보면 두 개의 파형이 중첩되어 0전위에서 만나는 점은 50[ms]와 100[ms](50[Hz]는 20[ms]×5=60[Hz]는 16.6…7[ms]×6이므로)가 되고, 100[ms] 안에는 위상이 다른 파형이 60[Hz]는 6개, 50[Hz]는 5개가 만들어집니다. 그 파형은 그림과 같이 50[ms] 전후에서 $2E$ 정도로 최대 전위차가 생기고 100[ms]점에서 0이 됩니다.

그리고 그때 중첩되어 나타나는 전압은 두 파형의 차전압으로 최대가 $2E$ 정도 됩니다. 또한 두 개의 전원이 중첩되면 전류는 $2E/2Z$(2개의 Z합)로 최대 단락전류가 흐릅니다.

그렇기 때문에 전원을 병렬로 사용하려면 전압과 위상이 같아야 합니다.

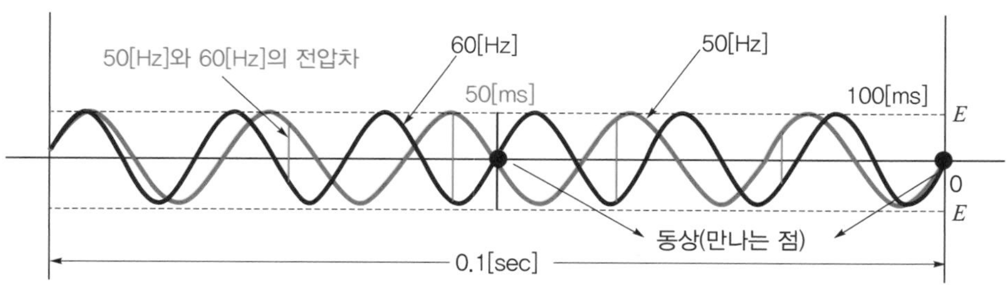

| 50[Hz]와 60[Hz]의 전원이 병렬연결이 되었을 때의 위상과 전압차 |

변압기의 병렬운전조건 중에 가장 중요한 것이 주파수이다.

CHAPTER

02

감 전

048 SECTION

중성선도 환경조건에 따라 감전이 될까요?

중성선은 일종의 접지이기도 하고 전압선이기도 하며, 저항도 낮고 전위차도 낮은데, 아무리 생각해도 좀 불안하기도 하고 의심스러운 부분이 있습니다. 정말 중성선은 감전이 안 되는지 궁금합니다.

(1) 중성선은 전압선이라 하지 않고 그냥 중성선이라고 합니다.

(2) 중성선에서 감전이 될 수도 있습니다.

예를 들어 부하가 평형이 되지 않아 부하 중성점과 대지 간 전압이 30[V], 중성선의 저항이 5[Ω], 인체저항이 500[Ω]이라고 했을 경우 부하 중성점에서 변압기 중성점으로 흐르는 전류는 $\dfrac{30[V]}{\dfrac{5\times500}{5+500}}$ ≒6[A]입니다.

이 경우 인체를 통해 흐르는 전류는 전류분배법칙에 의하여 $6[A]\times\dfrac{5}{505}$ ≒0.06[A]=60[mA]가 되므로 감전의 위험이 있습니다.

인체를 통하여 흐르는 전류는 대지전압과 중성선의 저항, 인체저항에 따라 달라집니다.

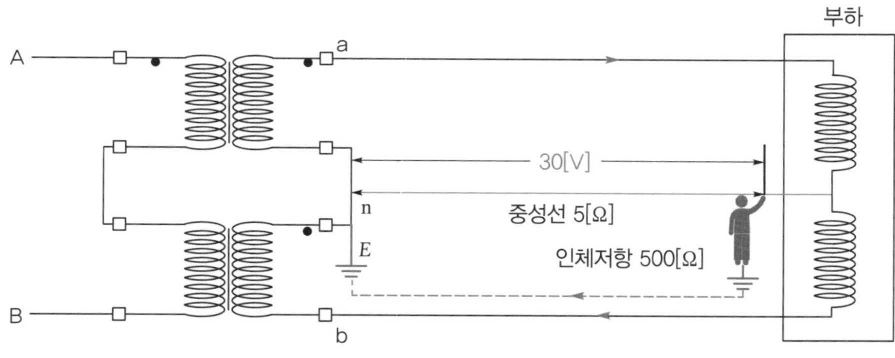

| 인체를 통하여 흐르는 전류 |

- 인체를 통하여 흐르는 전류 : $\dfrac{30[V]}{500[\Omega]}=60[mA]$

Q 결론은 감전이 될 수도 있다는 것인데 어떨 때 감전이 되는지 알려주시기 바랍니다.

A 불평형이 되어 부하측 중성점 전위가 높을 경우엔 상황에 따라 그럴 수도 있다는 것입니다(인체저항은 수영장과 같은 곳에선 아주 낮음).

1. 중성선도 2차 전압이 높을 경우 감전의 위험이 있다.
2. 감전전류가 20[mA] 이상이 되면 회로에서 스스로 떨어질 수 없다.

049
SECTION

감전 이격거리는 무엇을 의미하나요?

특고압은 이격거리 안에 사람이 들어가면 사람이 달라붙는다고 들었습니다. 그래서 수전설비의 문을 열 때도 조심하고 있는데, 이격거리는 무엇을 말하는 것인지 설명 부탁드립니다.

이격거리는 작업자가 활동(작업)할 때 충전 부위에 접촉하지 않도록 띄워 놓는 거리를 말합니다.

(1) 실제 전기의 공기절연내력은 1[cm]에 약 15,000[V](날씨에 따라 변동) 정도로 감전이 되려면 저압에서는 직접 몸이 닿아야 하고, 22,900[V]에서는 2[cm] 이내로 접근하지 않으면 전력에 의한 사고는 일어나지 않는다고 볼 수 있습니다.

(2) 공기의 절연내력은 DRY AIR 상태에서 교류는 21,000[V], 직류는 30,000[V]입니다. 하지만 전기는 절연파괴뿐 아니라 전자유도현상, 정전유도현상이라는 것이 있으므로 무조건 충전 부위에 접근하는 것은 좋지 않습니다. 항상 큐비클 배전반을 열 때는 주의할 필요가 있습니다.

(3) 감전은 110[V]에서도 일어납니다. 전기를 다루는 사람은 확인하고 또 확인하여야 하며 절대 방심하지 않도록 주의해야 합니다. 그렇지 않으면 평생을 후회할 수 있습니다.

질문 더+

Q 부스바를 보면 색상이 입혀져 있습니다. 만약 그 색상에 손이 닿고(접점볼트 제외) 한쪽 손이 판넬에 닿으면 어떻게 되는지 궁금합니다. 색상은 피복이니 괜찮은 것 같다는 제 생각이 맞는지도 알려주시기 바랍니다.

A 안전을 위하여 부스에 절연 튜브를 씌운 것이지만 절대 만지면 안 됩니다.

A+ 작업 시 충전부와 판넬 등 외함과의 이격거리도 반드시 확인하여야 합니다. 다음 표는 전압에 따른 충전 부위와 상간, 대지간 이격거리입니다. 이론상으로는 이 이격거리까지는 사람이 접근하여도 위험하진 않지만 충전부위 주위에서 작업할 때에는 충전부를 절연하고 최대한 접근하지 않도록 하여야 합니다.

(1) AC 1,000[V], DC 1,500[V] 이하 저압 폐쇄배전 및 제어반의 주회로 나도체 배선

정격절연전압[V] (직류 – 교류)	공간거리[mm]			
	15[A] 이상 63[A] 이하		63[A] 초과	
	상간 거리	대지간 거리	상간 거리	대지간 거리
250 초과 380 이하	4	6	6	8
380 초과 500 이하	6	8	8	10
500 초과 660 이하	8	8	8	10
660 초과 750 이하	10	14	10	14

(2) AC 1,000[V], DC 1,500[V] 이상 33[kV]까지 고압 폐쇄배전반

절연계급	공칭전압[V]	절연거리[mm]		
		대지	상간	극간
3B	3,300	30	53	
3A	3,300	45	53	
6B	6,600	45	53	
6A	6,600	65	81	
10B	11,000	90	105	
20B	22,900	210(추천치) 205(최소치)	230(추천치) 215(최소치)	225
30B	33,000	380	330	

(3) 22.9[kV] 특고압 폐쇄배전반 및 모선의 이격거리

상 – 대지간	상 – 상간	동상 – 극간
200[mm] 이상	215[mm](230[mm]) 이상	225[mm] 이상

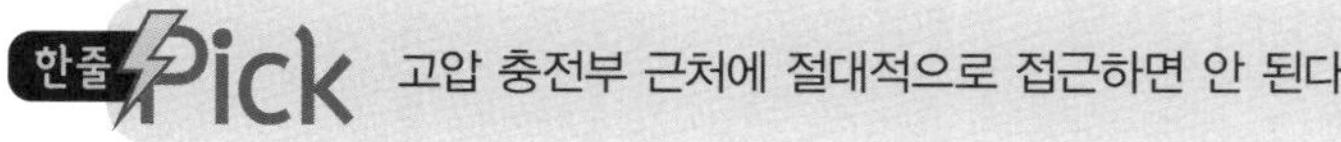

한줄 Pick
고압 충전부 근처에 절대적으로 접근하면 안 된다.

전선 한 선만 잡아도 감전이 될 수 있나요?

차단기를 내리고 작업하고 싶으나 사정상 220[V]에서 활선작업을 할 때가 많습니다. 보통 펜치로 전선의 피복을 벗겨도 괜찮다가 가끔 펜치에 선만 접촉되어도 감전이 되서 찌릿한 경험을 몇 번 했습니다. 누전차단기까지 내려간 적도 있었습니다. 도대체 왜 감전이 되는지 잘 모르겠습니다. 또 같은 L1선을 만졌을 뿐인데 어느 집은 괜찮은데, 어느 집은 따끔 따끔한 게 많이 느껴질 때가 있던데 이건 왜 그런 것인지 설명 부탁드립니다.

만질 때 자신의 몸이 어떤 상태(절연 정도)이었는가에 따라 느끼는 정도가 달라집니다.

전기를 확실하게 이해하면 이런 일을 겪지 않을 것입니다. 경우에 따라 활선작업도 한다고 하였는데 그러기 위해서는 전기를 알고 그에 대해 확실하게 안전조치를 해야 합니다. 그것이 바로 한전에서 하는 무정전 활선작업입니다. 전기는 눈에 보이지 않습니다. 그러므로 최고의 안전은 기본에 충실하는 것입니다.

(1) 전기는 회로가 형성되지 않으면 전류가 흐르지 않습니다. 회로가 어떻게 하여야 형성되지 않게 하는지를 배워야 합니다. 전선 1가닥은 전류가 흐르지 않아 감전이 되지 않는다고 어설프게 아는 사람이 의외로 많습니다.

(2) 전선에는 크게 L1, L2, L3와 같은 HOT LINE이 있고 접지를 한 중성선 N선이 있습니다. HOT LINE은 대지와 전전압(220[V])이 걸리기 때문에 몸이 접지가 된 상태에서 만지면 당연히 감전됩니다. 접지를 한 중성선 N선은 대지와 같은 전위를 가진 하나의 전력선으로 HOT LINE에 비하여 많이 위험하지 않습니다만 중성선에 전류가 흐르거나 중성선 회로가 단선되어 이상이 생겼을 경우에는 검전기로 검전이 되면 위험합니다.

(3) 전기작업을 할 경우엔 필히 검전기나 테스터기로 전압의 충전 유무를 필히 체크해야 합니다.

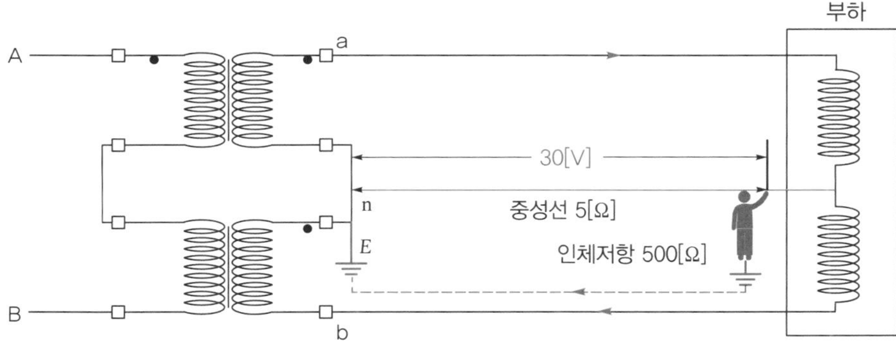

| 인체를 통하여 흐르는 전류 |

- 인체를 통하여 흐르는 전류$=\dfrac{30[V]}{500[\Omega]}=60[mA]$

한줄 Pick 중성선도 2차 전압이 높을 경우 감전의 위험이 있다.

051 SECTION

동일한 전류에 다른 전압이라면 전압이 높은 쪽이 감전의 위험이 더 큰가요?

동일한 전류 10[A]가 흐르는 110[V]와 220[V]가 있을 경우 220[V]가 인체에 더 위험한 영향을 미치는지 알려주시기 바랍니다.

전류는 전압에 비례하여 흐르기 때문에 전압이 높은 쪽이 훨씬 위험합니다.

(1) V(전압)=I(전류)×R(저항)에서 저항이 일정하면 전류는 전압에 비례하여 흐릅니다. 감전 시 위험의 정도는 인체를 통하여 흐르는 전류의 크기로 알 수 있습니다.

(2) 인체의 저항은 환경에 따라 변합니다. 동일한 환경, 인체의 저항이 일정한 상태에서의 전류는 전압에 비례하여 흐릅니다.

$$\frac{110[\mathrm{V}]}{\text{인체저항}(1.1[\mathrm{k\Omega}])}=0.1[\mathrm{A}],\quad \frac{220[\mathrm{V}]}{\text{인체저항}(1.1[\mathrm{k\Omega}])}=0.2[\mathrm{A}]$$

1. 저항이 일정하면 전류는 전압에 비례한다.
2. 20[mA] 이상 전류가 인체를 통하여 흐르면 스스로 회로에서 이탈하지 못한다.

052 SECTION 스위치 OFF상태에서도 형광등에 전원이 살아있나요?

기존 형광등기구(40[W])에 등기구를 추가로 설치할 일이 있어서 스위치를 OFF한 상태에서 기존 전등선을 만지다 전기충격을 받았는데, 스위치를 한 상태에서도 전원이 들어오는 게 맞는지 설명 부탁드립니다.

스위치를 중성선에 설치하면 형광등 양단에는 H전압이 걸립니다.

먼저 형광등을 켜기 위해서는 회로가 형성되어야 합니다. 다음 그림을 보면, 스위치를 H선에 설치했을 때 OFF하면 스위치에서 회로가 끊겨 형광등은 켜지지 않습니다. 하지만 스위치를 N선에 설치하면 형광등을 통하여 스위치 한 쪽에는 H전압이 걸립니다.

스위치는 기본적으로 H선에 설치하여야 합니다. 그리고 스위치를 만질 때에는 반드시 차단기를 OFF하고 작업하여야 합니다. 그리고 장갑 등을 착용하여 자신의 몸을 절연시켜야 하며, 특히 전기를 확실히 알지 못하는 초보자일 경우 각별한 주의가 필요합니다.

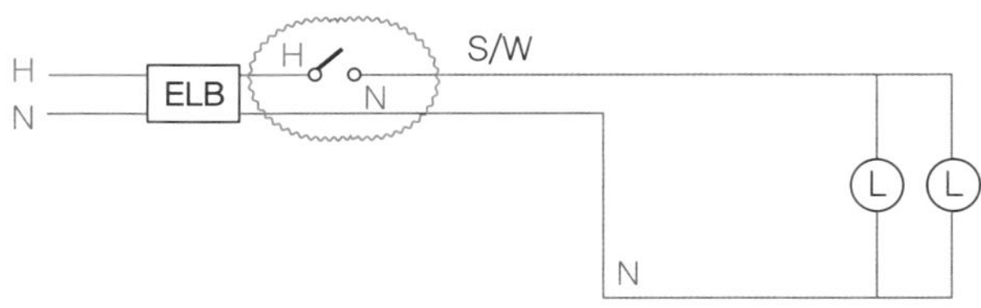

| 스위치를 H선에 설치할 때 |

- 스위치를 정상적으로 H선에 설치하고 스위치를 오프하면 스위치 부하측은 N으로 되어 전압이 걸리지 않는다.

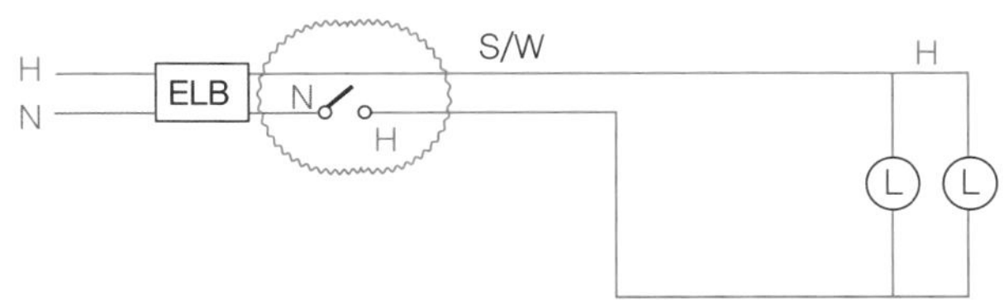

| 스위치를 N선에 설치할 때 |

• 스위치를 N선에 설치하고 스위치를 OFF하여도 전등은 H가 되어 전압이 걸린다. 스위치를 N선에 설치하면 절대 안 된다.

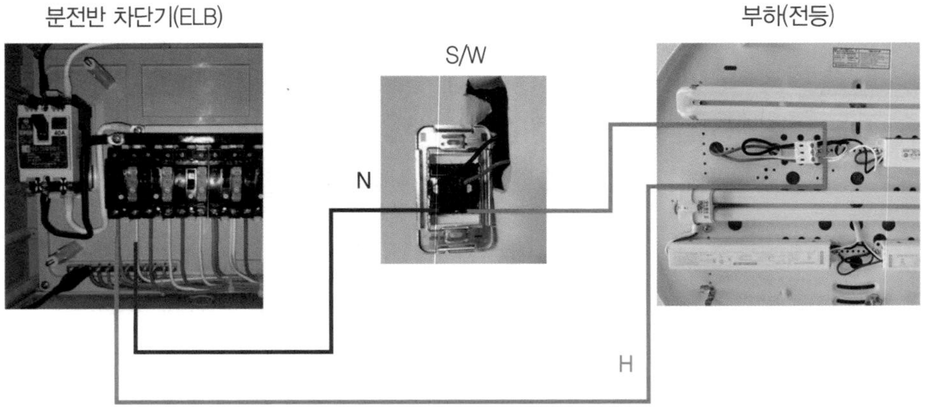

❙ N선에 스위치를 설치하면 안 되는 이유 ❙

• N선에 스위치를 설치하면 스위치를 OFF하여도 전등의 양 단자는 대지와 전압이 걸린다.

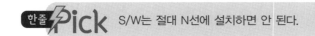

S/W는 절대 N선에 설치하면 안 된다.

누설전류와 유도전압에 의한 감전의 차이는 무엇인가요?

(1) 누설전류와 유도전압에 의한 감전의 전반적인 차이점에 대해 설명 부탁드립니다.

(2) 유도전압에 의한 감전은 보통 송전선로 부근에서 전하가 인체에 유도되어 있다가 금속체를 통해 방전되며 생기는 전류에 의한 감전이라고 알고 있습니다만, 각종 공기구 등 금속성 물체를 몸에 지니고 있으면 유도전압이 더 쉽게 생기는지 알려주시기 바랍니다.

(3) 송전철탑이 논 한가운데 있는데 물이 차있는 논에서 작업할 때 따끔거리는 현상은 유도전류 때문인지 아니면 누설전류 때문인지도 알려주시기 바랍니다.

(1) 누설전류는 정상적인 회로가 아닌 곳으로 흐르는 전류를 말하고, 유도전압은 전압이 걸려있는 전선로 근처에 있는 물체에 전압이 생기는 것을 말합니다.

(2) 유도전압에는 정전유도전압, 전자유도전압이 있으며, 전자유도전압은 금속성과 관계하여 발생하고 정전유도전압은 금속과 관계없이 발생합니다.

(3) 정전유도전압은 몸이 대지에 접지되어 있으면 발생하지 않고, 절연이 될 경우 발생합니다.

(1) 먼저 누설전류와 유도전압에 대한 개념부터 알아야 합니다. 누설전류란 말 그대로 새는 전류를 의미하고, 유도전압이란 전압이 걸려 있는 전선로 옆에 물체가 있으면 그 물체에 전자유도전압과 정전유도전압이 발생하는 것을 말합니다.

(2) 감전은 일반적으로 유도전압보다는 누설전류에 의한 것이라고 보아야 합니다. 이는 전선로의 절연이 파괴되어 도체에 전압이 충전되어 있다가 인체를 통해 접지와 회로가 형성되면서 전류가 흘러 감전되는 것입니다. 유도전압에 의한 감전은 유도체가 무엇이냐에 따라 다릅니다. 변압기도 유도현상에 의하여 전압이 유도됩니다.

(3) 송전선로 부근에서 인체에 전하가 충전되는 현상은 정전용량에 의한 것입니다. 다음 그림을 참고하면 송전선과 대지 사이에 인체가 있을 때 인체의 정전용량에 의해 전압이 형성되고 충전 전하량은 거리와 면적의 크기에 의해 정해진다

는 것을 알 수 있습니다. 충전된 전하는 대지 또는 송전선과 접촉할 때 전기회로가 형성되어 전압은 높지만 충전된 전하량이 적기 때문에 순간 방전이 일어납니다. 각종 공기구 등 금속성 물체를 몸에 지니고 있다고 하여 유도전압이 더 쉽게, 더 크게 생기는 것은 아닙니다. 그냥 빈몸이어도 송전선로와 대지 사이에 절연된 상태로 있으면 정전유도전압이 발생합니다.

(4) 송전철탑이 논 한가운데 있는데 물이 차 있는 논에서 작업할 때 따끔거리는 현상은 인체가 완전히 접지가 되지 않았다가 접지가 될 때 정전유도된 전압이 방전되면서 일어나는 현상입니다.

| 송전선과 대지 사이에 물체가 있을 경우 유도전압 |

- 송전선과 대지와의 사이에 있는 똑같은 물체에 걸리는 정전용량에 의한 유도전압은 거리에 비례한다.
- 위 그림과 같이 절연이 된 상태로 거리가 똑같이 떨어져 있다면 물체에 걸리는 대지와의 전압은 위와 같다.
- 반대로 물체에 충전되는 전하량은 거리에 반비례한다.

허공에 떠 있는 상태에서 정전용량에 의하여 충전되어도 충전된 용량이 적기 때문에 크게 위험하지 않다. 하지만 그 상태에서 송전선이나 대지에 접촉할 경우 순간적으로 방전현상이 일어난다. 이 방전에 의해 쇼크를 받을 수도 있다.

감전 및 장비에 위해를 주는 전력이 피상전력인가요, 유효전력인가요?

계량기에 검침되는 것은 유효전력인데, 극단적인 예로 역률이 '0'이라면, 유효전력은 0%, 무효전력은 100%가 되고 이때에도 감전이나 기기손상이 있는 것으로 알고 있습니다. 만약 커패시터나 변압기 ON/OFF 시 무효전력이나 무효전류, 즉 순수 C부하 또는 순수 L부하도 감전이나 기기손상을 주는지 알고 싶습니다.

감전에 영향을 주는 것은 피상전류이고, 피상전류에는 유효전류와 무효전류가 있습니다.

| 커패시터(진상)전류가 흐르는 전선을 만질 경우 |

(1) 피상전력은 부하에서 일을 할 때 들어가는 $\sqrt{유효전력^2 + 무효전력^2}$입니다. 실제 일은 유효전력이 하지만, 기기에서 그 일을 하기 위해서는 피상전류가 들어가고 그 전류에 의해 피상전력이 됩니다.

(2) 모터와 변압기들이 일을 할 때 유효전력에 의하여 일을 하지만 정격전류는 피상전류입니다. 따라서 기기에 영향을 주는 것은 피상전력입니다. 변압기 사용 시 역률이 나쁘면 피상전류가 많이 흘러 유효전력을 많이 사용할 수 없습니다. 그리고 C나 L 그리고 R은 부하로서, 이는 감전과 무관합니다.

(3) 어떤 전류든 인체를 통하여 흐르면 위험합니다. 감전은 인체에 전압이 가해져 전류가 흐를 때 발생하는 것입니다. 부하가 인체와 직렬로 되어 전류가 흐르면 위험하지만, 전류가 흐르는 회로를 만졌다고 하여 무조건 위험한 것은 아닙니다.

1. 감전의 위험은 인체에 흐르는 전류의 양에 의한다.
2. 전류는 전압에 비례한다. 그러므로 전압이 높을수록 위험하다.

055 SECTION

TT계통접지란 무엇인가요?

TT계통접지가 100[Ω] 이하라고 들었습니다. 어떤 이유와 근거로 100[Ω] 이하로 정해졌는지 알고 싶습니다.

(1) 개정된 KEC 규정에서는 TT계통, TN계통, IT계통으로 구분합니다.
(2) 구 3종 접지는 개정된 규정의 TT계통접지와 같습니다.

KEC 규정에서는 다음과 같이 누전차단기 감도전류에 의하여 저항값을 규정하고 있습니다.

| 누전차단기 감도전류에 따른 접지저항 |

누전차단기 감도전류[mA]	30	100	300	500	1,000
노출도전부 최대접지저항값[Ω]	500(500)	500(300)	167(150)	100	50

- 한전의 계통 접지저항값 5[Ω]을 기준으로 계산한다.
- 계산값이 500[Ω]을 초과하는 경우에는 위의 표를 참조하여 500[Ω] 이하로 한다. 이는 지락점 저항을 감안하여 제한한 값이다.
- 표 내부 ( )는 물기가 있는 장소 및 전기적 위험도가 높은 장소에 적용한다.

(1) 여기에서는 TT계통접지 100[Ω]을 가지고 설명하겠습니다. TT계통접지가 크면 사람(인체)을 통하여 전류가 많이 흐르기 때문에 지락 시 TT계통접지를 통하여 대지로 잘 흐르도록 하기 위한 값으로 100[Ω]으로 한 것입니다.

① 인체에 흐르는 전류는 전류분배법칙에 의하여

$$\text{지락전류} \times \frac{\text{TT계통접지}}{(\text{인체저항}+\text{TT계통접지})} \text{ 입니다.}$$

② 전체 지락전류는 $\dfrac{\text{대지전압}}{(\text{절연저항}+\text{접지저항}//\text{인체저항})}$ 입니다.

인체에 흐르는 감전전류는 TT계통접지가 작을수록 작아집니다. 그리고 실제 전류는 위의 식보다 훨씬 작습니다.

(2) 예를 들어 30[mA], 인체저항을 1,000[Ω]으로 하고 TT계통접지가 100[Ω]이므로 지락 시 인체에 흐르는 전류는 $30[mA] \times \frac{100}{1,000+100} = 2.727 \fallingdotseq 3[mA]$가 흐릅니다. 기본적으로 누전차단기는 30[mA]에서 0.03[sec]에 동작하기 때문에 감전되지 않고 차단기가 동작합니다. 다음 누설전류 흐름도를 참고하시기 바랍니다.

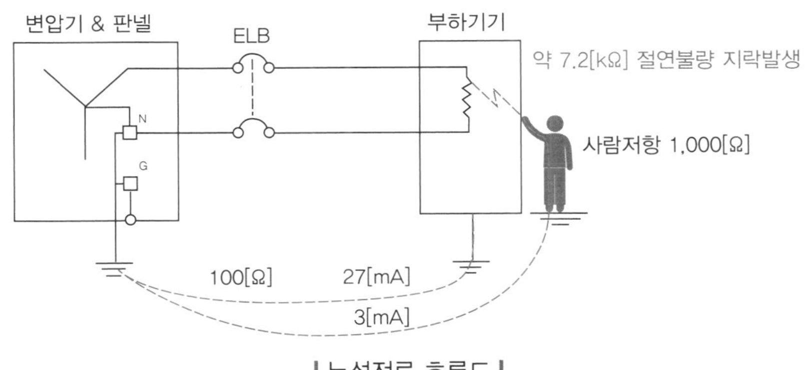

❙ 누설전류 흐름도 ❙

- 전체 지락전류 $= \frac{220}{7,300} = 30[mA]$
- 사람을 통하여 흐르는 전류 $= 30 \times \frac{100}{1,000+100} \fallingdotseq 3[mA]$

한줄 Pick 접지의 목적은 감전 시 인체를 통하여 흐르는 전류를 작게 하기 위한 것이다.

메모

CHAPTER

03 누설전류

누설전류는 어디로 흐르나요?

TT계통접지를 통해 흐른 누설전류는 기기에서 땅(대지)으로 흘러 변압기 중성점 접지로 들어간다는 것이라고 들었습니다. 그렇다면 기기접지와 변압기 중성점 접지가 전선과 같은 연결체계 없이 접지되어 있다는 것만으로도 전기가 흐르는 건지 궁금합니다.

땅(대지)도 전류가 흐르는 길이고, 누설전류는 그 대지를 통하여 변압기의 중성점으로 돌아갑니다.

(1) 땅(대지)도 전선보다 저항이 크지만 전류가 흐르는 길입니다. 예전에는 종별로 개별접지를 했었는데 지금은 공통접지와 통합접지를 많이 합니다. 만약 접지가 공통접지, 통합접지가 아니라면 대지를 통하여 누설전류가 흐르게 됩니다.

참고 $\text{누설전류} = \dfrac{\text{상전압}}{\text{변압기 중성점 접지} + \text{기기접지} + \text{누전부위 절연저항}}$

(2) 이 누설전류는 없어지는 것이 아니라 절연불량에 의한 저항을 통해 기기의 외함으로, 기기의 외함에서 기기의 접지로, 그리고 대지를 통하여 다시 변압기 중성점 접지로 변압기에 되돌아갑니다.

(3) 누설전류는 각 FEEDER에서 ZCT로 검출하고 변압기의 중성점 접지에 설치된 GCT에서 검출합니다. ZCT나 GCT의 전류가 계전기 세팅 값 이상이면 지락 경보나 트립 접점을 차단기에 보내 차단기를 차단시킵니다.

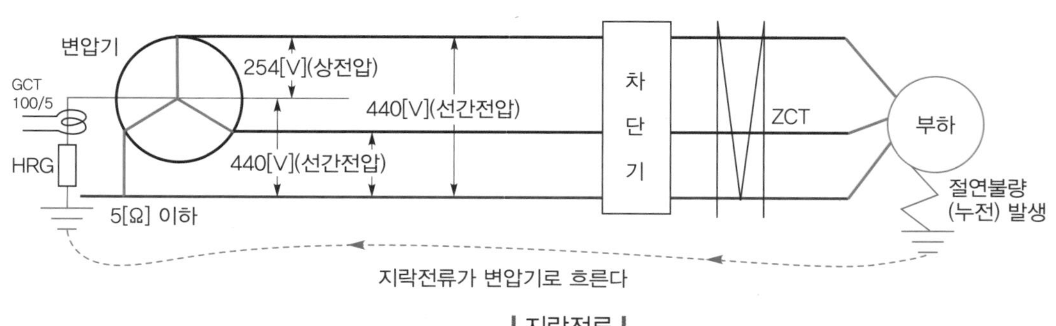

| 지락전류 |

- 개별접지를 하면 지락전류는 $\frac{250[V]}{접지저항(15[\Omega]\ 이하)+지락저항}$이므로 지락 최대전류는 수십 [A]도 되지 않는다. 그렇기 때문에 GCT는 100/5를 사용하였고 계전기 세팅은 10~15[A](2차 0.5~0.75[A]) 정도 하면 된다.
- 하지만 공통, 통합접지를 하여 개별접지를 통하지 않고 변압기 중성점 접지와 기기의 접지를 접지선으로 직접 접속을 하면 지락전류는 $\frac{254[V]}{지락저항}$이므로 지락 최대전류는 수백 [A]도 될 수 있다.
- 그러므로 화학공장과 같이 정전이 발생하면 큰 손실이 발생하는 곳에서는 변압기 중성점 접지에 큰 저항(HRG)을 설치하여 지락전류를 제한하기도 한다. 이때는 GCT를 5/5[A]를 사용한다.

(4) 연결체계 없이 접지되어 있는 것만으로도 전기가 흐를 수 있는 이유는 대지도 물처럼 전기가 흐를 수 있기 때문입니다. 단지 그 저항값이 각각 다르기 때문에 어떤 곳으로는 잘 흐르고(저항값이 낮은 곳), 어떤 곳으로는 흐르지 못합니다(저항값이 높은 곳). (+), (−) 개념으로 이해해보면 대지는 (−)라고 보면 되고, 중성선에 해당된다고 보면 될 것입니다. 그래서 검전 드라이버를 손에 잡고 하트상에 접촉시키면 하트상(+)과, 검전 드라이버의 손(인체)이 대지(−)와 연결되어 검전 드라이버에 램프가 점등되는 것처럼 말입니다.

(5) 다음 사진은 공통접지를 한 사진입니다. 이 상태에서의 지락전류는 접지전선으로 변압기 중성점까지 연결되어 지락 시 큰 전류가 흐르게 됩니다.

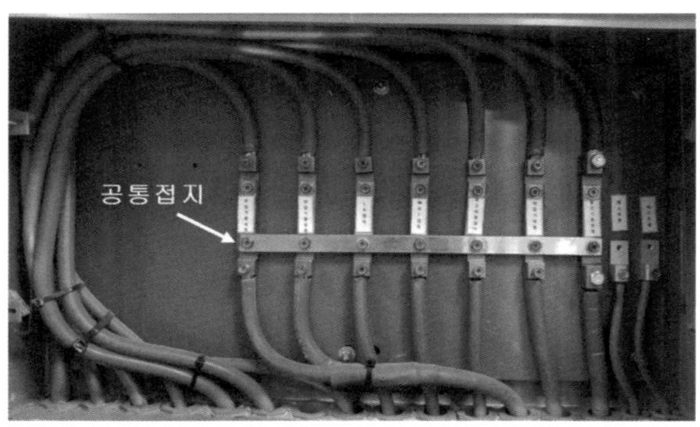

| 공통접지 |

1. 대지(땅)도 전류가 흐르는 길이다.
2. 접지는 땅으로 누설전류가 잘 흐르게 하기 위하여 전선을 기기에 연결하여 땅에 묻는다.

057 SECTION

누전으로 인한 화재 조건에는 무엇이 있나요?

TV에서 보면 전기화재의 원인이 누전이라고 나올 때가 있는데 왜 그런 것인지, 그리고 누전은 차단기가 있기 때문에 바로 트립되어 안전하다고 알고 있는데 제가 잘못 알고 있는 것인지 설명 부탁드립니다.

(1) 전기화재는 대부분 접촉불량과 과부하, 과열 그리고 누전으로 인해 발생한 화재입니다. 일반가정집 등에서는 화재가 누전보다는 접촉불량, 기기의 과열 등에 의하여 발생합니다.

(2) 누전차단기는 누전은 차단하지만 접촉불량이나 과열은 차단하지 못합니다.

전기해결사 **PICK**

화재가 발생하면 일반화재, 가스화재 등은 쉽게 확인이 가능한데 일반화재나 가스화재가 아니라면 먼저 전기화재로 의심을 많이 합니다.

전기는 눈에 보이지 않고 우리 생활에서 가장 많이 사용하는 에너지로 전기가 없는 곳이 없고 그렇기 때문에 전기로 인한 화재사고가 많이 발생합니다. 전기화재의 원인은 대부분 접촉불량에 의한 것이거나 기기의 과열, 누전으로 인한 것입니다.

(1) 누전이란 정상적인 전로가 아닌 곳으로 전류가 새는 것(누설)을 말합니다. 이 경우 자동으로 전원을 차단하도록 누전차단기나 지락차단장치를 설치하고 있습니다.

① 전압이 400[V] 이상이면 지락차단장치를 설치하도록 하고 있습니다. 그렇지만 누전차단기의 자체 불량도 있을 수 있고, 누전차단장치가 어떤 원인에 의하여 동작을 하지 않을 수도 있습니다.

② 누전이 되면 누전된 전류가 정상적인 길이 아닌 곳으로 흐르면서 그 경로에 전류의 흐름을 방해하는 저항이 존재하면 그 부분에서 원하지 않는 일(I^2Rt)을 하게 됩니다. 그러면서 주위의 가연성 물질에 발화하여 화재를 발생시킵니다.

③ 누전 시 화재가 발생하지 않도록 하기 위해서는 기기에 접지선을 설치하여 누설전류가 잘 흐르도록 하고, 또 누전차단기나 지락차단장치를 설치하여 누전 시 즉시 전로를 차단하도록 하여야 합니다.

(2) 접촉불량은 전기화재의 가장 큰 원인으로 전류가 전원장치에서부터 부하기기까지 저항을 받지 않고 잘 흐르도록 중간 중간에 전선이나 기기들을 설치하여 길을 만드는데, 그 전선이나 기기를 연결하는 부분에서 연결이 제대로 되지 않은 상태를 말합니다.

① 접촉불량이 되면 전기는 그 부분에서 전류흐름을 방해하는 저항에 의해 원하지 않는 일(I^2Rt)을 합니다. 그러면서 주위의 가연성 물질에 발화하여 화재를 발생시킵니다.

② 접촉불량을 예방하기 위해서는 항상 연결부위를 단단히 조여주고 수시로 열화상 카메라 등으로 감시하거나 열을 감지하고 알려주는 장치 또는 과열상태를 표시하는 장치를 하여야 합니다.

(3) 과열은 과부하나 주위 환경에 의하여 발생합니다. 기본적으로 과부하 시 차단기를 차단하도록 하고 있습니다. 과부하가 아닌데 환경적으로 열이 축적될 경우(먼지 등이 쌓여) 과부하차단기는 차단되지 않고 그대로 주위의 가연성 물질에 발화하여 결국 화재가 발생합니다. 그렇기 때문에 항상 점검이 필요합니다.

질문 더+

Q 일반 차단기를 보면 감도전류 15[mA]짜리가 있는데 이때, 지락전류가 15[mA] 이하로 떨어질 경우 누전차단기가 동작하지 않고, 지락 접촉부분에 저항이 많이 걸려 있다면 줄열에 의해 화재가 발생한다는 것이 맞는지 궁금합니다.

A 무조건 화재나 폭발이 일어나는 게 아닙니다. 누전되는 부분에 가연성 물질이나 폭발성 가스 등이 있어야 합니다.

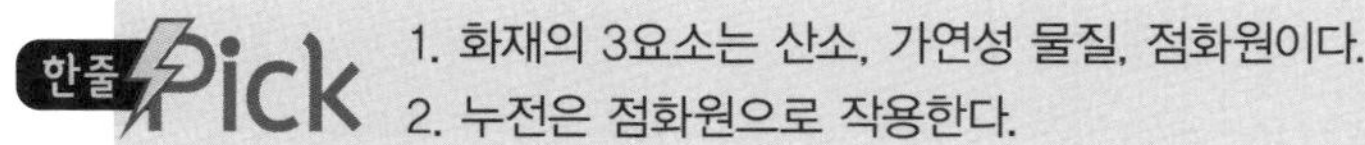

한줄 Pick
1. 화재의 3요소는 산소, 가연성 물질, 점화원이다.
2. 누전은 점화원으로 작용한다.

058 SECTION

지락전류(地絡電流)란 무엇인가요?

인버터에 지락전류 알람이 발생했습니다. 그런데 지락전류라고 하면 어떤 전류를 말하는 것인지 설명 부탁드립니다.

지락전류는 대지(땅)로 흐르는 전류를 말합니다.

(1) 지락전류(地絡電流 ; 땅 지, 이을 락, 번개 전, 흐를 류) : 지락전류는 땅으로 연결되어 흐르는 전류라는 의미입니다. 전류가 정상적으로 동작하는 경우 전원에서 도선을 통하여 기기를 거쳐 다시 전원으로 돌아와야 합니다. 그런데 어떤 원인에 의해 전류가 땅으로 흐르는 것을 지락전류라 합니다.

(2) 기본적으로 전류는 이상이 없는 한 대지(땅)로 흐르면 안 됩니다. 모터의 절연을 측정하여 소손되었는지 확인해 보아야 합니다.

(3) 인버터는 전압제어장치로 제3고조파가 발생하기 때문에 정상적일 경우에도 약간의 지락(누설)전류가 나타날 수도 있습니다. 지락전류는 인버터에서 부하로 가는 부분에 후크메타를 ZCT처럼 접지선을 제외한 모든 선을 넣어서 다음 그림과 같이 측정합니다.

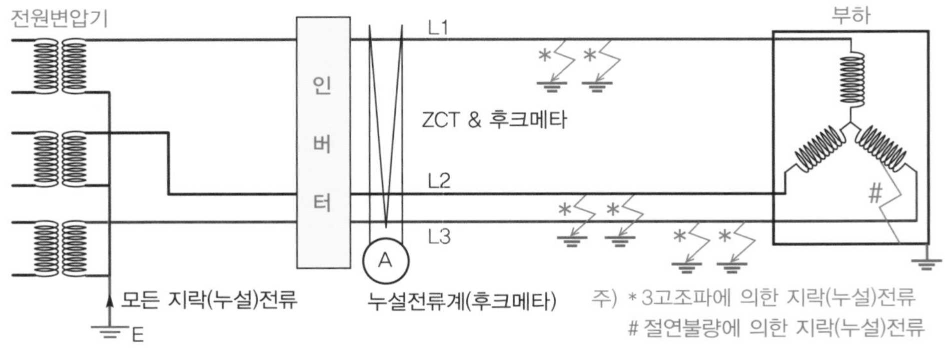

❙ 지락(누설)전류의 흐름 ❙

전기해결사 PICK

- 모든 지락(누설)전류는 변압기 중성점으로 돌아간다.
- 기본파는 120° 위상차가 발생하여 정전용량에 의한 누설전류는 상쇄되어 0이 되지만, 제3고조파는 3상 전압 위상이 같이 때문에 누설전류는 그 합이 된다.
- 전선과 대지 간에는 정전용량이 존재하고 제3고조파는 정전용량에 의하여 누설전류가 발생한다.

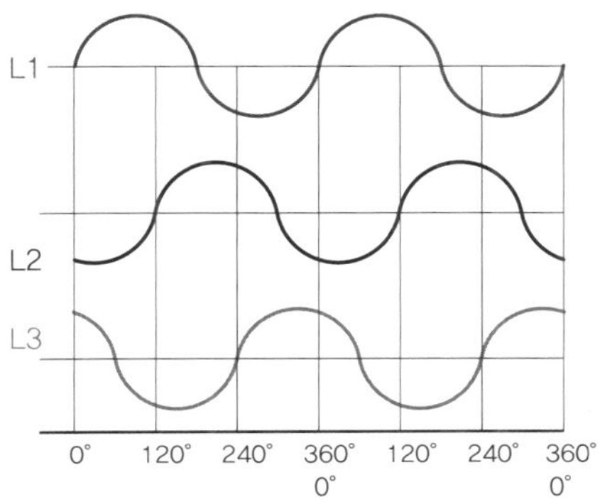

❙ 기본파의 전압 위상 ❙

- 정전용량에 의한 기본파 누설전류는 0이 된다.

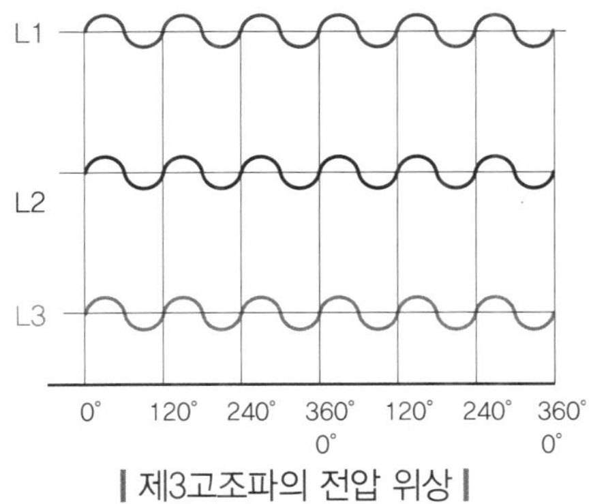

❙ 제3고조파의 전압 위상 ❙

- 정전용량에 의한 기본파 누설전류는 3상 합이 된다.

1. 지락전류(누설전류) 측정 시에는 후크메타의 후크에 접지선을 제외한 전선 전체를 넣어야 한다.
2. 인버터는 지락되지 않아도 제3고조파에 의하여 누설전류가 나타날 수 있다.

059 SECTION

누설전류의 기준은 어떻게 되나요?

[전기설비기술기준의 판단기준] 중에서 "30[A] 분기회로에서는 $\frac{30}{2,000}$=15[mA]가 됩니다(누전차단기 30[mA]에서 동작)."라는 내용이 있습니다.

(1) 위 기준에 나온 2,000의 단위가 [mA]가 맞는지 궁금합니다.

(2) $\frac{30}{2,000}$=15[mA]에서 15[mA]에 대한 값을 어떻게 해석해야 하는지 설명 부탁드립니다.

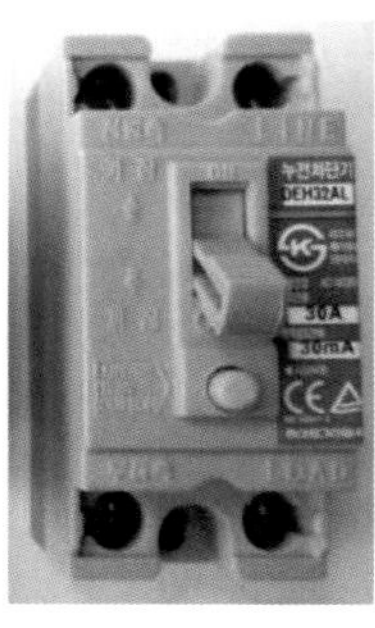

2극2소자	단상2선식
정격전압	AC110/220V
정격차단전류	2.5 kA
정격감도전류	30 mA
정격부동작전류	15 mA
동작시간	0.03초 이내
	Ics=50%Icu
Uimp 6kV Cat.A	50/60Hz 40℃

- 정격감도전류 : 30[mA]
- 정격부동작전류 : 15[mA]

❙ 누전차단기(30[A]용) ❙

(1) 변압기나 차단기 정격용량 전류[A]의 $\frac{1}{2,000}$ 입니다.

(2) 분전반 차단기가 30[A]일 때 $\frac{30}{2,000}$=15[mA]입니다.

(1) 사용전압이 저압인 전로에서 정전이 어려운 경우 저항성분의 누설전류가 1[mA] 이하이면 그 전로의 절연성능은 적합한 것으로 판정합니다.

저압 전로 중 절연부분의 전선과 대지 사이 및 전선의 심선 상호 간의 절연저항은 사용전압에 대한 누설전류가 최대공급전류의 $\frac{1}{2,000}$을 넘지 않도록 하여야 합니다.

(2) 기본적으로 절연저항은 DC로 된 절연저항계에 의하여 측정합니다. DC로 측정하면 순수저항만 측정됩니다. 하지만 전선로에 흐르는 전류는 AC성분이고 전선로에는 정전용량이 있어 고조파 등에 의하여 절연저항이 좋아도 누설전

류는 1[mA] 이상 나올 수 있으므로 누설전류를 측정할 때에는 저항성 누설전류만 측정할 수 있는 장비로 측정하여야 합니다. 일반 후크메타로 측정을 하면 정전용량에 의한 고조파 전류가 포함이 되어 $\frac{1}{2,000}$ 이하로 규정을 한 것입니다. 예로 30[A] 분기회로에서는 $\frac{30}{2,000}$=15[mA]가 됩니다(누전차단기는 30[mA]에서 동작, 15[mA]까지는 부동작 전류).

참고 저압전로의 절연성능(전기설비기술기준 제52조)

전기사용 장소의 사용전압이 저압인 전로의 전선 상호 간 및 전로와 대지 사이의 절연저항은 개폐기 또는 과전류차단기로 구분할 수 있는 전로마다 다음 표에서 정한 값 이상이어야 한다. 다만, 전선 상호 간의 절연저항은 기계기구를 쉽게 분리가 곤란한 분기회로의 경우 기기 접속 전에 측정할 수 있다. 또한, 측정 시 영향을 주거나 손상을 받을 수 있는 SPD 또는 기타 기기 등은 측정 전에 분리시켜야 하고, 부득이하게 분리가 어려운 경우에는 시험전압을 250[V] DC로 낮추어 측정할 수 있지만 절연저항 값은 1[MΩ] 이상이어야 한다.

전로의 사용전압	DC 시험전압	절연저항
SELV 및 PELV	250[V]	0.5[MΩ]
FELV, 500[V] 이하	500[V]	1.0[MΩ]
500[V] 초과	1,000[V]	1.0[MΩ]

- 특별저압(extra low voltage : 2차 전압이 AC 50[V], DC 120[V] 이하)으로 SELV(비접지회로 구성) 및 PELV(접지회로 구성)은 1차와 2차가 전기적으로 절연된 회로, FELV는 1차와 2차가 전기적으로 절연되지 않은 회로
- SPD 등 기타 기기 등이 직접 연결되어 있는 전로의 절연저항은 직류 250[V]로 측정하고 절연저항은 1[MΩ] 이상은 적합, 미만은 부적합 판정한다.

| 전압의 기준 |

구분	기준
저압	교류는 1[kV] 이하, 직류는 1.5[kV] 이하
고압	교류는 1[kV] 초과하고 7[kV] 이하, 직류는 1.5[kV] 초과하고 7[kV] 이하
특고압	7[kV] 초과

2021. 1. 1.부로 시행 중인 KEC 규정에 특별저압(AC 50[V] 이하, DC 120[V] 이하)은 0.5[MΩ] 이상, FELV 포함 1,000[V] 이하의 절연은 1[MΩ] 이상으로 되어 있다.

060 SECTION

절연저항계를 이용한 누설전류 산출방법은 어떻게 되나요?

사용전압이 220[V]인 전기기기의 절연저항을 500[V] 메거로 측정하였을 때 0.2[MΩ]이 나온다면 누설전류계산은 어떤 게 맞는지 궁금합니다.

- 사용전압 220[V]/0.2[MΩ]=0.0011[A]=1.1[mA]
- 측정전압 500[V]/0.2[MΩ]=0.0025[A]=2.5[mA]

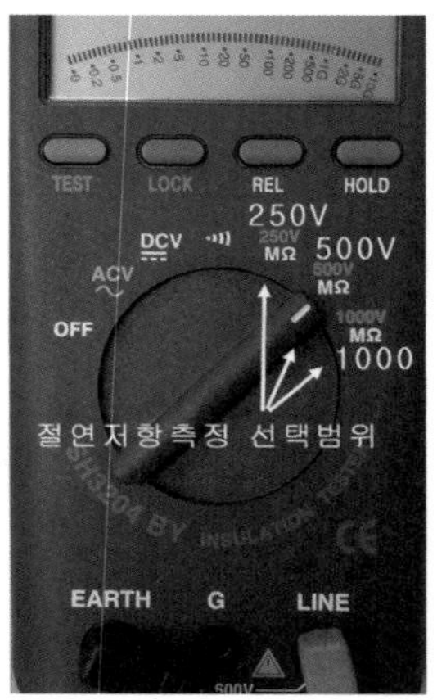

| 절연저항계 |

(1) 절연저항값은 사용전압 기준입니다.

(2) 특별저압(2차 전압이 AC 50[V], DC 120[V] 이하)은 0.5[MΩ] 이상, 1,000[V] 미만은 1[MΩ] 이상이 되어야 합니다(SECTION 059 참고).

0.2[MΩ]이라는 것은 500[V]라는 전원을 이용하여 얻어낸 고유절연 저항값으로 고정값입니다. 이 0.2[MΩ]은 1,000[V]의 메거로 측정을 하여도 전압이 높아서 약간 값이 다를 순 있지만 0.2[MΩ]가 나올 것입니다. 물론 250[V]로 측정을 하여도 마찬가지입니다.

절연기준은 사용전압으로 하고 측정은 사용전압의 약 1.5배 정도의 DC 전압으로 한다.

061 SECTION 절연저항 측정이 곤란할 때 누설전류를 1[mA] 이하로 하는 이유는 무엇인가요?

'저압 전로에서 정전이 어려운 경우 등 절연저항 측정이 곤란한 경우 저항성분의 누설전류가 1[mA] 이하이면 그 전로의 절연성능은 적합한 것으로 본다.'라고 하는데, 왜 1[mA] 이하라고 되어 있는 것인지 설명 부탁드립니다.

'1[mA] 이하'는 사용전압을 기존의 절연저항 기준으로 나누어 나온 값입니다.

(1) 사용전압[V]/전류 1[mA]를 계산하면($V=I\times R$에서, $R=\frac{V}{I}$)

① 150[V](사용전압) 이하에서는 $\frac{150[V]}{0.001[A]}=0.15[M\Omega]$이 나옵니다.

② 300[V]에서는 0.3[MΩ]이 나옵니다.

③ 400[V]에서는 0.4[MΩ]이 나옵니다.

(2) 즉, 기존 기준에서 요구하는 150[V] 이하에서는 0.1[MΩ] 이상, 300[V] 이하에서는 0.2[MΩ] 이상, 400[V]에서는 0.3[MΩ]을 만족하기 때문입니다. 1[mA] 이하가 나오면 기준절연저항값 < 1[mA]로 환산저항값이 되어 기준절연저항값을 만족합니다. 만약 1[mA] 이상이 나오면 절연저항값이 기준절연 저항값보다 낮아지기 때문에 정전을 하고 절연저항계로 실제 측정을 해야 합니다.

참고 저압전로의 절연성능(전기설비기술기준 제52조)

전로의 사용전압	DC 시험전압	절연저항
SELV 및 PELV	250[V]	0.5[MΩ]
FELV, 500[V] 이하	500[V]	1.0[MΩ]
500[V] 초과	1,000[V]	1.0[MΩ]

- 특별저압(extra low voltage : 2차 전압이 AC 50[V], DC 120[V] 이하)으로 SELV(비접지회로 구성) 및 PELV(접지회로 구성)은 1차와 2차가 전기적으로 절연된 회로, FELV는 1차와 2차가 전기적으로 절연되지 않은 회로
- SPD 등 기타 기기 등이 직접 연결되어 있는 전로의 절연저항은 직류 250[V]로 측정하고 절연저항은 1[MΩ] 이상은 적합, 미만은 부적합 판정한다.

상기의 1[mA]는 KEC규정 전 기준으로 KEC규정에 적용할 수 없다.

062 SECTION 누설전류의 원인은 무엇인가요?

접지선의 절연을 측정하면 절연은 좋은데 왜 누설전류가 검출되는지 궁금합니다.

절연측정은 전원이 없는 상태에서 DC 직류전압으로 측정하고 누설전류는 AC 교류전압을 사용하면서 AC 전류를 측정하였기 때문입니다.

(1) DC 전원회로는 저항에 의하여 회로가 구성되고 전류도 흐릅니다. 그러나 AC 전원회로는 저항뿐 아니라 보이지 않는 커패시터저항과 코일저항에 의해서도 회로가 구성되고 그것에 의하여 전류가 흐릅니다.

(2) 누설전류는 분명 전원이 있어야 하고 또 회로가 구성되어야만 흐릅니다. 우리가 일반적으로 AC 교류를 사용하고 전선에는 대지와 정전용량 즉, 커패시터가 존재합니다. 커패시터가 AC 회로를 구성하기 때문에 DC 회로에서는 흐르지 않는 전류가 AC 회로에서는 흐르는 것입니다. 그것이 절연이 좋은데도 누설전류가 흐르는 원인입니다. 교류에서는 X_L과 X_C가 눈에 보이진 않지만 존재하며, X_L과 X_C는 주파수가 있어야만 존재합니다.

(3) 절연이 좋아도 누설전류가 흐를 때 X_L과 X_C가 어떻게 존재하는지를 꼭 생각하고 추정해야 합니다. 다음은 누설전류가 발생하는 경우입니다.

① 전자기기 NOISE FILTER에 의한 누설전류
② 선로와 대지 간 정전용량에 의한 누설전류
③ 누전이나 지락에 의한 누설전류
④ 접지전로의 폐루프 형성에 따른 순환전류
⑤ 다중 접지계통에 흐르는 불평형 부하전류
⑥ 전력전자를 사용하는 기기의 스위칭 회로에 의한 고조파 누설전류

1. 절연이 좋아도 교류에서는 전선에 정전용량이 존재하고 전자유도 현상이 발생하여 누설전류가 흐른다.
2. 3배수의 고조파는 L1, L2, L3 3상의 위상이 같아 전선의 정전용량에 의한 누설전류를 가장 많이 흐르게 한다.

063 SECTION 15[mA] 고감도 누전차단기를 사용하는 이유는 무엇인가요?

기본적으로는 15[mA] 고감도 누전차단기가 누전화재나 인체감전 예방에 효과적으로 작동하는 것이 맞는지 알려주시기 바랍니다. 그리고 기본적인 작동 원리에 대해서도 알고 싶습니다.

(1) 고감도 누전차단기는 누전화재나 인체감전 예방에 효과적입니다.
(2) 고감도 누전차단기는 부하로 가는 전류와 전원으로 돌아오는 전류 차를 이용해 작동하는 것입니다.

(1) 우리나라는 기본적으로 30[mA], 0.03[sec]를 감전보호용 누전차단기 기준으로 하고 있습니다.

(2) 통전에 대한 인체의 생리반응은 다음과 같습니다.

① 0.5~5[mA] : 자극으로 느껴지는 정도로서 '감지전류'라고 부릅니다.

② 5~20[mA] : 근육이 수축·경직되어 도체로부터의 이탈이 불가능한 '불수의 전류' 또는 '이탈한계전류'라고 합니다.

(3) 위와 같은 인체의 생리반응에 따라 고감도 누전차단기 15[mA]의 0.03[sec]의 주 목적은 감전사고 예방으로 감전 시 치명적 영향을 줄 수 있는 기기의 접지가 곤란한 곳이나 양식 욕실 내의 콘센트 등의 장소에 사용합니다.

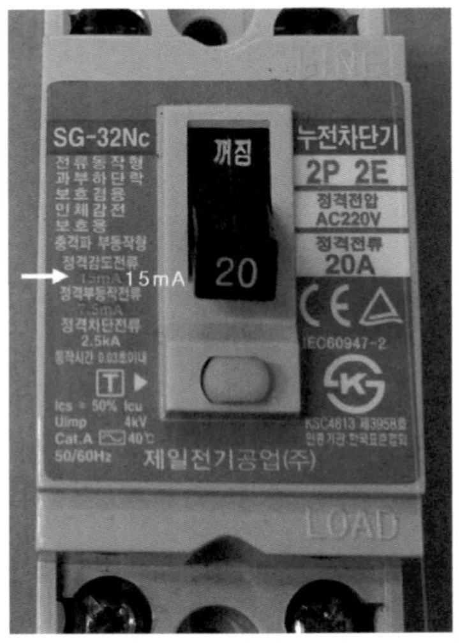

| 고감도 누전차단기 |

한줄 Pick 욕실 등 습기가 많은 곳 그리고 접지가 곤란한 곳은 고감도(누설전류 15[mA]에 동작) 누전차단기를 설치하여야 한다.

064 SECTION

세대 누설전류란 무엇인가요?

이번에 누설전류계(멀티-140)를 구입하여 세대 전등부하의 누설전류를 측정하였는데 단상 MCCB 2차측 누설전류값이 10.13~17[A]가 나왔습니다. 그래서 각 상전류를 측정하니 L1상은 10.41~43[A], N선은 10.32~39[A]가 나왔습니다. 왜 누설전류 값이 10.13~17[A]가 나오는지 궁금합니다.

측정을 잘못한 것 같습니다. 배터리가 완전히 방전되면 그런 경우가 있으므로 교체하여 다시 측정해보시기 바랍니다.

세대 인입은 3상 4선식 배전반에서 세대로 하나의 상과 N선(중성선)으로 인입됩니다.

(1) 정상적이라면 단상 MCCB 2차 전류는 L1상과 N선에 흐르는 전류가 같아야 하고 누설전류도 10.13~17[A]가 아닌 0[mA]나 10.13~17[mA]로 측정되어야 합니다.

(2) 첫 번째 그림은 단상 전류를 측정하는 방법과 누설전류를 측정하는 방법입니다.

(3) 만약 두 번째 그림과 같이 측정하여 상전류와 N선 전류가 다르게 나온다거나 누설전류가 나오는 경우는 진짜 누전 상태이거나 N선이 다른 차단기 부하와 같이 사용할 때입니다. 그리고 실제 질문과 같이 누설전류가 30[mA](15[mA]) 이상이 되면 분기 ELB(누전차단기)는 즉시 동작 트립이 됩니다.

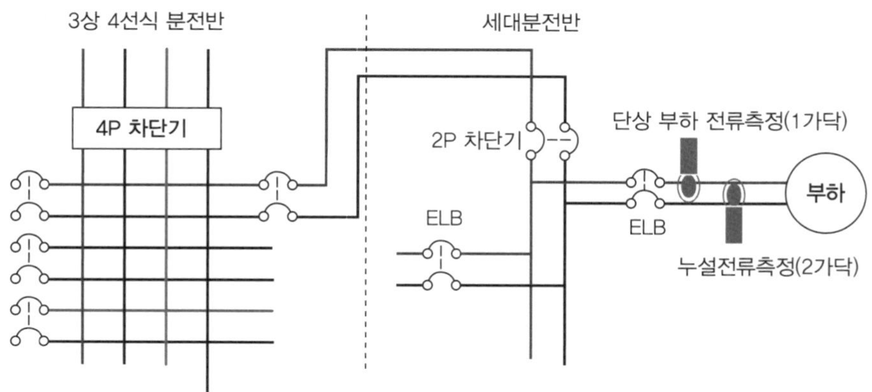

| 단상 전류와 누설전류 측정방법 |

- 단상부하전류는 1선씩 측정하고 누설전류는 부하로 가는 전선 전체를 넣어서 측정한다.

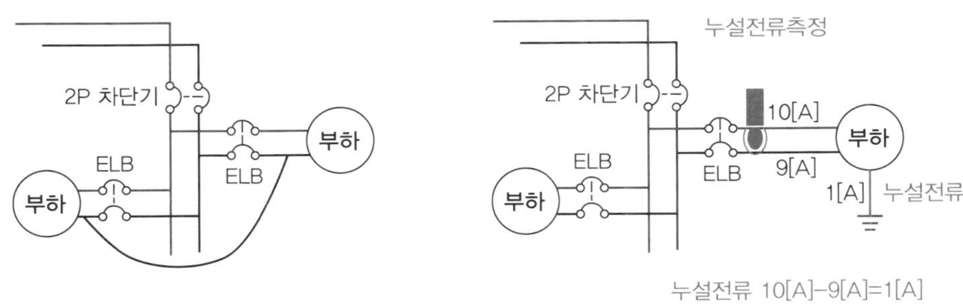

(a) 다른 차단기 부하와 N선을 같이 사용할 때 (b) 진짜 누설이 될 때

| 부하전류와 N선 전류가 다를 경우 |

- 다른 차단기 부하와 N선을 같이 사용할 때 다른 부하의 N선으로 전류가 같이 흐르기 때문에 달라진다.
- 누설 시 누설전류 = 10[A]-9[A] = 1[A]

부하전류와 N선의 전류가 다른 경우는 차단기 2차에서 누전되거나 중성선을 다른 분기회로 중성선과 같이 사용할 경우인데 이때는 누전차단기가 동작을 하기 때문에 그럴 경우는 거의 없다.

CHAPTER

04

중성선

065
SECTION

3상 4선식에서 중성선에 흐르는 전류로 감전이 되나요?

3상 4선식에서는 단상을 사용하므로 N선에 전류가 흐르고, L1, L2, L3의 상이 100% 평형상태라면 N선에 전류가 흐르지 않겠지만, 현장에서 그럴 확률은 거의 없으며, L1, L2, L3의 각 상이 평형에 가까워질수록 N선에 흐르는 전류도 그만큼 줄어든다는 것을 보았습니다. 후크메타로 분전반의 N선을 측정해보니 10[A]가 나왔습니다. 궁금한 건, 하트상과 N선, 하트상과 대지, 하트상과 하트상의 관계에서 인체를 통하여 폐회로가 형성되면 감전이 되는 것인데, N선에다가도 손을 갖다 대면 대지와 폐회로가 형성돼서 감전이 될 수 있는지 알려주시기 바랍니다.

N선도 감전이 될 수 있습니다.

(1) 중성선은 변압기의 중성점과 부하의 중성점 간을 연결한 전선으로, 변압기의 중성점은 대지에 접지를 합니다. 또 중성선에 전류가 흐른다는 것은 부하 불평형으로 인한 부하 중성점과 변압기의 중성점 간에 전압이 형성되었다는 것입니다. 그래서 중성선도 부하 중성점에서 변압기 중성점에 가까우면 가까울수록 전압이 작아지고, 중성선을 만졌을 때 만지는 지점이 어디냐에 따라 중성선과 우리 몸에 걸리는 전압도 달라집니다.

실제 중성선을 만졌을 때 중성선에 흐르던 전류는 중성선으로, 그리고 인체를 통하여 대지로 이렇게 2개의 길로 나누어 흐르게 됩니다. 우리 몸을 통하여 흐르는 전류는 전류 분배의 원칙을 적용합니다.

(2) 전류는 저항 크기에 반비례합니다.

대부분 중성선의 굵기는 전압선 굵기와 동일하기 때문에 그 저항값이 매우 작고 인체를 통하여 대지로, 대지에서 변압기의 중성점으로 가는 저항은 중성선에 비하여 아주 큽니다. 이것은 대부분의 전류가 중성선을 통하여 흐른다는 것을 의미합니다. 편의상 접촉지점에서 변압기 중성점의 저항을 A라 하고, 우리 몸과 접지를 통해 변압기 중성점까지의 저항을 B라 하면 인체에 흐르는 전류공식은 '변압기 중성점에 흐르는 전류$\times\frac{A}{(A+B)}$'입니다.

전기해결사 PICK

(3) 중성선은 각 상의 전선과 굵기가 동일하기 때문에 대부분의 전류는 중성선에 흐르고, 인체로 흐르는 전류는 무시할 수준이나 중성선에 전류가 많이 흐르거나, 인체저항이 작거나, 중성선의 저항이 크면 위험할 수도 있습니다.

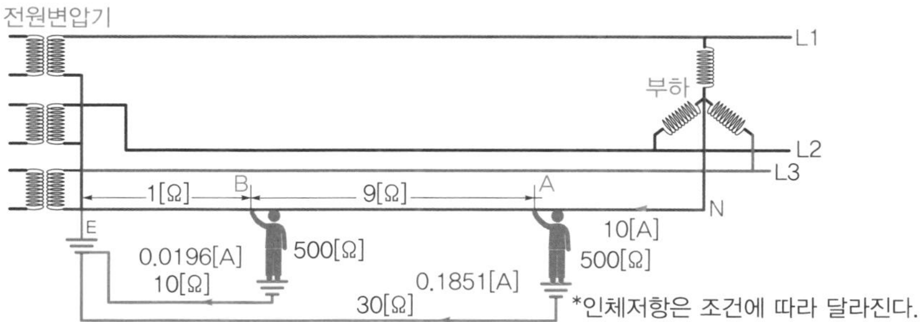

| 중성선을 만질 경우 |

- 위 그림에서 중성선에 흐르는 전류와 인체저항 그리고 중성선 저항은 부하조건이나 환경조건에 따라 달라진다(위 그림의 전류와 저항값은 예의 값임).
- 인체에 흐르는 전류는 전류분배법칙을 적용하여 계산하면 구할 수 있다.
  - A를 만질 때 사람에게 흐르는 전류는 $10[A]\times\frac{10}{10+530}=10\times\frac{10}{540}=0.1851[A]$가 된다.
  - B를 만질 때 사람에게 흐르는 전류는 $10[A]\times\frac{1}{1+510}=10\times\frac{1}{511}=0.0196[A]$가 된다.
- 인체에 걸리는 전압은 옴의 법칙에 의하여 구할 수 있다.
  - A에 걸리는 전압 = 전류×저항이므로 0.1851[A]×530=98.103[V]가 된다.
  - B에 걸리는 전압 = 전류×저항이므로 0.0196[A]×510=9.996[V]가 된다.
- 결론 : 중성선에 흐르는 전류가 크고 접촉점이 부하에 가까울수록 인체에 걸리는 전압과 전류가 크다.

| 변압기 2차 중성점 접지 |

| 분전반 내 중성선 |

1. 불평형이 심할수록 부하의 중성점과 변압기의 중성점 간에 전압이 크게 걸린다.
2. 부하에 가까울수록 중성선과 대지 간에 전압이 크게 걸린다.
3. 저압계통에서의 중성선과 대지 간 전압은 대부분 50[V] 이하로 크게 위험하지는 않지만 수영장이나 목욕탕과 같이 물기가 많은 곳은 위험할 수 있다.

CHAPTER 04 중성선

066 SECTION 접지와 중성선 사이의 전압은 얼마나 되나요?

원래 접지선에는 전류가 흐르면 안 되는 것인지, 그리고 접지선하고 중성선의 전압을 측정하면 몇 볼트 정도 나오는 게 맞는지 궁금합니다.

불평형의 정도에 따라 달라집니다.

(1) 불평형이 심하면 중성선에 전류가 많이 흐릅니다.

(2) 1상의 부하만 걸렸다고 가정하면 1상의 전류가 전부 영상전류, 중성선 전류가 됩니다. 부하의 중성점과 변압기의 중성점 간의 전압은 전선로의 저항에 중성선 전류가 흐르면서 발생합니다.

(3) 평상시 접지는 전류가 흐르지 않기 때문에 변압기의 중성점 전위와 같습니다.

(4) 접지와 중성선 간의 전압은 접지저항과 관계가 없고, 중성선에 흐르는 전류에 의해 나타납니다.

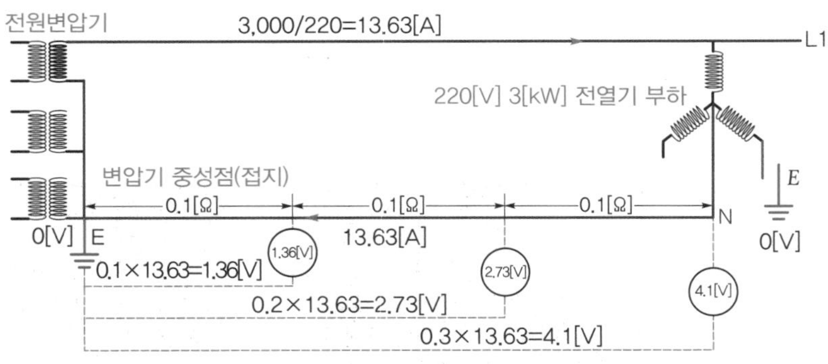

❙ 중성선에 걸리는 전압 ❙

- 단상 부하만 사용할 경우 중성선에 흐르는 전류는 부하전류와 같다.
- 대지의 전압은 변압기 중성점에서 접지를 하여 중성점 전압 0[V]와 같다. 그러므로 변압기에서 부하쪽으로 갈수록 전압강하가 커져 접지(대지)전압이 커진다.

절연이 좋아도 전력전자 사용 시 제3고조파에 의하여 누설전류가 흐를 수 있다.

067 SECTION 차단기를 OFF했는데 중성선과의 전압이 뜨는 이유는 무엇인가요?

판넬에 부하를 연결하기 위해 전원을 내렸습니다. 판넬 메인차단기의 1차 전원 차단기가 수변전실 저압반 큐비클에 있어서 수변전실에서 전원을 OFF하고 다시 현장으로 가서 판넬 전압을 측정했습니다. 그런데 L1–L2, L2–L3, L1–L3의 선간전압은 안 뜨는데 L1–N, L2–N, L3–N의 상간전압은 60[V]가 측정되었습니다. 차단기를 OFF 했는데도 전압이 뜨는 이유가 궁금합니다. 그리고 이 상황에서 차단기를 내리고 공사를 해도 감전되지 않는지에 대해서도 알려주시기 바랍니다.

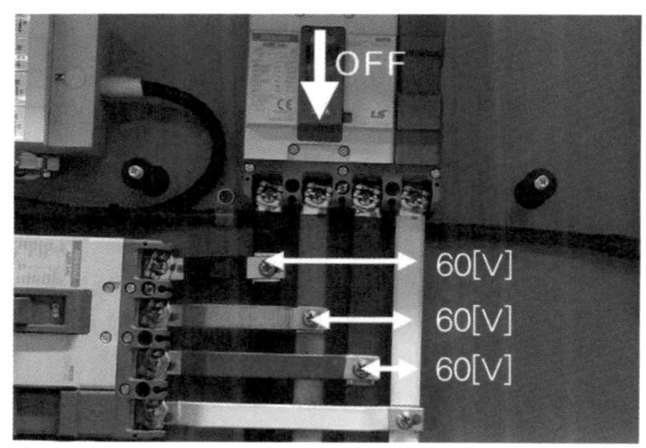

| 현장 분전반 내 유도전압 |

CHAPTER 04 중성선

위와 같은 전압은 유도전압으로 허전압이라고도 합니다. (SECTION 033 참고)

허전압 현상은 부하로 가는 전선이 다른 전력선과 같이 PULLING(풀링)되었을 때 나타나며, 다른 전력선에 의해 전압이 유도되기 때문입니다. 이때, 전압의 크기는 전선로의 길이와 주위 전력선에 흐르는 전류의 크기에 비례합니다. 이 상태에서 작업을 할 경우 선로에 충전된 전하에 의해 쇼크를 받을 수 있기 때문에 안전을 위해 방전시키고, 절연장갑 등을 착용한 후 작업하는 것이 좋습니다.

전기해결사 PICK

다른 전력선과 같이 전선을 설치하면 전선에 유도전압이 발생한다.

068 SECTION

N선도 검전기로 감지될 수 있나요?

저희 건물의 각 층에 있는 알람밸브실 내에는 전등이 있는데, 모든 층의 점등이 불량입니다. 그래서 지하에 설치된 판넬을 보니 알람밸브실 전등차단기가 있었습니다. 검전기로 차단기 2차측 L1상과 N선에 접촉해 보니 둘 다 불이 들어왔습니다. N선에는 불이 들어오지 않는 것이 정상인 것으로 알고 있는데, 왜 그런 것인지 궁금합니다.

차단기의 N극 1, 2차측 단자의 접촉불량이 원인입니다.

일반적으로 전원회로 변압기에서부터 차단기까지 이상이 없으면 N선에 검전기가 점등되지 않습니다. 질문과 같이 차단기가 정상적으로 올라간 상태에서 전체 전등이 들어오지 않는 것은 전원이 정상적이지 않기 때문입니다. 그리고 검전기에 검지가 된다면 HOT선 전원이 부하측을 통해 차단기 2차 N선까지 들어오고 있다는 것을 의미합니다. N선의 전원이 정상적으로 전원측에서 공급되었다면 검전기에서 검지되지 않습니다.

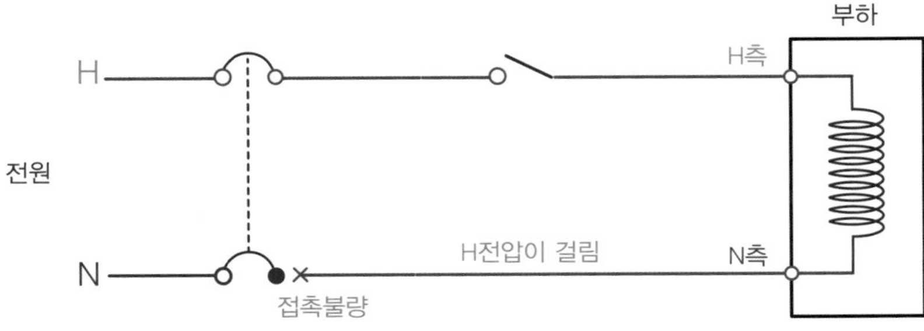

| 차단기 2차 N단자 접촉불량이 된 경우 |

- 차단기 2차에서 N이 접촉불량이면 부하 N측도 H전압이 걸리고 검전기에서 검출된다.

전기해결사 PICK

❙ 분전반 내부 ❙

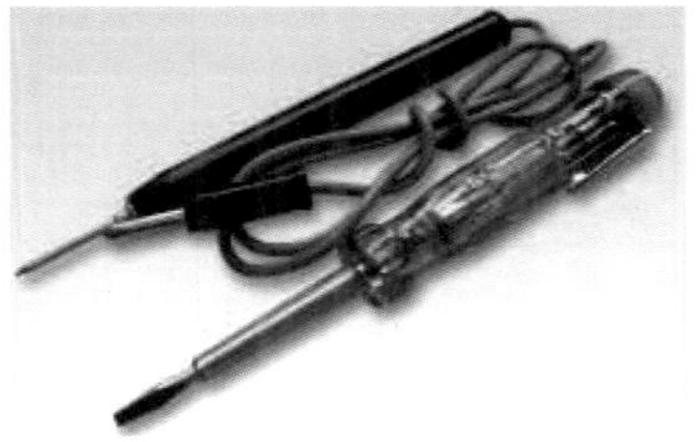
❙ 검전기 ❙

차단기 2차에서 N단자 접촉불량으로 전원이 차단되면 부하 N선도 H선이 된다(검전기를 통해 검지됨).

069 SECTION 3상 4선식에서 중성선(N선) 단선 시 부하측(전열, 전등)이 소손되나요?

3상 4선식에서 중성선이 단선되면 하트(L1, L2, L3)상에만 전류가 흐르게 되고 중성선은 끊어졌으므로, 단상의 경우 전등이나 전열부하에 전원공급이 안 될 것 같은데(하트상만 공급됨), 왜 단상(220[V])보다 높은 전압이 흘러 부하가 소손되는지 궁금합니다.

중성선이 단선되면 부하측 중성점 전위가 이동하여 부하에 걸리는 각 상 전압이 변합니다. 이때, 부하가 적은 곳의 전압이 정상적인 상전압보다 높아지고 부하기기에 과전압이 걸려 부하기기가 소손됩니다.

(1) 정상적일 경우 전원측과 부하가 Y로 결선되어 각 상과 중성점 사이를 중성선으로 연결하면 각 부하에는 정상적인 상전압 220[V]가 걸립니다.

(2) 중성선이 없어도 3상 선간전압에 의하여 단상 부하는 부하의 중성점과 상전압$\left(\text{평형일 때}=\dfrac{\text{선간전압}}{\sqrt{3}}\right)$이 걸립니다.

(3) 부하가 평형이 되면 중성점의 전위는 0이 되어 각 상의 전압은 동일하지만, 부하가 평형이 되지 않으면 중성점의 전위가 이동하여 부하가 많이 걸린 곳은 전압이 하강하고 부하가 적게 걸린 곳은 전압이 상승하게 됩니다. 때문에 중성선이 단선되지 않도록 중성선에는 퓨즈를 사용하지 않습니다.

(4) 부하가 평형이 되면 중성선이 없어도 부하의 각 상의 전압은 동일합니다. 이것을 이해하려면 3상 4선식에서 Y결선 모터를 생각하시면 됩니다.

(5) 모터는 Y결선에서 중성선 없이도 3상 코일저항이 같기 때문에 각 상에 평형부하가 걸리고 각 상의 코일에 걸리는 전압도 평형부하에 의하여 평형전압이 걸리며, 평형전압에 의하여 평형전류가 흐릅니다.

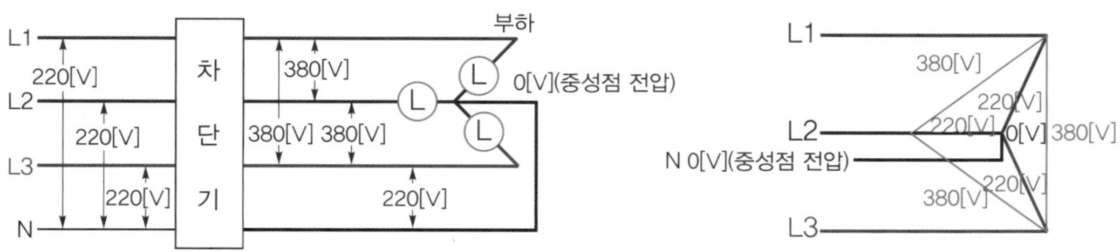

┃중성선이 정상일 때 상전압과 선간전압┃

- 중선선이 정상이면 중성점이 항상 0[V]이므로 부하가 변하거나 상에 부하가 걸리지 않아도 부하에 걸리는 상전압(220[V]), 선간전압(380[V])은 변하지 않는다.

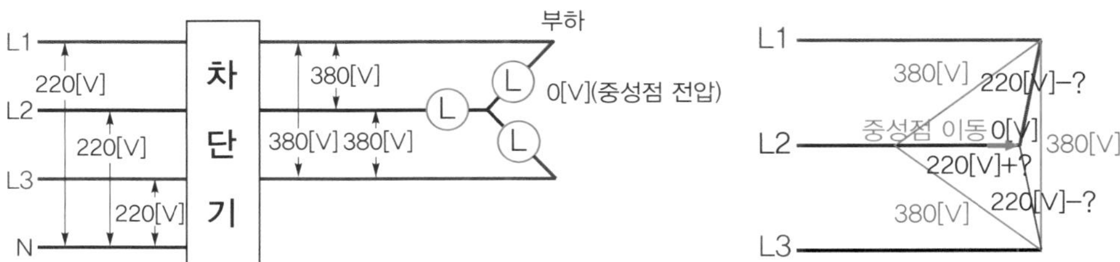

| 중성선이 없거나 단선일 때 상전압과 선간전압 |

- 중성선이 없으면 부하에 의하여 부하의 중성점 위치가 변하기 때문에 부하에 걸리는 선간전압은 380[V]가 걸리지만 상전압은 부하가 적게 걸리는 쪽에 많이(220[V]+?) 걸리게 된다.

질문 더+

Q (1) 부하가 많이 걸린 쪽과 적게 걸린 쪽의 구분은 용량으로 하는 것인지 아니면 부하가 걸린 숫자로 하는지 알려주시기 바랍니다. 많은 부하가 1개일 경우와 적은 부하가 여러 개일 경우로 설명 부탁드립니다.

(2) '3상 모터의 코일저항=단상에서 저항이 같은 부하 3개'로 이해하면 되는지 알려주시기 바랍니다.

(3) 3상 모터의 코일저항은 거의 같고 전등과 같은 단상 부하는 각 저항이 다르기 때문에 "단상 부하는 불평형 전압이 걸려 과전압이 걸릴 위험이 있다"라고 이해를 하여도 되는지 알려주시기 바랍니다.

A (1) 부하가 많이 걸린다는 것은 용량이 그만큼 많이 걸린다는 것으로, 저항이 작아진다는 것을 의미합니다. 전압은 전압분배의 법칙에 의하여 저항에 비례합니다.

(2) 3상 모터는 저항값이 같은 코일 3개가 각 상에 1개씩 설치된 단상 3개와 같습니다.

(3) 대부분의 단상 부하들은 각 상에서 평형이 어렵습니다.

한줄 Pick

1. 3상 4선식 부하 사용 중 중성선이 단선되면 부하가 가장 적게 걸린 쪽의 부하가 가장 먼저 소손된다.
2. 중성선에는 퓨즈를 사용하지 않는다.

중성점 접지와 N선의 차이는 무엇인가요?

단상 3선식에서 중성점 접지와 N선의 차이점이 무엇인지 설명 부탁드립니다.

중성점 접지는 일반 변압기 접지와 같이 고·저압 혼촉 사고를 예방하기 위하여 단상 변압기 2차측 중간점을 접지한 것을 말합니다. 중성선(N선)은 부하에 기준전위 0[V]를 만들고 부하에 전력을 공급하기 위한 전력선입니다.

(1) 단상 3선식이라 함은 220[V]와 110[V]를 사용하기 위하여 단상 변압기 2차측 1상 2선에서 중간점을 만들어 N선 1선을 추가하여 3선으로 전기를 공급하는 방식입니다. 중성점 접지는 그 중간점을 접지한 것으로 변압기 내에서 1차 코일과 2차 코일이 혼촉되어 저압측에 고전압이 유기되는 것을 예방합니다. 단상 3선식은 현재는 거의 사용하지 않습니다만 과거 일반 가정에서 전기전압을 110[V]/220[V]로 사용할 때 많이 사용하였습니다.

(2) 중성선(N선)은 단상 변압기 220[V]의 중간, 중성점에서 나온 선으로 중성점 접지에 의하여 대지전압(0[V])과 같고 단상 220[V] 전압의 중심이 됩니다. 3선(3선식) 중 2선은 HOT LINE 110[V] 전압선 H1, H2선이라 하고, 나머지 한 선은 0[V] 중성선(접지를 한 선과 전위가 같은) N선이라 합니다.

| 전류에 설치된 단상변압기 |

• 중성점접지 : 중성선에 연결되며, 전주의 한가운데 빈 공간을 통해 땅속으로 접지한다.

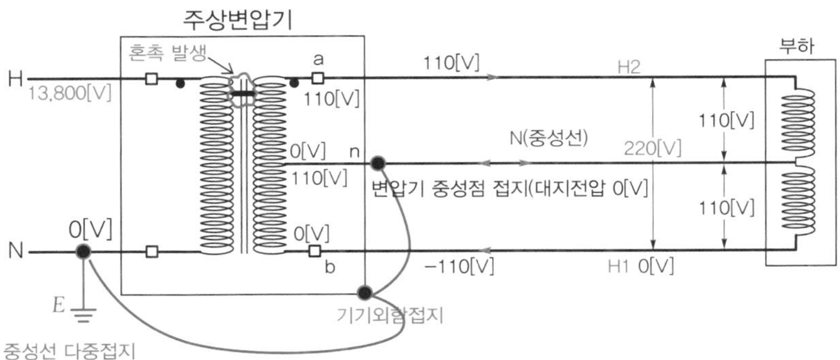

| 단상 3선식의 중성점 접지 |

- 중성점 변압기 접지는 특·고전압 변압기 내에서 고압 코일과 저압 코일이 서로 접촉되었을 때 2차측에 1차측의 고전압이 걸리는 것을 방지하기 위한 목적이다.
- 만약 1차측 10,000[V] 지점의 코일이 2차측과 접촉이 되면 변압기가 단권변압기처럼 2차측 220[V] 코일에 1차측 전압 10,000[V]가 그대로 혼촉이 되면 바로 고전압이 접지 지락사고로 동작되어 보호계전기가 동작전원을 차단한다.

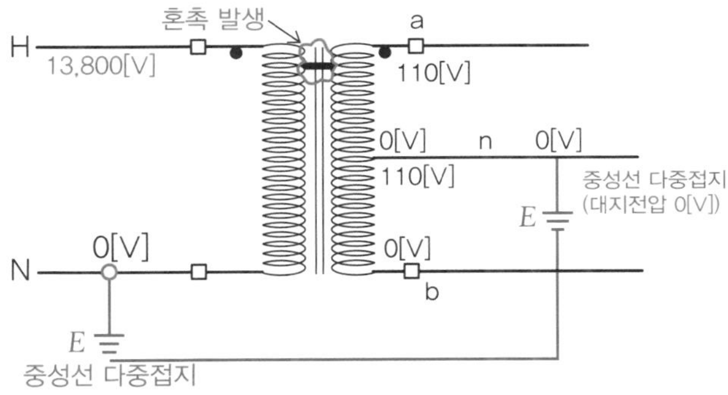

| 고·저압 혼촉 |

- 1차측 10,000[V] 지점의 코일이 2차측과 a지점에서 접촉되면 변압기는 단권변압기가 되어 2차측 220[V] 코일 단자에 1차측 전압 10,000[V]가 그대로 걸린다.
- 위 그림과 같이 중성점 n지점의 전압은 코일이 감극성으로 10,000[V]-110[V]=9,890[V]가 된다. 그런데 중성점 n을 접지시켰기 때문에 바로 9,890[V]가 지락된 것처럼 되어 지락계전기가 동작 전원을 차단한다.

1. 고·저압 혼촉이 되면 단권변압기가 된다.
2. 단상 3선식도 중성선에 퓨즈를 사용하지 않는다.

071 SECTION 전등배선에서 접지선과 중성선을 찾는 방법은 무엇인가요?

천장에 배선된 전등라인에서 접지선과 중성선의 색깔이 같을 경우 찾을 수 있는 방법이 무엇인지 궁금합니다.

전압선은 중성선, 접지선과는 전압이 걸리고, 중성선과 접지선은 전압이 아주 작게 걸리는 것을 이용하면 쉽게 찾을 수 있습니다.

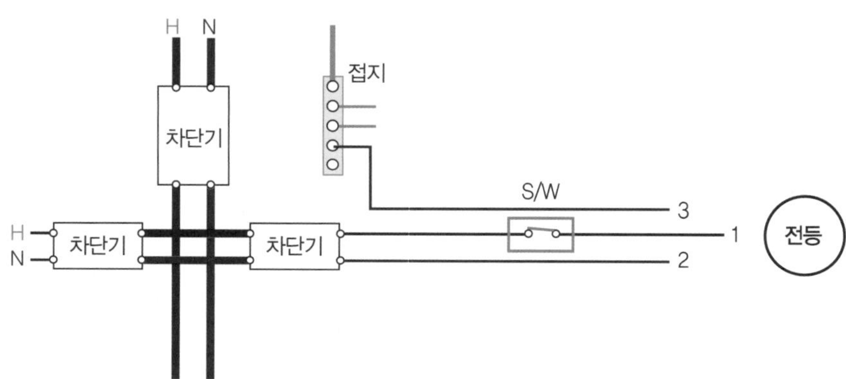

| 전등배선에서 접지선과 중성선이 같은 색일 때 중성선을 찾는 방법 |

- 차단기와 스위치를 올리고 1, 2, 3 간에 전압을 측정한다. 어느 2선과 전압이 나오는 전선이 H선이다(1과 2, 1과 3 전압이 나오고 2와 3 간에 전압이 나오지 않으면 1이 H이고, 2와 3은 접지와 중성선임).
- 차단기에서 2차선을 해체한 뒤 COMMON을 시키고 스위치를 올려 전등에서 1과 2, 1과 3을 테스터기로 저항을 측정하여 저항이 0이 나오면 그 선이 N선이고 나오지 않는 선이 접지선이다.
- 기본적으로 접지선은 전압선(H, N)과 같은 색상의 선을 사용하면 안 된다.

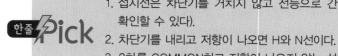

1. 접지선은 차단기를 거치지 않고 전등으로 간다(주위의 다른 접지와 저항으로 확인할 수 있다).
2. 차단기를 내리고 저항이 나오면 H와 N선이다.
3. 2차를 COMMON하고 저항이 나오지 않는 선이 접지선이다.

중성선을 부스바에 시공하는 게 맞나요?

다음의 사진들을 보면 중성선용 부스바 설치 모양이 일반적인 판넬에서 보던 모습과 좀 다른 것 같습니다. 제가 보았던 판넬들은 부스바가 판넬과 절연을 유지한 모습인데, 다음 사진들은 부스바와 판넬의 철판이 닿은 것 같습니다.

(1) 중성선 부스바가 고정 볼트에 의해 판넬의 철판이 닿은 것으로 보아야 하는지 알려주시기 바랍니다.

(2) 닿았다면 중성선이 판넬과 연결된 상태가 맞는 것인지 설명 부탁드립니다.

(3) 연결되었을 경우 감전이 안 되는 이유는 우리가 익히 알고 있는 '중성선은 감전되지 않는다'라는 것 때문인지, 그리고 상기 시공이 올바른 게 맞는지 알려주시기 바랍니다.

| 전면 모습 |

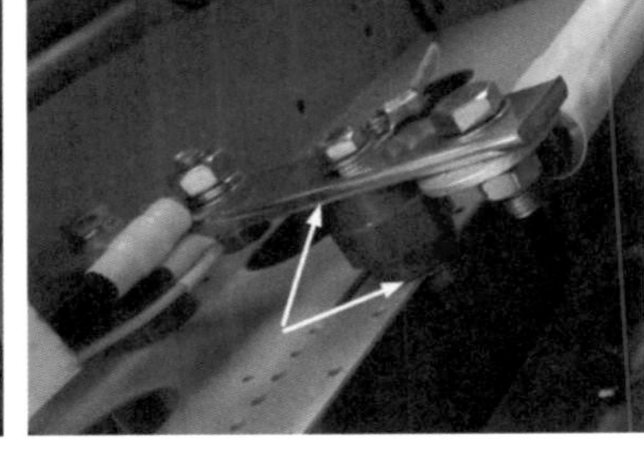

| 후면 모습 |

(1) ISOLATOR로 절연(떨어짐)이 되었습니다.

(2) 절연이 되어 판넬 접지와 별도입니다.

(3) 떨어져 있고 중성선의 전압이 낮아 크게 위험하진 않지만 중성선도 경우에 따라 감전이 될 수도 있습니다.

(1) 중성선은 에폭시된 ISOLATOR로 부스와 판넬 철판이 절연되어 있습니다. 그리고 부스의 전원측의 대지전위는 변압기 중성점 접지가 되어 있기 때문에 거의 0[V]에 가까우나 변압기에서 부하쪽으로 갈수록 전선에서 전압강하가 발생하여 대지전위가 커집니다.

(2) 변압기에서 멀리 떨어지지 않으면 대지전위가 0[V]에 가까워 위험하지 않으나 부하 불평형이 크고, 중성선에도 큰 전류가 흘러 멀리 떨어지면 전선의 저항이 커지기 때문에 옴의 법칙($V=I\times R$)에 의하여 중성선에 전압강하가 발생합니다. 그 전압이 대지전압으로 될 경우에는 위험할 수도 있습니다. 기본적으로 중성선은 절연이 되어야 합니다.

(3) 중성선의 절연 확인방법

① 대지전압을 측정합니다.

② 중성선이 부하측에 연결되어 있지 않았는지 앞 그림의 '전면 모습'의 볼트를 풀고 구조를 확인하여 만약 절연되어 있지 않으면 절연이 되도록 하여야 합니다.

③ 확인 시 HOT LINE에 감전 위험이 있으므로 특히 주의해야 합니다.

1. 중성선은 변압기 2차 중성점 외에는 접지를 시키지 않는다.
2. 전선의 색상은 L1(R) : 갈색, L2(S) : 흑색, L3(S) : 회색, N : 청색, PE : 황, 녹색이다.

한전 인입케이블 동선의 역할은 무엇인가요?

다음 사진은 전기실 판넬에 들어온 한전 인입케이블의 모습입니다. CNCV 케이블에서 나온 화살표의 동선이 어디에 사용되는지 그 역할이 궁금합니다.

| 22.9[kV] 인입케이블 |

다음 사진의 케이블은 CNCV 동심중성선이라고 합니다. 이 케이블은 중성선이자 접지선입니다.

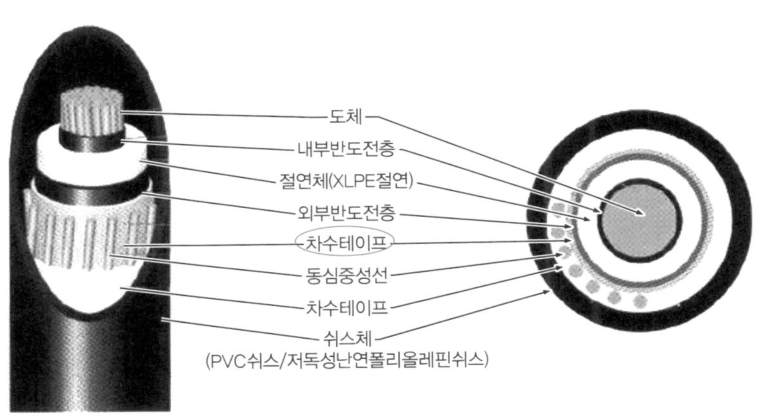

- 동심중성선 수밀형 전력케이블(CNCV–W)
- 동심중성선 난연성 전력케이블(FR CNCO–W)
- 동심중성선 트리억제형 전력케이블(TR CNCV–W)

| CNCV 동심중성선 |

(1) 22.9[kV] CNCV 동심중성선 전력케이블은 한전 가공선로와 같이 배전선로 중 지중에 주로 사용합니다. CNCV 전선은 전압선 도체 외곽에 도체 면적의 $\frac{1}{3}$에 해당하는 동심중성선으로 중심부 도체를 보호하여, 고압 전기에서 발생하는 전기잡음이 외부 약전선이나 통신선, 제어선, 신호선 등에 영향을 주지 않도록 합니다.

(2) 가공배전선로와 같이 사용하면서 중간 중간에 다중으로 접지하고 특고압 수전단에 접지하여 수전단에서 지락사고가 발생했을 경우 사고전류를 한전 변압기까지 흐르게 하는 역할을 하기도 합니다. 그리고 한전 배전선로의 지중 케이블 보호선은 양단접지를 하고 전주에 있는 단상 변압기에 중성선으로 전력을 공급하기도 하는 전력선이기도 합니다. 이렇게 중성선 역할을 하면서 중간 중간 접지를 하기 때문에 이런 접지방식을 중성선 다중접지방식이라 합니다.

(3) 한전에서 수전단까지 오는 지중 케이블은 중성선으로 양단(양쪽)접지를 하지만 구내에서는 편단(한쪽)접지를 합니다.

(4) 케이블의 C정수를 3상 일정하게 합니다.

1. 한전 22.9[kV] 배전선로에서는 동심중성선을 전력선으로 사용한다.
2. 한전 배전선로에서는 양단접지를 하지만 구내에서는 편단접지를 한다.
3. 한전 배전선로는 중성선을 중간 중간에 다중접지한다.

074 SECTION

특고압 외함에 한전 인입케이블 동심중성선 연결이 맞나요?

다음 사진은 CNCV 인입케이블입니다. 현재 사용하고 있는 라인의 동심중성선도 특고압 외함과 설치된 부스바에 연결되어 있는데 이것이 맞는지 궁금합니다. 제가 알기로는 특고압 외함은 TN-C접지이며, 중성선은 변압기 중성점 TN접지인 것으로 알고 있습니다.

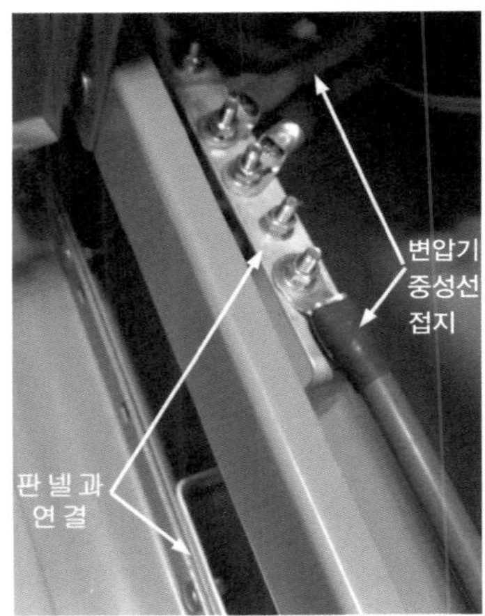

| CNCV 인입케이블 |　　| 판넬 내 변압기 중성선 접지 |

한전에서 수용가 수전단까지 이동할 때에는 중성선이며 접지선입니다. 한전측 변압기가 있는 곳은 변압기 중성점 TN접지이고, 수용가 수전단에서는 TN-C접지입니다.

22.9[kV] 배전선로에서의 접지는 한전 변압기에서 변압기 중성점 접지하고, 중성선 접지는 중성선 다중접지방식으로 한전 변압기에서만 접지를 하는 게 아니라 각 전주에서도 완금과 같이 중성선을 접지하고 수전실에서는 판넬이랑 같이 접지를 합니다. 그리고 전기기기에 대해서는 접지함에서 공통접지를 합니다.

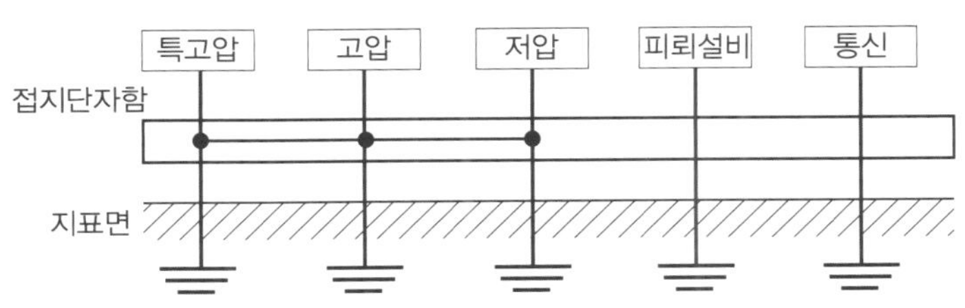

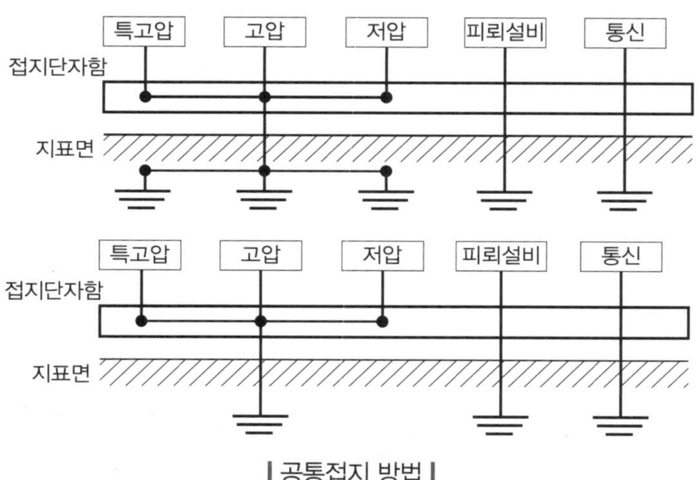

| 공통접지 방법 |

Q (1) 통합접지는 철근이나 기타(금속) 모든 것을 접지하는 것이 맞는지 알려주시기 바랍니다.

(2) 예전에는 단독접지를 많이 사용했는데, 현재는 공통접지를 사용하는 특별한 이유가 있는 것인지 궁금합니다.

(3) 등전위가 무엇인지 설명 부탁드립니다.

A (1) 통합접지는 철근뿐 아니라 전력설비, 피뢰, 통신, 전산 등과 같은 제어시스템도 같이 접지를 하는 것입니다.

(2) 접지의 기본은 대지전위가 생기지 않도록 하는 것입니다. 현재 단독접지보다 공통접지를 많이 사용하는 이유는 단독접지는 접지 간에 전압이 걸려 상대적으로 전압의 간섭이 생기기 때문입니다. 지금은 IEC 기준에 의하여 공통·통합접지로 합니다.

(3) 등전위는 각 접지점의 전위가 같도록 하기 위하여 모든 접지선을 접지 모선에서 직접 가져와 접지를 하는 방법을 말합니다.

1. KEC 규정에 따라 기본은 공통·통합 접지를 하여야 하고 접지저항값은 다음과 같다.
   (1) 부식, 건조 및 동결 등 대지환경 변화를 충족해야 한다.
   (2) 인체감전보호를 위한 값과 전기설비의 기계적 요구에 의한 값을 만족시켜야 한다.
2. 타 접지계통의 영향을 받지 않도록 접지극 간에 충분한 이격거리를 유지할 경우 단독접지를 할 수 있다.

3상 4선식의 중성선에 흐르는 전류는 무엇인가요?

380/220[V] 현장 분전함에 1P 차단기가 설치되어 있습니다. N선을 공통으로 사용하고 2회로(하트 L1상, L3)에 N선을 공통으로 사용할 때, 두 하트상에 흐르는 전류가 각각 2[A]라 할 경우 N선에 흐르는 전류는 얼마나 되는지 알려주시기 바랍니다.

3상 4선식에서 2상만 사용하면 N상에 흐르는 전류는 2상의 벡터 합과 같으므로 2[A]가 흐릅니다.

(1) 3상 4선식에서 V결선(선간전압 380[V], 상전압 220[V])으로 HOT상 간에는 380[V], 중성선(N선)과 HOT 간에는 220[V]가 흐릅니다.

(2) 각 HOT(L1, L3)상에 위상이 120° 다른 2[A]의 전류가 흐르면 중성선에 흐르는 전류값은 벡터합 위상이 60° 차이가 나는 2[A]가 흐르게 됩니다. 120° 위상이 다른 각 상에 2[A] 전류를 벡터도로 다음의 그림과 같이 그리면 N선에 흐르는 전류는 각 상과 위상이 60° 차이가 나는 2[A]가 얻어집니다.

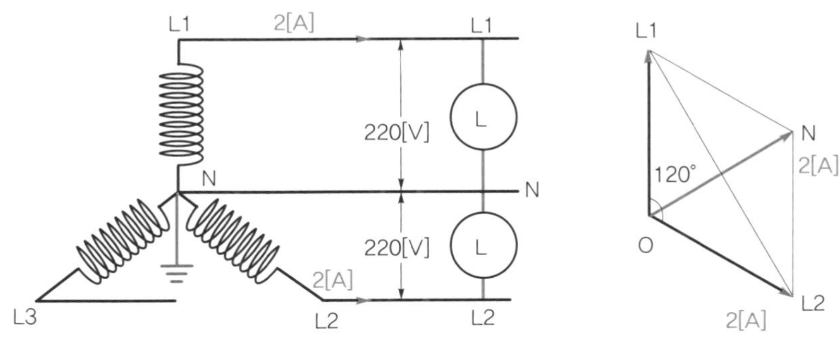

❙ 3상 4선식에서 L1, L2상만 부하가 걸릴 경우 ❙

- 중성선에 흐르는 전류는 $2\cos\theta \times 2$[A]이므로 $2\cos60° \times 2$[A]$=2\times0.5\times2$[A]$=2$[A]가 된다.

부하를 2상만 사용하면 중성선에 흐르는 전류는 2상 벡터 합 전류가 흐른다.

076 SECTION

중성선과 접지선의 연결은 어떻게 하나요?

배전함에서 중성선과 접지선을 테스터로 점검해보면 저항값이 무한대가 나옵니다. 자료를 보니 개별접지방식(TT system)은 사용하지 않는다고 합니다. 그림에서처럼 변압기 2차측에서 접지선과 중성선을 묶으려 하는데 기존의 대지접지를 모두 끊어야 하는 게 맞는지 알려주시기 바랍니다.

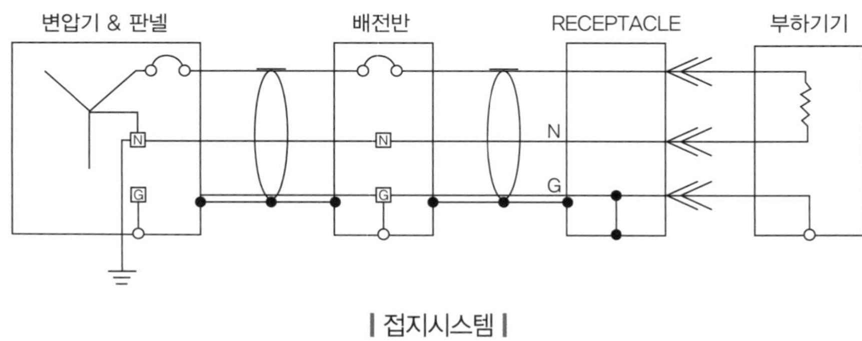

┃접지시스템┃

중성선과 배전함의 접지 간 저항이 무한대라면 배전함 접지선이 대지의 접지점에서 탈락되어 있거나 변압기 중성점 접지가 탈락되어 있을 수 있습니다.

(1) 400[V] 미만의 배전함은 TT계통접지로 변압기 중성점 접지, 배전반 TT개별접지로 접지하면 105[Ω] 이하가 되어야 합니다. 그런데 저항을 측정했을 때 무한대가 나온다면 변압기의 중성점 접지선이나 배전함 접지선이 정상적으로 접지되지 않은 상태를 의미합니다. 이것을 그림처럼 TN-S계통으로 하려면 TT계통접지선을 변압기 중성점 접지와 공통접지하면 됩니다.

(2) 변압기 중성점에서부터 부하까지 접지선을 가지고 가서 기기에 접지를 하여야 합니다. 개별접지와 단독접지는 TT방식과 같습니다.

① 공통접지 : 기존의 1종, 2종, 3종, 특3종 접지같이 접지를 하는 방식으로, 대부분 접지 단자함에서 COMMON(TN-C계통)합니다.

② 개별접지 : 각 종별로 각각 접지를 하는 것입니다.

③ 통합접지 : 전기접지 전체+피뢰접지+통신, 전산, 시스템 접지입니다.

④ 종별접지 : 1종, 2종, 3종, 특3종과 같이 각 종별로 나누어 접지를 하는 것입니다. 하지만 KEC 규정에 의하여 종별 접지는 없어졌습니다. 기본적으로 중성선 접지는 변압기의 중성점에서만 접지를 하여야 합니다(한전의 배전선로의 중성선은 다중접지).

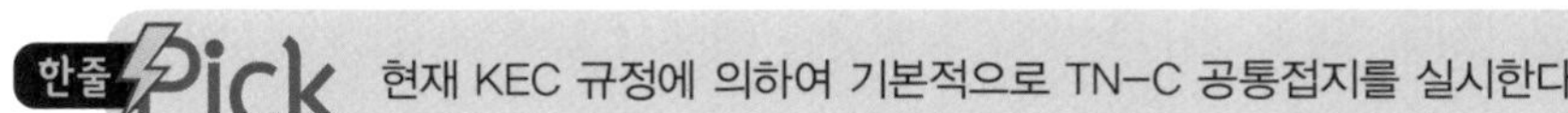

한줄 Pick
현재 KEC 규정에 의하여 기본적으로 TN-C 공통접지를 실시한다.

077 SECTION

변압기 간 중성선은 COMMON하여 사용하면 안 되나요?

현재 두 대의 변압기(a·b뱅크)로 ATS를 사용하여 부하의 전기를 공급하고 있습니다. ATS가 3상 3선식 형태여서 각 a·b뱅크 변압기 2차측 N선을 COMMON 시켜놓고 부하측에 직접 연결하여 사용 중입니다(다음 그림을 참고). 이때 평상시나 사고 시 문제점에 대해서 질문 드립니다. 모든 기기는 전부 개별접지로 되어 있고, ATS 1·2차 측에는 MCCB가 설치되어 있습니다. 지락사고 시 지락전류가 다른 계통에 어떤 영향을 끼치는지 궁금합니다. 그리고 이렇게 사용하면 안 된다는 법적인 근거나 규정이 있으면 알려주시기 바랍니다.

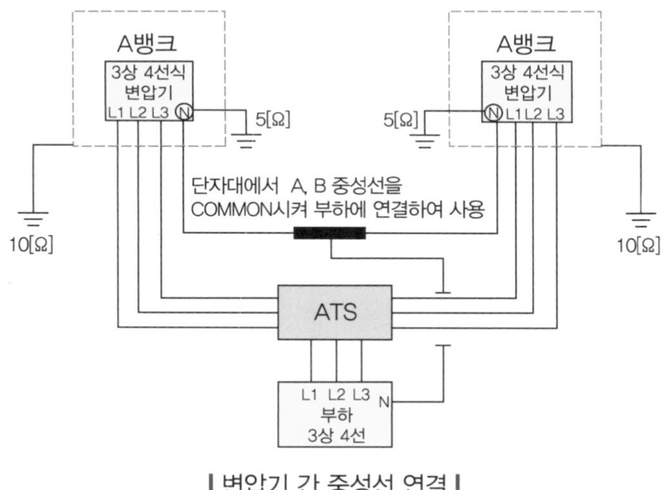

❙ 변압기 간 중성선 연결 ❙

변압기는 다른 중성선을 서로 연결하여 사용하면 안 됩니다.

다음 그림을 보면 지락 시 2개의 변압기가 변압기 중성점 접지를 통하여 지락전류가 분배되어 사고 변압기로 흘러들어가면서 건전한 변압기의 변압기 중성점 접지에 설치한 GCT(접지변류기)에도 지락전류가 흘러 건전한 변압기의 OCGR이 동작하는 것을 알 수 있습니다.

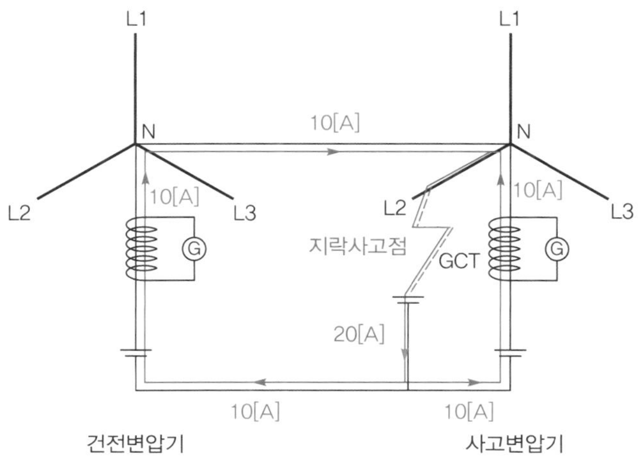

❙ 중성선 공통사용 시 사고 전류의 흐름 ❙

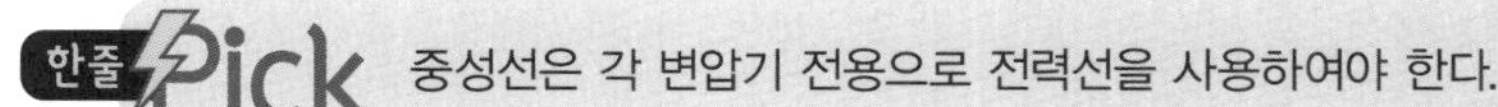

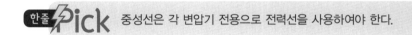

중성선은 각 변압기 전용으로 전력선을 사용하여야 한다.

메모

CHAPTER

05

차단기

078 SECTION 3상 누전차단기를 단상으로 사용할 때 L1, L3 극만 사용해야 하는 이유가 무엇인가요?

LS산전 카탈로그에 '3상의 차단기를 단상으로 사용할 경우 반드시 L1, L3 상만 연결해서 사용하십시오'라고 적혀 있는데 그 이유가 무엇인지 알고 싶습니다. 3상이 들어올 때 L1상을 죽이면 L2, L3을 연결해서 사용해야 되는 게 아닌지 이 점에 대해서도 설명 부탁드립니다.

누전차단기의 동작을 제어하는 전자회로 전원을 차단기 2차에서 L1′극과 L3′극만 사용하기 때문입니다.

위와 같은 경우는 3극이나 4극의 누전차단기를 사용할 경우입니다. 누전차단기는 차단기 내부에 누전을 감지하고 차단기를 동작시키기 위하여 내부에 그림과 같은 전자회로가 들어 있습니다. 전자회로의 전원을 차단기 2차측 L1′, L3′극에서 공급하도록 하고 있습니다. 그렇기 때문에 3상 3선을 사용하거나 4선을 사용하면 L1′, L3′극에는 정상적으로 전원이 공급되고 전자회로에도 전원이 공급됩니다.

그런데 단상 2선 사용 시 차단기의 L1, L2 극을 사용하거나 L2, L3 극을 사용하면 이 전자회로에 전원이 공급되지 않고 누전을 검출하여도 전자회로가 동작하지 않아 차단기가 동작하지 않습니다. 그래서 단상 2선을 사용하려면 중간극(L2극)을 사용하지 말고 양쪽 극(L1, L3 극)을 사용하라는 의미입니다.

우리가 사용하는 전기에서 3상 L1, L2, L3를 구분하기는 어렵습니다. 카탈로그의 L1, L3만이라는 내용은 충분히 혼돈을 불러일으킬 수 있습니다. 여기에서 이야기하는 것은 일반적인 L1, L3이 아니고 차단기의 L1, L3 극을 의미하는 것입니다.

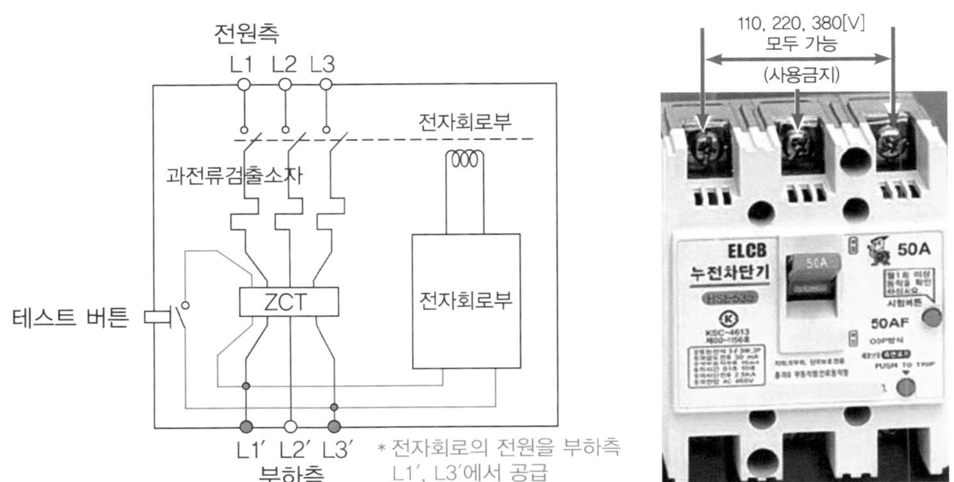

❙ 누전차단기의 내부 전자회로와 누전차단기 ❙

1. 누전차단기의 제어전원은 2차측 L1′극(1차 L1극)과 L3′극(1차 L3극)에서 공급한다.
2. 2P 누전차단기는 상과 관계가 없다.

3P 누전차단기와 4P 누전차단기의 차이가 무엇인가요?

(1) 3P(L1, L2, L3)와 4P(L1, L2, L3, N) 누전차단기가 있습니다. 분전반의 3P 누전차단기를 통해 L1, L2, L3 전원을 공급하고, N선은 N선 부스바에서 바로 연결하여 사용할 경우 누전차단기가 트립되는 이유를 알고 싶습니다. 또한 이 방법이 4P 누전차단기와 무엇이 다른지도 알려주시기 바랍니다.

(2) 단상 220[V]에서 전원선 1가닥과 접지선 사이의 전압을 테스터로 측정하면 누전차단기가 트립되는 이유가 무엇인지 궁금합니다.

(1) 3상 4선식 부하를 사용하면서 3P 누전차단기를 사용하면 N선이 ZCT에 들어가지 않기 때문에 트립됩니다.

(2) 테스터를 통해 접지로 전류가 흘러 누전으로 인식하기 때문입니다.

(1) 누전차단기의 원리는 키르히호프의 법칙에 따라 전류의 합이 항상 0이 되는 것을 이용하여 차단기 내에 ZCT를 설치하여 전류의 합이 0[V]가 아닐 경우 그 전류를 검출하여 누전으로 인식되면 차단기가 동작하도록 하는 것입니다.
단상은 2선, 3상 3선식은 3선, 3상 4선식은 4선이 전부 차단기 내부의 ZCT를 관통하여야 합니다. 3상 4선식에서 ELB 3P는 중성선이 ELB의 ZCT를 관통하지 않기 때문에 단상 또는 불평형 시에는 중성선 전류가 누설전류로 검출·인식하여 동작합니다.

(2) 기본적으로 테스터의 전압 RANGE는 내부저항이 커서 RANGE만 전압으로 인식하면 누전차단기가 동작하는 경우는 거의 없습니다. 하지만 측정 시 트립되었다면 원인이 테스터에 있고, 테스터를 통하여 누설전류가 30[mA] 이상 흘러 트립된 것입니다. 이것은 측정 시 RANGE SELECTION을 저항에 놓았다거나 전류[mA] 등에 놓았을 때 테스터 내부회로를 통하여 30[mA] 이상이 흘러 테스터 내부저항이 7.333[Ω] 이하가 되었기 때문에 트립된 것입니다.

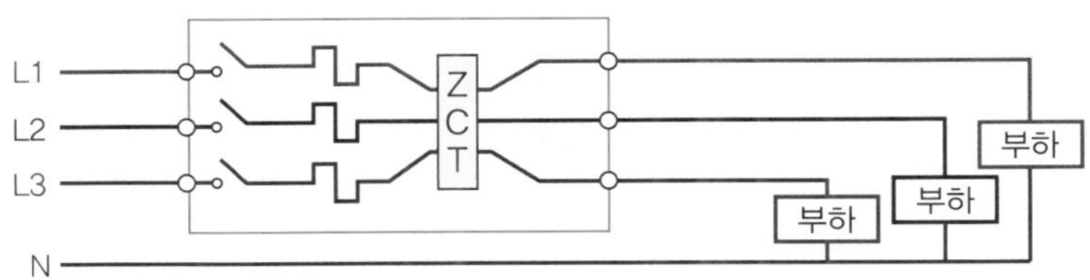

| 3P 누전차단기 |

- 단상 부하나 3상 불평형 부하가 걸리면 중성선으로 전류가 흐르는데 그 전류를 누설전류로 인식한다.

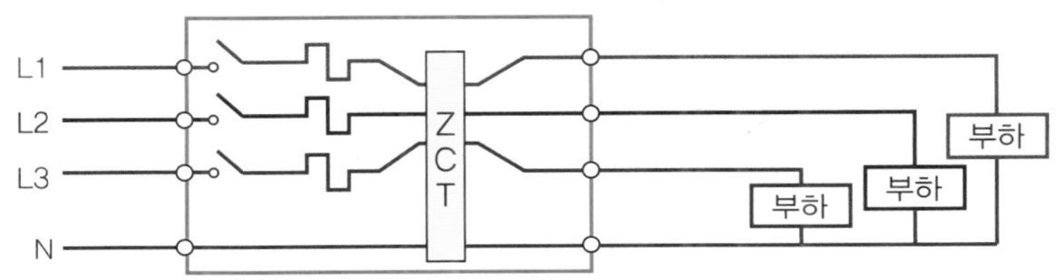

| 4P 누전차단기 |

- 단상 부하가 3상 불평형 부하가 걸려도 중성선으로 흐르는 전류가 ZCT로 흐르기 때문에 영상전류가 0이다.

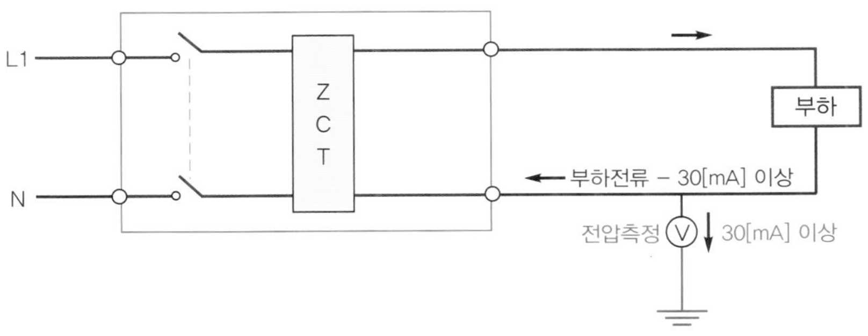

| 2P 누전차단기 |

- 테스터기(전압계)를 통하여 30[mA] 이상이 접지로 흐르기 때문에 트립된다.

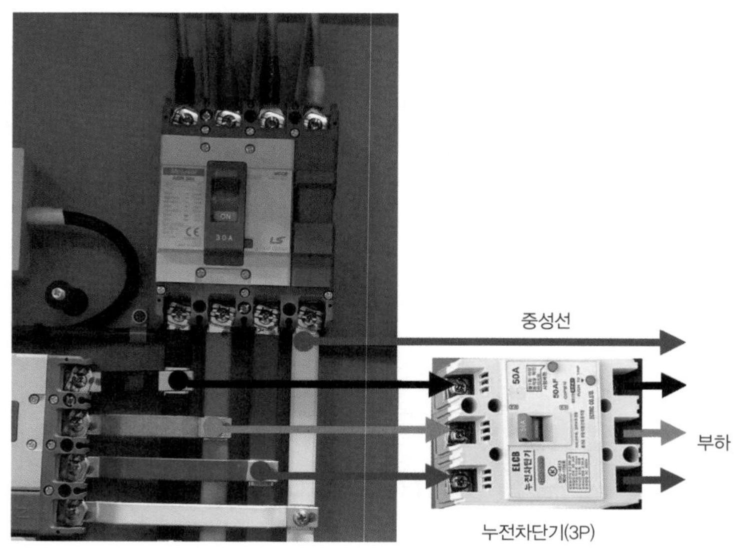

| 분전반 내 3상 4선식 누전차단기와 3상 3선식 누전차단기 |

1. 3상 3선식은 3P 누전차단기를 사용하고 4선식은 4P 누전차단기를 사용하여야 한다.
2. 누전차단기는 내부에 있는 ZCT를 사용하여 누설전류를 검출한다.
3. 부하에 사용하는 전선은 전부 누전차단기를 거쳐서 부하로 가야 한다.
4. 전선의 색상이 전기설비기술기준에 의하여 색상이 L1(R) : 갈색, L2(S) : 흑색, L3(T) : 회색, N : 청색, PE : 황, 녹색(2색)이다.

080 SECTION 전선에서 열이 나면서 차단기가 떨어지는 이유는 무엇인가요?

차단기는 NFB-20[A], 220[V]짜리이며, 부하기기는 전기난로(1,500[W]) 2개를 쓰고 있습니다. 그런데 난로 2개를 가동하다보면 전선에서 열이 약간 나면서 차단기가 떨어집니다. 차단기가 20[A]면 충분한데도 말입니다.
전선에서 열이 안 느껴질 수는 없겠지만, 열이 과하다고 느껴지면 이 열 때문에 차단기가 떨어질 수도 있는지 궁금합니다. 차단기 불량 아니면 접촉불량 또는 전기난로 이상일 수도 있겠지만, 전선이 과부하로 열이 발생하면 차단기가 떨어질 수 있는 건지도 궁금합니다.

(1) 전선에서 아무리 열이 나고 불이 나도 차단기의 정격전류를 초과하지 않으면 트립되지 않습니다.
(2) 차단기 단자 볼트 조임이 불량이면 그 단자에서 발생하는 열에 의하여 정격전류보다 작아도 동작할 수 있습니다.

차단기는 회로에서 검출한 전류에 의해 동작합니다. 차단기는 차단기 내에서 전류를 검출하여 동작하는 전류형과 전류가 바이메탈에 흐르면서 발생하는 열에 의하여 동작하는 열동형이 있습니다.
차단기는 전선의 열을 감지하지 못하기 때문에 전선의 허용전류와 차단기와의 관계가 매우 중요합니다. 전선의 허용전류는 차단기 정격전류보다 1.25배 정도 크게 설치해야 합니다. 단, 전동기에 사용하는 차단기는 기동전류 때문에 전동기 정격전류의 3배 이하로 선정하고, 차단기는 단락보호만 합니다(전동기는 EOCR을 사용하여 모터와 전선 보호). 만약 전동기회로가 아닌 일반회로에서 전선의 허용전류가 차단기 정격전류보다 작으면 전선이 과열되거나 화재가 발생하여도 동작하지 않습니다.

1. 부하 정격전류보다 차단기 정격용량이 커야 하고, 차단기 용량보다 전선의 정격전류가 커야 한다(단, 모터에 사용하는 차단기는 기동전류 때문에 예외).
   (1) 부하정격전류×1.25배 < 차단기 정격전류
   (2) 차단기 정격전류×1.25배 < 전선의 정격전류
2. 접촉불량은 화재사고의 가장 큰 원인이다.

081 SECTION 스위치를 내리면 누전차단기가 트립되는 이유는 무엇인가요?

전등라인에서 절연 테스트 결과 10[MΩ]이 나와 양호하다고 생각했는데 차단기가 떨어집니다. 스위치가 ON인 상태에서는 차단기가 떨어지지 않고 전등이 들어오는데, 스위치가 OFF인 상태에서 차단기가 떨어지는 이유가 무엇인지 궁금합니다.

절연측정값에 문제가 있는 것입니다. S/W가 N선에 설치되어 있을 때 그러한 현상이 발생합니다.

절연 테스트 결과가 10[MΩ]이 나오면 절대 트립되지 않습니다. 10[MΩ]이 아니고 10[kΩ] 정도 아니었는지 확인해보시기 바랍니다. 위 상황은 S/W가 N선에 설치되어 있고 절연상태는 누전차단기가 트립될 정도인 7.3[kΩ] 이하인 경우입니다. S/W를 올리면 대부분의 중성선 전류가 N선을 통하여 흐르지만, S/W를 OFF하면 접지로 절연불량에 의한 전류가 전체에 흐릅니다. 그림을 그려 설명하면 다음과 같습니다.

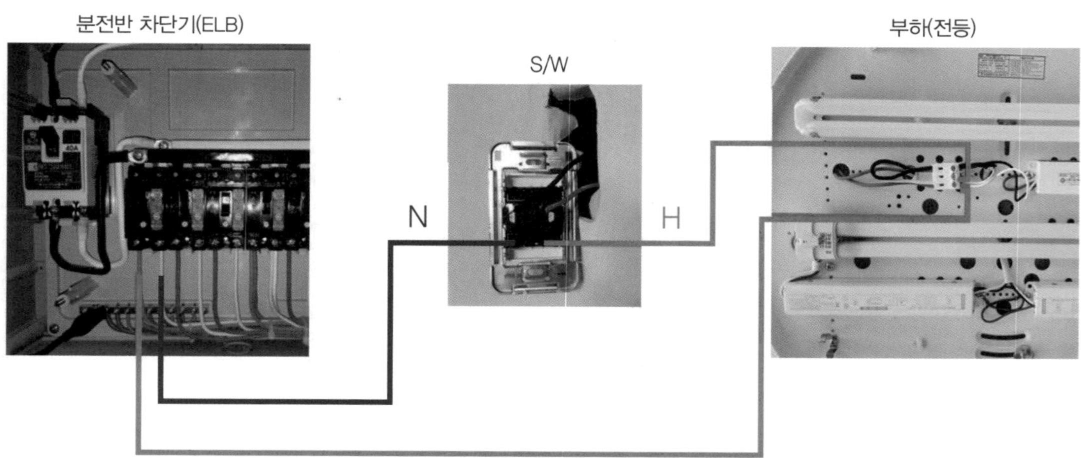

| N선에 스위치를 설치하면 안 되는 이유 |

- N선에 스위치를 설치하면 스위치를 OFF 하여도 전등의 양 단자에는 대지와 H전압이 걸려 감전의 위험이 있다.

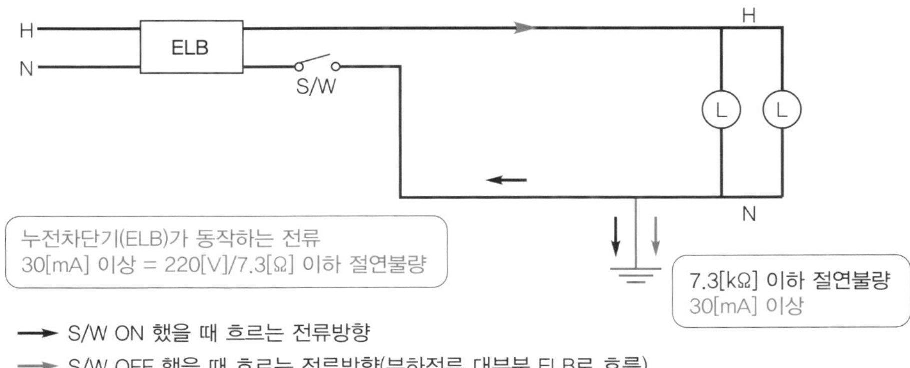

| N선에 스위치를 설치한 경우 |

- 스위치를 N선에 설치하면 절연불량 시 ELB가 스위치를 OFF할 때 트립될 수 있다.

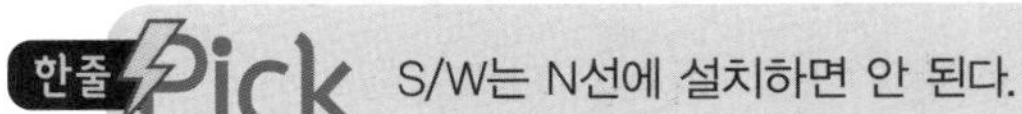

S/W는 N선에 설치하면 안 된다.

082 SECTION ELB 2차 부하가 없는 상태에서 중성선을 접지시켜도 ELB가 차단될까요?

분전반 분기차단기 ELB 2차에 전원선은 물려있지 않은 상태에서 N선과 접지선이 단락되면 N선과의 접지는 전위차가 없어 전류가 흐르지 않고 ELB가 동작하지 않을 것이라 생각하여 ELB 2차측 N선과 접지를 쇼트시켜 보았는데 ELB가 떨어졌습니다. 이때, 중성선과 접지선 간 전위차를 직접 측정하였더니 0.9[V]가 나왔습니다. 왜 ELB가 떨어지는 것인지 궁금합니다. N선 전류가 접지로 흘러서 차단기가 떨어진 것인지, 만약 이 경우 중성선을 만질 경우 감전될 수 있는지도 알려주시기 바랍니다.

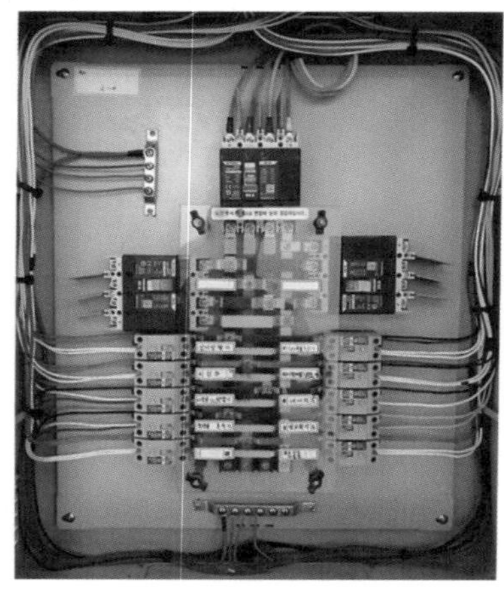

| 분전반 내부 |

(1) 0.9[V]라는 전압에 의하여 대지로 전류가 30[mA] 이상 흐르면서 트립이 된 것입니다.

(2) 0.9[V]는 감전될 정도로 위험하지 않습니다.

(1) 중성선과 대지 간 0.9[V]는 변압기에서 분전반 중성점까지 다른 부하전류에 의하여 중성선에 전류가 흐르면서 전압 DROP이 발생된 전압으로 접지전압보다 조금 크게 나와 차단기 1차 중성선에서 접지로 전류가 흐르게 되어 ELB가 트립되는 것입니다. 누전차단기는 30[mA] 이상 흘러야 하는데 0.9[V]에서 30[mA] 이상 흐른다는 것은 접지저항이 $\frac{0.9}{0.03}$=30[Ω] 이하라는 것입니다.

(2) 인체가 감전이 되려면 인체를 통하여 약 10[mA] 이상은 흘러야 합니다. 그런데 인체저항이 보통 1[kΩ] 정도(환경에 따라 달라짐)입니다. 그러면 0.9[V]에서 인체를 통하여 흐르는 전류는 $\frac{0.9[V]}{1,000}$=0.9[mA]밖에 되지 않기 때문에 위험하지 않습니다.

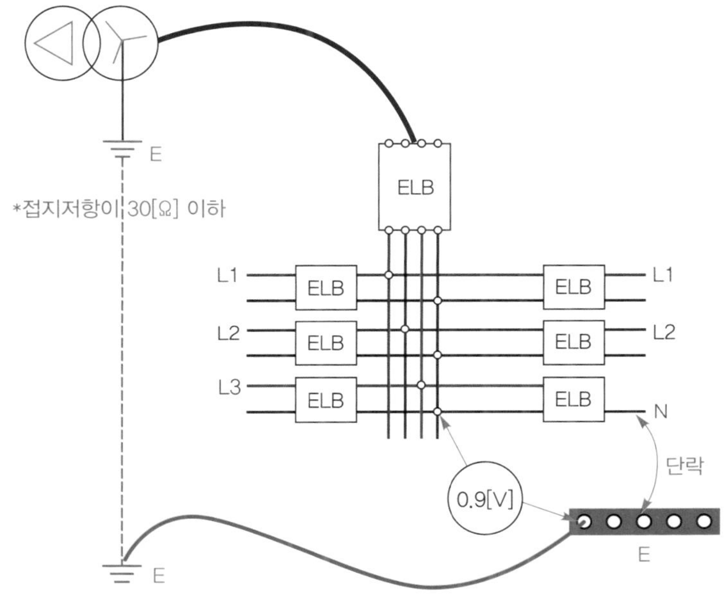

| 중성선과 접지선 연결 |

- 접지와 중성선 간에 0.9[V]가 걸린다는 것은 분전반에서 다른 부하를 사용할 경우 불평형전류가 흐르는데 그 불평형에 의하여 분전반 중성점에서 변압기 중성선으로 불평형전류가 흐르는 것이다.
- ELB에 누설전류가 30[mA] 이상 흐르면 동작한다. 변압기와 분전반까지의 접지저항이 30[mA]=$\frac{0.9[A]}{\text{접지저항}}$ 이상이므로 접지저항은 $\frac{0.9[A]}{0.03[A]\ \text{이상}}$=30[Ω] 이하가 된 경우이다.

1. 분전반의 중성선과 대지 간에는 전압이 걸린다. 그러므로 부하선이 없어도 차단기 2차 중성선을 접지시키면 누전차단기가 동작한다.
2. KEC 규정에 따라 전선의 색상은 L1(R) : 갈색, L2(S) : 흑색, L3(T) : 회색, N : 청색, PE(접지) : 황, 녹색이다.

083 SECTION 절연저항이 제로(0)인데, 왜 누전차단기가 떨어지지 않나요?

Q 간혹 절연저항을 측정해 보면 분명히 메거의 눈금이 제로(0)를 가리키는데 누전차단기가 떨어지지 않을 때가 있습니다. 220[V]일 경우 0.2[MΩ] 이하이면 떨어져야 하는 게 맞는 거 아닌지 설명 부탁드립니다.

누전차단기가 동작을 하는 저항값은 0.2[MΩ]이 아니고 7.33[kΩ] 미만이기 때문입니다.

(1) 먼저 저항의 단위를 이해해야 합니다. 1[MΩ](메가옴)이라 한다면 1,000,000[Ω]입니다. 그리고 누전차단기가 동작하는 전류는 30[mA]=0.03[A]입니다.

(2) 누전차단기가 동작하려면 절연저항이 220[V]/0.03[A]=7.3[kΩ] 이하가 되어야 합니다. 이것을 [MΩ]으로 환산을 하면 0.0073[MΩ]이 됩니다. 메거의 RANGE 1[MΩ] = 1,000,000[Ω]으로 실제 0.0073[MΩ]보다 훨씬 크기 때문입니다.

(3) 다음 사진과 같은 아날로그 절연저항계로 0.0073[MΩ]은 0(제로)로 나타납니다. 0이 나왔다 하여도 실제는 0.0073[MΩ]보다 크기 때문에 누전차단기가 동작을 하지 않는 것입니다. 이 경우에는 아날로그 절연저항계보다는 디지털 절연저항계나 메거보다 더 작은 RANGE를 가진 테스터로 저항(디지털 테스터도 좋음)을 측정하면 진짜 절연상태를 알 수 있습니다.

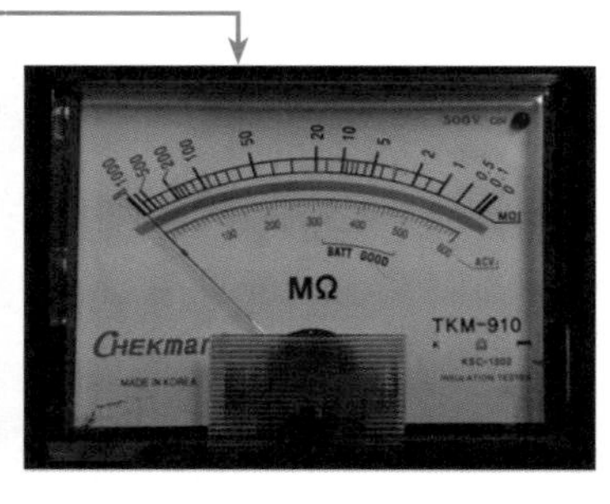

| 아날로그 절연저항계 |

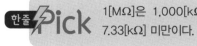

1[MΩ]은 1,000[kΩ]이고 누전차단기가 트립되는 절연저항은 0.0073[MΩ] = 7.33[kΩ] 미만이다.

084 SECTION MCCB 차단기 허용전류의 기준이 무엇인가요?

3상 4선식 50[A] 메인차단기에서, 50[A]는 L1, L2, L3상 전체 부하전류가 50[A] 이상 되어야 떨어진다는 뜻인지, 아니면 각각의 상에 50[A]씩 걸려서 총 150[A]가 되어야 떨어진다는 뜻인지 궁금합니다. 그리고 차단기 용량(명판)은 차단기 트립전류 기준인지, 아니면 차단기 프레임전류 기준인지에 대해서도 알고 싶습니다.

❙ 분전반 내 차단기 ❙

3상 중 1상이라도 50[A] 이상이 되면 차단됩니다.

MCCB의 SPEC에는 AF와 AT 및 차단용량[kA]이 있습니다.

(1) AF(Ampere Frame)는 뼈대, 틀과 같은 사이즈 등에 대한 정보입니다.

(2) AT(Ampere Trip)는 차단기가 동작하는 기준이 되는 정격전류를 나타냅니다. AT의 전류에 의하여 차단기가 동작특성을 갖습니다. 또한, AT는 1상의 정격전류를 나타내는 것으로 100[AT]는 각 상 전류가 100[A]씩 흐르도록 할 수 있다는 뜻입니다. 동작은 1상의 전류라도 정격을 초과하면 차단기의 동작특성에 따라 반한시(전류가 크면 빨리, 작으면 늦게) 동작을 합니다(MAKER 특성은 100%에서는 동작하지 않고 1.1배 이상이라고 되어 있음).

(3) 차단용량[kA]은 단락 시 차단할 때 견딜 수 있는 전류를 나타냅니다. 만약 차단용량[kA]이 단락전류보다 적으면 차단기 내부에서 폭발할 수 있습니다.

Q 만약 1상에 80[A]가 걸린다면 트립되는 게 맞는지, 즉 150[A]가 각 상에 골고루(차단기 용량인 50[A]씩) 분배(부하분담=상밸런스)되지 않고 어느 한쪽으로 쏠리면 트립된다는 뜻인지 그 의미에 대해서도 설명 부탁드립니다.

A 맞습니다. 3상 중 어느 1상이라도 50[A] 이상이 걸리면 동작합니다.

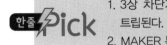

1. 3상 차단기는 전류가 1상이라도 정격을 초과하여 흐르면 특성곡선에 따라 트립된다.
2. MAKER 특성은 100%에서는 동작하지 않고 1.1배 이상이라고 되어 있다.

085 SECTION 차단기 명판에서 [정격차단전류]는 어느 것으로 읽어야 하나요?

3상 4선식 판넬의 메인차단기를 다음 사진의 것으로 사용한다면 차단기의 [정격차단전류]는, 1~3번 중 어느 것으로 읽어야 하는지 알고 싶습니다.

ㅣ3상 4선식 차단기의 명판ㅣ

차단기의 정격차단전류(용량)는 정격전압으로 결정합니다.

정격전압이 220[V]일 때 25[kA], 380[V]일 때 18[kA], 460[V]일 때 14[kA]입니다.

'정격차단용량 = $\sqrt{3}$ × 정격전압 × 정격차단전류'입니다.

380/220[V] 3상 4선식일 경우 정격전압은 380[V]이고 단락은 상과 상간의 단락을 의미하며, 단락전류는 18[kA]로 보아야 합니다.

참고 380[V]에서의 정격차단전류는 18[kA]가 맞지만, MAKER에서 인증기관에 인증을 받은 것은 460[V]만 받았기 때문에 안전공사검사를 할 때에는 전압이 낮아도 인증을 받은 460[V]를 가지고 적용한다(LS산전은 460[V]와 220[V]만 인증을 받았음).

Q (1) 정격차단용량이라 함은 단락 시 차단기가 감당하여 트립될 수 있는 범위를 말하고 위에서 단락이란 상과 상 간의 단락이라고 보는 게 맞는지 궁금합니다.

(2) 정격차단용량을 구하는 식에서 '$\sqrt{3}$'은 3상이기 때문에 들어가는 것이며, 단상일 경우 '$\sqrt{3}$'을 빼면 되는 것으로 이해하면 되는지에 대해서도 알려주시기 바랍니다.

A (1) 맞습니다. 정격차단용량이란 장치를 안전하게 차단할 수 있는 차단전류의 한도를 뜻하고 앞에서 말한 단락이란 상과 상 간의 단락을 뜻합니다.

(2) 단상은 전압×전류이고 3상은 $\sqrt{3}$×선전압(상전압의 $\sqrt{3}$)×선전류입니다.

차단용량은 차단기가 단락사고 시 안전하게 차단할 수 있는 전류이다.

086 SECTION 차단기가 트립될 때 완전히 OFF되지 않는 이유가 무엇인가요?

오른쪽 사진은 미화원들이 재활용장에서 재활용한 멀티콘센트의 불량으로 차단기가 트립된 모습입니다.

차단기가 완전히 OFF되지 않고 중간쯤에서 멈춘 이유와 누전일 때, 단락(합선)일 때 각각 다르게 작동하는 것인지에 대해서도 궁금합니다.

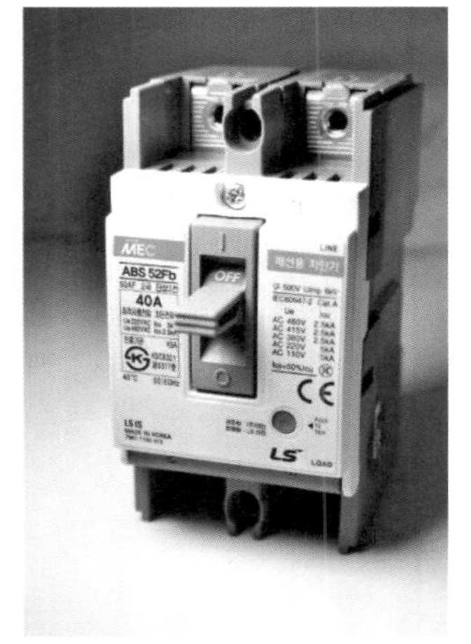

| 차단기 TRIP 상태 |

누전이나 단락(합선)이 되거나 과부하가 되어도 그렇게 나타납니다.

기본적으로 차단기의 OFF와 트립 위치를 다르게 하는 이유는 트립이 되는 것은 사고 상황이므로 동작이 되면 점검·확인 후에 투입해야 하기 때문입니다. 부하측에서 단락이든 지락이든 사고가 난 상태에서 전원을 투입하면 2차 사고가 발생할 수도 있습니다. 그리고 트립과 OFF는 기계적으로 차단기 내부에서 동작이 다르도록 MAKER에서 만든 것입니다.

| 차단기 ON 상태 |

Q 레버가 중간에 있는 것은 단락이나 누전에 상관없이 모두 트립된 것으로 이해하면 되는 게 맞는지 알려주시면 감사하겠습니다.

A 일반 분전반 등에서 사용하는 값이 싼 차단기는 트립이나 OFF 시 똑같이 떨어지는 것도 있습니다.

한줄 Pick 누전차단기는 지락, 과전류, 단락에 동작을 하지만 배선용 차단기는 지락에는 동작하지 않고 트립이 되면 밑으로 내린 뒤 RESET시켜 사용한다.

087 SECTION

208/120[V] 사용 시 누전차단기를 설치해야 하나요?

누전 발생 시 단락의 위험이 있다고 배웠습니다. '208/120[V] 사용 시 누전차단기를 설치하지 않는다.'라고 되어 있는 이유가 무엇인지 알려주시기 바랍니다.

'208/120[V] 사용 시 누전차단기를 설치하지 않는다'는 규정은 없습니다.

기본적으로 금속제 외함을 가지는 50[V] 이상의 전기기기는 누전차단기를 설치하여야 합니다. 다음은 개정된 KEC 전기안전공사 검사규정입니다.

참고 **누전차단기의 시설**(KEC 211.2.4)

(1) 금속제 외함을 가지는 사용전압이 50[V]를 초과하는 저압의 기계기구로서 사람이 쉽게 접촉할 우려가 있는 곳에 시설하는 것에 전기를 공급하는 전로에는 자동적으로 전로를 차단하는 장치를 하여야 한다.

[적용하지 않는 예외 장소]

① 기계기구를 발전소·변전소·개폐소 또는 이에 준하는 곳에 시설하는 경우

② 기계기구를 건조한 곳에 시설하는 경우
건조한 곳이란 평상시 습기 및 물기 없는 장소로 옥내 콘크리트 바닥에 절연성 페인트를 칠한 경우, 사람이 전기기계기구와 주변의 접지된 금속체에 동시에 쉽게 접촉할 우려가 없어야 인정

③ 대지전압이 150[V] 이하인 기계기구를 물기가 있는 곳 이외의 곳에 시설하는 경우

④ 전기용품 및 생활용품 안전관리법의 적용을 받는 2중 절연구조의 기계기구를 시설하는 경우

⑤ 전원측에 절연변압기(2차 전압 300[V] 이하)를 시설하고, 부하측 비접지인 경우

⑥ 기계기구가 고무·합성수지 기타 절연물로 피복된 경우
접지공사를 한 경우 물기가 있는 장소에서 치명적인 전격을 받는 우려가 낮음

⑦ 기계기구가 유도전동기의 2차측 전로에 접속되는 것일 경우

⑧ 기계기구가 전기욕기, 전기로 등 대지로부터 절연하는 것이 기술상 곤란한 경우

전로의 일부를 대지에서 절연하지 않고 사용하므로 지락차단장치 효과 없음

⑨ 기계기구 내에 전기용품 및 생활용품 안전관리법의 적용을 받는 누전차단기를 설치하고 또한 기계기구의 전원 연결선이 손상을 받을 우려가 없도록 시설하는 경우

(2) 주택의 인입구 등 이 규정에서 누전차단기 설치를 요구하는 전로

(3) 특고압전로 또는 고압전로 또는 저압전로와 변압기에 의하여 결합되는 사용전압 400[V] 초과의 저압전로(발전기에서 공급하는 사용전압 400[V] 초과 포함)

(4) 자동복구기능을 갖는 누전차단기의 시설이 가능한 경우

① 독립된 무인 통신중계소, 기지국

② 관련 법령에 의해 일반인 출입을 금지, 제한하는 곳

③ 옥외장소에 무인으로 운전하는 통신중계기 또는 단위기기 전용회로[단, 일반인이 특정한 목적으로 머물러 있는 장소(버스정류장, 횡단보도)에 시설 불가]

(5) 일반인이 접촉할 우려가 있는 장소(세대 내 분전반 및 이와 유사한 장소)에는 주택용 누전차단기를 시설하여야 한다.

외함이 철제로 된 50[V] 이상의 전기기구는 누전차단기를 설치한다.

088 SECTION 누전차단기 1차와 2차를 바꿔 결선할 경우 문제가 있나요?

다음 사진처럼 누전차단기의 1차측에 부하를, 2차측에 전원을 연결할 경우 문제점이 없는지 궁금합니다.

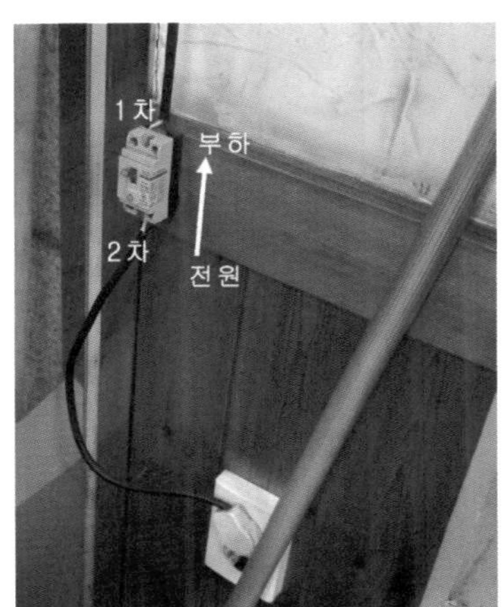

| 전원을 2차에 연결 |

사고의 위험이 있습니다.

전기는 보이지 않기 때문에 정보표시가 매우 중요합니다. 그래서 차단기에도 1, 2차를 표시하고 있습니다. 작업을 할 때는 그 정보에 따라 작업합니다. 그런데 1차와 2차를 바꾸어 설치하면 차단기를 내렸다고 착각하여 차단기 2차를 만져 감전이 될 수 있습니다. 그리고 다음 '전원/부하의 접속' 그림을 보면 누전차단기의 제어회로가 차단기 2차측에 연결되어 있습니다.

누전차단기를 OFF시켜 사용하지 않거나 차단기가 트립되어도 누전차단기의 제어회로에 전원이 계속 들어가기 때문에 차단기를 사용하지 않아도 소손될 수도 있고, 제어회로가 소손되면 차단기가 차단되지 않고 내부에서 폭발할 수도 있습니다. 만약 사진처럼 사용하려면 차단기를 그대로 놓고 전선만 1차와 2차를 바꾸어 설치하여야 합니다.

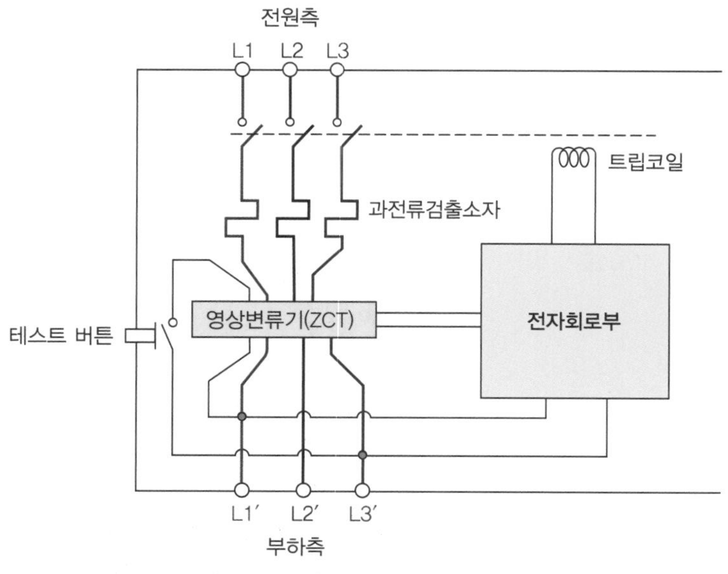

❙ 전원/부하의 접속 ❙

• 배선용 차단기 단자에 대한 전선부하의 접속은 위 그림에 표시한 접속을 표준으로 하고 있다.

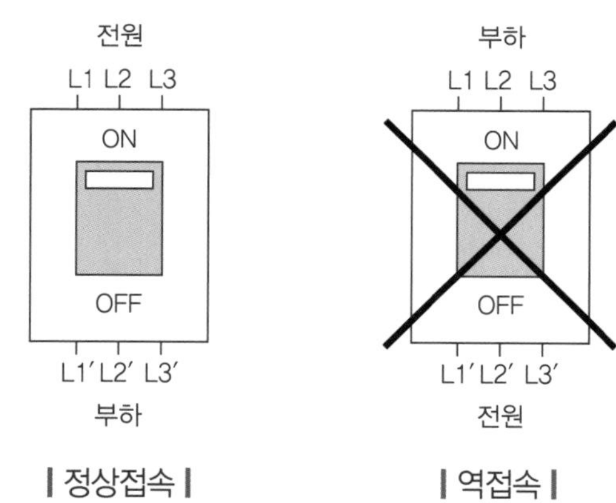

❙ 정상접속 ❙ ❙ 역접속 ❙

• 배선용 차단기 단자에 대한 전선부하의 접속은 '정상접속'에 표시한 접속을 표준으로 하고 있으며, '역접속'과 같이 접속한 경우에는 차단성능이 저하될 수 있으므로 이와 같은 접속은 피해야 한다.

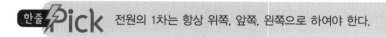

전원의 1차는 항상 위쪽, 앞쪽, 왼쪽으로 하여야 한다.

089 SECTION 누전차단기가 바로 떨어지는 경우와 한참 있다가 떨어지는 경우의 차이가 무엇인가요?

누전차단기를 올리면 바로 떨어지는 경우와 한참 있다 떨어지는 경우가 있습니다. 절연이 0.2[MΩ] 이하가 나와야 바로 떨어지는 것인지, 절연저항계값이 0[MΩ] 나오는데도 안 떨어지는 경우는 어떠한 경우인지 알고 싶습니다. 또한 PC도 모터처럼 기동전류가 높은지 궁금합니다.

(1) 0.0073[MΩ] 이하가 나와야 바로 떨어집니다. 아날로그 절연저항계로 0[MΩ]은 실제 0이 아니고 0.0073[MΩ] 이상이기 때문입니다.

(2) PC도 내부에 코일과 커패시터가 있어서 돌입전류가 크게 흐를 수 있습니다.

(1) 220[V]에서 0.1[MΩ]이라면 누전차단기는 동작하지 않습니다. 일반적인 누전차단기의 누설전류에 의한 차단특성은 다음과 같습니다.

① 누설전류 15[mA]/30[mA](두 종류가 있음) 이상에서는 0.03초 이내 트립되어야 합니다.

② 15[mA]/30[mA] 50% 이하에서는 동작하지 않는 부동작 특성이 있습니다. 그 사이의 누설전류에서는 트립이 될 수도 있고 안 될 수도 있습니다.

③ 0.1[MΩ]에서도 왜 트립이 안 되는지는 전류공식을 통해 알 수 있습니다.

공식 : $V=I\times R$에서, V는 220[V]이고 R은 100,000[Ω]이므로

$$\frac{220}{100{,}000}\fallingdotseq 0.002[\text{A}]\fallingdotseq 2[\text{mA}]$$

참고 1[A]=1,000[mA], 1[MΩ]=1,000,000[Ω]

누설전류 15[mA]가 되려면 0.015[MΩ]이 나온다.

바로 트립되거나 한참 후 트립되는 것은 여러 가지로 추정할 수 있습니다. 과전류나 누설전류, 동작과 부동작 사이이거나 어떤 원인에 의하여 시간에 따라 절연이 나빠지면서 나타날 수도 있습니다.

(2) PC에도 내부에 코일과 커패시터가 들어 있기 때문에 전원을 넣음과 동시에 순간적으로 돌입전류가 흐릅니다. 전원을 ON, OFF 하면서 내부의 부품이 돌입전류에 의하여 소손되기도 합니다. 기본적으로 초기전류가 모터처럼 크진 않고 시간도 짧습니다. 전기기기는 ON, OFF를 자주하는 것이 기기에 스트레스를 축적시키기 때문에 자제하는 것이 좋습니다.

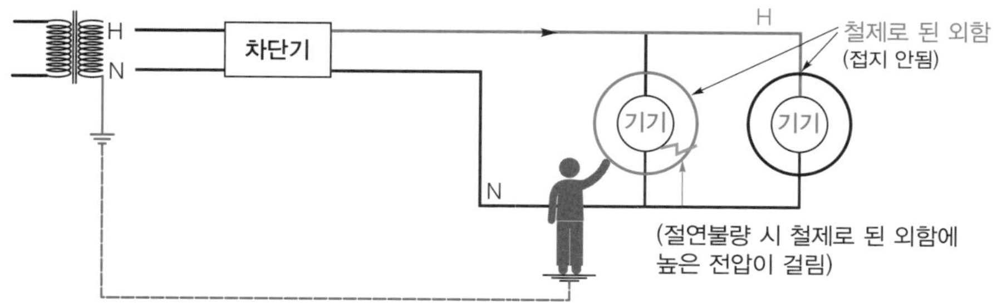

| 기기를 접지하지 않으면 위험한 이유 |

- 접지선은 기기를 동작시키는 선이 아니기 때문에 없어도 기기는 동작된다.
- 기기를 접지하지 않으면 기기가 소손이 되거나 절연불량 시 기기 외함에 높은 전압이 걸려 사람이 기기 외함을 만졌을 때 사람을 통하여 전류가 대지로 흘러 감전사고가 발생한다.

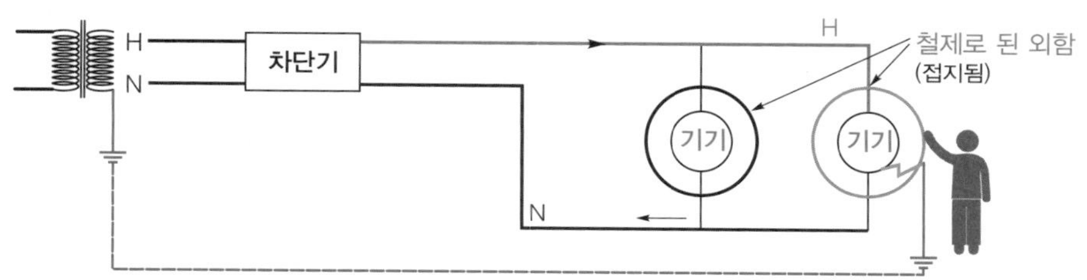

(절연불량 시 철제로 된 외함에 0[V]에 가까운 전압이 걸림)

| 기기를 접지시킨 경우 |

- 기기를 접지시키면 기기가 소손이 되거나 절연불량이 되어 외함에 높은 전압이 걸려도 접지선이 변압기 중성선의 접지선과 회로가 되어 전압을 0[V] 가까이 낮춰준다.

Q 차단기는 꼭 분전함에서 접지가 되어 있어야 하는지 아니면 중성선에 따로 접지가 되어 있으니 별도의 접지 없이 동작하는지에 대해 알고 싶습니다.

A 별도의 접지가 없어도 동작될 수 있습니다.

A+ 누전되어도 접지를 감지할 수 있는 전류가 작아 누전차단기가 동작하지 않다가 사람이 누전되는 기기를 만지면 사람을 통하여 전류가 흘러 감전될 수 있습니다. 경우에 따라 일부러 절연변압기 중성선에 접지를 하지 않는 변압기를 사용하는 경우도 있습니다.

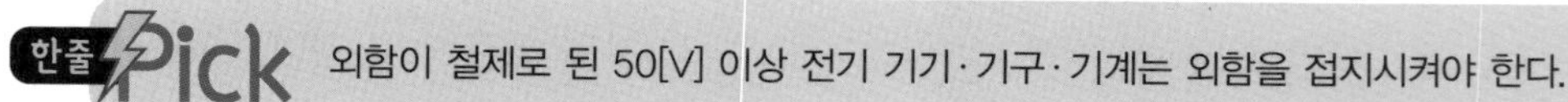

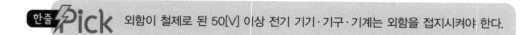

외함이 철제로 된 50[V] 이상 전기 기기·기구·기계는 외함을 접지시켜야 한다.

090 SECTION 차단기 트립이란 무엇을 의미하나요?

(1) MCCB에서 최소동작전류는 $I_n \times 1.25$에서 규정시간 내에 동작한다던데 I_n=20[A]이면 20~24[A]는 동작하지 않고 25[A] 이상이면 차단기가 동작(트립)된다는 의미인지 알려주시기 바랍니다.

(2) 누전차단기에서 I_n=20[A]이면 20[A] 이상 전류가 흐르면(20.1[A]라도) 과부하가 되어 트립이 되는 것인지 아니면 정격감도전류가 30[mA]로 표기되어 있을 시 30[mA] 이상 전류가 누전되면 트립이 되는 것인지 궁금합니다.

(1) MCCB에서 최소동작전류는 각 MCCB에 따라 다릅니다. 기본적으로 100% 이상에서 동작되도록 하고 있습니다만 100%에서 동작하지 않고 110% 이상이 되어야 동작되기도 합니다.

(2) 누전차단기도 MCCB와 같은 특성곡선을 가지고 있습니다. 30[mA] 이상 전류가 누전되면 0.03[sec] 이내에 동작합니다.

(1) 기본적으로 차단기(누전차단기 포함)는 100% 이상이 되면 트립이 되도록 하고 있지만 특성상 환경 등의 영향으로 110% 이상이 되어야 특성곡선에 따라 동작되기도 합니다.

다음 그림은 LS산전의 누전차단기 과전류 특성곡선입니다.

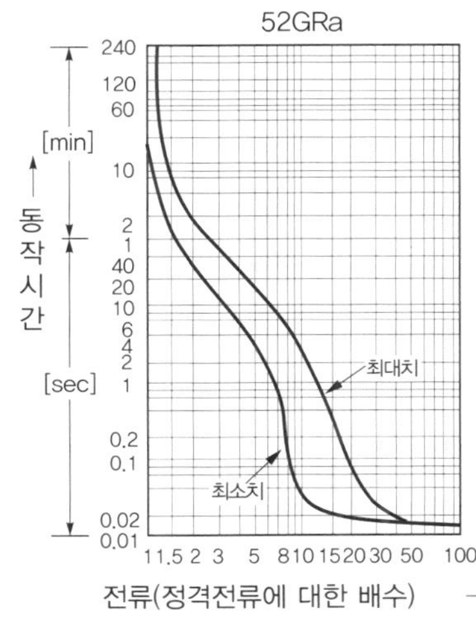

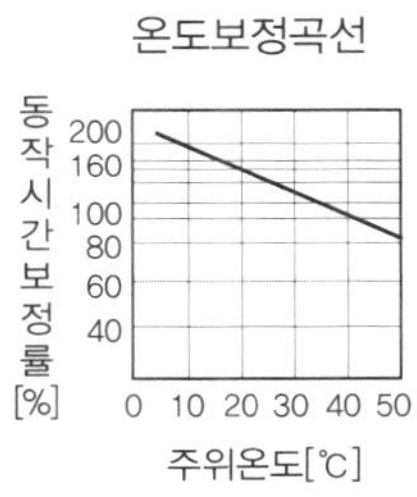

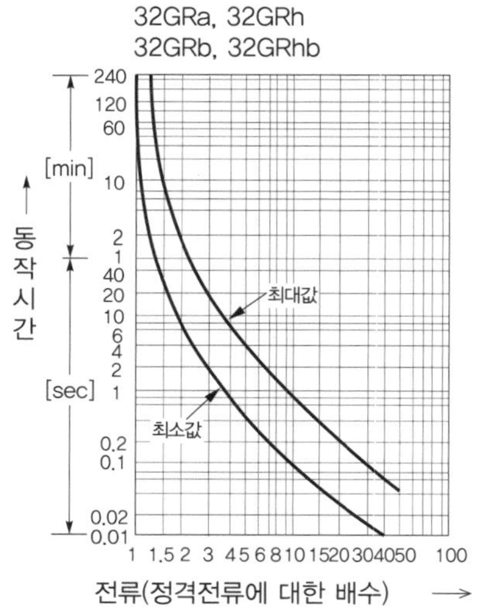

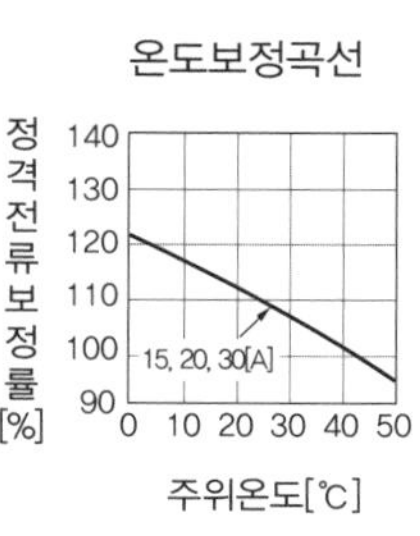

| 누전차단기 과전류 특성곡선 |

- LS누전차단기는 KS의 과전류 트립시간 범위 이내에서 동작하도록 설계되어 있다.

| 시연 트립 특성(KS C 8321) |

정격전류	125%	200%
30[A] 이하	60분 이내	2분 이내
31 초과 50[A] 이하	60분 이내	4분 이내
50 초과 100[A] 이하	120분 이내	6분 이내
100 초과 225[A] 이하	120분 이내	8분 이내
225 초과 400[A] 이하	120분 이내	10분 이내
400 초과 600[A] 이하	120분 이내	12분 이내
600 초과 800[A] 이하	120분 이내	14분 이내

(2) 차단기의 트립시간은 정격전류, 주위온도 등에 따라서 달라질 수 있습니다.

(3) 20.1[A]에서는 트립될 수도 있고 안 될 수도 있습니다. 특성으로 보면 100%의 전류에서는 트립되지 않지만 그 이상에서는 시간특성 곡선이 나와 있지 않아도 트립된다고 보아야 합니다. 하지만 주위온도 등에 따라 달라질 수 있습니다.

(4) 정격감도전류 30[mA]는 30[mA]에서 0.03초 이내에 트립되는 것이 맞습니다. 부동작전류 15[mA]라는 게 있는데, 15[mA] 이하에서는 절대 트립되지 않고 15[mA] 이상 30[mA] 이내에서는 트립될 수도 있고 트립이 안 될 수도 있습니다.

누전차단기는 지락, 과전류에 동작한다.

091 SECTION 계약전력 및 차단기가 내려가는 이유는 무엇인가요?

프랜차이즈 매장인데 현재 계약전력 12[kW]를 쓰고 있습니다. 타 매장은 7[kW]를 쓰고 있는데도 차단기가 내려가는 일은 없다고 하는데, 저희 매장은 왜 차단기가 내려가는지 궁금합니다. 메인차단기는 4P-30[A]입니다.
그리고 현재 월평균 2,400~2,500[kWh]를 사용하는데 계약전력이 너무 높게 책정되어 있는 게 아닌가 싶어 현재 계약전력이 적정히 책정되어 있는지도 궁금합니다. 만약에 너무 높게 되어있다면 어느 정도가 적정선인지 알려주시기 바랍니다. 아울러 차단기가 가끔 내려가는 이유도 궁금합니다.

(1) 차단기가 내려가는 원인은 직접 현장 확인을 하여야 알 수 있습니다.
(2) 계약전력은 실제 최대전력을 알아야 합니다.

(1) 메인차단기가 배선용 차단기라면 트립(내려가는 것)의 원인은 과전류, 단락, 불량입니다. 단락은 사고이기 때문에 즉시 알 수 있고 과부하 여부는 냉난방기기의 용량을 확인해 보면 알 수 있습니다. 상기 상황으로 보면 차단기 정격이 30[A]이므로 각 상마다 30[A]씩 하여 약 18[kW]의 부하까지는 이상이 없기 때문에 과부하는 아닐 것 같습니다.
먼저 냉난방기기의 정격을 확인해 보고 각 상의 부하배치를 확인해 보셔야 합니다. 3상 차단기는 1상이라도 과부하가 되면 동작하기 때문에 불평형에 의한 트립일 수도 있습니다. 과부하가 아닌데도 트립이 계속 된다면 차단기 불량을 의심해 보아야 합니다. 그리고 차단기의 1·2차 단자 볼트 조임도 확인해 보아야 합니다.

(2) 월 평균 2,500[kWh]라고 하면 시간당 전력이 평균 3.5[kWh]입니다.
2,500[kWh]/(30일×24시간) = 2,500[kWh]/720[h] = 3.47[kW]
현재의 전력에서 크게 증가되지 않는다면 5[kW] 정도로 해도 큰 문제는 없습니다만, 조금 여유를 주고 6[kW] 정도하면 적당할 것으로 보이나 상기 상황은 전문기술자에 의하여 진단을 받을 필요가 있습니다.

배선용 차단기는 단락, 과전류, 불량 등에 의하여 동작한다.

092 SECTION

차단기 및 전선 선정을 어떻게 하나요?

부하가 다음과 같은 경우 차단기와 케이블의 굵기 선정 결과가 맞는지 궁금합니다.

- 부하는 250[kW] 3상 4선식
- 메인차단기 : 250,000/658.19=379.6[A]×1.25=474[A]이다.
  따라서 500[A] 선정
- 전선의 규격

IEC자료를 보면 1C×4로 검토하면 되는 것이 맞는지 알고 싶습니다.
포설방법은 트레이 포설 삼각배열 또는 평형밀착시공 단심형 CV로 포설, 삼각배열 시 1C×4=488[A] 따라서 300SQ 선정, 평형밀착시공 시 1C×4=488[A], 따라서 240SQ로 선정하면 되는지 알려주시기 바랍니다.

(1) 차단기는 $I_b \leq 3\Sigma I_M + \Sigma I_L$ 또는 $I_b \leq 2.5 I_W$ 2개의 식 중에서 작은 값으로 합니다. 전선이 정해지고 난 후에 결정이 됩니다.

(2) 전선의 정격은 250[kW] 부하전류는 $\dfrac{250{,}000}{\sqrt{3}\times 380\times 0.9(\text{역률 가정})}$=422[A]이고 여기에 여유율 25%를 주면 527[A]입니다.

차단기와 전선의 굵기는 부하의 정격전류로 구합니다. 질문에는 역률과 거리가 반영이 안 되어 있습니다. 차단기 선정은 부하의 종류(전동기, 전열)와 전선의 허용전류를 먼저 구하고 결정을 합니다.

(1) 차단기는 $I_b \leq 3\Sigma I_M + \Sigma I_L$ 또는 $I_b \leq 2.5 I_W$ 2개의 식 중에서 작은 값으로 합니다. 단, I_W>100[A]일 때 차단기의 표준정격 전류치에 해당하지 않은 경우에는 바로 위의 정격으로 해도 무방합니다.

(2) 전선의 굵기는 정격허용전류와 전압강하식으로 구하여 그 중 굵은 것으로 선정합니다. 정격허용전류에 따른 전선 굵기는 250[kW]의 정격전류가 $\dfrac{250{,}000}{\sqrt{3}\times 380\times 0.9(\text{역률 가정})}$=422[A]이므로 여기에 여유율 25%를 주면 527[A]입니다. 전압강하에 따른 전선의 굵기는 3상 4선식의 공식으로 구하면 다음과 같습니다.

전기해결사 PICK

$$e(3\%)6.6[V]=\frac{17.8\times \text{전선의 길이}(50[m])\times \text{전류}(527[A])}{1{,}000\times \text{전선의 단면적}[mm^2]}$$

여기서, e : 각 상의 1선과 중성선 간 전압강하[V]

단면적 A는 $\frac{17.8\times 50\times 527}{1{,}000\times 220\times 0.03}=71[mm^2]$로 전선의 허용전류보다 작으므로 무시합니다.

(3) 전선선정기준 $\Sigma I_M>\Sigma I_L$, $\Sigma I_M>50[A]$의 경우 $I_W\geq 1.1\Sigma I_M+\Sigma I_L$이므로, 1.1배 적용하면 527[A]×1.1=579[A]이므로 조금 작지만 허용전류 565[A](4C 300[mm²])로 선정합니다. 기중암거식 3&4심 1가닥 기준 4C 300[mm²] 전선 허용전류는 565[A]이고 차단기는 실부하전류 422[A]이므로 부하전류보다는 크고 전선의 허용전류 565[A]보다는 작은 500[A]로 선정해 보았습니다.

1. 전동기에 사용하는 차단기는 '전동기 정격전류×3'보다 작고, '전선 허용전류×2.5'보다 작아야 한다.
2. 전선의 허용전류는 정격전류가 50[A] 미만에서는 정격전류의 1.25배, 50[A] 이상에서는 1.1배 이상의 전선을 사용한다.

093 SECTION 부하가 많이 걸린 상태에서 차단기를 내리면 어떻게 되나요?

부하가 많이 걸린 상태에서 차단기를 내리면 아크가 많이 발생합니다. 부하 쪽에 충전된 전류 때문에 아크가 생기는 것인지 궁금합니다.

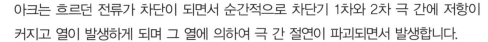

아크는 흐르던 전류가 차단이 되면서 순간적으로 차단기 1차와 2차 극 간에 저항이 커지고 열이 발생하게 되며 그 열에 의하여 극 간 절연이 파괴되면서 발생합니다.

(1) 차단기의 가장 중요한 역할은 전압이 높으면 높을수록 최대한 빠르게 투입하고 사고 시 최대한 빠르게 전류를 차단시키는 것입니다.

(2) 차단기와 개폐기의 차이점은 속도입니다. 먼저 전기회로를 생각해보면, 부하가 걸려 있을 때 부하에는 전압이 걸려 전류가 흐르고 있는 상태입니다. 부하가 많이 걸리면 걸릴수록 전류가 많이 흐릅니다. 그리고 차단기를 개폐기라고 생각하고 개폐기를 아주 천천히 조작하여 떨어지게 한다면 부하에 흐르던 전류가 개폐기에 의하여 서서히 줄어들기 시작하고, 개폐기 1차와 2차 극 사이에서 열이 발생하여 아크가 나면서 일정거리 이상이 되면 완전히 차단됩니다. 여기서,일정거리는 차단기 전압과 차단기 사이에 있는 절연 매질에 의하여 결정됩니다.

(3) 열은 $I^2 \times R$이고 아크는 빛을 가진 열입니다. 열량은 $I^2 \times Rt$로 시간이 길면 길수록 열량이 많이 발생합니다. 전류는 개폐기가 떨어지기 전까지는 열로서만 나타나고 떨어지면서 개폐기 사이에 있는 매질(공기나 절연유나 진공이나 SF6 GAS 등)이 열과 전압에 의하여 절연이 파괴되고, 아크로 변하여 빛이 발생합니다. 그래서 차단기는 차단기 극 간에 절연성능이 좋은 매질을 넣고, 차단기의 개폐시간을 매우 짧게 하여 열이 축적되는 것을 가능한 방지하고, 개폐 시 발생하는 아크를 빨리 없어지게 소호하는 기능을 가지게 합니다.

(4) 부하개폐기는 부하전류에서만 개폐를 할 수 있고 차단기는 차단속도를 빠르게 하여 부하뿐 아니라 사고 시의 대전류도 차단할 수 있습니다.

$I=\frac{V}{R}$이므로 저항이 아주 크면 전류가 흐르지 않습니다. 여기에서 주목할 사항은 부하가 크다는 것은 전류를 많이 흘릴 수 있다는 것과 같다는 것입니다. 그 상태에서 개폐기가 떨어질 때에는 개폐기가 저항이 서서히 증가하는 부하가 된다고 이해하면 됩니다. 부하는 힘이나 열로 일을 합니다. 저항이 서서히 증가하면 증가할수록 일하는 시간(T)이 커지므로 일을 더 많이 하여 열과 아크를 더 많이 낸다는 뜻입니다. 그래서 차단기는 개폐기가 고속으로 저항을 증가시켜 일을 하지 못하도록 부하전류를 차단하는 것입니다. 만약 차단기가 서서히 개폐된다면 아크 때문에 개폐를 하지 못합니다. 또한 아크(빛과 열)에 의하여 폭발할 수도 있습니다. 이것이 개폐기와 차단기의 차이입니다. 차단기는 단락 시 차단할 수 있지만 일반 개폐기는 단락 시 차단할 수 없습니다. 다음 사진에서 부하개폐기 LBS는 부하를 차단할 수는 있지만, 차단기로는 사용하지 않습니다. 개폐기는 부하전류에서 개폐를 할 수 있고 차단기는 부하전류뿐 아니라 사고 시의 대전류도 차단할 수 있습니다[단, DS(단로기)는 작업을 하기 위하여 회로를 개방하기 위한 목적으로 무부하 상태에서만 개·폐할 수 있음].

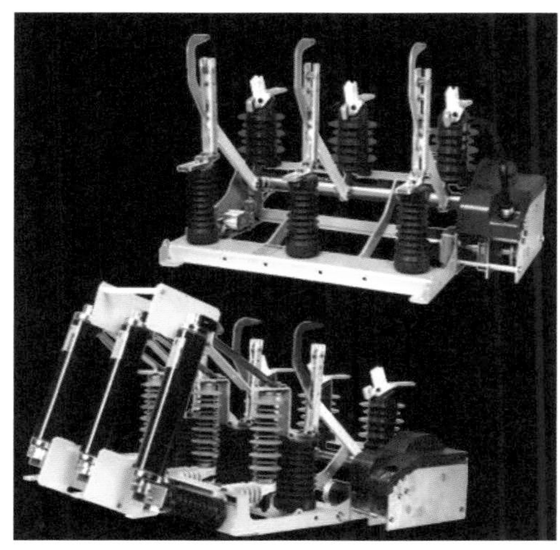

| LBS(부하개폐기) |

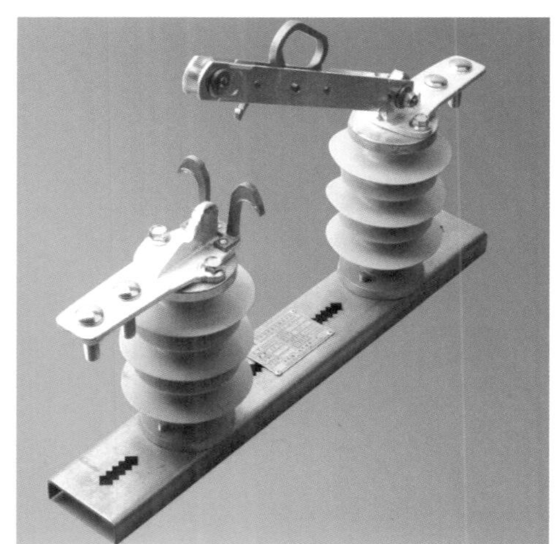

| DS(단로기) |

| MCCB(배선용차단기) |

| VCB(진공차단기) |

| 차단기와 개폐기의 기능 비교 |

구분	단로기(DS)	부하개폐기 (LBS)	퓨즈부 부하개폐기	차단기(CB)
부하전류통전	O	O	O	O
회로분리(무부하)	O	O	O	O
부하전류개폐	X	O	O	O
단락전류차단	X	X	O	O

1. 개폐기는 부하전류에서 개폐를 할 수 있지만 단락 차단능력은 없다.
2. 차단기는 부하전류뿐 아니라 사고전류, 단락전류에서 차단할 수 있다.
3. DS(단로기)는 무부하 상태에서만 개폐를 할 수 있다.

094 SECTION

누전 시 차단기 2차측 2가닥을 바꾸면 트립되지 않는 이유는 무엇인가요?

누전차단기가 떨어졌는데 차단기 2차에 물려있는 2가닥의 전선을 서로 바꿔 물리고 차단기를 올리니까 다시 떨어지지 않았습니다. 그 이유가 무엇인지 궁금합니다.

220[V]인 H선이 누전되면 220[V] 전전압이 H선과 대지 간에 걸리고 0[V]에 가까운 N선이 누전되면 전류가 30[mA] 이하가 되기 때문입니다.

(1) 누전차단기는 들어가고 나가는 전류가 다를 때 ZCT(영상변류기)가 그 전류를 검출하여 30[mA] 이상이 되면 동작합니다.

참고 누설전류 $= \frac{\text{대지와의 전압}}{\text{저항}}$

저항 = 접지저항 + 누전저항

(2) 차단기 2차에서 누전되는 선 H를 N으로 바꾸면 저항값은 변하지 않고 누전된 선 위치에 의하여 대지와의 전압만 바뀝니다.

결론은 누전선이 220[V]에서 0[V]에 가깝게 걸려 누설전류가 30[mA] 이하로 흐르게 되어 누전차단기가 동작되지 않습니다.

(3) 이때, 저항(접지저항+누전저항)이 아주 작아 0에 가까워지면 선을 바꾸어도 누설전류가 30[mA] 이상이 흘러 트립됩니다. 우리가 H선 전압선을 만지면 감전이 되고 N선(중성선)을 만지면 감전이 안 되는 것은 중성선 전압, 즉 대지와의 전압이 낮아 누전차단기가 감지할 수 있는 전류가 30[mA] 이하로 작게 흐르기 때문입니다.

(4) 중성선이 누전되면 누전상태나 접지상태에 따라 H에서 나온 전류가 부하를 거쳐 접지선과 중성선(저항의 크기에 반비례)으로 분배되는데 누전상태가 경미하면 거의 모든 전류가 중성선을 통하여 흐르고 누전상태가 심하면 대지로 흐르는 전류가 커져 누전차단기가 동작합니다.

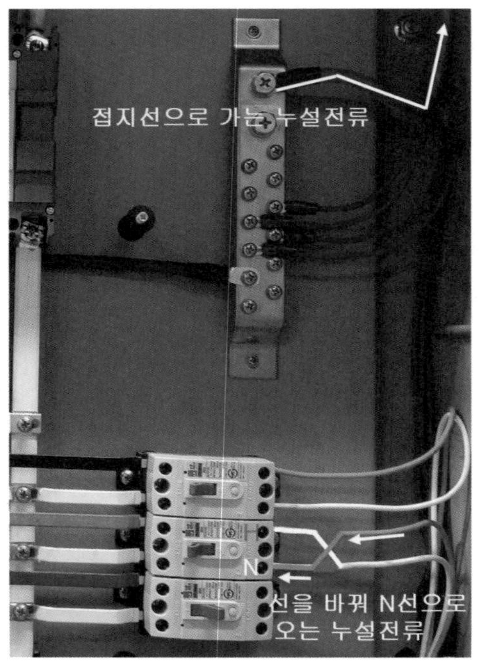

| H선과 N선의 교체 |

- 위 사진처럼 2차측에서 선을 서로 바꾸는 것은 누전이 된 하트상을 중성선으로 바꿔서 지락전류 대부분을 누전차단기로 돌아가게 하는 것이다.

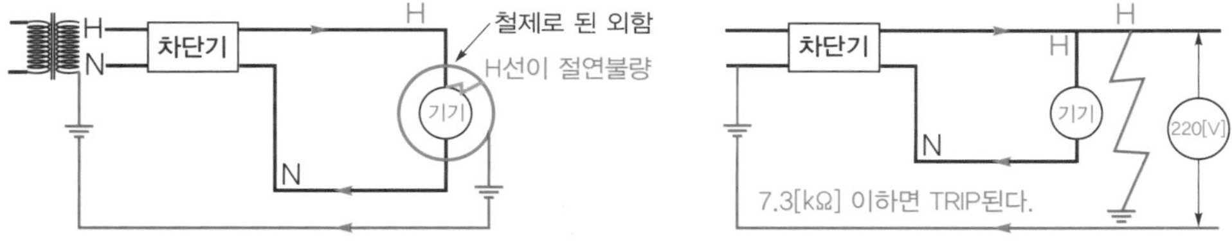

| H선이 누전될 때 |

- H선이 지락되면 220[V]가 접지되기 때문에 7.3[kΩ] 이하로 절연이 낮아지면 차단기가 동작한다.
- 누전차단기가 동작하는 전류는 30[mA] 이상이기 때문에 $\frac{220[V]}{30[mA]} = 7.3[k\Omega]$ 이하이면 트립된다.
- 절연이 7.3[kΩ] 이상이면 누설전류가 30[mA] 이하가 되어 트립되지 않는다.

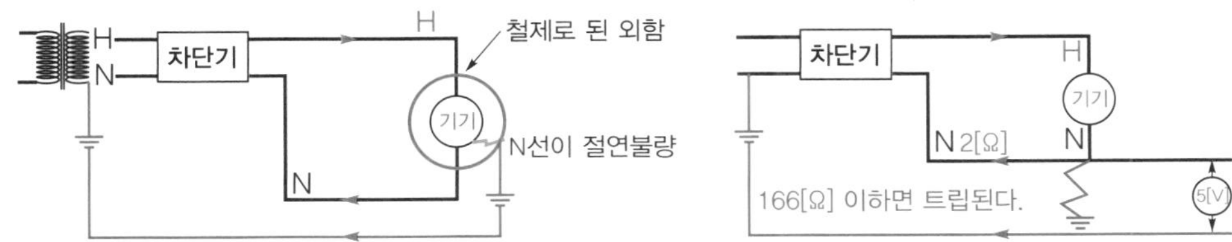

| N선이 누전될 때 |

- 대지전압이 5[V]인 상태에서 누전차단기가 동작하려면 절연저항이 7.3[kΩ] 이하가 아닌 166[Ω] 이하가 되어야 한다. 그래서 H선이 지락 시에 동작되는 166[Ω] 이하일 경우에는 누전차단기가 동작한다(166[Ω]은 변수임).
- 누전차단기 동작 시 H선과 N선을 바꾸면 지락점이 H선에서 N선으로 바뀌면서 트립이 될 수도 있고 안 될 수도 있다.

차단기가 동작되어 2차에서 2선을 바꿔 임시조치를 하였다면 조속히 수리를 하여 정상화시켜야 한다(전기사고는 임시조치 후 정상화를 시키지 않아 발생하는 경우가 많음).

메인차단기와 분기차단기에 2.5[kA]를 사용하면 어떻게 되나요?

아파트 세대분전반 메인과 분기차단기의 정격차단전류가 2.5[kA]로 같아도 상관없는 것인지, 보통 메인차단기는 조금 더 큰 것을 사용하는 게 맞는 것이 아닌지 궁금합니다.

정격차단전류가 2.5[kA] 이상이면 상관 없습니다.

정격차단전류는 정격전류와 의미가 다릅니다. 실제 과전류에 동작하는 것은 정격전류이고 차단기가 사고전류를 차단할 수 있는 한도가 정격차단전류입니다. 그러므로 부하선로에서 단락 시의 전류보다 정격차단전류 이상의 차단기인지가 중요한 것입니다.

정격차단전류가 작을 경우 차단기의 접점이 용착되거나 내부에서 폭발할 수 있습니다. 메인처럼 정격전류가 큰 차단기는 용량이 큰 곳에 사용하기 때문에 대부분 차단용량이 크나, 같은 분전반 내부라면 정격차단전류가 거의 같기 때문에 관계가 없습니다. 정격차단전류가 클수록 고가이고 안전하며 차단특성이 좋습니다. 정격전류는 부하용량에 의하여 결정되지만 정격차단전류는 부하의 저항(Z)에 의하여 결정됩니다. 차단기 구매 시에 반드시 정격차단전류를 확인하여야 합니다.

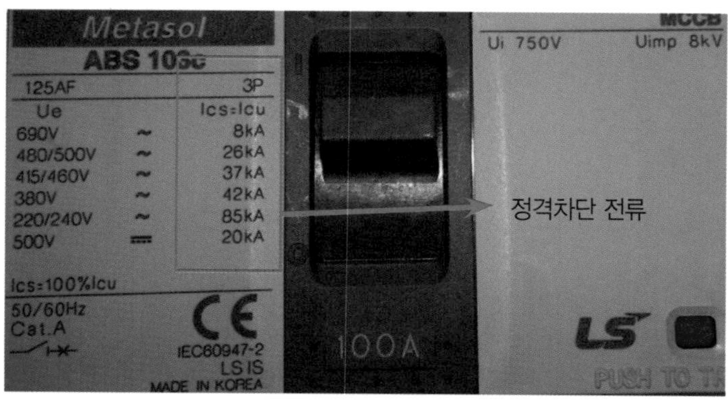

| 차단기의 명판 |

| 배선용 차단기의 정격차단용량 선정 기준표 |

<table>
<tr><th>공급방법</th><th>공급전압</th><th>차단기정격전류</th><th>정격차단전류</th></tr>
<tr><td rowspan="5">단상</td><td rowspan="2">100[V]</td><td>30[A] 이하</td><td>1.5[kA]</td></tr>
<tr><td>75[A] 이하</td><td>2.5[kA]</td></tr>
<tr><td rowspan="3">220[V]</td><td>30[A] 이하</td><td>1.5[kA]</td></tr>
<tr><td>50[A] 이하</td><td>5[kA]</td></tr>
<tr><td>75[A] 이하</td><td>5[kA]</td></tr>
<tr><td rowspan="10">3상</td><td rowspan="5">200[V]</td><td>30[A] 이하</td><td>1.5[kA]</td></tr>
<tr><td>75[A] 이하</td><td>5[kA]</td></tr>
<tr><td>200[A] 이하</td><td>7.5[kA]</td></tr>
<tr><td>225[A] 이하</td><td>10[kA]</td></tr>
<tr><td>600[A] 이하</td><td>18[kA]</td></tr>
<tr><td rowspan="5">380[V] (440[V])</td><td>30[A] 이하</td><td>2.5[kA]</td></tr>
<tr><td>125[A] 이하</td><td>5[kA]</td></tr>
<tr><td>150[A] 이하</td><td>5[kA] (7.5)</td></tr>
<tr><td>225[A] 이하</td><td>7.5[kA] (10)</td></tr>
<tr><td>600[A] 이하</td><td>14[kA]</td></tr>
</table>

* 전선길이가 35[m] 이상인 경우에는 1.5[kA]를 적용한다.

- 배선용 차단기의 정격차단용량은 위에 제시된 표 이상이 되어야 한다.
  정격차단전류는 전선길이 20[m]를 기준으로 한 수치이다.
- 저압차단기 이외의 차단기는 위 표에 제시된 수치에 의하지 않을 수 있다.

메인차단기는 단락점을 차단기 2차에서 단락한 것으로 단락전류를 계산하지만 분전반, 배전반에 사용하는 차단기는 전선 끝부분에서 단락이 되는 것으로 단락전류를 계산한다.

096 SECTION MCCB는 모든 상의 전류의 정격을 초과해야 트립되나요?

MCCB는 모든 상의 정격전류를 초과해야만 트립되는 것인지, 아니면 1개의 상만 초과해도 트립되는 것인지 궁금합니다.

1상만 초과하여도 트립됩니다.

차단기의 트립 원리는 3상의 전류의 합으로 동작되는 게 아닙니다. 각 극마다 과전류를 검출하는 기구가 설치되어 있는데, 그 기구는 개별적으로 동작하고 그 전류 이상이 흐르면 3상의 극을 동시에 차단합니다. 때문에 3상 MCCB를 단상으로 사용해도 무방합니다.

(1) **소호장치** : 병렬로 배치된 소호 Grid에 의하여 대전류를 차단할 때 접점 간의 아크(Arc)를 효과적으로 소호할 수 있는 구조로 설계되었습니다.

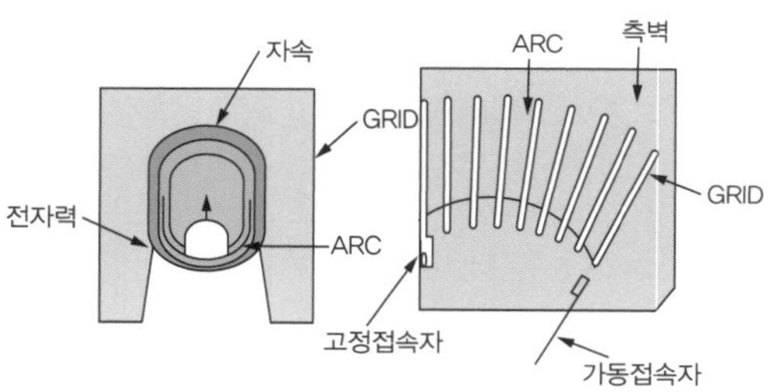

| 배선용 차단기 내 소호 GRID |

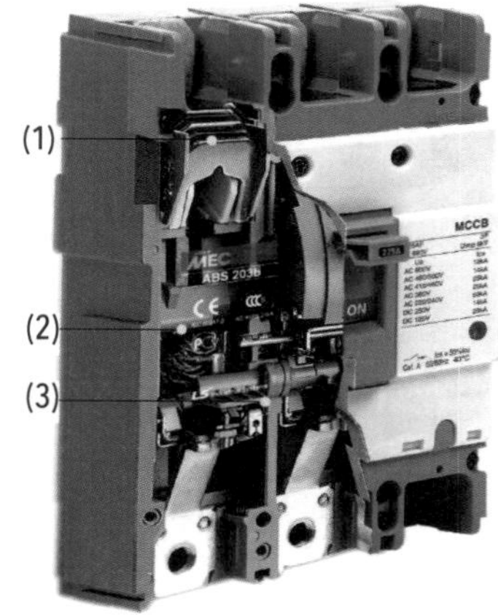

| 배선용 차단기의 구조 |

(2) **한류구조** : META-MEC 배선용 차단기는 단락전류에 의한 전자 반발력과 구동구조를 특수 설계하여 단락 시 회로의 임피던스를 크게 증대시킴에 따라 단락전류 피크치를 크게 한류시킵니다.

(3) **동시트립구조** : L1, L2, L3 상 중 어느 한 상에 과전류가 흘러도 L1, L2, L3 상이 동시에 트립됩니다.

차단기는 1상만 과전류가 되어도 트립된다.

097 SECTION 누전차단기(20[A])의 오작동은 전압 이상인가요?

20[A]짜리 누전차단기가 테스트 버튼을 눌러도 떨어지지 않아 전압을 측정해보니 205[V] 정도 나오는데 그 정도로는 떨어지지 않는 것이 맞는지 궁금합니다. 그리고 테스트 버튼을 누르면 처음 한 번은 작동하고 그 이후에 전압을 측정해보면 198[V] 정도로 떨어져 있다가 테스터기로 가만히 찍고 있으면 전압이 점점 증가해서 215[V] 정도까지 올라갑니다. 전원측이나 배선의 문제인 것 같은데 확인이 어려워 원인을 알고 싶습니다.

접촉불량으로 인하여 전압이 DROP되어 동작하지 못합니다.

차단기를 교체하였는데도 그렇다면 1차 전원에 문제가 있어 정상적인 전압이 걸리지 않아 그렇게 된 것 같습니다. 먼저 차단기까지 오는 전원의 접속부에 대한 접촉불량 여부를 확인해 보시기 바랍니다. 접촉불량일 경우 접촉불량 위치에서 고저항이 발생하여 아주 작은 부하만 걸어도 전류가 흐르지 못하고 전압강하가 크게 발생하여 상기와 같은 현상이 발생합니다.

1. 접촉불량이 되면 접촉점에 고저항이 발생하여 접촉점에서 전압강하가 크게 발생한다.
2. 전기화재의 대부분이 누전과 접촉불량에 의하여 발생한다.

098 SECTION

3상 차단기는 1상만 과전류가 흘러도 트립이 되나요?

과전류가 흐르면 차단기가 트립되는데, 3상 차단기일 경우 1상에만 과전류가 흘러도 트립되는 것이 맞는지 궁금합니다.

맞습니다. 차단기는 1상만 과전류가 흘러도 3상이 동시에 트립됩니다.

전동기와 같은 3상 기기는 운전 중 단상이 걸리면 소손의 위험성이 있습니다. 차단기는 1상의 전류만 과전류가 되어도 3상을 동시에 트립시키는 구조로 되어 있어 1상의 과전류일 경우에도 동시에 3상이 트립됩니다. 기본적으로 분전반과 같이 3상 부하를 사용하는 곳에서는 부하를 각 상이 평형이 되도록 분배를 잘 하여야 전기 사용 시 최대전력을 사용할 수 있습니다. 다음 사진은 LS산전 자료 ELB의 구조에서 발췌한 것입니다.

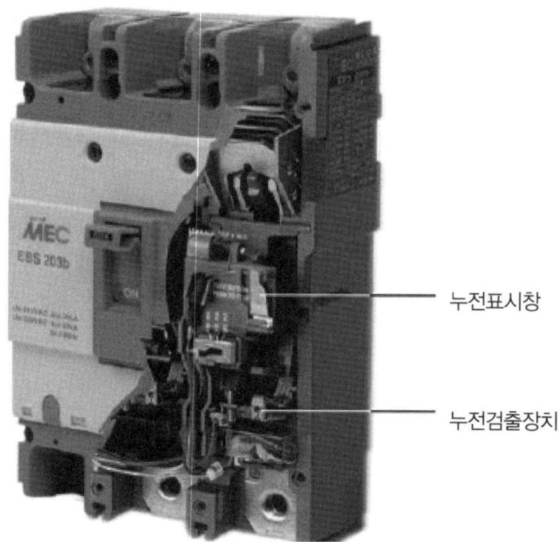

| 동시트립구조 |

- 어느 1상에 전류가 흘러도 3상이 동시에 차단되기 때문에 3상 모터의 단상 운전 염려가 없다.

| 누전표시창 |

| 누전검출장치 |

- 누전표시창 : 정상상태 시 표시창에 녹색, 누전에 의한 트립 시 표시창에 적색으로 표시한다.
- 누전검출장치 : 신규 개발된 평면형 영상변류기(ZCT)를 사용하여 누전차단기의 크기를 배선용 차단기와 동일하게 하였다.

질문 더+

Q (1) 동시트립구조는 "어느 한 상에만 전류가 흘러도 3상이 동시에 차단된다."라고 했습니다. 이 경우 3상 모터의 결상으로 단상이 되어 차단되는 것인지, 즉 결상일 때 차단된다는 뜻인지 궁금합니다.

(2) '어느 한 상에만 전류가 흘러도…'에서 '전류'는 '과전류'를 의미하는 것인지 좀 알려주시기 바랍니다.

A (1) 결상과는 무관합니다.

(2) '과전류'를 의미하는 것이 맞습니다.

한줄 Pick 3상 차단기에서 1상에만 과전류가 흘러도 차단기가 트립된다.

099 SECTION

분전반 차단기의 차단용량은 얼마로 해야 하나요?

분전반 안에는 메인차단기 1개와 나머지 분기차단기들이 있고 분기차단기의 2차측에는 모터 같은 것들이 연결되어 있는데 메인차단기 2차측에는 모터가 아니라 각 부스바(메인차단기 2차측 부스바+분기차단기 1차측 부스바)가 있습니다. 그럼 이 메인차단기의 정격전류는 각 부스바의 허용전류의 합을 구해서 그것보다 낮게 잡으면 되는 게 맞는지 알고 싶습니다.

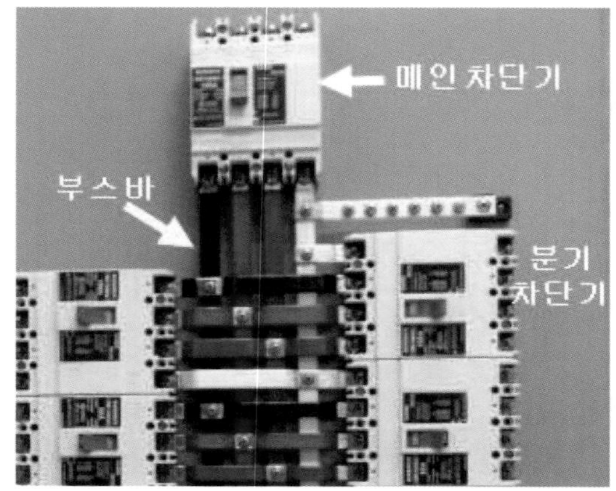

▎분전반 내 차단기▎

메인차단기 정격전류는 전부하기기의 최대사용전류에 동시사용전류×1.25로 하면 되고 분전반 차단기의 정격차단전류는 다음 설명의 표를 가지고 구합니다(1.25배는 안전율).

(1) 정격전류는 과부하전류를 제한하는 전류입니다. 메인차단기의 정격전류는 분전반에 설치되어 운전되는 기기 정격전류를 가지고 선정하는데 여기에 동시 사용 최대전류를 알아야 합니다. 분기차단기가 아무리 많아도 동시사용 최대전류가 작으면 메인차단기는 작아도 됩니다. 그러므로 동시사용 최대전류×1.25 정도로 선정합니다. 부스바의 허용전류도 메인차단기 정격의 1.25배 이상의 정격을 가지면 됩니다. 기본은 항상 안전율입니다.

(2) 정격차단전류는 단락사고와 같은 아주 큰 사고전류에 견딜 수 있는 전류를 말

합니다. 정격차단전류가 사고전류보다 작으면 차단기가 동작될 때 내부에서 폭발할 수 있습니다. 따라서, '사고전류 < 정격차단전류'입니다. 사고전류는 옴[Ω]의 법칙으로 계산합니다.

참고 사고전류 $= \dfrac{\text{사용전압}}{\text{단락점까지의 } Z}$

(3) 정격차단전류는 사고전류가 흐를 때 안전하게 차단을 할 수 있도록 사고전류×1.25 이상으로 하면 됩니다.

① 차단전류를 알려면 사용하는 전압과 단락 시의 Z저항을 알아야 합니다. 전압은 알고 있고 변압기의 Z저항은 변압기 명판을 보면 알 수 있습니다. 그리고 더 정확한 확인을 위해 전선로의 Z도 알면 좋습니다. 하지만 일반수용가에서는 수전용 차단기의 정격차단전류는 크면 좋기 때문에 전선의 Z는 무시하고 변압기의 $\%Z$에 의하여 구하여도 됩니다. 사고전류(단락전류) = $\dfrac{\text{변압기 정격전류}}{\text{변압기 } \%Z}$ 입니다. 이를 위해서는 변압기에 대한 $\%Z$라는 것에 대해 알아야 합니다.

② $\%Z$는 변압기에 정격전류가 흘렀을 때 발생하는 전압강하%입니다. 변압기에 대한 $\%Z$는 중요한 사양으로 변압기 명판에 적혀 있습니다.

③ 사고전류(단락전류)는 $\left(\dfrac{\text{정격전압}}{\text{전압강하}}\right) \times \text{정격전류} = \dfrac{\text{변압기 정격전류}}{\%Z}$ 입니다. 정격차단전류는 '사고전류×1.25' 이상으로 정하면 됩니다.

| 배선용 차단기의 정격차단용량 선정 기준표 |

공급방법	공급전압	차단기 정격전류	정격차단전류
단상	100[V]	30[A] 이하	1.5[kA]
		75[A] 이하	2.5[kA]
	220[V]	30[A] 이하	1.5[kA]
		50[A] 이하	5[kA]
		75[A] 이하	5[kA]
3상	200[V]	30[A] 이하	1.5[kA]
		75[A] 이하	5[kA]
		200[A] 이하	7.5[kA]
		225[A] 이하	10[kA]
		600[A] 이하	18[kA]
	380[V](440[V])	30[A] 이하	2.5[kA]*
		125[A] 이하	5[kA]

공급방법	공급전압	차단기 정격전류	정격차단전류
3상	380[V](440[V])	150[A] 이하	5[kA](7.5)
		225[A] 이하	7.5[kA](10)
		600[A] 이하	14[kA]

* 전선길이가 35[m] 이상인 경우에는 1.5[kA]를 적용한다.

- 배선용 차단기의 정격차단용량은 위에 제시된 표 이상이 되어야 한다.
- 정격차단전류는 전선길이 20[m]를 기준으로 한 수치이다.
- 저압차단기 이외의 차단기는 상기 수치에 의하지 않을 수 있다.

참고 차단기의 차단용량 계산방법

먼저 차단용량을 계산하려면 한전변압기에서부터 구내 각 단락점까지 Z를 알아야 한다. 그리고 모터의 기여전력(변압기 용량의 4배)도 합산(+)시켜야 한다.

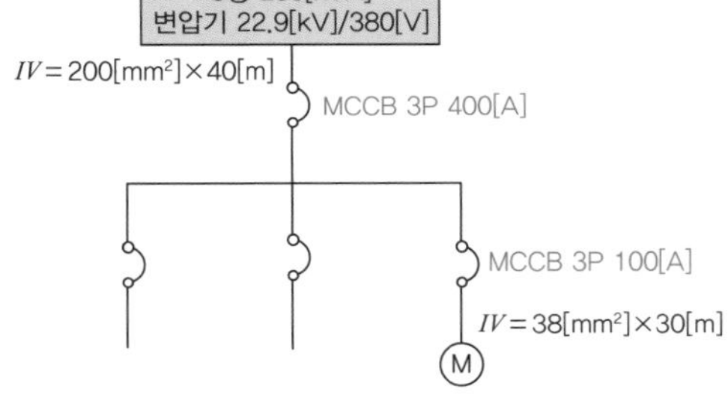

구분	변압기	3상 선로[Ω/km]	
		200[mm²]	38[mm²]
R	0.0137	0.0989	0.4771
X	0.0332	0.0938	0.1047
	t	1	2

(1) 주차단(MCCB 400[A])

$R_{tot}=R_t+R_1=0.0137+0.0989\times0.001\times40=0.017656$

$X_{tot}=X_t+X_1=0.0332+0.0938\times0.001\times40=0.036952$

$Z_{tot}=\sqrt{1(R_{tot}^2+X_{tot}^2)}\fallingdotseq0.04095$

$$I_{SC}=\frac{\frac{V}{\sqrt{3}}}{Z_{tot}}=\frac{\frac{380}{\sqrt{3}}}{0.04095}\fallingdotseq5,358[A]$$

전동기로부터 유입되는 단락전류(변압기 2차 정격전류의 4배)는 변압기 정격전류 $\frac{200,000}{\sqrt{3}\times380}=304[A]$이므로 $304\times4=1,216[A]$이다.

메인차단기 2차 단락 시 사고전류는 5,358+1,216=6,574[A]이다.

(2) 간선(분기)주차단(MCCB 100[A])

$R_{tot}=R_t+R_1+R_2=0.0137+0.0989\times0.001\times40+0.4771\times0.001\times30=0.031969$

$X_{tot}=X_t+X_1+X_2=0.0332+0.0938\times0.001\times40+0.1047\times0.001\times30=0.040093$

$Z_{tot}=\sqrt{(R_{tot}^2+X_{tot}^2)}\fallingdotseq0.05128$

$$I_{SC}=\frac{\frac{V}{\sqrt{3}}}{Z_{tot}}=\frac{\frac{380}{\sqrt{3}}}{0.05128}\fallingdotseq4,278[A]$$

전동기로부터 유입되는 단락전류(변압기 2차 정격전류의 4배)는 변압기 정격전류 $\frac{200,000}{\sqrt{3}\times380}=304[A]$이므로 $304\times4=1,216[A]$, 분기차단기 2차 단락 시 사고전류는 $4,278+1,216=5,494[A]$이다.

1. 차단용량을 계산하려면 기본적으로 단락점까지의 Z를 알아야 한다.
2. 메인차단기는 단락점을 차단기 2차에서 단락한 것으로 단락전류를 계산하고 분전반, 배전반에 사용하는 차단기는 전선 끝부분에서 단락이 되는 것으로 단락전류를 계산한다.

100 SECTION

Y결선 380[V]에서 같은 전력부하를 사용할 때 3선 케이블과 4선 케이블 사용 시 차단기 용량이 다른가요?

Y결선 380[V]에서 부하를 100[kW](단상 부하)를 사용하고자 한다면, 3상 3선 케이블 혹은 3상 4선 케이블 중 어떤 케이블을 사용하는가에 따라 전선의 굵기와 메인차단기 용량이 달라지는 것인지, 달라지면 정확한 값과 구하는 식을 알려주시기 바랍니다. 그리고 전선 굵기도 궁금합니다.

(1) Y결선에서의 3선이나 4선 케이블은 전류도 같고 차단기 용량도 같습니다.

(2) 3상의 전력은 $\sqrt{3}\times V$(전압)$\times I$(전류)입니다.

(1) 불평형 시에는 중성선에 전류가 흐르지만 평형 시에는 중성선 전류가 0이기 때문에 중성선 전류를 0으로 생각하면 됩니다.

(2) 3상 3선식이나 3상 4선식의 선전류가 $\sqrt{3}\times V$(전압)$\times I$(전류)로 같기 때문입니다. 평형이라면 케이블 및 차단기 선정 시 3C의 전선 허용전류를 적용하면 되고 단상 부하를 불평형으로 같이 사용할 경우 단상 최대전류를 기본으로 선정합니다.

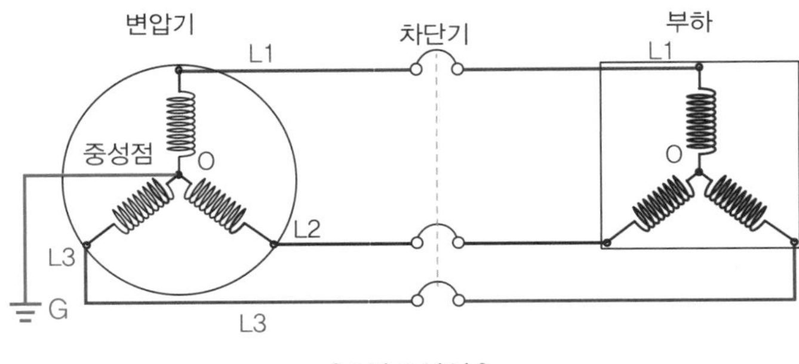

| 3상 3선식 |

- 3상 전력은 $\sqrt{3}\times V\times I$이다. (3상 전력$=\sqrt{3}\times$선전압 × 선전류)
- 1선에 흐르는 전류는 $\dfrac{3상\ 전력}{\sqrt{3}\times\sqrt{3}\times 상전압}=\dfrac{3상\ 전력}{3\times 상전압}$이다.
- 3상 전력 =3×1상 전력이며, 1상 전력 = 상전압×선전류이다.

전기해결사 PICK

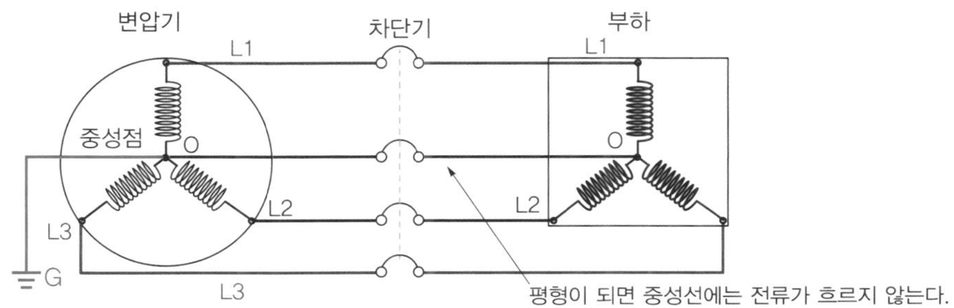

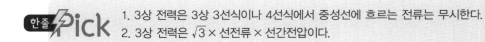

| 3상 4선식 |

- 중선선에 전류가 흐르지 않으면 전류는 3상 3선식과 같다.
- 3상 4선식에서 중성선을 사용하지 않고 3선만 사용하는 대표적인 것이 전동기이다.
- 3상 4선식에서 1상의 전력은 3상의 $\frac{1}{3}$로 상전압(V)×선전류(I)이다.
- 3상 3선식과 4선식의 관계 : 선전류는 3상 3선식이나 4선식이나 같다.

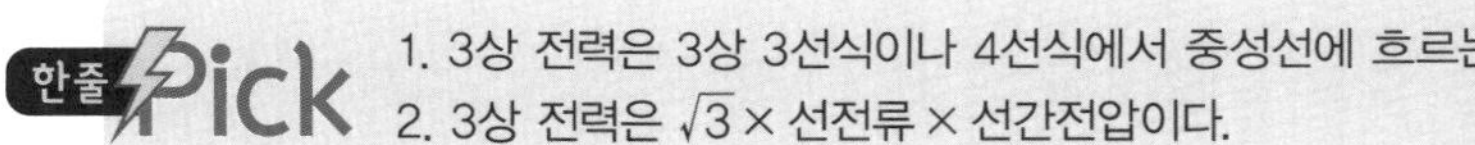

1. 3상 전력은 3상 3선식이나 4선식에서 중성선에 흐르는 전류는 무시한다.
2. 3상 전력은 $\sqrt{3}$ × 선전류 × 선간전압이다.

101
SECTION

MCCB의 1차측과 2차측을 바꿔 물리는 경우 어떻게 되나요?

MCCB의 LINE(1차) 쪽에 부하가 연결되어 있고, LOAD(2차) 쪽에 전원이 연결된 경우가 있습니다. 이 경우 큰 문제가 되는지 궁금합니다. LS산전의 사용설명서에서 '정상적인 차단동작은 되나 권장하지 않는다'는 내용을 본 적이 있는 것 같습니다. ELCB의 경우는 정상적인 차단 동작은 되지만 내부 전자회로까지는 차단되지 않는다는 내용도 본 적이 있는 것 같습니다. MCCB의 경우 LINE과 LOAD의 접속이 바뀌어도 되는지 알려주시기 바랍니다.

1차와 2차를 바꾸어도 MCCB 동작에 문제는 없습니다.

MCCB 내부는 접점과 과전류를 감지하는 장치만 들어있기 때문에 1차와 2차를 바꾸어 사용하여도 문제는 없습니다. 하지만 조작혼돈으로 인한 안전상 문제가 발생할 수 있습니다. 때문에 접속은 1차가 MCCB의 상단에 오도록 해야 합니다. 만약 어쩔 수 없이 1차와 2차를 바꾸어야 할 경우 MCCB를 거꾸로 하여 MCCB와 전원, 부하측도 맞추고 1차와 2차를 확실히 표기를 해야 합니다.

전기기기는 정보표시를 확실하게 하여야 하며 누전차단기는 절대로 1차와 2차를 바꾸면 안 됩니다.

| 누전차단기 오접속 시의 문제 |

항목	오접속회로도	발생현상
전원측과 부하측의 역접속은 불가	증폭부 전원 부하 M (부하측) (전원측) 누전차단기	역접속을 하게 되면 누전차단기가 트립되어도 증폭부에 전압이 걸린 상태로 유지되므로 내부의 사이리스터(thyristor)가 OFF되지 않고 계속 트립신호가 나오므로 트립코일이 소손되게 된다.

Q 누전차단기의 경우 1차와 2차가 바뀌어도 정상작동을 하는지 궁금합니다.

A 동작은 합니다.

A+ ELB의 제어회로는 다음 그림과 같이 2차에 있습니다. 1차와 2차를 바꾸게 되면 제어회로가 1차에 있어 항상 전원이 들어가 차단기가 트립이 되어도 증폭부에 전압이 항상 걸린 상태로 계속 유지되어 내부의 사이리스터가 OFF되지 않고 계속 트립신호가 나오고 트립코일이 소손됩니다. 그리고 제어회로에 문제가 있으면 사고가 1차로 파급됩니다.

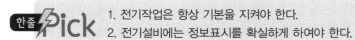

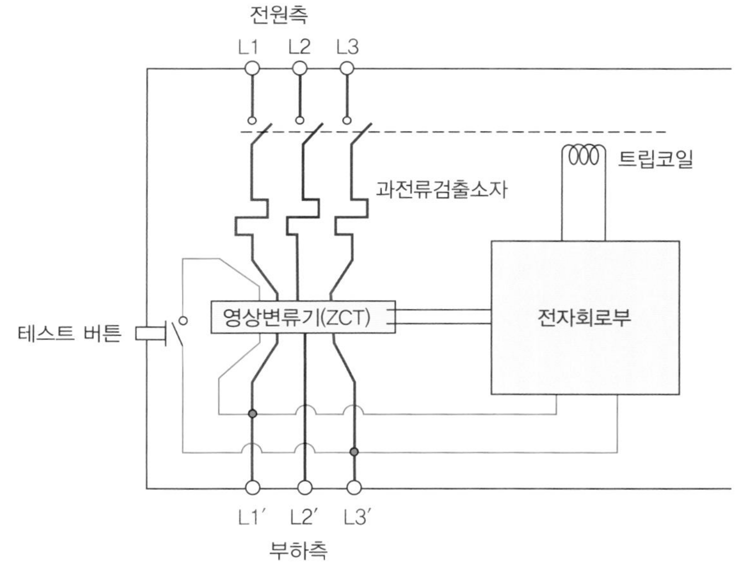

1. 전기작업은 항상 기본을 지켜야 한다.
2. 전기설비에는 정보표시를 확실하게 하여야 한다.

CHAPTER 05 차단기

차단기 트립곡선은 어떻게 해석하나요?

다음 차단기 트립곡선에 대한 해석을 부탁드립니다.

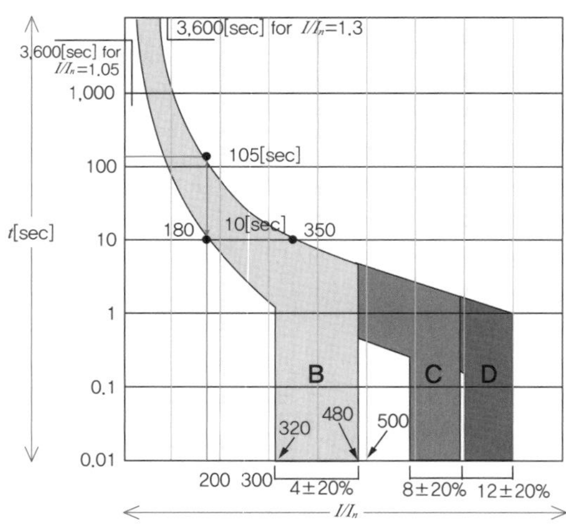

| 차단기 트립 곡선 |

(1) 400%에서 ±20%인 320~480% 이상이 되면 순시로 동작됩니다.

(2) 180~350% 정도에서는 10~105[sec]에 동작됩니다. 즉, 180%에서는 기기의 운전상태에 따라 10[sec]에 동작될 수도 있고 105[sec]에 동작될 수도 있습니다.

(1) 차단기는 일반 개폐기에 불과하고 계전기의 특성에 따라 동작합니다. 계전기는 전력계통에서 사고발생 시 2차 사고를 방지하기 위한 아주 중요한 장치로서 기기의 운전특성에 맞게 동작되도록 설정하여야 합니다.

(2) 차단기에서 I_n은 정격전류이고 I/I_n는 동작전류와 정격전류의 배율입니다. ±20%는 차단기의 상태가 COLD(초기 기동운전) 상태이냐 HOT(운전 중) 상태이냐에 따라 결정이 되는 오차로, +20%는 COLD TIME이고 −20%는 HOT TIME입니다.

전기안전의 기본은 절연, 접지, 계전기와 차단기의 보호협조이다.

103 SECTION

Y-△ 변압기에서 차단기는 왜 3P인가요?

수전 받는 게 22.9[kV]라는 것은 변전소에서 3상 4선으로 선이 온다는 뜻으로 알고 있습니다.

(1) LBS 판넬에서 3P를 사용하는 데, 그럼 변전소에서 오는 나머지 한 선(N선)은 그냥 수배전실 변압기 중성선에 물리는 것인지 궁금합니다.

(2) 만약 수배전실 메인 변압기가 Y-△ 결선이 아니라 △-Y 결선일 경우 변전소에서 오는 중성선은 어떻게 처리하는 것이 맞는지 알려주시기 바랍니다.

(3) 수배전 단선도에 보니 VCB는 3P짜리를, MCCB는 4P짜리를 쓰고 있습니다. 왜 통일시키지 않고 이렇게 사용하는 것인지 궁금합니다. 그리고 외부 변전소에서 3상 4선으로 와서 VCB 3P를 거치게 되면 나머지 중성선은 어떻게 처리되는지도 궁금합니다.

(1) 한전 변전소에서 오는 케이블 중 동심중성선, 즉 SHIELD선은 접지를 시킵니다(공통접지).

(2) 수전용 구내 22.9[kV] 변압기는 기본적으로 1차를 △결선, 2차를 Y결선으로 사용합니다.

(3) 한전에서 오는 22.9[kV]는 3상 4선식으로 수전하여 3상 3선으로 사용하고, 저압 배전반은 단상 부하도 사용하기 때문에 3상 4선식으로 전원을 공급합니다.

(1) 한전 22.9[kV] 배전선로는 소전력을 사용하는 수용가들을 위하여 전주에 단상 변압기를 설치하고 중성선과 함께 전원을 공급하면서 수용가에 22.9[kV] 3상 4선식 전원을 공급합니다. 그리고 중성선은 각 전주에서 접지시키고 수전실 입구에서 접지시킵니다. 이것을 중성선 다중접지라 합니다. 그리고 MOF O단자에 접지선(중성선)을 연결해서 MOF에 3상 4선 전압을 공급합니다.

(2) 154[kV] 수전변압기(Y-Y-△)는 1차측이 대부분 Y 결선이기 때문에 1차측 중성점을 한전과 협의하여 직접접지 또는 피뢰접지를 합니다. 22.9[kV] 수전변압기로 가는 케이블은 1차가 △ 결선이기 때문에 판넬에서만 편단접지를 하고 동심중성선 SHIELD선은 다음 사진처럼 자른 다음 접지시키지 않고 단말 처리합니다.

(3) 구내에서는 대부분 3상 4선식 부하를 사용합니다. 중성선도 전력선이기 때문에 차단기를 거쳐서 나가는 것입니다(예전에는 3상 4선식도 3P 차단기를 쓰고 중성선은 별도 부스바로 직결 사용했음).

❙ 동심중성선(SHIELD) 접지 ❙

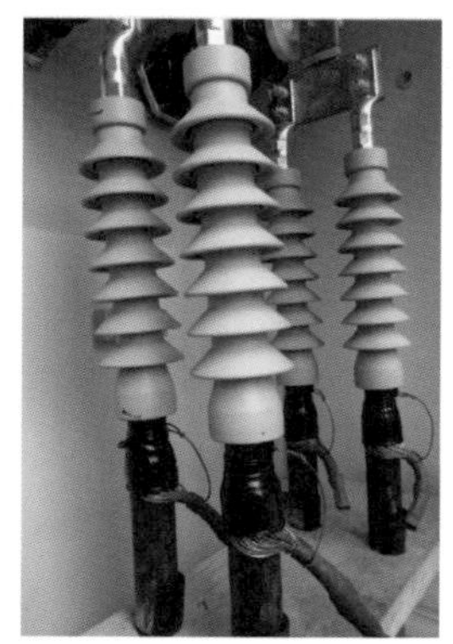

❙ 수전변압기에서는 SHELD를 개방 ❙

1. 22.9[kV] 수전변압기는 △-Y 결선이다.
2. 한전 배전선로의 접지는 중성선 다중 접지방식이다.
3. 한전 배전선로는 양단접지를 하고 수전용 변압기는 판넬에서만 편단접지를 한다.

104 SECTION

ACB 규격(AF, AT) 선정과 표기방법은 어떻게 되나요?

부하용량[kVA]을 가지고 부하전류를 계산하고 POWER TOOLS로 단락전류를 구했는데, 이때 나온 전류 I=760[A], 단락전류 I_z=39[kA]입니다.

(1) ACB 규격 선정 시 800AF/800AT(정격차단전류는 50[kA])를 선정하면 되는지 궁금합니다. 차단기의 트립전류 선정 시 부하전류보다 한 단계 높게 선정해야 하는 이유를 알고 싶습니다.

(2) ACB SPEC은 정격전압을 690[V]로 잡고 있는데, 공칭전압 380[V]의 정격전압은 600[V]로 알고 있습니다. 차단기 업체는 정격전압을 690[V]로 표기하는데, 380[V]의 전압에서 사용되는 경우에 600[V]로 표기해야 하는 이유를 알려주시기 바랍니다.

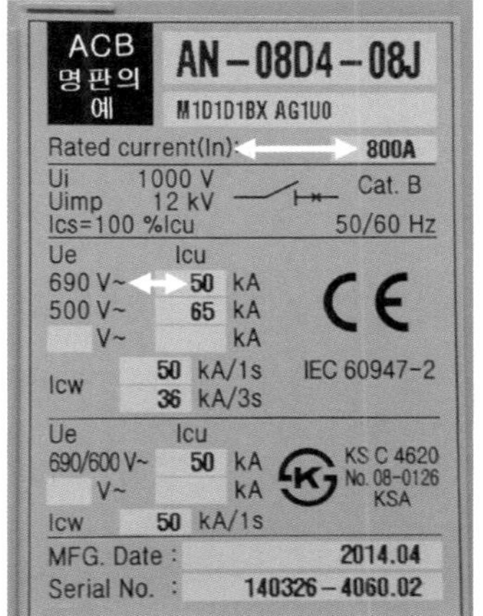

| ACB 명판의 예 |

(1) 차단기의 트립전류는 최대사용전류보다는 높고 정격전류보다는 낮게 선정합니다.

(2) 차단기의 정격차단용량은 $\sqrt{3}$ ×정격전압×차단전류입니다. 380[V]에 대한 [kA]가 없으므로 그냥 690[V] 50[kA]로 표기를 해야 합니다.

(1) 차단기의 정격은 부하정격의 125% 이상을 선정합니다. 이것은 차단기에 흐르는 전류가 차단기 정격의 80% 이하에서 사용하도록 하기 위한 것입니다. ACB는 배선용 차단기처럼 AT라 하지 않고 그냥 I_n 정격전류라 하고 트립전류는 계전기에 의하여 설정합니다.

(2) 차단기의 정격차단용량은 $\sqrt{3}$ ×정격전압×차단전류로, 차단전류는 전압에 반비례합니다. 하지만 여기에서 차단전류는 그냥 차단기에 나와 있는 정격전압 기준으로 말하면 됩니다.

ACB는 차단전류에 계전기에 의하여 차단이 가능하고 정격전류 범위 내에서 동작전류와 시간을 정정할 수 있으며 계전기가 없으면 스스로 차단동작을 하지 못한다.

메모

CHAPTER

06

전동기

105 SECTION

모터의 상간저항의 측정은 어떻게 하는 건가요?

현장에서 모터가 고장나서 상간 저항을 측정해보려고 합니다. 어떻게 해야 하는지 궁금합니다.

모터의 TB 박스에서 테스터를 저항 RANGE에 놓고 모터 선간저항을 측정하여 저항값이 같으면 정상입니다.

모터에 연결되는 전원선은 기본적으로 3선(Y결선, △결선)이나 6선(Y기동 △운전)으로 연결됩니다. 다음 그림을 참고하시면 이해가 쉽습니다. 테스터를 저항에 놓고 모터 내부에서 △든 Y든 결선되어 전원선이 U(1), V(2), W(3)로 3선으로 결선되었다면 U(1)–V(2), V(2)–W(3), U(1)–W(3) 간의 저항을 측정하여 3개의 저항값이 같아야 합니다. 그리고 Y기동 △운전을 하기 위하여 단자가 U(1), V(2), W(3), X(4), Y(5), Z(6)로 되어 있다면 U(1)–X(4), V(2)–Y(5), W(3)–Z(6) 간에 저항을 측정하여 3개의 저항값이 같아야 합니다.

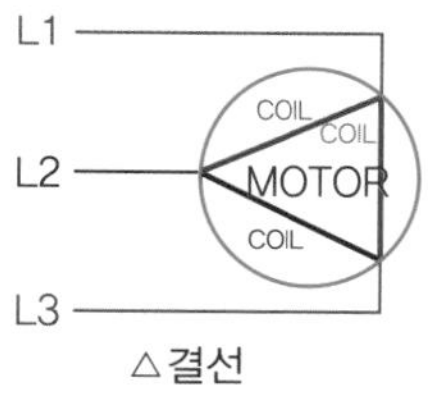

△결선

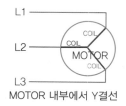

L1
L2
L3
COIL
COIL
MOTOR
COIL

MOTOR 내부에서 Y결선

(a) MOTOR LEAD선이 3가닥일 때
L1 – L2 = L2 – L3 = L3 – L1

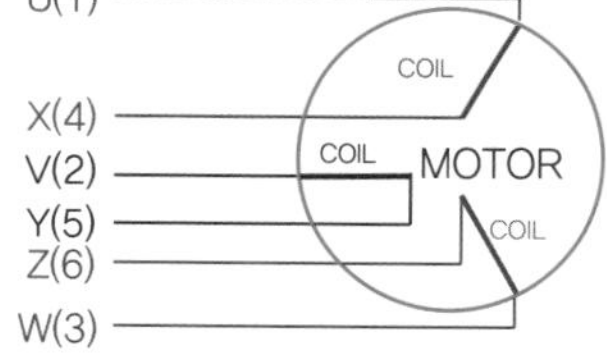

(b) MOTOR LEAD선이
Y→△를 하기 위하여 6가닥일 때
U(1) – X(4) = V(2) – Y(5) = W(3) – Z(6)

| 모터의 저항 측정 |

- MOTOR LEAD선이 3가닥일 때에는 L1-L2, L2-L3, L3-L1의 저항이 같아야 한다.
- MOTOR LEAD선이 Y→△를 하기 위하여 6가닥일 때에는 U(1)-X(4), V(2)-Y(5), W(3)-Z(6)의 저항이 같아야 한다.

1. 모터소손 유무는 모터 코일저항과 절연을 측정하여 판정한다.
2. 모터이상 유무의 최종 판정은 모터 T/B(단자함)에서 측정하여 저항과 절연이 이상 없으면 전원측을 측정한다.

3상 모터에서 회전방향을 바꾸고자 할 때 3개의 상 중 2개만 바꾸면 되나요?

모터의 회전을 바꾸려고 하면 3개의 전원 중 무조건 2개만 바꾸면 된다고 하는데, 이게 무슨 뜻인지 궁금합니다.

3상 전원은 각 상이 120° 위상차를 가지고 L1–L2–L3로 방향을 가지는데 그 순서를 L1–L3–L2로 바꾸어 방향을 전환하는 것입니다.

3상 모터의 회전방향을 알기 위해서는 먼저 3상이라는 전압을 이해해야 합니다. 3상 전압은 발전기에서 전압이 만들어질 때 발전기 회전자의 자속이 L1, L2, L3의 3개 코일로 감겨진 원 속에서 회전을 하게 됩니다. 다음의 그림처럼 3상의 코일(L1, L2, L3)에는 회전자가 회전하는 방향에 따라 그 전압이 다음과 같이 순차적으로 발생합니다. 이렇게 L1, L2, L3 3상 전압은 회전하는 방향을 갖는데 이것을 3상 전압의 상회전이라 합니다(회전자의 자속을 반대로 돌리면 전기도 반대로 L1, L2, L3 3상 전압이 만들어짐).

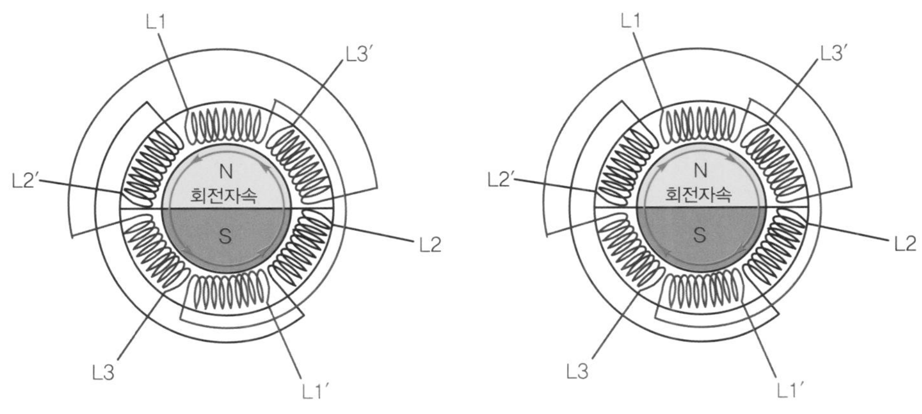

❙3상 발전기의 전기 상회전❙

- 2극 발전기의 권선과 상회전순서
  - 회전자속을 반시계방향으로 돌리면 L1→L2′→L3→L1′→L2→L3′
  - 회전자속을 시계방향으로 돌리면 L1→L3′→L2→L1′→L3→L2′

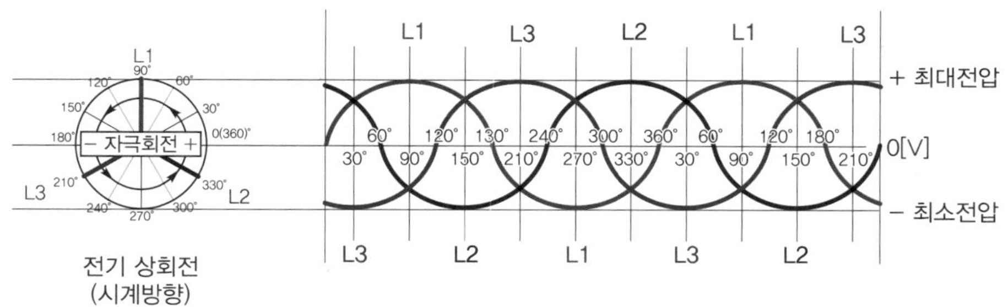

| 회전자극을 시계방향으로 돌릴 때 전기의 상방향 |

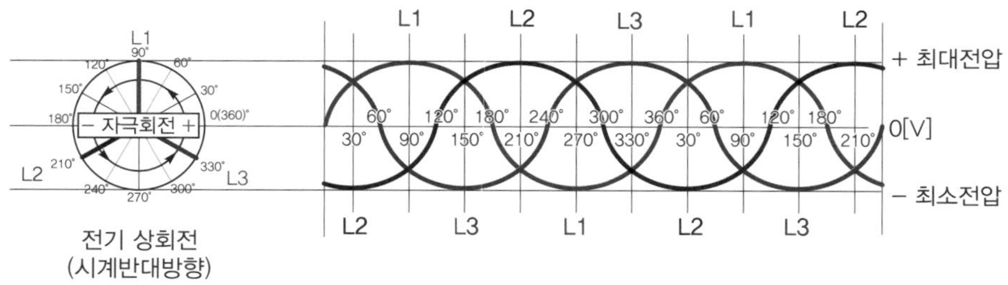

| 회전자극을 시계반대방향으로 돌릴 때 전기의 상방향 |

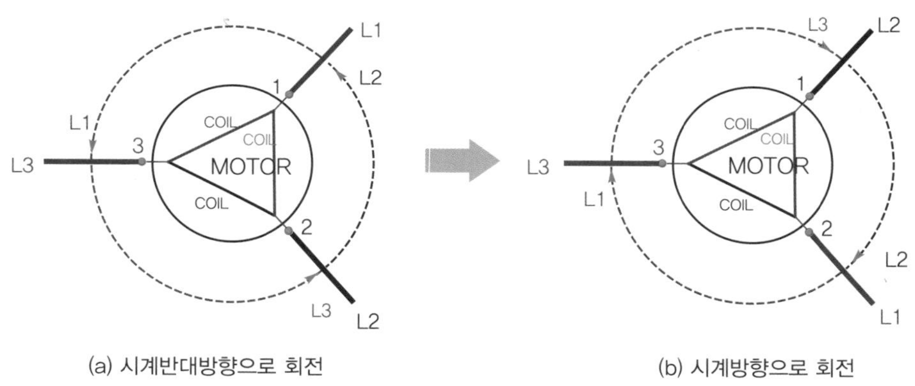

| 3상 모터의 결선 2선을 변경할 경우 |

- 전기의 회전방향은 L1에서 L3로 L2에서 L1로 L3에서 L2로 회전한다.
- 예를 들어 L1-1, L2-2, L3-3 결선일 경우 전기의 회전방향이 L1에서 L3로, L3에서 L2로, L2에서 L1으로 회전하기 때문에 모터가 시계반대방향으로 회전한다면 L1-2, L2-1, L3-3으로 L2와 L1을 바꾸어 결선하면 전기의 회전이 L1이 L3로, L3가 L2로, L2가 L1으로 회전하기 때문에 모터는 시계방향으로 회전한다.

모터 내부에는 3상의 코일이 3개(여러 개가 들어가지만 편의상 3개로 표현)가 들어가 내부에서 Y나 △로 결선하거나 3선이나 또는 결선을 하지 않고 6선을 인출합니다.

모터 코일 1에 L1, 2에 L2, 3에 L3를 넣어주면 모터가 3상 전기 회전방향 L1, L2, L3가 1, 2, 3으로 입전이 되어 회전(상기 예는 시계반대)을 합니다. 그런데 이것을 위와 같이 1에 L2, 2에 L1으로 서로 바꾸면 3상 전기 L1, L2, L3가 2, 1, 3으로 입전이 되어 처음 회전방향의 반대방향(시계방향)으로 회전을 합니다. 때문에 모터도 발전기에서 회전자 자속의 방향을 바꾼 것처럼 되는 것입니다. 그러므로 모터의 회전방향을 바꿀 때는 전압 L1, L2, L3의 상회전이 반대가 되도록 3선 중 아무 선이나 2선만(위 그림처럼 L1과 L2만 바꿈) 바꾸면 됩니다.

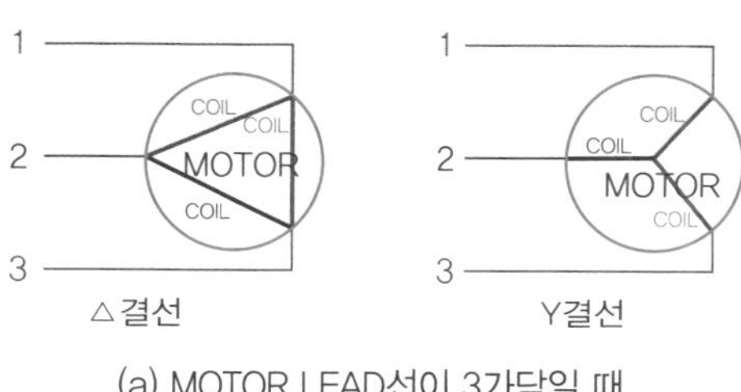

(a) MOTOR LEAD선이 3가닥일 때

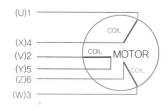

(U)1
(X)4
(V)2
(Y)5
(Z)6
(W)3
COIL
COIL
MOTOR
COIL

(b) MOTOR LEAD선이 Y-△를 하기 위하여 6가닥일 때

| 모터 내부 코일 결선도와 리드선 번호 |

질문 더+

Q (1) 번호(1~6번)는 코일 3개의 양끝(1-4, 2-5, 3-6)을 의미하며, 그 중 3개의 끝인 4, 5, 6을 공통으로 묶고, 1, 2, 3번에 각각 L1, L2, L3를 연결하는 게 맞는지 알려주시기 바랍니다.

(2) 이 상태에서 1번에 L1대신 L2, 2번에 L2대신 L1을 바꿔 연결하면 방향이 바뀌는지도 궁금합니다.

6(W2)
5(V2)
3(W)
4(U2)
2(V)
1(U)

| 모터 코일에 6가닥이 결선된 모터 |

A (1) Y결선으로 맞습니다. △결선은 1-4, 2-5, 3-6에서 1과 6, 2와 4, 3과 5를 L1, L2, L3를 연결합니다.

(2) 1번에 L2를, 2번에 L1을 바꿔 연결하면 방향이 바뀝니다.

3상 모터 회전방향은 전원선 L1, L2, L3에서 2선만 바꾸면 바뀐다.

EMPR SETTING값은 어떻게 결정하나요?

모터를 보호하기 위해 EMPR을 설치하던데 세팅값을 어떻게 정하는지 궁금합니다.

(1) 과부하 세팅은 운전 최대전류보다 크고 정격전류보다 작게 설정합니다(운전 최대전류 < 세팅값 < 정격전류).

(2) EMPR은 세팅값 100%에는 동작을 하지 않고 110% 이상 시 특성곡선에 따라 동작합니다.

(1) EMPR은 정한시용과 반한시용이 있는데 세팅값은 모터 운전특성과 기동특성을 가지고 보호특성곡선 안에 들어가도록 설정을 하여야 합니다.

① 정한시 : 세팅한 전류 이상이 흐르면 정하여진 시간에 동작하는 것

② 반한시 : 세팅한 전류에 실제 가해진 전류의 크기에 따라 동작시간이 달라지는 것

(2) EMPR이 겸용이 있다면 정한시 세팅을 할 수 있지만 사진은 반한시용으로, 정한시 세팅은 할 수 없고 OT를 세팅하면 COLD일 때 세팅전류의 600% TIME 곡선을 가집니다.

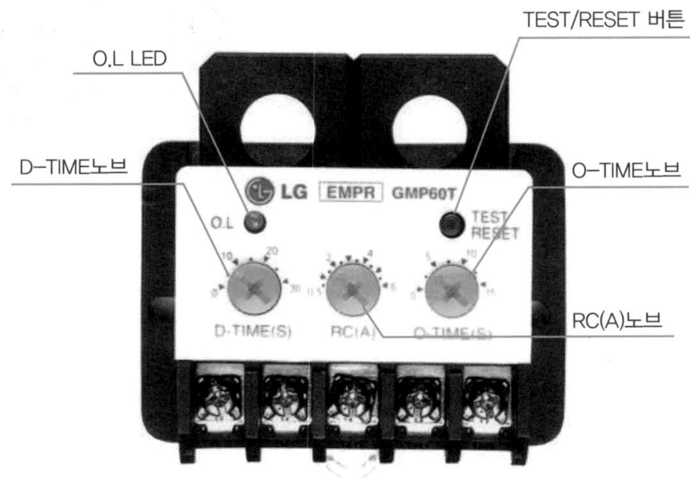

| EMPR |

(3) EMPR DT(Delay Time)로 모터 기동 시 기동전류에 트립이 되지 않도록 합니다. 다음은 OT(과전류 운전시간)를 10[sec](600%)로 한 트립곡선입니다.

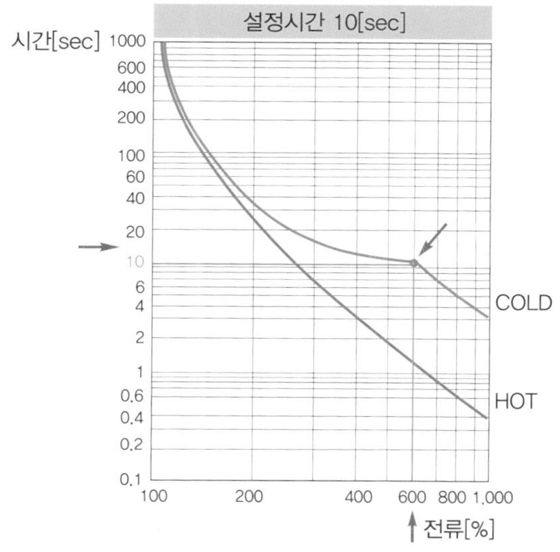

| EMPR TRIP 곡선 |

Q (1) OT(Operation Time)란 연산시간이라고 나와 있는데 어떤 의미로 생각하면 되는지 설명 부탁드립니다.

(2) DT(Delay Time)는 모터 기동 시 발생하는 높은 기동전류에 반응하지 않는 시간인 것 같은데 맞는지 알려주시기 바랍니다.

(3) HOT은 기동 시, COLD는 기동하지 않은 상태라고 생각하면 되는지도 알려주시면 감사하겠습니다.

A (1) OT는 기동이 끝나고 운전할 때 SETTING전류를 초과한 시간으로 600% 한시 TIME 곡선입니다(TIME 세팅에 따라 곡선은 달라짐).

(2) DT는 맞습니다. 기동시간에는 동작하지 못하도록 하기 위한 것입니다.

(3) COLD는 운전이 되지 않고 모터에 열이 없는 상태에서 기동을 하는 것이고 HOT은 운전을 하다가 바로 재기동한 상태를 말합니다.

1. EMPR SETTING은 모터 명판을 보고 하여야 한다.
2. EMPR은 모터를 보호하는 것이기 때문에 확실하게 숙지하고 정정한다.

108 SECTION 모터 기동 시 누설전류가 크기 때문에 누전차단기 선정 시 무엇을 고려해야 하나요?

모터보호용 누전차단기를 설치하려고 하는데 어떤 것을 선정해야 하는지 궁금합니다.

모터용량이 크면 기동 시 누설전류가 크기 때문에 누전차단기보다는 지락보호까지 할 수 있는 EMPR(EOCR)을 사용하는 것이 좋습니다.

기본적으로 누설전류는 전로와 모터가 가지고 있는 정전용량에 의하여 흐릅니다. 하지만 모터 기동 시에는 돌입전류가 정격의 6.5배 정도 흐르고 3상 불평형 자기 특성에 의해 영상전류가 발생하기 때문에 운전 시보다 누설전류가 많이 흐릅니다. 모터용량이 크면 기동 시 누설전류가 500[mA] 이상 되기 때문에 누설전류를 설정할 수 있는 EMPR(EOCR)을 사용하여야 합니다. 다음은 LS산전의 자료에서 발췌한 자료입니다.

| 3상 유도 전동기의 누설전류(220[V]) |

(단위 : [mA])

전동기용량 [kW]	부하전류[A]		정전용량에 의한 누설전류(I_c)	절연저항에 누설전류(I_R)	시동시 영상분 전류의 영향(I_M)	누설전류 $I_c=I_R+I_M$
	전부하	시동				
0.4	1.9	13.3	0.08	0.04	0.14	0.23
0.75	3.2	22.4	0.11	0.04	0.23	0.35
1.5	6	42.0	0.14	0.04	0.43	0.58
2.2	8.4	58.8	0.18	0.04	0.61	0.79
3.7	14.0	98.0	0.26	0.04	1.01	1.27
5.5	20.5	143.5	0.29	0.04	0.28	1.57
7.5	27.5	192.5	0.38	0.04	1.67	2.05
11	41.0	287.0	0.52	0.04	1.89	2.39
15	52.0	364.0	0.57	0.04	2.06	2.63
18.5	66.0	462.0	0.65	0.04	0.38	3.03
22	76.5	535.5	0.72	0.04	0.76	3.48
30	103	721.0	0.87	0.04	3.71	4.58
37	127	889.0	1.00	0.04	4.57	5.57

전동기용량 [kW]	부하전류[A]		정전용량에 의한 누설전류(I_c)	절연저항에 누설전류(I_R)	시동시 영상분 전류의 영향(I_M)	누설전류 $I_c=I_R+I_M$
	전부하	시동				
45	153	1,071	1.09	0.04	5.51	6.60
55	188	1,316	1.22	0.04	6.77	7.99
75	252	1,764	1.48	0.04	9.07	10.54
90	300	2,100	1.62	0.04	10.80	12.45
110	374	2,618	1.95	0.04	13.50	15.45

모터에 사용하는 차단기는 배선용 차단기이고 모터 보호를 위하여 지락까지 동작하는 EMPR(EOCR)을 사용하는 것이 좋다.

109 SECTION

모터에 공급하는 전압이 낮으면 어떻게 될까요?

설비에 인입되는 전압이 3상 220[V]인데 펌프모터가 발열이 심하여 규격을 확인해 보니 펌프는 380[V] 전용모터여서 급하게 교체했습니다. 전압규격이 다른데 모터가 정상적으로 동작하는 것이 가능한 이유가 무엇인지 궁금합니다.

전압이 너무 크거나 너무 작으면 소손됩니다. 그렇지 않을 경우 정상적으로 운전은 되지만 전압의 차이에 따라 과부하 운전이 되다가 소손됩니다.

모터의 정격은 '$\sqrt{3}$ ×정격전압×정격전류×역률×효율'입니다. 모터는 부하보다 약 15% 정도 크게 선정합니다. 모터에 걸려있는 부하는 일정하고 모터의 용량은 전압에 비례합니다.

모터의 정격전압이 $\frac{220[V]}{380[V]} \fallingdotseq 0.58$로 줄어들면 힘은 $(58\%)^2$으로 줄어듭니다. 이 상태에서 모터에 걸리는 부하가 33% 이하인 경우에는 사용이 가능하지만 모터의 부하가 100%일 경우 모터에는 3배의 과부하가 걸리게 됩니다. 과부하가 걸리면 전류가 $\frac{1}{0.58}$배(전압이 58%이므로)가 되고 보호계전기가 없다면 운전 중 소손될 것입니다.

전기해결사 PICK

질문 더+

(1) 위의 질문내용을 380[V] 전용모터를 220[V] 전압에 사용했다는 뜻으로 이해하면 되는지 궁금합니다.

(2) 위의 설명 중 '…부하 33% 이하인 경우에는 사용이 가능…'에서 33%는 어디서 나온 것인지 궁금합니다.

(3) '…과부하가 걸리면 전류가 $\frac{1}{0.58}$배가 되고…'에서 '전부하'와 '과부하'의 뜻이 완전히 이해가 안 됩니다. 모터가 회전하는 속도로 보면 되는지 알려주시기 바랍니다.

(4) '~보호계전기가 없다면 운전 중 소손될 것입니다'에서 결국 380[V] 모터를 220[V]로 계속 사용하면 모터가 소손된다는 것으로 보면 되는지 알려주시기 바랍니다.

(1) 380[V] 전용모터를 220[V] 전압에 사용했다는 뜻으로 이해하시면 됩니다.

(2) 전력(P)=전압(V)×전류(I)에서 전압이 380[V] → 220[V]로 58% 줄어드니 전류도 58%가 줄어들어 힘이 33%가 됩니다.

(3) 모터에 걸려있는 부하는 변하지 않고 모터가 힘을 33% 밖에 내지 못하기 때문에 과부하가 걸리는 것입니다. Y-△ 기동 모터가 계속 Y로 운전이 되는 것과 비슷합니다. 전부하는 실제 모터 축에 걸려있는 부하 전체인 100%를 말하고, 과부하는 모터 축에 걸려있는 100% 부하에 대하여 모터 힘이 33%라는 것을 의미, 즉 부족하다는 것을 말합니다.

① 모터의 회전속도는 주파수와 극수에 의해서만 가변되고 전압이나 전류에 의하여 회전수는 변하지 않습니다.

② 동기속도 = $\frac{120f}{P}$ 입니다. 하지만 과부하가 걸리면 힘이 부족하여 SLIP이 생기고 약간 회전수가 떨어지면서 과열이 생깁니다.

(4) 모터의 소손은 과전류에 의하여 발생하는 것이고, 보호장치도 과전류를 검출하여 보호하기 때문에 58% 이하의 부하에서는 정격전류를 초과하지 않아 계전기가 동작하지 않고 운전할 수 있지만, 계전기가 없거나 계전기를 OVER SETTING하게 되면 계전기가 동작하지 못하고 소손됩니다.

1. 모터에 인가하는 전압이 높으면 출력이 커지고 낮으면 출력이 작아진다.
2. 모터의 동기속도는 $\frac{120f}{P}$이다.

3상 3선식의 220[V]용 전동기를 3상 4선식(380[V]/220[V])에 사용 시 어떤 문제가 있나요?

3상 220[V]용 모터인데 이걸 3상 4선식 전원의 하트상(L1, L2, L3)에 사용한다면 어떻게 되는지 궁금합니다.

220[V] 모터에 380[V] 과전압이 걸려 소손이 될 수 있습니다.

3상 4선식 380/220[V]에서 3상 전압은 380[V]이고 단상 전압은 220[V]입니다. 그리고 모터는 3상 220[V]가 정격입니다. 이 경우 전원전압이 모터 정격전압보다 $\sqrt{3}$배 걸려 과전압으로 사용할 수 없습니다. 전압이 너무 높으면 여자전류가 커지고 철손이 발생하여 모터가 과열로 소손됩니다. 모터 사용 시 허용전압은 정격전압의 ±10%입니다.

모터에 인가하는 전압이 너무 높으면 여자전류가 커지고 철손이 발생하며, 과열되어 모터가 소손된다(정격전압 ±10% 이내 사용).

111 SECTION 전동기 정격전압(380[V])보다 낮은 전압(220[V]) 인가 시 전동기가 소손되는 이유는 무엇인가요?

3마력[HP]-3상 220/380[V] 국산 유도전동기입니다. 결선 시 저전압(220[V] △결선), 고전압(380[V] Y결선)이고, 3상 220[V] 전원을 인가하고 Y결선(380[V])을 했습니다. 결론은 전동기가 소손됐습니다. 왜 그런 것인지 그 이유를 알려주시기 바랍니다.

모터의 출력이 $\frac{1}{3}$로 줄어들어 과전류로 소손된 것입니다.

(1) 모터는 기본적으로 정격전압의 ±10% 이내가 되어야 합니다. 모터의 출력은 전압에 비례합니다.

(2) 380[V] 모터에 220[V]를 사용하면 출력은 전압의 $\frac{1}{\sqrt{3}}$, 힘은 $\frac{1}{3}$이 됩니다. 즉, Y결선하여 전압을 공급하면 2.2[kW](3[HP]) 모터가 0.75[kW](1[HP]) 모터가 되는데, 모터 부하는 그대로이므로 모터가 힘을 더 내려고 전류가 정격의 $\sqrt{3}$배로 흘러 모터에 I^2에 비례하는 열이 발생하여 코일이 소손됩니다. 하지만 과부하계전기의 THERMAL이나 EOCR의 세팅만 잘 해놓아도 과전류가 될 경우 소손되기 전에 트립되어 보호할 수 있습니다.

1. △저항을 Y로 환산하면 △저항의 $\frac{1}{3}$배가 된다.
2. △결선 모터를 Y결선하면 모터의 코일저항이 1이 되므로 △저항$\left(\frac{1}{3}\right)$의 3배가 되는 것과 같다.

급수펌프의 모터가 탔는데 MCCB가 차단되지 않고 ACB가 차단되는 이유는 무엇인가요?

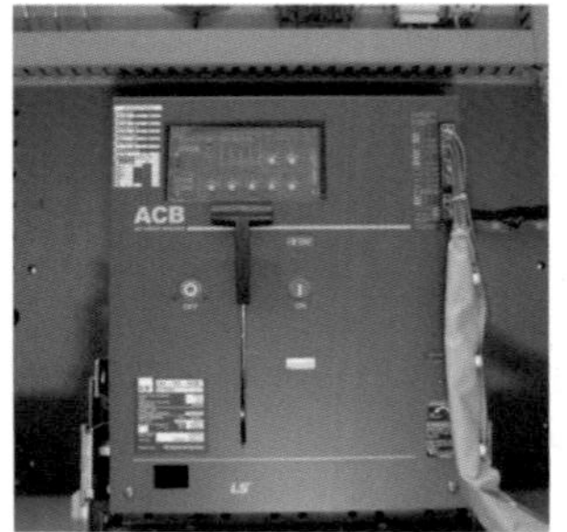

공용부하인 10대의 급수펌프 중 모터 1대가 탔는데, MCCB가 차단되지 않고 ACB가 차단되었습니다. 왜 ACB가 차단되었는지 알고 싶습니다.

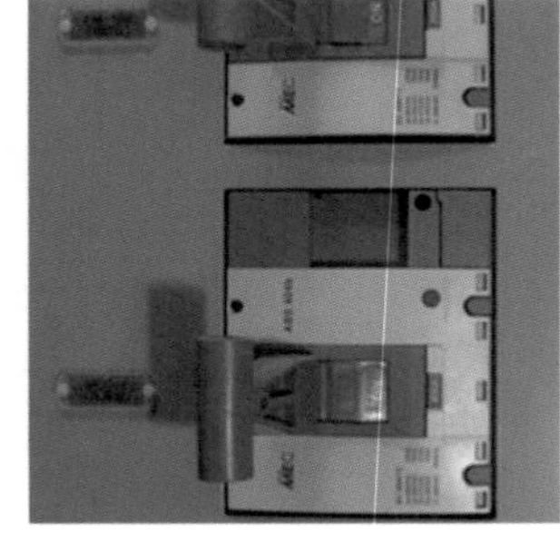

| ACB 트립 | → | MCCB 트립 안 됨 | → | 급수펌프모터 소손 |

모터가 소손되면 지락이 발생하는데, MCCB는 지락을 차단하지 못하고 ACB가 지락을 차단한 것입니다.

MCCB는 과전류와 단락 차단기능이 있지만 지락전류 차단기능은 없습니다. ACB는 과전류, 단락전류, 지락전류를 검출차단시킬 수 있습니다. 모터가 소손되면 절연파괴로 인하여 가장 먼저 지락이 발생합니다. 그렇기 때문에 ACB의 OCGR이 트립된 것입니다.

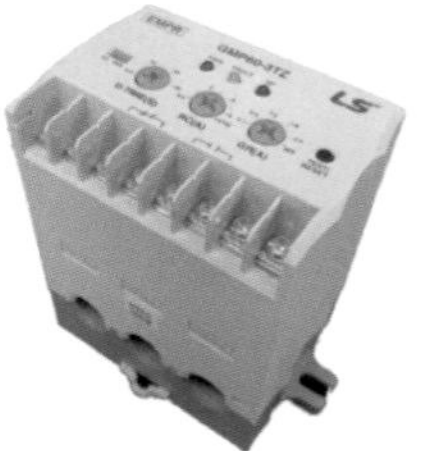

| EOCR(EMPR) |

| ELCB |

ACB는 메인차단기로 많이 사용합니다. ACB가 먼저 트립되지 않도록 하려면 지락시에도 동작하는 EOCR이나 ELCB를 사용해야 합니다.

1. 모터가 소손되면 대부분 지락사고부터 발생한다.
2. 지락검출이 가능한 EOCR을 설치하면 위와 같은 상황을 예방할 수 있다.

113 SECTION

EMPR 결상이 떴다면 그 이유는 무엇인가요?

다음 사진처럼 PF 결상이 떴습니다. 메거링과 테스터기로 테스트한 결과 모터 쪽은 이상이 없습니다. 전류를 측정했는데 두 상은 각각 20[A] 나오고, 한 상이 1[A] 정도 나옵니다. 모터 쪽은 이상이 없는데, 수동으로 기동하면 바로 트립됩니다. 그 이유가 무엇인지 궁금합니다.

| PF 결상 |

질문의 내용만으로 원인은 알 수 없지만 모터에 정상적인 3상 전류가 흐르지 않아 EMPR에서 결상으로 인식하여 트립된 것입니다.

모터에 이상이 없으면 전원측에서 모터까지의 사이에 결상이 생긴 것입니다.

(1) 해당 라인의 마그네트 1차와 2차측의 전류를 후크메타로 측정했을 때 다른 상처럼 정상 측정이 된다면 EMPR 불량입니다.

(2) EMPR이 정상이라는 가정 하에 1[A]가 나오면 그 상은 접촉불량 등으로 결상이 생긴 것입니다.

(3) 모터의 선간저항을 MC 2차에서 측정하여 이상이 없는지, 다시 한 번 확인하고 이상이 없으면 MCCB & MC의 1차 단자 조임상태를 확인한 다음 모터를 해체하고 판넬만 동작시켜 MC 2차 전압을 확인해 보시기 바랍니다.

모터 점검 시 MC 2차에서 저항과 절연을 측정하고 이상이 없으면 모터 라인을 해체하고 판넬만 동작시켜 MC에 전압이 나오는지를 확인하면 된다.

Y-△ 기동 시 전선굵기 선정은 어떻게 하나요?

Y-△ 기동 시 전선굵기 선정법에서 궁금한 게 있습니다. 3상 3선식에서 전압은 220[V]이고, 모터는 45[kW]에 164[A]가 흐릅니다. 현재 배선을 전선굵기 산정식으로 계산하고 Y기동 시는 50SQ로, △기동 시는 38SQ로 배선하려고 합니다. 이 전선굵기가 제대로 선정된 것인지 설명 부탁드리겠습니다(길이는 모두 1[m] 이하). 또한, 전기박스 내에서 배선을 하며 길이는 모두 1[m] 이하입니다.

전류 계산이 틀렸습니다.

정격전류는 $\dfrac{45[kW]}{\sqrt{3}\times 220[V]\times 0.85(\text{역률}\times\text{효율})}$=138.9≒140[A] 정도 됩니다.

Y기동 △운전에서 Y-△ 전선굵기는 동일합니다. 전선에 흐르는 전류는 운전 시의 전류로 구하는데, 각 선에 흐르는 전류는 정격전류의 $\dfrac{1}{\sqrt{3}}$로 합니다.

Y기동 시 전류는 정격전류의 2~3배로 수초에서 20초 정도 흐르기 때문에 전선의 굵기를 선정할 경우 모터의 정격전류로 합니다. 운전이 될 때는 처음 Y기동 전류가 흐르던 전선과 △운전 시 흐르는 전선에 동일한 전류$\left(\text{운전전류의 }\dfrac{1}{\sqrt{3}}\right)$가 각 선에 흐르는데 이것이 상전류입니다. 상전류는 선전류의 $\dfrac{1}{\sqrt{3}}$배입니다. 각 선에 흐르는 전류는 운전전류(선전류)가 140[A]이고 그 전류의 $\dfrac{1}{\sqrt{3}}$배가 걸리므로 80[A] 정도가 됩니다. *IV* 22SQ의 허용전류가 139[A]이므로 38SQ이면 충분합니다. 전선의 굵기는 정격전류의 1.25배 정도 여유있게 설치하는 것이 좋습니다.

1. Y-△ 기동 모터 결선에서 1선에 흐르는 전류는 상전류로, 선전류 $\dfrac{1}{\sqrt{3}}$ 배의 전류가 흐른다.
2. 전선의 굵기는 정격전류의 1.25배 정도 여유있게 설치하는 것이 좋다.

115 SECTION

3상 모터 결선방법은 어떻게 되나요?

3상 모터이며 6가닥입니다. 6가닥 중 2가닥씩 내부에서 △결선하고, 3가닥의 리드선을 빼내 L1, L2, L3 3상에 결선하는 건 알고 있는데, 어떤 선들을 2가닥씩 묶어 △로 결선해야 하는지에 대해서 알고 싶습니다.

모터를 새로 구입하면 기본적으로 1에서 6번까지 번호가 적혀 있습니다.
1, 2, 3이 코일의 시작이고 4, 5, 6이 코일의 끝입니다. Y결선은 1, 2, 3을 COMMON하고 4, 5, 6에 전원 L1, L2, L3를 결선하거나 반대로 4, 5, 6을 COMMON하고 1, 2, 3에 전원 L1, L2, L3를 결선하면 됩니다.
△결선은 1과 6, 2와 4, 3과 5를 COMMON하고 거기에 전원 L1, L2, L3를 결선하거나 1과 5, 2와 6, 3과 4를 COMMON하고 거기에 전원 L1, L2, L3를 결선하면 됩니다.

하나의 코일에는 시작과 끝이 있습니다. 그래서 리드선 6가닥은 시작과 끝이 있는 코일 3개입니다.
코일 3개는 저항으로 도통 테스트를 하여 찾으면 되는데 시작과 끝은 알 수 없습니다. 정상적으로 결선을 하려면 시작과 끝을 알아야 하는데, 오결선 시(시작과 끝이 다를 때) 모터가 소손될 수 있기 때문입니다. 정확한 시작과 끝을 모를 때는 시행착오를 통해 시작과 끝을 찾아 결선해야 합니다.

(1) 먼저 코일 3개를 찾아 임의로 1번 권선 1–4, 2번 권선 2–5, 3번 권선 3–6으로 정합니다.
(2) 위 답변처럼 결선(1–5에 L1, 2–6에 L2, 3–4에 L3)을 한 다음 운전시키고 회전상태를 확인합니다. 만약 시작과 끝이 하나라도 바뀌면 힘이 없고 회전수가 떨어지며 전류가 커집니다.
(3) 오결선이 확인되면 다시 2번 권선의 시작과 끝을 바꾸어 결선(1–2에 L1, 5–6에 L2, 3–4에 L3)합니다. 그래도 힘이 없으면 다시 3번 권선의 시작과 끝을 바꾸면(1–2에 L1, 5–3에 L2, 6–4에 L3) 됩니다.
(4) 3번의 결선 중 가장 힘이 센 것이 정상입니다. 그런 다음 권선에 정상적으로 번호를 표시하면 됩니다.

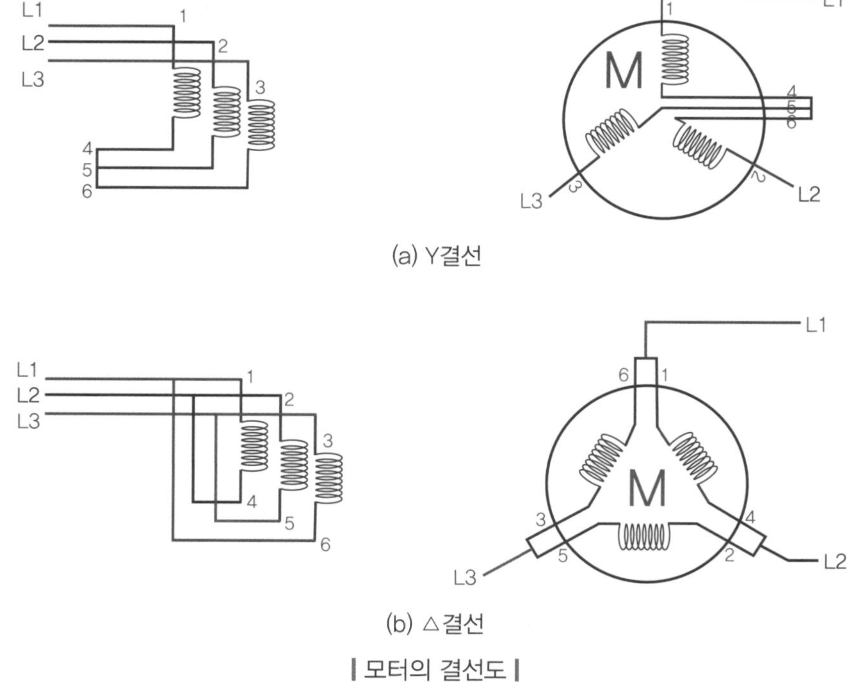

(a) Y결선

(b) △결선

| 모터의 결선도 |

- Y결선 : 3개의 코일 끝이나 시작을 COMMON하고 나머지 선에 L1, L2, L3전원을 공급한다.
- △결선 : 3개의 코일을 끝과 시작까지 연결하여 삼각형이 되도록 연결하고 각 연결점에 L1, L2, L3 전원을 공급한다.
- 모터 코일(1-4, 2-5, 3-6)은 3개의 시작과 끝을 가지고 있다(1, 2, 3이 시작이고 4, 5, 6이 끝임).

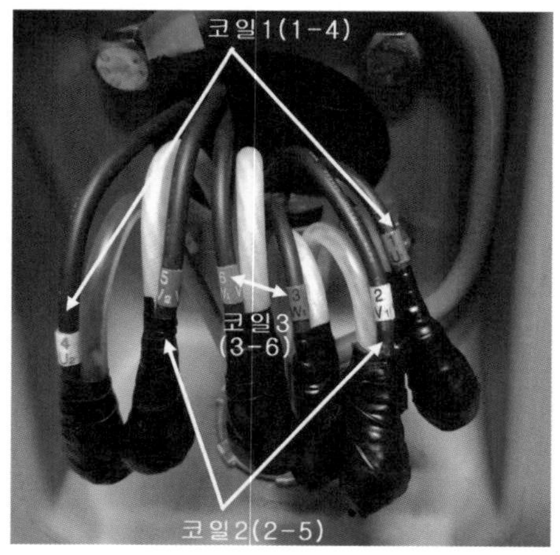

| Y-△ 기동 결선 |

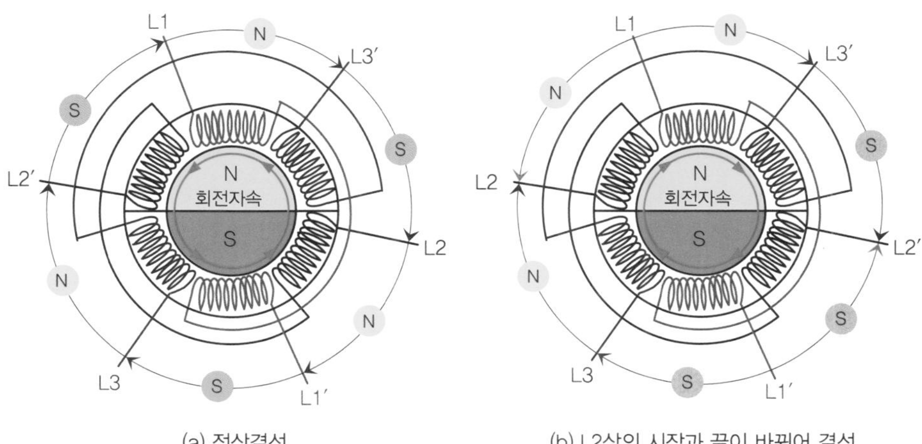

(a) 정상결선 (b) L2상의 시작과 끝이 바뀌어 결선

| MOTOR COIL 1상(S상)의 시작과 끝을 바꿀 경우 |

- 정상적으로 결선 시의 3상 회전자속
  L1 → L3′ → L2 → L1′ → L3 → L2′ → L1 → L3′ → L2
- L2상 시작과 끝이 바뀌었을 때 3상 회전자속
  L1 → L3′ ← L2′ → L1′ → L3 ← L2 → L1 → L3′ ← L2

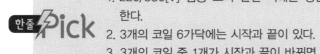

1. 220/380[V] 겸용 모터 결선 시에는 명판을 보고 오결선되지 않도록 하여야 한다.
2. 3개의 코일 6가닥에는 시작과 끝이 있다.
3. 3개의 코일 중 1개가 시작과 끝이 바뀌면 모터에 힘이 없고 과전류가 흐른다.

116
SECTION

유도전동기 Y-△의 기동 방법은 어떻게 되나요?

Y-△ 기동법에 대한 설명을 보면 Y결선을 하면 전압과 전류가 낮아진다고 되어 있는데, 전압은 높아져야 하는 게 정상 아닌지 설명 부탁드리겠습니다.

전압은 그대로이고 결선만 Y결선으로 하기 때문에 코일에 걸리는 전압은 선전압의 $\frac{1}{\sqrt{3}}$배가 됩니다.

전동기는 유도기기로 변압기와 같다고 보시면 되며, 2차 회전자는 항상 단락되어 있습니다. 유도전동기 회전자에는 SHORT BAR(단락편)와 SHORT RING(단락환)이 존재합니다.

(1) 전동기가 처음 기동할 때(움직이지 않은 상태)는 SLIP이 1이고 전동기의 1차 전압은 권수비에 비례하며 2차로 전체가 유도됩니다. 2차측이 SHORT RING(단락환)에 의하여 단락된 상태이기 때문에 2차 전류는 최대가 됩니다. 이때, 1차 전류를 기동전류라 하고 이 전류는 모터 정격전류의 6~7배가 흐릅니다. 이것을 LC(Locking Current)라고 하는데 기동 초기에는 이 전류가 흐르면서 회전을 하고, 회전을 하면서 SLIP$\left(\text{회전을 방해하는 비율} = \frac{\text{동기속도} - \text{회전 수}}{\text{동기속도}}\right)$이 감소되며 2차측에 유도되는 전압이 감소되면서 동기속도에 가장 가깝게 됩니다. 이때, 부하운전 상태가 됩니다.

① 실제 모터에서 동기속도는 이론적인 속도입니다. 동기속도에서는 SLIP이 0이기 때문에 회전자 2차의 유도전압도 0이고, 전류도 0이 됩니다. 기동이 되면 이 상태에서 부하의 증감에 따라 회전수가 증가하거나 감소하기도 합니다. 회전수의 증감에 따라 2차 전압이 증감하고 그 전압에 의하여 전류도 증감합니다.

② 1차 전류는 2차 전압에 비례합니다. 이렇게 모터를 전전압으로 기동하면 기동전류는 6~7배 정도 흘러 이 전류에 의하여 모터와 같은 변압기를 사용하던 다른 전기기기들이 전압강하를 일으키면서 운전 중이던 기기가 꺼지거나 소손됩니다. 이것 때문에 전동기 기동방법에 대한 이야기가 나오는 것입니다.

(2) 기동전류는 기동 시 1차 전압을 낮추면 2차 회전자 전압도 따라 낮아지므로 전류도 전압에 비례하여 낮아집니다. 코일의 전압을 낮추는 방법 중 가장 쉬운 방법이 Y–△ 기동방법입니다.

① Y–△ 기동법은 기동 시 모터 코일에 걸리는 전압을 $\frac{1}{\sqrt{3}}$배로 하여 선전류가 직입기동 전류의 $\frac{1}{3}$이 되게 하는 방법입니다.

② Y–△ 기동법은 직입기동 $\frac{1}{3}$배의 힘으로 기동시키는 방법으로 모터 기동시간이 직입기동의 2~3배 정도 길어집니다.

(3) 기동이 끝나고 정상적인 운전 시에는 △로 코일에 전전압이 걸려 정상적인 힘으로 운전되도록 합니다.

(4) 만약 기동이 끝났는데도 계속 Y로 운전이 되면 모터 코일에 걸리는 전압이 계속 낮은 상태이기 때문에 직입의 2~3배가 되는 과전류가 코일에 계속 흘러 모터가 소손됩니다.

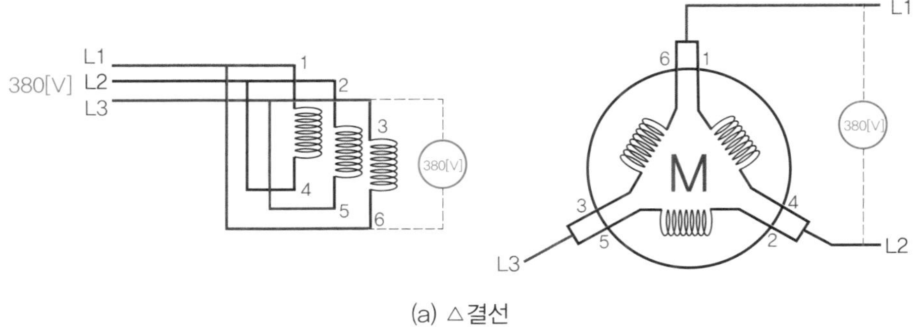

(a) △결선

- 3개의 코일을 끝과 시작끼리 연결하여 삼각형이 되도록 하고 각 연결점에 L1, L2, L3 전원 380[V]를 공급한다.

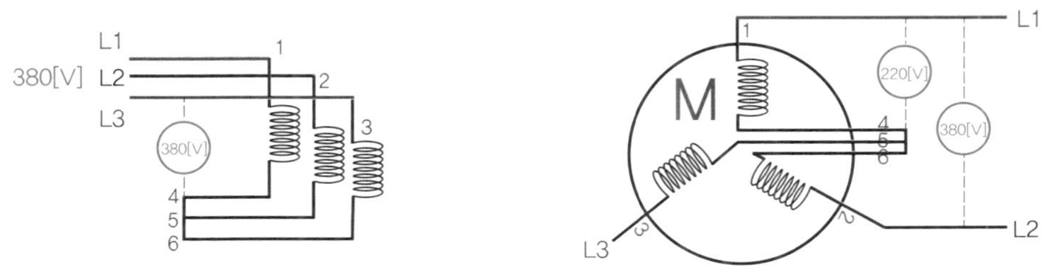

(b) Y결선

| △결선 모터를 Y결선으로 할 경우 |

- 3개의 코일 끝이나 시작을 COMMON하고 나머지 선에 L1, L2, L3 전원 380[V]를 공급한다. 그러면 각각의 코일에는 220[V]가 걸린다.

| △결선 시 COIL에 걸리는 전압 |　　| Y결선 시 COIL에 걸리는 전압 |

- Y로 결선하면 코일에 걸리는 전압은 △결선 시의 $\frac{1}{\sqrt{3}}$전압이 걸린다. 그러면 전력공식에 의하여 모터의 힘은 전압의 제곱에 비례하여 $\frac{1}{3}$로 줄어든다. 그러므로 Y-△ 기동은 전력설비용량이 부족할 경우 기동 시 Y로 기동하여 △의 $\frac{1}{3}$전력으로 기동하고 정상운전 시 정상적인 힘이 나오도록 △로 절체가 되도록 하는 것이다. 만약 Y로 계속 운전될 경우 모터의 힘이 전압의 제곱에 비례하여 $\frac{1}{3}$로 줄어들어 모터가 소손된다.

1. 모터를 변압기로 생각하면 이해가 쉽다.
2. Y결선은 △일 때 코일 1의 저항이 3으로 되는 것과 같고 코일 한 선에 걸리는 전압은 선간전압의 $\frac{1}{\sqrt{3}}$배가 된다.
3. 모터의 동기속도는 $\frac{120f}{P}$이다.

117 SECTION Y-△ 기동방식에서 Y기동 시 전류가 직입기동의 1/3이 되는 이유는 무엇인가요?

모터 기동방식 중 Y-△방식이 있습니다. 그런데 Y로 기동을 하면 직입으로 기동할 때보다 전류가 $\frac{1}{3}$로 줄어든다는 데 이 말을 이해하기 쉽게 설명 부탁드립니다.

△를 Y로 변환 시 Y환산저항은 △저항의 $\frac{1}{3}$이 되기 때문입니다.

△를 Y로 변환하면 Y환산저항이 △저항의 $\frac{1}{3}$로 된다는 것은 교과서에서 배웠을 것입니다. Y로 변환하면 다음 그림처럼 △의 $\frac{1}{3}$배가 되는데 Y기동은 결선만 바꾸어 저항값이 그대로입니다. 그래서 저항이 환산값의 3배가 커진 것이 됩니다. △를 Y로 하여 기동하면 △저항의 3배인 Y저항에 전압을 걸기 때문에 전류가 옴의 법칙$\left(\text{전류}=\frac{\text{전압}}{\text{저항}}\right)$에 의하여 3배가 되고 델타의 $\frac{1}{3}$배의 전류가 흐르는 것입니다.

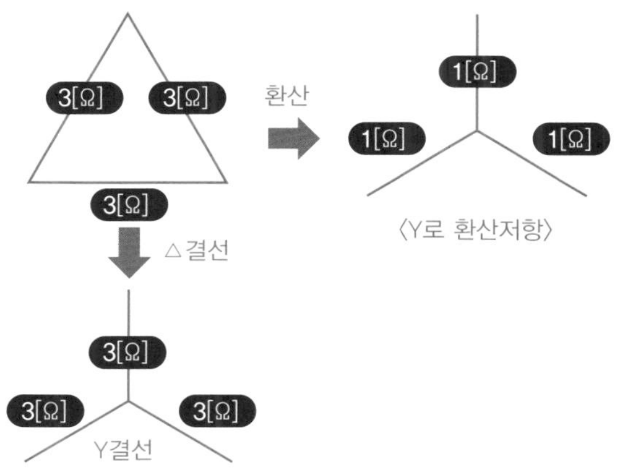

| Y-△결선에서 △를 Y로 환산 |

- Y로 결선을 하면 △를 Y로 환산했을 때의 저항보다 3배가 되어 전류가 $\frac{1}{3}$이 된다.

△를 Y로 환산하면 저항은 $\frac{1}{3}$이 된다(반드시 암기해야 함).

118 SECTION 모터 기동전류와 부하 간의 관계는 어떻게 되나요?

전동기 기동 시 기동전류가 수배까지 올라가는데 이때 기동전류가 커지게 되면 부하값도 커지게 되는 것인지, 만약 전동기 부하가 10[kW]인데 기동 시 기동전류가 5배 올라갔다면 부하가 50[kW]까지 올라간다는 의미인지 알려 주시기 바랍니다. 기동 시 기동전류와 부하 간 상관관계가 있는지도 설명 부탁드립니다.

부하가 올라간 것은 아니지만 전동기 내에서는 부하와 관계없이 기동전류가 수배까지 올라가 있습니다.

(1) 기동이라 하는 것은 정지되어 있는 기기를 운전할 수 있는 상태로 만드는 과정을 말합니다. 정상운전을 할 수 있는 상태(기동할 때)에 이르려면 추진력, 즉 힘이 많이 필요합니다. 우주선을 발사할 때 처음 우주선을 올리고 추진력을 얻기 위해 많은 연료를 필요로 하지만 정상속도가 되면 힘이 적게 들기 때문에 적은 연료를 가지고도 올라갈 수 있습니다. 원리는 이와 같다고 보시면 됩니다.

(2) 모터도 처음 기동 시 동기속도가 나올 때까지는 힘이 많이 필요합니다. 그리고 일정 속도에 가까워지면 실제로 그 자체에서 필요한 힘만 주면 계속 그 상태를 유지합니다. 이것이 부하입니다. 전동기를 돌리려면 처음에 전류가 많이 들어가기 때문에 변압기도 커야 되고 전류도 많이 흘러야 됩니다. 이와 같은 기동전류와 부하 간의 상관관계를 SLIP이라 합니다. 기동 후 정상회전으로 될 때까지 전류는 서서히 줄어듭니다.

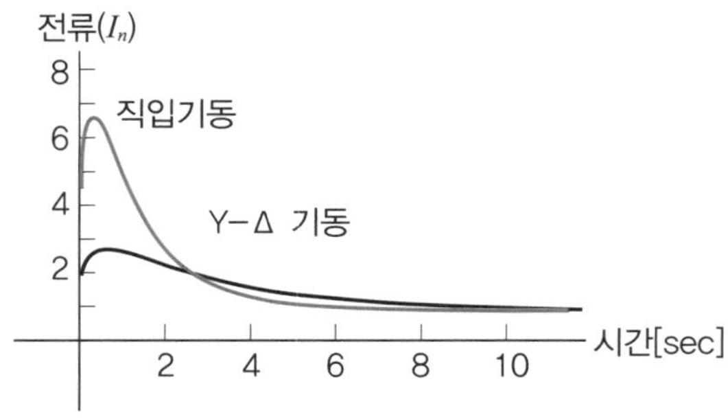

❙ 모터 기동전류의 특성 ❙

- 직입기동 시 정격전류의 6~7배 정도이고, Y-△ 기동 시 정격전류의 2.5배$\left(\text{직입의 } \frac{1}{3}\right)$ 정도된다.
- 모터 명판에 LC와 LT가 있는데 LC(Locked Rotor Current)는 회전자 구속전류라 하고 이것은 직입기동 시 기동전류이기도 하다. LT(Locked Rotor Time)는 회전자 구속시간이라 하고 회전자가 구속된 상태에 견딜 수 있는 시간이다.

한줄 Pick 직입기동 시 정격전류의 6~7배, Y-△ 기동 시 직입기동의 $\frac{1}{3}$배의 기동전류가 흐른다.

Y-△ 기동 시 전선의 허용전류는 얼마인가요?

Y-△ 기동하면 모터로 전선이 6가닥 가는데, 1가닥 1가닥의 전류는 어떻게 보아야 하는지 궁금합니다.

모터의 운전전류는 선전류이고, 1가닥에 흐르는 전류는 상전류로 선전류의 $\frac{1}{\sqrt{3}}$배입니다.

다음 그림을 보면 처음에는 전류가 Y로, △기동 시의 $\frac{1}{3}$배 전류(정격의 2~2.5배)가 MCCB 1, 2차에 흐릅니다. 기동 시 전류에 대한 전선의 굵기는 기동시간이 짧기 때문에 무시해도 됩니다. 전선의 굵기는 운전전류를 기준으로 선정하면 됩니다. 기동이 완료되면 MCC 2차 1선의 전류가 2가닥으로 2개의 상에 흐릅니다. 그래서 2개의 전선에는 MCC 2차 선전류의 $\frac{1}{\sqrt{3}}$배의 전류(상전류)가 흐릅니다. 선전류 $=\sqrt{3}\times$상전류, 상전류$=\frac{선전류}{\sqrt{3}}$가 됩니다. 각 선에 흐르는 전류는 $\frac{선전류}{2}$가 아니고, $\frac{선전류}{\sqrt{3}}$입니다. 그래서 전선의 선정은 △보다 $\frac{1}{\sqrt{3}}$배 정도 가늘어도 됩니다.

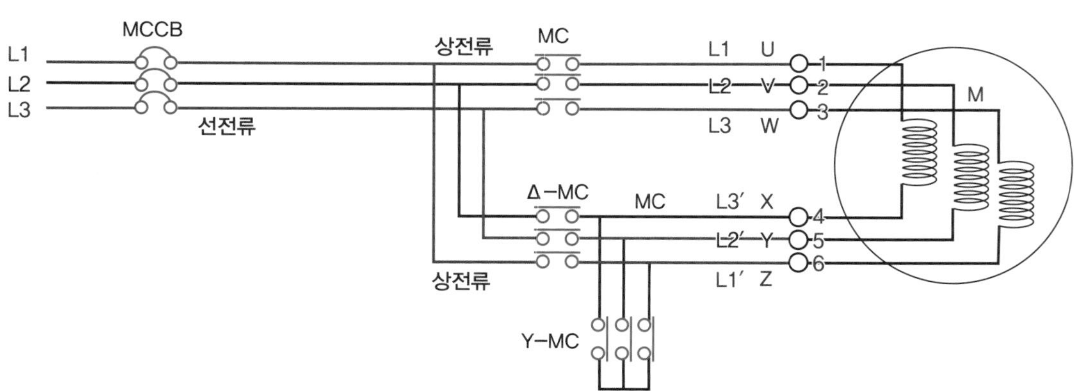

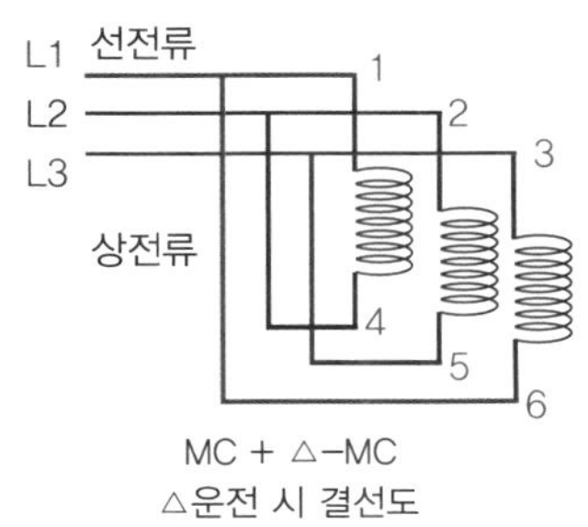

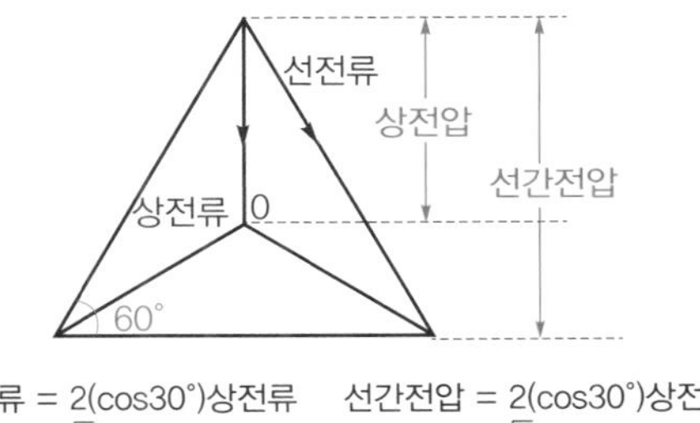

선전류 = 2(cos30°)상전류 선간전압 = 2(cos30°)상전압
선전류 = $\sqrt{3}$ 상전류 선간전압 = $\sqrt{3}$ 상전압

❙ Y-△ 기동 시 선과 상에 걸리는 전류 ❙

- 상전압, 선간전압, 선전류, 상전류는 삼각함수로 표현할 수 있다.
- Y기동 시나 △운전 시에 즉 6가닥의 전선에 흐르는 전류는 상전류이다.
- 상전류는 선전류의 $\frac{1}{\sqrt{3}}$이기 때문에 전선의 굵기도 3선으로 공급할 때 선전류의 $\frac{1}{\sqrt{3}}$ 굵기로 선정하면 된다.

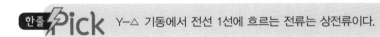

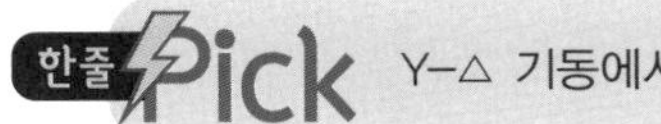
Y-△ 기동에서 전선 1선에 흐르는 전류는 상전류이다.

120 SECTION 모터 전선 굵기 선정은 어떻게 하나요?

모터 400[kW], 6P, 3상 380[V], 효율 94.5%, 역률 84%입니다. 예를 들어 전선의 길이를 50[m], 100[m], 150[m]로 한다면 전선 굵기는 어떻게 선정해야 하는지 알려주시기 바랍니다.

대용량 모터는 고압으로 사용합니다. 전선의 굵기는 전선의 허용전류와 전압강하식으로 구한 값 중 큰 것으로 합니다.

(1) 전류가 765[A]라면 전선과 모터 코일이 굵어져야 하고, 1차 변압기가 커져야 하므로 다른 부하와 같이 사용하면 다른 기기들에 영향을 주기 때문에 약 200[kW] 이상이 되면 고압으로 설치를 합니다.

(2) 전압강하를 5%로 하는 경우

① 계산식 $30.8L \times I/(1{,}000 \times 19) = A$를 적용하면, 50[m]=62SQ, 100[m]=124SQ, 150[m]=186SQ 이렇게 나옵니다.

② 186SQ의 전선허용전류가 모터 정격전류보다 작기 때문에 적용할 수 없습니다.

(3) 그래서 전선의 굵기를 선정할 때는 전압 DROP 계산으로 나온 굵기와 모터 정격전류×1.1배의 허용전류로 구한 굵기와 비교하여 굵은 것으로 선정해야 합니다. 따라서 거리와 관계없이 765[A]×보정계수×1.1배로 선정해야 합니다.

질문 더+

보정계수가 무엇인지 궁금합니다.

전선의 허용전류는 환경, 공사방법 등에 따라 많이 달라지는데, 이때 달라지는 계수를 보정계수라 합니다. 참고로 전선을 −30도에서 사용하면 +30도에서 사용하는 전류보다 아주 많이 사용할 수 있는데, 그런 것을 보상하는 계수입니다.

1. 대용량 모터는 고압으로 사용한다(200[kW] 이상은 대부분 고압 사용).
2. 전선 굵기를 구할 때는 전압강하, 허용전류로 구하여 그중 굵은 것으로 한다.

121 SECTION

모터 기동을 왜 Y-△나 리액터로 하나요?

모터를 기동하는 방법에는 여러 가지가 있는데, 직접 전원을 넣어 기동하지 않고 여러 가지 다른 방법으로 기동하는 이유가 무엇인지 궁금합니다.

변압기 용량만 크면 직입기동을 해도 됩니다.

(1) 모터를 직입으로 기동할 경우 기동 시 전력은 정격전류의 6~7배가 필요합니다. 그렇게 되면 모터를 기동시키기 위하여 아주 큰 변압기(모터용량의 2.5배 이상)를 사용해야 합니다. 일반적으로 모터의 용량만 가지고 기동방법을 결정한다고 배웠을 것입니다. 하지만 모터의 기동방법은 사실 변압기 용량에 따라 결정한다고 봐야 합니다. 변압기 용량이 크면 대용량의 모터도 직입으로 기동을 합니다.

(2) 직입기동 시 변압기 용량은 모터의 2.5배 이상은 되어야 전력계통(그 변압기에서와 같이 사용하는 모든 전기기기)에 영향을 주지 않고 기동할 수 있습니다. 우리가 모터를 기동시킬 때 전력계통에서 전압이 다운되어 전등이 어두워지는 현상이 바로 이 경우이며, 정도가 심하면 운전되고 있는 기기들도 모두 정지됩니다. 경우에 따라서 MC에서 사고가 발생할 수도 있습니다.

(3) Y-△로 기동하면 직입기동 시보다 $\frac{1}{3}$배의 전력으로 기동할 수 있고, 리액터(60%)로 기동하게 되면 직입 시의 60% 전력으로 기동할 수 있어 그만큼 변압기의 용량을 줄일 수 있습니다. 그러므로 모터를 구입하거나 설치할 경우에는 변압기의 용량을 참고하시기 바랍니다.

| Y-△ 결선 |

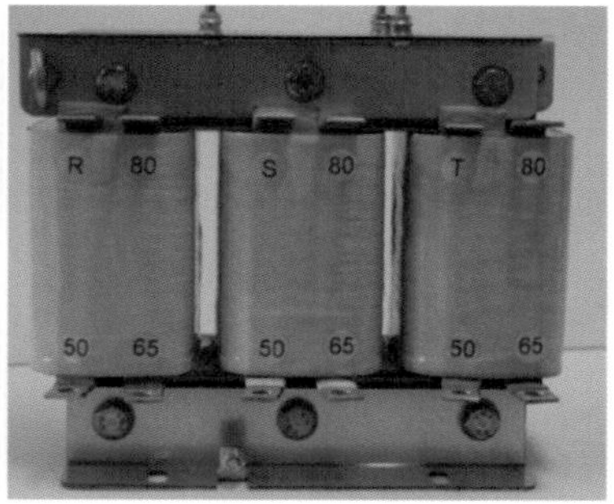

| 모터기동용 리액터 |

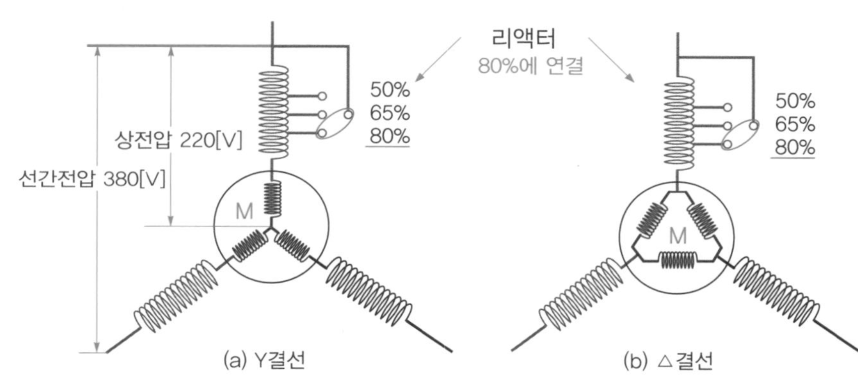

- 50% = $\frac{1}{2}$ × 220[V](상전압 = 110[V])
- 60% = 0.65 × 220[V](상전압 = 143[V])
- 80% = $\frac{4}{5}$ × 220[V](상전압 = 175[V])

| 리액터 설치에 따른 모터의 단자전압 |

- 리액터는 교류저항기이다(기동 시에만 사용하여야 함).
- 운전 시에도 계속 리액터로 운전되면 리액터와 모터에 과전류가 흘러 소손사고가 발생한다.
- 80%에 연결을 하였다면 380[V] 모터에 걸리는 전압은 $380 \times \frac{4}{5} \fallingdotseq 300$[V](상전압 175[V]) 정도이다. 이것은 모터에 약 0.25배 저항을 연결한 것과 같다.
- 기동 시에 흐르는 전류도 전압에 비례하므로 직입기동의 0.8배가 흐르게 된다.
- 대부분 리액터 기동은 65% TAP을 사용한다(TAP은 실제 모터에 걸리는 전압과 전선에 흐르는 전류비임).
- TAP을 0.65로 하였을 때 기동 시 필요한 전력은 $\sqrt{3} \times 380 \times 0.65 \times$ 직입기동전류(정격의 6.5배 정도)가 된다.

Q (1) 앞에서 언급한 변압기란 쉽게 말해 전기실에 있는 TR(변압기)을 생각하면 되는지, 그리고 공용부하에서 모터를 설치한다면, 공용부하용 TR의 용량을 파악해야 하는 것인지 궁금합니다.

(2) 제가 만약 15[kW]의 모터를 설치한다면 일반적으로 Y-△ 기동법을 사용할 텐데, 공용부하용 TR의 용량이 충분하다면 그냥 직입기동으로 해도 무방하다고 생각해도 되는지 알려주시기 바랍니다.

A (1) 앞에서 언급한 변압기는 TR을 말하는 것이며 공용부하용 모터 설치 시 공용부하용 TR의 용량을 파악해야 합니다.

(2) 다른 부하가 없다면 그렇게 해도 되지만, 부하가 많이 걸려 있으면 그것을 제외한 용량으로 계산하여야 합니다. 대부분 동력용 변압기라면 용량이 모터에 비해 많이 클 것입니다.

1. 대용량 모터 기동 시 리액터를 사용한다.
2. 변압기 용량이 크다면 직입으로 기동시켜도 된다.

122 SECTION

모터 코일 소손은 어떻게 확인하나요?

모터가 동작하지 않으면 코일 소손을 의심하게 됩니다. 3상 380[V] 전원을 사용 중인데, 코일 소손을 저항값으로 체크하려면 어떻게 해야 하는지 궁금합니다.

모터의 소손은 코일저항과 절연저항을 측정하여 확인합니다. 코일저항은 모터와 연결된 3상 전원의 선간저항을 측정하거나, 전원선이 6가닥인 Y-△ 기동 모터는 선과 선간의 저항이 나온 선 3개의 저항값을 측정하였을 때 저저항값으로 그 값이 같으면 정상입니다.

절연저항은 1[MΩ] 이상이면 정상으로 판정합니다(상황에 따라 1[MΩ]이어도 불량일 경우도 있음).

전기해결사 PICK

(1) **코일저항 측정 :** 코일의 단선 유무 파악

① △, Y 결선일 때 : 전원측에서 모터로 가는 L1, L2, L3 선 간을 측정하여 저항값이 저저항으로 같게 나와야 합니다.

② Y-△ 결선일 때 : 모터 코일 1과 4, 2와 5, 3과 6의 저항을 측정하여 저항값이 저저항으로 같으면 됩니다. 만약 다르게 나오면 직접 모터 단자함에서 결선을 해체하고, 모터 코일만 다시 점검하여 모터와 케이블(전원측) 어느 쪽이 단선인지 구분해야 합니다. 그리고 저항이 같더라도 절연이 0에 가깝게 나오면 코일이 소손되었다고 판단합니다.

(2) **코일절연저항 측정 :** 코일의 소손 파악

절연저항은 모터로 가는 선과 접지선(또는 모터 외함) 간을 절연저항계로 측정하면 됩니다. 간혹 모터 내부에 침수가 되어 절연이 나쁠 수도 있습니다. 저항이 같고 절연만 0[MΩ]에 가깝게 나오지 않으면 내부에 물이 침입하여 그럴 수 있습니다. 이때에도 선간저항을 측정하는 것처럼 모터에서 선을 분리한 후에 모터만 가지고 절연을 측정하면 됩니다. 절연만 조금 나쁘면 분해하여 침수를 확인하고 건조하여 절연상태가 좋아지는지를 확인해야 합니다. 좋아지면 코일은 다시 절연보강(모터 수리업체)하면 되고, 좋아지지 않으면 코일을 재권선(REWINDING)하여야 합니다. 침수가 되어 분해하면 모터의 베어링도 반드시 교체해야 합니다.

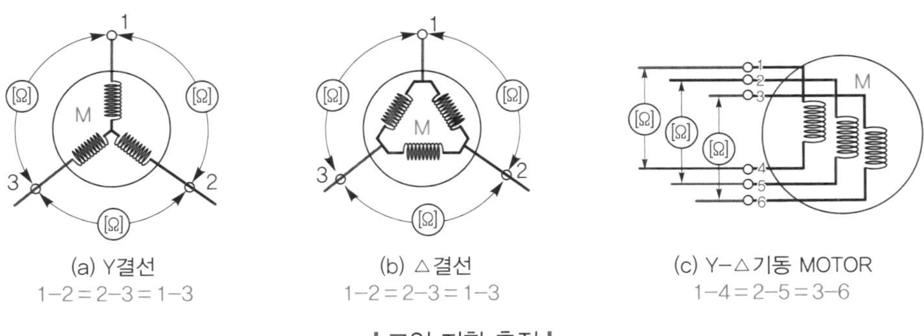

(a) Y결선
1−2＝2−3＝1−3

(b) △결선
1−2＝2−3＝1−3

(c) Y−△기동 MOTOR
1−4＝2−5＝3−6

| 코일 저항 측정 |

- 모터 선간저항을 측정하여 똑같게 나와야 한다.
- 모터 용량이 클수록 코일이 굵기 때문에 저항값이 작게 나온다(수~수십 [Ω] 정도). 수십 [kW] 이상은 0에 가까이 나타낸다.

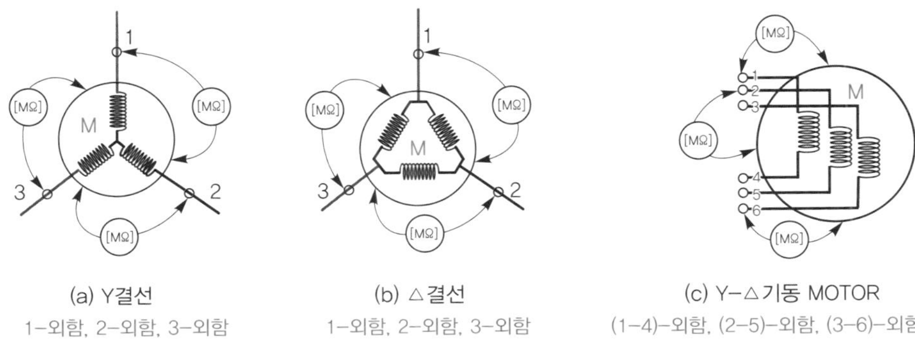

(a) Y결선
1−외함, 2−외함, 3−외함

(b) △결선
1−외함, 2−외함, 3−외함

(c) Y−△기동 MOTOR
(1−4)−외함, (2−5)−외함, (3−6)−외함

| 코일 절연 측정 |

- 모터선과 외함 간의 절연을 측정하여 최소한 1[MΩ] 이상 나와야 한다. 만약 그 이하가 나오면 모터 내부에 습기가 침투되어 있을 수 있기 때문에 모터 T/B를 열고 건조기에 건조시켜 확인하여야 한다.
- 신품은 최소 10[MΩ] 이상 나와야 한다(10[MΩ] 이하가 나오면 구입처에 A/S요청을 하여야 함).

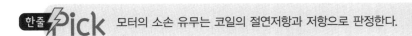

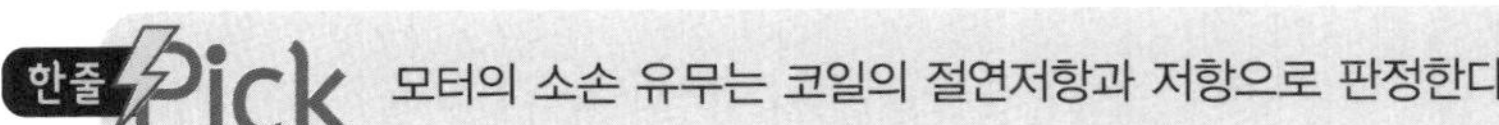

모터의 소손 유무는 코일의 절연저항과 저항으로 판정한다.

123 SECTION

전동기 부하와 전류의 관계는 어떻게 되나요?

공식 (가) $P=V\times I$, (나) $V=I\times R$에서, 전동기 운전 중(전부하 시), 입력전압이 낮아지면 (가)식에 의해 출력도 낮아지는지, 아니면 일정한 출력을 유지하기 위해 낮아진 전압만큼 전류가 더 많이 흐르게 되는지 궁금합니다. 후자의 경우 전동기 출력이 일정하게 유지되는 원리는 또 무엇인지도 설명 부탁드립니다. 제 생각엔 내부의 임피던스(Z)가 일정하므로 입력전압이 낮아지면 (나)식에 의해 전류도 감소할 거 같은데 말입니다.

전동기는 부하에서 필요로 하는 힘을 전달하는 장치입니다. 부하에서 필요한 전력은 변하지 않고 일정하기 때문에 전류는 전압에 반비례합니다.

전동기는 부하에서 필요로 하는 전력을 공급하여야 하고, 부하는 변하지 않습니다. 부하에서 필요한 전력은 일정한 데 전압이 낮아지면 전류는 전압에 반비례$\left(I=\dfrac{W}{V}\right)$하여 커집니다. 전동기의 전력은 R로 계산하지 않습니다(SECTION 116 참고). 부하가 걸리면 걸릴수록 회전자의 SLIP이 증가되고, 회전자 2차에 전압과 전류가 증가하며, 1차 전류가 증가합니다. 전압을 힘에 비유하면 힘이 있는 사람은 짐을 가볍게(전류를 적게) 지고 갈 수 있지만 힘이 없는 사람은 젖 먹던 힘(전류를 많이)까지 힘을 내다가 쓰러지는데 그것이 과부하에 의한 소손입니다.

모터의 용량은 실제 부하 정격용량보다 1.15배 정도로 설계를 한다.

124 SECTION 인버터 모터의 RPM과 전류의 관계는 어떻게 되나요?

블로워 모터 100[kW] 인버터를 사용 중인데 주파수를 조정하여 RPM을 맞추고 있습니다. 이 모터에서 전류와 RPM의 관계가 어떻게 되는 것인지 궁금합니다.

전류는 RPM의 제곱에 비례하고, 전력은 RPM의 세제곱에 비례합니다.

(1) 블로워나 펌프는 세제곱 저감부하라 합니다. 전력은 RPM의 세제곱에 비례합니다.

① RPM이 $\frac{1}{2}$이면 전력은 $(0.5)^3=0.125$가 됩니다.

② RPM이 일정한 상태에서 전류는 전압에 반비례하고, RPM의 제곱에 비례합니다.

(2) 전압이 0.5라면 주파수도 0.5가 되고, RPM도 0.5가 되며 전류는 $(0.5)^2$이 되는데, 이것은 전압이 $\frac{1}{2}$이 되고 전류가 $\left(\frac{1}{2}\right)^2$이 되는 것입니다.

❙ 모터에 인버터 제어장치 설치 ❙

Q 전압이 일정한 상태에서 RPM과 전류의 관계는 어떻게 되는지 궁금합니다.

A VVVF 인버터의 주파수와 회전수는 전압과 비례합니다. 회전수가 줄어들면 전압도 줄고 전류도 회전수의 제곱에 비례합니다.

1. 펌프 & 팬의 전력은 회전수의 세제곱에 비례한다.
2. 인버터를 사용하는 가장 큰 목적은 제어와 전력비 절감이다.

125
SECTION

왜 Y–△ 결선을 사용할까요?

Y–△ 결선을 사용하는 이유가 와이(Y)로 큰 힘을 낼 수 있으니 먼저 돌리다가 델타(△)로 전환하는 것으로 알고 있는데 제가 알고 있는 것이 맞는지 궁금합니다.

Y결선은 △결선의 힘의 $\frac{1}{3}$ 밖에 되지 않습니다.

일(힘)이란 얼마의 전류를 얼마의 전압으로 사용하는가 입니다. 여기에서 Y로 결선한다는 것은 △보다 저항을 3배로 늘려 전류를 $\frac{1}{3}$배로 줄이기 위한 것($V=I\times R$)입니다. 그러므로 일을 $\frac{1}{3}$로 줄이는 것입니다. 결론은 △의 $\frac{1}{3}$배의 전류가 흐르기 때문에 힘도 $\frac{1}{3}$배 밖에 내지 못합니다. Y의 기동시간(정상적인 회전수를 낼 때까지의 시간)은 △보다 길어집니다.

(1) 전동기를 처음 돌릴 때(기동 시) 큰 힘이 필요합니다. 그래서 전동기를 전전압으로 기동하면 쉽고 빠르게 기동됩니다. 직입으로 기동하면 정격전류의 6~7배가 흐르고 6~7배의 힘을 냅니다. 전류를 6~7배 흘리면 가느다란 전선과 전동기 코일은 열이 나게 되고 전기장치인 변압기 등도 커져야 합니다. 전동기는 코일 등이 힘들어 하고(발열), 전기장치 등이 커져야 하기 때문에 시설비가 많이 들게 됩니다. 기동은 전동기를 돌려 운전하고자 하는 회전수까지 돌려주는 것을 말하고 전동기는 기동되기만 하면 원심력에 의하여 가속되어 소요되는 힘이 작아집니다.

(2) 시설비를 줄이고 전동기를 돌릴 수 있는 최소한의 힘을 얻기 위하여 임의로 코일결선을 변형(Y로)하면 저항값은 3배로 증가되고, 전류는 $\frac{1}{3}$로 감소되어 기동됩니다.

1. 모터를 직입으로 기동시키려면 모터 용량의 2배 이상의 변압기가 필요하다.
2. 모터의 △–Y 기동은 변압기 용량이 적을 때 사용한다(직입기동 $\frac{1}{3}$의 전력으로 기동시킬 수 있음).

FAN MOTOR의 절연이나 선간저항 점검 시 측정값이 왜 HUNTING되나요?

팬 모터의 절연이나 선간저항을 측정하고자 할 때 수치가 계속 변하여 어떤 값을 기준으로 해야 할 지 난감할 때가 있는데 왜 그런 것인지 궁금합니다.

| FAN MOTOR |

모터가 완전히 정지가 되지 않으면 발전기의 역할을 하기 때문입니다.

간혹 모터가 트립되어 디지털메타나 테스터기로 절연이나 저항을 측정할 때 측정값이 정상으로 나오지 않고 수치가 낮은 저저항으로 계속 헌팅(HUNTING)하는 경우가 발생합니다. 특히 팬 모터 등과 같이 GD^2이 커져 즉시 제동되지 않는 모터에서 많이 발생합니다. 모터도 일종의 발전기로 볼 수 있지만 스스로 발전하지는 못합니다.

그러나 동기속도보다 더 빠르게 회전시키면 발전을 하게 됩니다. 즉, 전원을 가하고 회전자가 전원동기속도보다 빠르게 회전한다면 발전을 하게 됩니다. 그리고 모터가 정상적으로 운전하다가 전원을 끊고 정지시킬 때도 정지할 때까지 계속 발전합니다. 그렇기 때문에 측정 중에 회전자가 회전을 하게 되면 측정계기의 전압이 가해지고 역으로 전압이 발생하여 그러한 현상이 발생합니다. 이것은 차단용량을 구할 때 기여전력이라고 하는 전동기의 회생전력을 알고 있다면 이해할 수 있는 부분입니다. 그러므로 전동기의 절연저항측정은 모터가 회전을 완전히 멈추고 난 후 실시해야 합니다.

운전 중인 모터의 전원이 차단되면, 모터가 완전히 정지될 때까지 발전기가 된다.

127 SECTION 주파수가 50[Hz]인 전동기를 60[Hz]로 사용하면 어떻게 되나요?

우리나라는 60[Hz]의 주파수를 사용하고, 일본은 50[Hz]를 사용하는데 만약 50[Hz]인 전동기를 우리나라(60[Hz])에서 사용하려면 어떻게 하면 되는지 궁금합니다.

60[Hz]에서 사용하려면 사용전압을 '정격전압$\times\frac{6}{5}$'으로 사용하면 됩니다.

우리가 사용하는 교류 전기기기의 주파수는 50[Hz]와 60[Hz] 2가지가 있습니다. 우리나라에서는 주파수 60[Hz]를 사용하기 때문에 국내에서 생산되는 기기는 60[Hz]에 맞춰 나옵니다. 그런데 외국에서 수입하는 기기 중에는 50[Hz]로 된 기기가 많습니다.

(1) 교류에서는 주파수가 매우 중요합니다. 이것은 코일이 가지고 있는 인덕턴스인데 주파수에 비례하여 교류저항 $X_L[\Omega]=2\pi fL$이 커지기 때문입니다.

(2) $XL[\Omega]$이 커지면 전류는 $\frac{V}{X_L}$으로 주파수에 반비례하여 작아지기 때문에 전력(P)은 전압(V)×전류(I)로 작아집니다. 전동기의 출력(P)은 주파수에 반비례하여 작아지기 때문에 $\frac{50[\text{Hz}]}{60[\text{Hz}]}=\frac{5}{6}$가 됩니다. 그런데 부하, 즉 일의 양은 변하지 않기 때문에 전동기의 출력(5/6)<부하의 용량(1)이 되어 전동기에는 6/5의 과부하가 걸리게 됩니다. 전동기를 정상적으로 사용하기 위해서는 전압을 6/5으로 올려 주어야 합니다.

(3) 전동기가 50[Hz], 380[V]라면 60[Hz], $380[\text{V}]\times\frac{6}{5}=456[\text{V}]$의 전압을 사용해야 합니다.

	V	Hz	min-1	kW	cosP	A
△	230	50	1450	5.50	0.83	18.90
人	400	50	1450	5.50	0.83	10.90
人	460	60	1760	5.50	0.74	10.35

- 왼쪽 사진은 50[Hz]일 때 Y가 400[V]이면 60[Hz]에서는 460[V]이다.
- 오른쪽 사진은 50[Hz]일 때 Y가 380-415[V]라면 60[Hz]에서는 440-480[V]이다.

모터의 전압은 주파수에 비례한다.

예 50[Hz], 380[V] 모터는 60[Hz]에서는 456[V]로 사용한다.

128 SECTION

EMPR 동작 시 왜 오버로드가 걸리나요?

저희 지하상가에서 순간정전이 두 번 있었습니다. 순간정전이 발생하면 에스컬레이터가 동작하지 않고 정화조 배수펌프 또한 동작하지 않습니다. 에스컬레이터가 순간정전으로 동작하지 않는 것은 이해가 되는데, 정화조 배수펌프 EMPR이 왜 오버로드가 걸리는지 이해가 되지 않습니다. 설명 부탁드립니다.

EMPR은 순간정전에 대한 딜레이 기능이 없습니다. 그렇기 때문에 순간정전 시 트립이 아니라 그냥 MC가 소자되면서 기기가 정지되는 것입니다.

일반적인 MCC의 UNIT에서는 정전보상기능이 없기 때문에 다음과 같은 제품 등을 사용하면 순간정전보상(1초 정도)을 할 수 있습니다.

다음은 SSDR이라는 슈나이더 제품과 NONTRIP, COIL-LOCK이라는 제품입니다.

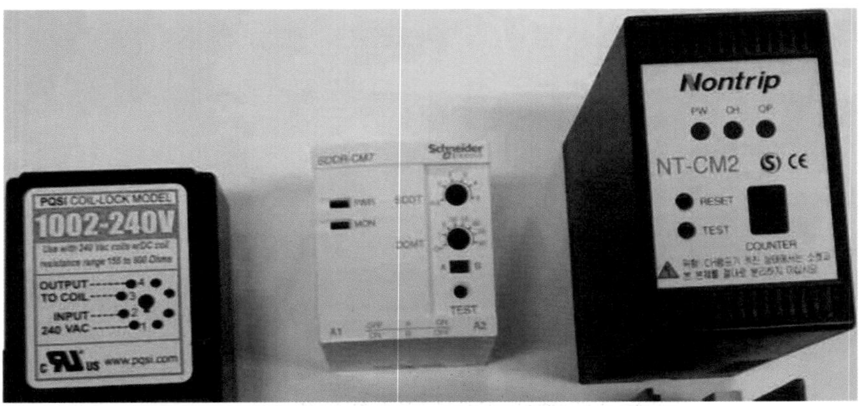

| 순간정전 보상기기 |

중요기기는 순간정전 보상기기를 사용하거나 비상전원을 사용하여야 한다.

129 SECTION

Y-△ 결선과 AUTO TR 결선의 차이점은 무엇인가요?

Y-△ 결선과 AUTO TR 결선의 차이점은 무엇이고, 어느 기동방식이 더 장점이 많은지, 이 둘의 차이점 및 장단점에 대해서 알고 싶습니다.

Y-△ 결선은 모터의 권선을 이용하고, AUTO TR은 별도로 모터 기동전용 변압기를 사용하는 기동방식입니다.

(1) Y-△ 기동은 모터의 코일결선을 기동 시 Y로 기동하고, 운전 시 △결선이 되도록 하는 기동방식입니다.

(2) AUTO TR 기동은 모터의 전원을 단권변압기에 의하여 전압을 드롭시켜 기동을 하는 방식입니다. 콘돌퍼 기동방식이라고도 하며 장점은 AUTO TR이 더 많습니다. AUTO TR은 단권변압기를 이용하는 것으로, 가격은 비싸지만 기동 시 기동전류가 Y-△보다 $\frac{1}{\sqrt{3}}$배 적기 때문에(전원 1차 전류측) 기동에 따른 변압기의 용량이 크지 않아도 되며, 동일한 기동전류라면 AUTO TR이 Y-△ 기동보다 토크가 $\sqrt{3}$배 크기 때문에 기동이 쉽습니다.

(3) Y-△ 기동은 모터의 결선을 이용한 것으로 기동 시 선전류가 직입의 $\frac{1}{3}$배로 줄어들고 토크도 $\frac{1}{3}$배로 작아 토크가 큰 전동기는 기동이 어려운 경우도 있습니다.

(4) 위 기동방식 외에 리액터 기동, 인버터 기동, 소프트 기동방식이 있는데 요즘은 소프트 기동방식을 많이 채용하고 있습니다.

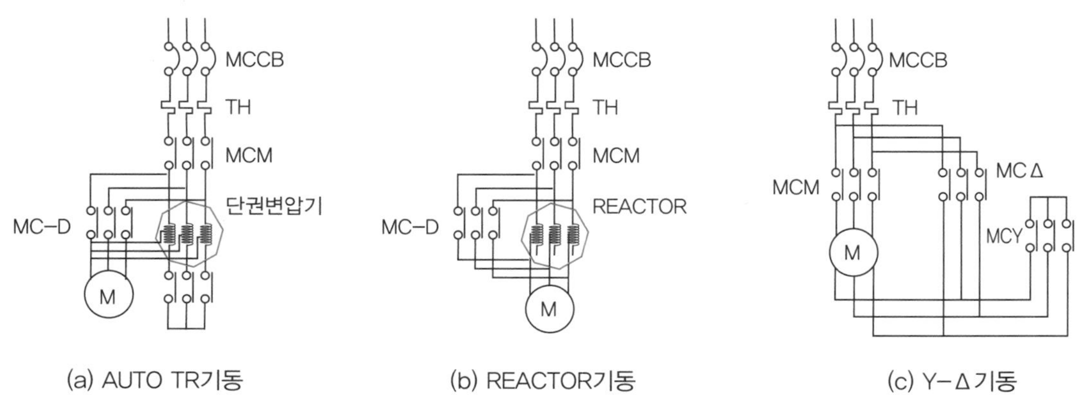

(a) AUTO TR기동 (b) REACTOR기동 (c) Y-Δ기동

- MCCB : 차단기
- TH : 열동형 계전기
- MCM : 주마그네트
- MCA : TR마그네트
- MCY : Y마그네트
- MC Δ : 델타마그네트
- MCD : 직입마그네트

❙ 기동방법에 따른 주회로 ❙

모터의 기동방식은 변압기 용량에 의하여 결정한다.

130 SECTION 기동용 리액터 220[V]를 380[V]에 사용할 수 있나요?

기동용 리액터(220[V], 40[HP])를 설계하여 제작하고 있습니다. 그런데 고객의 요청으로 380[V]로 공급전원을 변경하게 되었습니다. 기존에 있는 기동용 리액터(220[V], 40[HP])를 380[V]에서 사용해도 되는지, 안 되면 그 이유가 궁금합니다.

STARTING REACTOR

형 식	SD-RSAL3-30[40HP]		
정격용량	53 KVA	정격전류	112 A
상 수	3 ∅	기동전류	615 A
회로전압	220 V	시간정격	60 SEC
주 파 수	60 Hz	절연등급	F CLASS
제조년월	2015. 09.	제조번호	15090317

TAP	TAP전압	TAP전류
80%	25.4 V	492 A
65%	44.5 V	400 A
50%	63.5 V	308 A
총중량	46 kg	

R S T
80% 65% 50%

❙ 리액터 명판 ❙

사용할 수는 있지만 계산하여 사용하여야 합니다.

리액터는 교류저항기입니다. 동일한 용량의 리액터 220[V]용은 380[V]용에 비하여 약 $\frac{220}{380}$≒0.57 정도 저항이 작습니다. 220[V]용을 380[V]용에 사용하면 전류는 $\frac{V}{R}$이므로 저항을 그만큼 크게 해야 하기 때문에 용량이 작아집니다. 따라서, 리액터 기효동과가 작아집니다.

(1) TAP 50%로 하면 50×0.57=28.5%가 되어 100−28.5=71.5%가 됩니다.

(2) TAP 65%는 35×0.57≒20%로 100−20=80%가 됩니다.

(3) TAP 65%는 80% TAP이 되고, TAP 50%은 71.5% TAP으로 사용할 수 있습니다. 이것은 계산상으로 나온 결과로 실제 사용 시 약간 다를 수 있습니다.

전기기기는 정격을 정확하게 알고 정격에 맞도록 사용하여야 한다.

131 SECTION

방폭모터는 방폭온도 등급에 따라 용량이 달라지나요?

다음 사진을 보시면 방폭모터에 2개의 용량이 있는데 이에 대하여 설명 부탁드립니다.

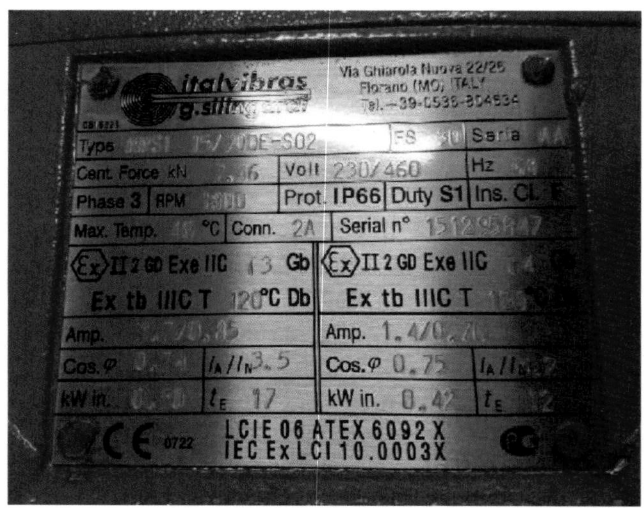

| 방폭모터 명판 |

사용가스에 의하여 방폭지역의 등급과 사용기기의 온도가 결정됩니다. 방폭모터는 방폭지역 등급에 맞게 사용하도록 기기 제한 온도등급이 나와 있습니다.

(1) 위 명판은 T3과 T4 지역에서의 모터용량을 나타낸 것으로, 하나는 T3일 때의 용량 0.5[kW]이고 하나는 T4일 때 용량 0.42[kW]입니다.

(2) 방폭지역에 사용하는 기기는 주위환경에 따라, 즉 가스의 종류에 따라 폭발위험성이 달라지기 때문에 사용기기의 표면온도를 제한하고 있으므로 방폭지역에서 사용하는 전기기기는 기기표면온도에 유의하여 발주하고 설치하여야 합니다.

(3) 방폭온도등급의 개념은 폭발성 가스에 대한 온도 기준입니다. 이것은 가스 등을 취급하는 화학공장과 같은 위험장소에서 주위에 존재하는 가스에 따라 전기기기들의 사용온도를 제한하기 위하여 전기기기의 온도등급을 정한 것입니

다. 즉, 가스의 제한온도가 낮으면 낮을수록 위험하고, 전기기기는 그 이하의 온도 조건에 맞추어야 합니다. 전기기기의 온도등급은 T1, T2, T3, T4, T5, T6로 나누는데 T1이 가장 높고 T6이 가장 낮습니다.

(4) T6의 장소에서 사용하는 전기기기는 기기의 표면온도가 85℃ 이상 열을 내면 안 됩니다. T6기기는 온도를 낮게 내도록 만들었기 때문에 방폭지역 어디든 사용이 가능하지만, T1기기는 T1 외의 장소에서는 사용할 수 없습니다. 다음은 방폭전기기기의 온도등급분류입니다.

| 방폭전기기기의 온도등급 분류 |

가연성 가스의 발화도[℃]범위	방폭전기기기의 온도등급
450 초과	T1
300 초과 450 이하	T2
200 초과 300 이하	T3
135 초과 200 이하	T4
100 초과 135 이하	T5
85 초과 100 이하	T6

[Ex d IIC T6, IP64]

- Ex(방폭기기) : 방폭기기를 의미하는 일반적인 기호로, 모든 분류에 다 붙음
- d(내압방폭구조) : 방폭구조에 대한 분류기호(d 외에도 여러 가지가 존재)
- II(그룹 2) : 전기기기의 그룹 구조(광산용은 I, 나머지는 모두 II)
- C(수소) : 가스 그룹(시험 시에는 공기 중 19%~23%의 농도로 진행)
- T6(85℃ ~ 100℃) : 기기의 최고표면온도 그룹으로 기기온도가 100℃ 이상 올라가지 않아야 한다는 의미
- IP : 용기의 보호등급을 의미하는 일반적인 기호로 모든 분류에 다 붙음
  - (IP)6X : 앞의 숫자는 고체에 대한 보호 정도. 먼지로부터 완벽하게 보호한다는 의미
  - (IP)X4 : 뒤의 숫자는 액체에 대한 보호 정도. 모든 방향의 스프레이(분사되는 물)로부터 보호한다는 의미

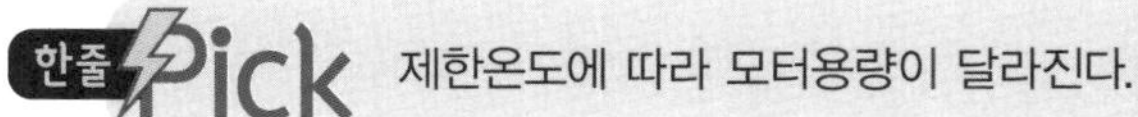

제한온도에 따라 모터용량이 달라진다.

132
SECTION

모터와 변압기의 열적 내량은 무엇인가요?

모터와 변압기의 열적 내량은 무엇을 말하는 것인지 궁금합니다.

열적 내량이란 열에 견딜 수 있는 능력을 말합니다.

(1) 열적 내량은 모터나 변압기에 열이 축적되었을 때 이를 견딜 수 있는 능력한계를 말합니다. 이는 모터가 구속된 상태, 변압기가 단락된 상태에서 얼마 정도까지 견딜 수 있는가를 알 수 있는 기준이 됩니다. 유입변압기의 열적 내량은 1,250이고, 모터는 용량이나 종류 등에 따라 다릅니다.

(2) 모터의 최대 열적 용량은 모터의 명판이나 데이터 시트에서 찾을 수 있습니다. 모터명판을 보면 LRC(Locked Rotor Current)와 LRT(Locked Rotor Time)가 있는데 이것이 모터의 열적 내량입니다.

(3) Locked Rotor는 모터의 회전자를 돌아가지 못하도록 하고 전압을 가할 때 흐르는 전류이고, Locked Rotor Time은 그 상태에서 모터가 소손되지 않고 견딜 수 있는 시간을 말합니다. 모터의 열적 내량은 $I^2 \times t$(LRC^2×LRT)입니다. 이것은 모터나 변압기의 보호계전기 SETTING 시 중요한 데이터입니다. 요즘은 대용량 모터 기동 시 기동전류를 줄이기 위하여 SOFT START를 많이 사용하고 있습니다.

Y-△나 리액터, SOFT START 등을 사용하면 직입기동보다 전류는 작으나 기동시간이 많이 길어집니다. 만약 세팅을 잘못한 상태에서 GD^2이 커 기동시간이 길어진다면, 모터가 어떤 원인에 의하여 구속된 상태에서 계속 전원이 가해지고 열적 내량이 초과되어 모터가 소손됩니다.

(4) 다음은 모터의 열 시정수입니다. 열 시정수는 모터의 냉각방식 등에 따라 달라집니다. 대부분 전폐형 모터의 Locked Current가 정격의 6~7배이고, Locked Rotor Time은 15~20초 정도가 됩니다.

그러면 열적 내량은 $7^2 \times 15 \sim 20 = 735 \sim 1{,}000$ 정도가 됩니다. 모터의 기동 세팅은 735~1,000이 넘지 않도록 하여야 합니다.

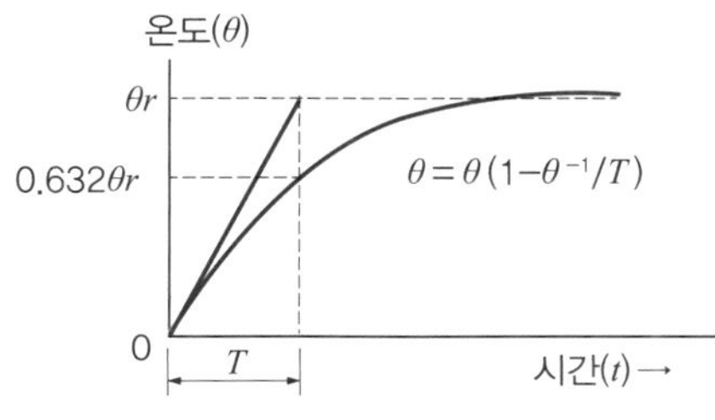

| 유도전동기의 온도상승곡선 |

100
80
60
40
20
0
온도상승[%]
A
B
C
A=개방형 T=0.4
B=전폐회선형 T=0.8
C=전폐형 T=1.9
1 2 3 4 5
시간

| 유도전동기의 열 시정수별 온도상승 |

- 일정부하로 전동기를 운전하면 위의 손실이 모두 열로 되어 온도가 상승한다. 전동기는 발열과 방열이 평형되면 일정온도로 되고, 그 후 계속해서 동일부하로 장시간 운전해도 주위온도가 변하지 않는 한 전동기의 온도는 그 이상 상승하지 않는다.
- 전동기의 온도상승은 시간에 대해 지수함수적으로 변하고 이것을 나타낸 것이 유도전동기의 온도상승곡선이다. 그림에서 T는 열 시정수, θ는 열용량이다. 전동기는 열 시정수(T)에 따라 온도상승속도가 달라지는데 열 시정수가 크면 온도상승속도가 늦어진다.
- 변압기의 열적 내량은 1,250이므로 순시 세팅은 변압기 Z가 4%일 경우 단락전류는 정격의 25배 전류가 흐르기 때문에 $\frac{1{,}250}{(25)^2}=2$초보다 작게 하여야 한다.

1. $I^2 \times t$(LRC[A]^2×LRT[sec]) 이것이 모터의 최대 열적 내량이다.
2. 변압기 순시와 모터 기동 세팅은 상기 $I^2 \times t$ 이내가 되도록 하여야 한다.

메모

CHAPTER

07

커패시터

133 SECTION

역률개선용 커패시터의 단위는 무엇인가요?

일반적으로 커패시터의 용량하면 *C*, 단위는 [F](패럿)으로만 알고 있었는데, 역률개선에서는 갑자기 *Q*, 단위는 [VAR]를 놓고 커패시터 용량이라고 합니다. 어느 것이 맞는 것인지 궁금합니다.

[F](패럿)은 정전용량(커패시턴스) 고유의 단위이고, [kVA], [kVar]는 정전용량이 가지는 전기용량을 말합니다.

(1) [F](패럿)은 정전용량(커패시턴스)으로 전기를 축적하는 크기이며, 1[V]의 전압을 인가하여 1[C]의 전하를 축적하는 커패시터의 정전용량을 1[F]이라 합니다. [F](패럿)은 전기의 그릇으로 커패시터가 가지는 용량, 정전용량의 고유단위입니다.

(2) [μF]은 전류를 전압보다 90° 빠르게 하고 주파수에 의해 교류저항 $\frac{1}{2\pi fC}$[Ω]을 가집니다. 커패시터 용량[μF]에 전압을 가하면 90° 빠른 진상무효전력[kVA], [kVar]이 됩니다.

(3) [kVA], [kVar]는 [μF]에 전압이 들어간 전기용량으로 전압의 제곱에 비례합니다.

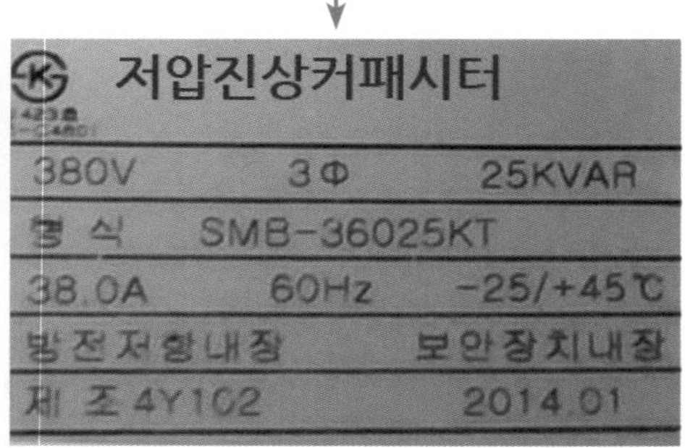

| 커패시터의 명판 |

(4) 커패시터의 무효전력은 $\frac{V^2}{X_C}$입니다. 커패시터 정전용량 [μF]에 가하는 전압이 높아지면 전류도 전압에 비례하기 때문에 전기용량 무효전력이 V^2에 비례하는 것입니다.

(5) $Q=C \times V$이고 W는 $\frac{1}{2}QV=\frac{1}{2} \times C \times V^2$입니다. 쿨롬(C ; Coulomb)은 전하(전기량)입니다. [VAR]는 무효전력으로 커패시터에 시간단위당 얼마만큼의 전하를 저장했느냐 입니다(Q와 C는 현장에서 많이 사용하지는 않음).

예 380[V], 100[μF]은 다음 식에 의하여 단상은 $X_C=\frac{1}{2\pi f C} \times 1{,}000{,}000=26.52[\Omega]$이 됩니다. 그러면 전류는 $\frac{380[V]}{26.52[\Omega]}=14.32[A]$이고, 용량은 380[V]×14.32[A]=5.44[kVar]이 됩니다.

3상의 전류는 $\frac{5{,}440[W]}{\sqrt{3} \times 380[V]} \fallingdotseq 8.27[A]$가 됩니다.

| 커패시터의 용량표 |

(380[V] 60[Hz])

Type	형식명		정격용량		정격전류[A]		Teminal[mm]		외형치수[mm]							외형도
	단상	삼상	[μF]	[kVar]	단상	삼상	Bushings	Grounding	A 단상	A 삼상	B 단상	B 삼상	C	D	E	
Wax	LC-16-P0038-F0010	LC-36-P0038-F0010	10	0.54	1.43	0.83	M4	–	65		80		66	66	80	1
	LC-16-P0038-F0015	LC-36-P0038-F0015	15	0.82	2.15	1.24	M4	–	105		120		66	66	80	1
	LC-16-P0038-F0020	LC-36-P0038-F0020	20	1.09	2.87	1.65	M4	–	105		120		66	66	80	1
	LC-16-P0038-F0025	LC-36-P0038-F0025	25	1.36	3.58	2.07	M4	–	105		120		66	66	80	1
	LC-16-P0038-F0030	LC-36-P0038-F0030	30	1.63	4.30	2.48	M4	–	125		140		66	66	80	1
	LC-16-P0038-F0040	LC-36-P0038-F0040	40	2.18	5.73	3.31	M5	M4	85		100		172	61	192	2
	LC-16-P0038-F0050	LC-36-P0038-F0050	50	2.72	7.16	4.14	M5	M4	75		90		172	61	192	2
	LC-46-P0038-F0075		75	4.08	10.74	6.20	M5	M4	75		90		172	61	192	2
	LC-46-P0038-F0100		100	5.44	14.33	8.27	M5	M4	75		90		172	61	192	2
	LC-46-P0038-F0150		150	8.17	21.49	12.41	M5	M4	95		110		172	61	192	2
	LC-46-P0038-F0200		200	10.89	28.65	16.54	M5	M4	105		120		172	61	192	2
	LC-46-P0038-F0250		250	13.61	35.81	20.68	M5	M4	155		170		172	61	192	2
	LC-46-P0038-F0300		300	16.33	42.98	24.81	M5	M4	205		220		172	61	192	2
	LC-46-P0038-F0400		400	21.78	57.30	33.08	M5	M4	255		270		172	61	192	2
	LC-16-P0038-F0500	LC-36-P0038-F0500	500	27.22	71.63	41.36	M8	–	165		215		235	104	203	3
Mold	LC-16-P0038-V0010	LC-36-P0038-V0010	183.7	10	26.32	15.19	M6	M8	190	190	215	215	235	70	220	4
	LC-16-P0038-V0015	LC-36-P0038-V0015	275.5	15	39.47	22.79	M6	M8	210	210	260	260	300	147	260	5
	LC-16-P0038-V0020	LC-36-P0038-V0020	367.4	20	52.63	30.39	M6	M8	210	210	260	260	300	147	260	5
	LC-16-P0038-V0025	LC-36-P0038-V0025	459.2	25	65.79	37.98	M6	M8	210	210	260	260	300	147	260	5
	LC-16-P0038-V0030	LC-36-P0038-V0030	551.1	30	78.95	45.58	M6	M8	345	345	395	395	435	147	330	6
	LC-16-P0038-V0040	LC-36-P0038-V0040	734.8	40	105.26	60.78	M6	M8	345	345	395	395	435	147	330	6
	LC-16-P0038-V0050	LC-36-P0038-V0050	918.5	50	131.58	75.97	M6	M8	345	345	395	395	435	147	330	6
	–	LC-36-P0038-V0075	1377.7	75	–	113.95	M10	M8	–	345	–	395	435	147	460	6
	–	LC-36-P0038-V0100	1837.0	100	–	151.94	M10	M8	–	345	–	395	435	147	520	6

커패시터의 사용전압을 높이면 커패시터 용량은 전압의 제곱에 비례하여 커진다.

134 SECTION

커패시터와 전류는 어떠한 관계에 있나요?

다음 그림에서 (나)의 경우와 같이 220[kW] 라인에 전류가 심대하여 (다)처럼 커패시터 1개를 제거해 봤습니다. 그리고 (가)의 경우 조그만 부하 하나를 체크해 본 것입니다. 빨간색 전류값은 후크메타로 실측한 값입니다. 각각의 경우에 대하여 회로상 이상 유무나 문제점 등에 관한 설명 부탁드립니다.

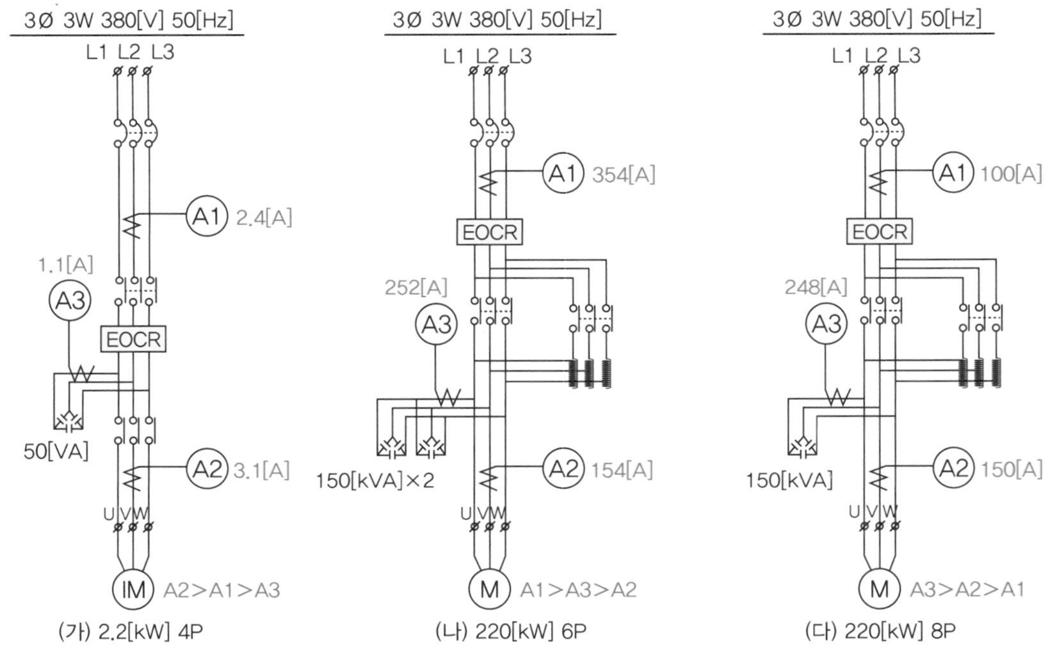

A1, A2, A3은 각각 전류의 성질이 다릅니다. A1은 커패시터에 의하여 역률이 개선된 피상전류이고, A2는 역률이 개선되지 않은 피상전류이며, A3는 A2 역률을 개선하기 위한 순수 커패시터 전류입니다.

(1) A1은 부하역률이 개선된 피상전류로, A3(순수진상무효전류)와 A2의 피상전류(유효전류와 지상무효전류)가 벡터적으로 합쳐진 전류입니다. 그것을 공식으로 계산하면 다음과 같습니다.

A1의 피상전류는 $\sqrt{(\text{A2의 유효전류})^2 + (\text{A3의 진상전류} - \text{A2의 지상전류})^2}$ 입니다.

(2) **모순점** : 그림 (나)에서 커패시터의 전류측정은 잘못되었습니다. (나)에서의 계산값으로는 456[A]입니다. 사용전압이 조금 높아 252[A]×2=504[A]로 나온 것 같은데, 1개의 전류로 측정되었습니다. 300[kVA] $=\sqrt{3}\times$380[V]×전류이므로 455.8[A]입니다.

(3) **그림 (나)설명** : 커패시터의 용량이 너무 커 진상무효전류 때문에 A1보다 전류가 많이 커진 것입니다. A1의 피상전류가 가장 작아지는 경우는 A3의 진상전류−A2의 지상전류가 0이 되는 것입니다. A1의 전류 $=\sqrt{(\text{유효전류}^2+\text{무효전류}^2)}$입니다. 여기에서 A2의 전류를 전체 유효전류라 하면 $\sqrt{(\text{A2전류}^2+\text{A3전류}^2)}$가 됩니다. A1에는 약간의 무효전류도 포함이 되어 있는데 계산편의상 무시하였습니다.

(4) **그림 (다)설명** : A1의 피상전류는 커패시터에 의하여 무효전류가 아주 적은 상태가 되어 A2의 전류보다도 적은 상태로 전류가 나온 것입니다. 이 상태는 부하가 전혀 걸리지 않은 상태로 역률이 거의 0에 가까운 상태입니다. A1의 전류는 A2의 지상무효전류를 A3의 진상무효전류에서 뺀 상태의 피상전류 값으로 다음과 같습니다.

A1의 전류 $=\sqrt{\text{A2의 유효전류}^2+(\text{A2 지상전류}-\text{A3 진상전류})^2}$

모터 역률에 따른 유효전류를 X라 한다면 A1 피상전류는 다음과 같습니다.

$\sqrt{X^2+(\text{A2 지상전류}-\text{A3 진상전류})^2}$

그러므로 기본적으로 A1의 전류는 248[A]−150[A]보다는 커야 합니다.

예 모터(A2)의 역률이 0.3이라고 하였을 때(무부하운전) 유효전류는 150×0.3=45[A]이고, 지상무효전류는 $150\times\sqrt{(1-0.3^2)}$=143[A]입니다. 그러면 A1의 무효전류는 A3의 진상무효전류(248[A])−A2의 지상무효전류(143[A])=105[A]가 흐르게 됩니다. A1의 피상전류는 $\sqrt{\text{A2의 유효전류}^2+(\text{A2의 지상전류}-\text{A3의 진상전류})^2}$이므로 $\sqrt{45^2+105^2}$=114[A]가 됩니다.

커패시터에 흐르는 전류는 90° 진상전류이다.

135 SECTION

왜 전력용 커패시터를 자주 교체하게 되나요?

보통 EOCR에서 UB가 발생했을 경우 각 상전류를 확인해 보고 재투입 시에도 같은 현상이 발생하였을 경우 커패시터 이상으로 판단하여 커패시터를 교체해 주고 있습니다. 여기서 커패시터에 이상이 있을 때 왜 상간 불평형전류가 흐르는 것인지, 또 커패시터가 1년에 한번 또는 2년에 한번 꼴로 UB가 발생하여 갈아주고 있는데, 왜 이렇게 자주 상태가 안 좋아지는 것인지 궁금합니다. 용량은 5.5[kW], 15[A] 정도이고 24시간 가동되고 있습니다.

3상 커패시터는 내부에 3개의 단상 커패시터가 들어 있는데, 1개라도 이상이 생기면 전류가 불평형이 되기 때문입니다.

3상 커패시터 속에는 용량이 동일한 3개의 커패시터가 들어 있어 전류가 평형이 되다가 1개나 2개가 고장나면 전류의 불평형이 발생합니다. 그리고 이상이 생기면 커패시터의 고유 정전용량이 변합니다. 요즘은 테스터기로도 정전용량[μF]을 측정할 수 있는데, 명판의 용량과 비교하여 5% 이상 차이가 날 경우 교체해야 합니다. 커패시터가 자주 나가는 이유에는 과전압이나 번개 또는 차단기, 개폐기에서 발생하는 서지전압, 계통 내의 단락 또는 지락사고 등이 있습니다. 단시간 내의 개폐(재투입 최소간격시간)시간은 고압 커패시터는 5분 이상, 저압 커패시터는 3분 이상입니다.

| 전력용 커패시터 |

커패시터 불량은 3상 전류를 측정 비교하고, 외형적으로는 변형이나 누유 등으로 판정한다.

커패시터 설치 후 유효전력 감소치는 얼마인가요?

100[kVA], 80[kW], 역률 80%로 사용되고 있다고 가정을 해보겠습니다. 역률을 95%로 개선한다면 커패시터 설치용량은 33.71[kVA]가 됩니다. 그렇다면 역률을 95%로 개선하면 유효전력 사용량은 어떻게 변하게 되는지 궁금합니다.

피상전력만 많이 줄어들고, 유효전력은 아주 미미하게 나타납니다.

유효전력의 변화가 가장 많이 나타나는 곳은 한전입니다. 실제 현장에서는 커패시터를 어디에 어떻게 설치하느냐에 따라 미미하게 절감이 됩니다. 유효전력 절감은 커패시터를 설치함으로써 피상전류가 줄어드는데, 그 전류에 의하여 전선로나 전기기기에서 I^2R로 발생하는 손실이 절감되는 것입니다. 따라서 커패시터는 부하에 최대한 가깝게 설치하는 것이 가장 효과적입니다.

개선할 무효전력 계산식은 $80[\text{kW}]\times\left(\tan\frac{0.6}{0.8}-\tan\frac{0.33}{0.95}\right)\fallingdotseq 33[\text{kVA}]$

역률이 0.95로 개선되면 피상전력은 $80[\text{kW}]\times\tan\frac{1}{0.95}=84.21[\text{kVA}]$이 되어 100[kVA]−84.21[kVA]로 15.79[kVA]가 줄어든 것과 같습니다.

1. 역률을 개선하면 기본적으로 무효전력하고 피상전력이 감소하고 유효전력은 피상전류감소에 따른 선로손실, 기기손실 등에서 발생하는 것으로 미약하게 감소한다.
2. 커패시터는 부하에 가장 가까울수록 효과가 좋다.

137
SECTION

커패시터 전압 상승의 이유는 무엇인가요?

변전실 내의 커패시터반(3상 220[V])에는 리액터와 커패시터가 있습니다. 리액터 전 전압을 측정하면 215[V]이고, 리액터 후 전압을 측정하면 231[V]입니다. 커패시터 정격전압은 220[V]인데 231[V]로 사용할 경우 문제점이 없는 것인지 궁금합니다. 그리고 얼마 전 수변전 설비를 진단하는 분들이 와서 이 현상을 보더니 커패시터가 고장원인이 된다고 하면서 커패시터를 교체하라고 했습니다. 커패시터 정격전압을 어느 정도로 맞춰서 써야 할지 모르겠습니다. 3상 220[V] 커패시터반에 380[V] 커패시터를 가져다 사용해도 되는 것인지 궁금합니다.

커패시터전압이 높으면 커패시터의 전기용량이 증가하여 과전류가 흐르고 과열이 되어 고장이 발생합니다.

(1) 커패시터를 설치할 때 전원측에 함유하는 제5고조파를 억제하기 위하여 커패시터 용량의 6%의 리액터를 설치합니다. 제5고조파에 공진하는 용량을 계산하면 $5X_L=\frac{1}{5}X_C$, $X_L=\frac{1}{25}X_C=4\%$이나 공진을 피하기 위하여 커패시터용량의 6%의 리액터를 설치합니다.

(2) 커패시터와 리액터는 전류의 위상차가 180°이기 때문에 역으로 작용합니다. 커패시터에 걸리는 전압은 전원전압보다 6%가 더 걸립니다. 전원전압을 구하는 공식은 다음과 같습니다.

$\text{전원전압} = \sqrt{(\text{커패시터전압}-\text{리액터전압})^2}$

(3) 커패시터에 걸리는 전압은 커패시터 전류를 증가시키고 커패시터의 전기용량을 증가시킵니다.

$\text{전기용량} = \dfrac{\sqrt{(\text{커패시터전압}-\text{리액터전압})^2}}{\text{커패시터의 } X_C}$에 비례하고 전류도 전압증가에 비례하여 커지기 때문에 커패시터에 걸리는 용량은 전압 106%×전류, 106%=1.12로 약 12%가 증가됩니다.

(4) 커패시터가 12% 과부하로 운용되기 때문에 과열이 발생하여 고장의 원인이 될 수 있으나, 그렇다고 별도로 구매하여 설치할 필요는 없으며, 사용하다가

이상이 생기면 교체하는 것을 추천드립니다. 커패시터의 스펙에 최대허용전압 110%에 사용시간 10시간까지이기 때문에 6%는 사용상에 큰 문제가 없습니다. 그리고 차후 설치 시에는 정격전압을 234[V]용으로 교체하면 됩니다.

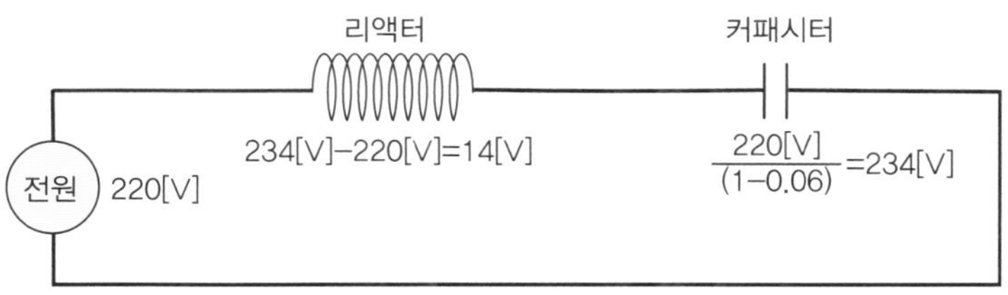

| 제5고조파 리액터와 커패시터의 관계 |

- 전원전압(220[V]) = 커패시터전압(234[V]) − 리액터전압(14[V])

1. 커패시터 사용 시 사용전압에 따라 용량이 변하므로 정격전압 ±10% 이내에서 사용을 하여야 한다.
2. 리액터와 같이 설치되는 커패시터는 리액터에 걸리는 전압만큼 전압이 높아야 한다.

138 SECTION

역률이란 무엇인가요?

역률 때문에 커패시터를 설치하는데, 진상역률, 지상역률에 대해 알기 쉽게 그래프나 사진 등으로 설명 부탁드립니다.

역률이란 전압을 기준으로 전류가 전압에 대해 위상차가 얼마나 나는가를 나타내고, 또 그것이 실제 일을 한 정도(일을 한 비율=유효전력/피상전력)를 나타내는 것입니다.

수용가에서 가져간 피상전력보다 일을 더할 수는 없습니다. 피상전력은 전력을 사용하기 위하여 가져간 전력을 말합니다. 피상전력 속에는 가져가서 사용하지 않는 전력이 있는데 그 전력을 진상·지상무효전력이라 합니다. 가져간 피상전력을 전부 사용하면 그때 역률이 100%라고 합니다. 그것을 표현하면 다음 그림과 같습니다. 진상이란 전류가 전압보다 빠른 것이고, 지상은 전류가 전압보다 늦은 것을 뜻합니다.

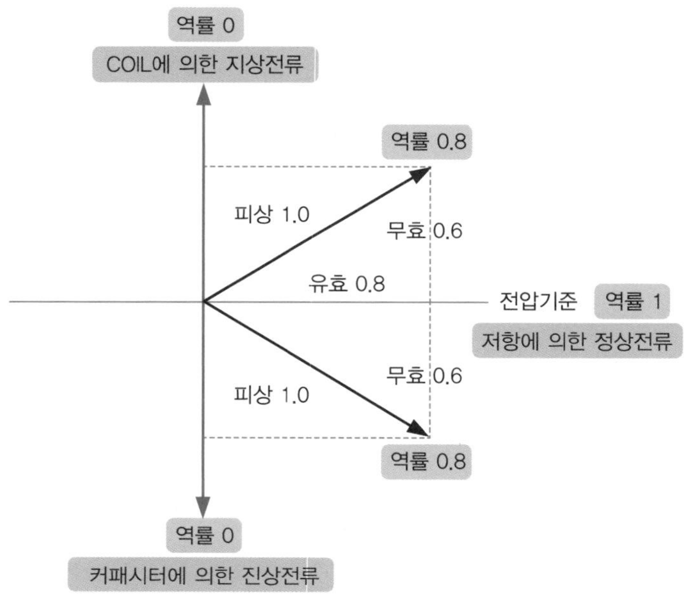

| 역률개선에 따른 피상전류 변화 |

- 일(W)은 전압 × 전류 × 위상각($\angle\theta$)이다.
- 그림은 역률 0.8인 진상과 지상을 표현한 것으로 이때 피상전력이 1, 유효전력이 0.8, 무효전력이 0.6이다.
- 순수 커패시터는 전류가 전압보다 90° 빠른 역률로 진상 0이다.
- 순수 COIL은 전류가 전압보다 90° 느린 역률로 지상 0이다.

1. 코일에 흐르는 전류는 90° 느리고(지상), 커패시터에 흐르는 전류는 90° 빠르다(진상).
2. 코일과 커패시터에 흐르는 전류는 서로 반대로 흐른다.

139 SECTION

저역률로 인해 야기되는 문제가 있을까요?

저역률로 인하여 설비기기에 야기되는 문제나, 전력계통에는 어떤 문제가 발생하게 되는지 궁금합니다. 한전의 입장에서는 저역률 시 공급해준 실제 전력에 비해 유효전력이 작아지기 때문에 90% 미만의 역률 시 요금을 더 부과하는데, 전기나 기기적인 측면에서의 문제는 무엇인지 알려주시기 바랍니다.

저역률로 인하여 설비이용률이 떨어지며, 무효전력으로 인한 선로손실이 발생합니다. 변압기 100[kVA]에서 역률 0.5로 50[kW]를 사용하면 역률 1로 사용할 때보다 전류가 두 배로 흘러 전압이 많이 드롭됩니다. 또한, 역률부과금이 추가됩니다.

(1) 100[kVA]의 변압기에서 역률이 0.5인 부하를 사용하면 부하에서 100[kVA]를 가져가 버리기 때문에 그 변압기는 더 이상 사용할 수 없습니다.

(2) 무효전력으로 인한 선로손실이 발생합니다. 50[kW]를 사용해도 역률이 0.5인 부하를 사용하면 선로에는 100[kVA]에 해당하는 전류가 흘러 선로손실은 I^2R에 비례하여 4배가 됩니다.

(3) 50[kW]를 사용해도 전류는 두 배가 흘러 변압기와 선로에서 전압이 많이 드롭됩니다.

(a) 진상역률 95%

(b) 지상역률 89%

| 진상역률과 지상역률 |

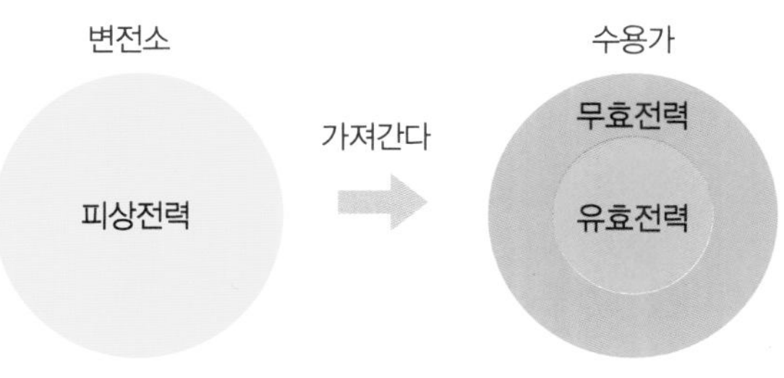

| 전력관계 |

- 피상전력 : 사용할 수 있는 전력
- 유효전력 : 실제 사용한 전력
- 무효전력 : 사용하지 못한 전력(지상 · 진상전력)
- 무효전력을 줄이는 것을 역률개선이라고 한다.
- 역률 = $\frac{\text{사용한 전력}}{\text{사용할 수 있는 전력(가져간 전력)}}$
- 피상전력 = $\sqrt{(\text{유효전력}^2 + \text{무효전력}^2)}$

1. 역률이란 사용하기 위하여 가져간 전력 중 실제 사용한 전력비율을 말한다.
2. 진상무효전력도 기기이용률을 떨어뜨리고, 유효전력손실을 발생시킨다.

140 SECTION

역률개선 후 전류 감소에 따른 유효전력 변화는 어떠한가요?

커패시터를 설치하여 80%에서 95%로 역률을 개선하였습니다. 통상적으로 역률을 개선하면 전류 외에 전력량도 감소되는 것인지 궁금합니다. 예를 들어 100[kW] 모터를 전압 3상 380[V]에 투입했을 경우

(1) 역률이 80%라고 한다면, 100[kW] = $\sqrt{3}$×380×전류×0.8이고, 여기서 전류 = 약 190[A]

(2) 역률이 95%이라 한다면, 100[kW] = $\sqrt{3}$×380×전류×0.95이고, 여기서 전류 = 약 160[A]

따라서, 190 − 160 = 30으로 약 15%의 역률 차이와 같다고 보입니다. 여기서, 역률개선에 따른 유효전력의 변화가 있는 것인지 궁금합니다.

유효전력의 변화는 많이 나타나지 않고, 그 효과는 부하측에 가까울수록 좋습니다.

커패시터를 어디에 설치했느냐에 따라 그 영향이 달라집니다. 만약 수전단에 커패시터를 설치하면 한전에는 영향이 있지만 수용가에서는 거의 영향이 없습니다. 커패시터를 설치하면 커패시터 앞까지만 개선됩니다. 수전단에 설치하면 부하 자체의 역률이 줄어들지 않아 부하까지는 전류변화가 없기 때문입니다.

커패시터는 부하와 병렬로 설치하는 것이 가장 효과적입니다. 30[A]에 대한 유효전력 변화는 직접 장비를 이용하여 측정하지 않으면 자료를 가지고 산출하기는 어렵습니다. 그 이유는 전력량계가 설치된 수전단에서부터 모터까지 커패시터 설치로 인해 줄어든 전류가 흐르게 되고, 그 전류는 변압기 다음 선로를 거쳐 부하까지 흐르기 때문입니다.

질문의 내용을 예를 들어 설명하면, 전류가 150[A]에서 120[A]로 30[A]가 줄어든 것이 전선을 통하여 흘러갑니다. 전선의 저항을 1[Ω]이라 가정하면 줄어드는 전력손실량은 커패시터 설치 전 선로손실이 $I^2 \times R$이므로 $150^2 \times 1$=22,500[W]가 되고, 설치 후 손실은 $120^2 \times 1$=14,400[W]가 되어, 절감은 22,500[W]−14,400[W] = 8,100[W]가 되는 것입니다.

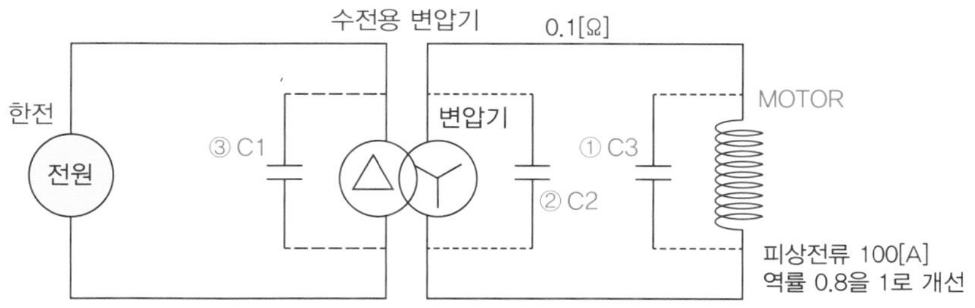

| 커패시터의 설치 위치 |

- 역률개선용 커패시터는 부하에 가깝게 설치하여야 효과가 가장 좋다.
- C1은 변압기 1차, C2는 변압기 2차 메인, C3은 부하측 모터와 병렬로 설치한다.
- C1의 개선효과는 한전에서 수전용 변압기까지의 선로손실과 한전변압기에만 개선된다.
- C2의 개선효과는 한전에서부터 수전용 변압기까지의 선로손실과 변압기의 손실 그리고 변압기의 이용률을 높일 수 있다.
- C3의 개선효과는 한전에서부터 모터까지의 모든 선로손실과 변압기의 손실 그리고 변압기의 이용률을 높일 수 있다.
  - 커패시터를 C3과 같이 부하와 병렬로 설치하면 피상전류가 20[A]가 줄어든다. 절감되는 전력량은 I^2R이므로 20^2×0.1=40[W]이다. 그리고 변압기에서 20[A]를 다른 곳에 사용할 수 있다.
  - 커패시터를 C2와 같이 변압기 2차측에 병렬로 설치하면 모터의 피상전류는 줄어들지 않고 변압기에서 20[A]를 다른 곳으로 사용할 수 있다.
  - 커패시터를 C1과 같이 변압기 1차측에 병렬로 설치하면 수전단의 역률은 개선되지만 역률이 보상되지 않아 20[A]를 다른 곳으로 사용할 수 없다.

커패시터는 부하에 가깝게 설치하는 것이 가장 효과적이다.

141 SECTION

모터 커패시터 용량은 어떻게 확인하나요?

3,300[V], 220[kW], 정격전류 47.8[A], 역률 0.85인 팬 모터가 있습니다. 그런데 설치된 커패시터는 150[kVA]입니다. 커패시터 용량이 분명 과한 것 같은데 역률계는 거의 일정하게 0.99를 지시합니다. 보통 운전 시 커패시터와 합성된 전류가 약 40[A] 정도 됩니다. 실제 모터 전류는 약 44~45[A] 정도 됩니다. 역률계가 지시하는 게 맞는 것인지 궁금합니다.

역률계가 지시하는 것이 맞습니다.

(1) $\text{효율} = \dfrac{\text{전력}}{\sqrt{3}\times\text{전압}\times\text{전류}\times\text{역률}}$

$= \dfrac{220{,}000[\text{W}]}{\sqrt{3}\times 3{,}300[\text{V}]\times 47.8[\text{A}]\times 0.85} = 0.947$

(2) $\text{유효전력} = \sqrt{3}\times\text{전압}\times\text{전류}\times\text{역률}\times\text{효율}$

$= \sqrt{3}\times 3{,}300[\text{V}]\times 45[\text{A}]\times 0.85\times 0.947 = 207[\text{kW}]$

(3) $\text{피상전력} = \sqrt{3}\times\text{전압}\times\text{전류} = \sqrt{3}\times 3{,}300[\text{V}]\times 45[\text{A}] = 257.2[\text{kVA}]$

(4) $\text{무효전력} = \sqrt{(257.2^2 - 207^2)} = 152[\text{kVar}]$

여기에서 커패시터 150[kVA]를 투입하면 152[kVA]−150[kVA] = 2[kVar]가 됩니다.

그러면 역률은 $\dfrac{\text{유효전력}}{\text{피상전력}} = \dfrac{207}{\sqrt{(207+2)^2}} \fallingdotseq 100\%$가 나옵니다.

1. 커패시터는 부하와 병렬로 설치했을 때 역률개선효과가 가장 좋다.
2. 심야(23~09시)시간대 역률이 진상 95% 이하(과진상) 시에 1%당 기본료의 0.5% 가산된다.

142 SECTION 직렬 리액터에 커패시터 연결 후 커패시터가 터지는 이유가 무엇인가요?

직렬 리액터에 커패시터를 연결하면 터지는 이유가 R, C 회로 때문이라고 들었습니다. 일반적으로 380[V]용 커패시터를 사용하는 데, 터지는 이유가 440[V]가 인가되어서 그런 것인지 이유가 궁금합니다. 또한, 왜 440[V]가 되는지 알려주시기 바랍니다.

전원에 포함된 제3고조파를 억제하기 위하여 커패시터와 직렬로 리액터를 설치하여 커패시터에 걸리는 전압이 높아졌기 때문입니다.

먼저 교류저항인 커패시터와 코일의 성질, 직렬 시의 Z에 대해서도 알아야 합니다. 직렬 $\sqrt{Z=(X_C-X_L)^2}=X_C-X_L$입니다. 전류는 Z가 줄어들면 $\frac{V}{Z}$이므로 증가합니다. 전류$=\frac{\text{전압}}{X_C-X_L}$입니다. 그러면 커패시터에 전압(증가)과 코일 L에 걸리는 전압을 알 수 있습니다. 커패시터에 걸리는 전압은 전류$\times X_C$이고 코일에 걸리는 전압은 전류 $\times X_L$입니다. 제3고조파일 때 X_C는 주파수에 반비례하여 $\frac{1}{3X_C}$이 됩니다.

제3고조파일 때 X_L은 주파수에 비례하여 $3X_L$이 됩니다. 그러므로 $\frac{1}{3X_C}=3X_L$이 되어 $X_L=\frac{1}{9X_C}$이 됩니다. X_L은 계산상으로 X_C의 11.1%가 되나 공진을 막기 위해 조금 큰 13%를 사용합니다. 이렇게 하면 380[V] 커패시터에 걸리는 전압은 X_C가 13% 작아졌기 때문에 $\frac{380}{1-0.13}=436.78$[V]가 됩니다. 이렇게 사용하려면 440[V]용 커패시터를 사용해야 합니다.

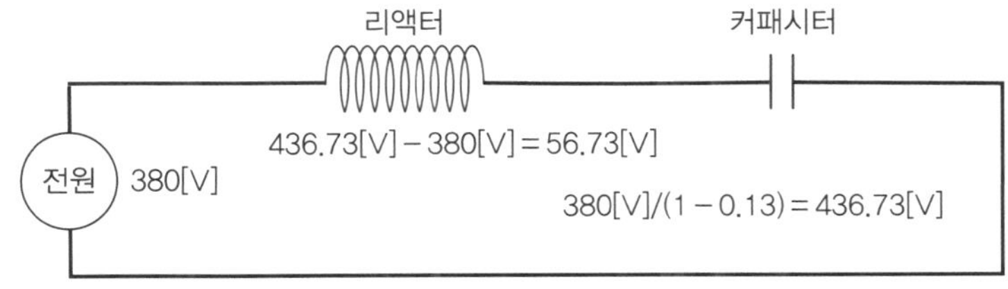

| 제3고조파 리액터와 커패시터의 관계 |

- 전원전압(380[V]) = 커패시터전압(436.73[V]) − 리액터전압(56.73[V])

X_L은 주파수에 비례하고 X_C는 반비례한다.

143 SECTION 왜 커패시터용 차단기는 정격전류의 1.5배 정도로 선정하나요?

커패시터용 차단기는 정격전류의 몇 배로 선정하여야 하는지, 일반 모터를 선정하는 것과 같은지 알고 싶습니다.

모터에 사용하는 차단기는 정격전류의 3배 이하 또는 전선의 2.5배 이하를 기준으로 선정하고, 커패시터에 사용하는 차단기는 정격전류의 1.5배 정도의 차단기를 선정합니다.

커패시터는 투입하면 돌입전류가 흐릅니다. 차단기 선정 시 돌입전류에 따라 정격전류를 선정하여야 하지만, 시간이 짧기 때문에 정격전류의 1.5배 정도로 선정하면 무난합니다.

다음은 LS산전 커패시터 선정 자료입니다.

| 커패시터 회로용 차단기의 선정 |

커패시터 용량 [kVA]	차단기의 정격전류[A]							
	단상				3상			
	220[V]		440[V]		220[V]		440[V]	
	50[Hz]	60[Hz]	50[Hz]	60[Hz]	50[Hz]	60[Hz]	50[Hz]	60[Hz]
5	60	50	30	30	40	50	30	20
10	75	60	40	40	50	50	30	30
15	100	100	60	50	60	60	40	40
20	175	175	75	60	100	75	50	40
25	200	200	100	100	100	100	50	50
30	225	225	100	100	175	150	60	60
40	400	400	150	125	200	200	100	75
50	400	400	175	175	225	225	100	100
75	600	500	300	300	400	400	150	150
100	800	800	400	400	400	400	225	225
150	1,000*1	1,000*1	600	500	600	600	300	300
200	–	1,200*1	800	800	800	800	400	400
300	–	–	1,000	1,000	–	–	600	600
400	–	–	–		–	–	–	800

커패시터에 사용하는 차단기는 커패시터 정격전류의 1.5배 정도의 용량으로 설치한다.

144 SECTION 접지 커패시터를 설치하면 지락전류와 부하전류의 관계는 어떻게 되나요?

접지용 커패시터에 지락사고가 발생하면, 지락전류가 커패시터나 케이블 대지정전용량을 타고 올라가 원래의 부하방향과 반대로 타고 흐르게 된다고 하는데 이때 부하전류와의 관계가 어떻게 되는지 알고 싶습니다. 부하에 걸려야 할 전류가 전부 지락으로 빠지고, 정전용량을 타고 올라와 순환하는 것인지 설명 부탁드립니다.

접지 커패시터는 비접지계통에서 지락검출을 하기 위하여 사용합니다. 지락이 되면 지락전류는 커패시터의 접지 중성점을 타고 전류가 흐릅니다.

(1) 지락이 안 됐을 경우

지락이 되지 않으면 부하에 부하전류만 ZCT를 통하여 흐릅니다. 이때 전류의 합은 키르히호프의 법칙에 의하여 0이 되어 검출되지 않습니다.

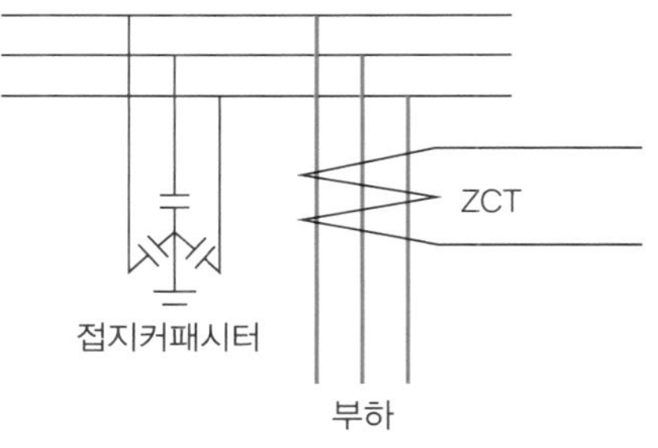

| 지락이 안 된 경우 |

(2) 지락이 됐을 경우

지락이 되면 지락전류가 ZCT를 통하여 대지로, 또 커패시터의 중성점 접지선을 지나 커패시터로 흘러가게 됩니다. 그러면서 지락전류가 ZCT에서 검출되고 계전기를 동작시킵니다.

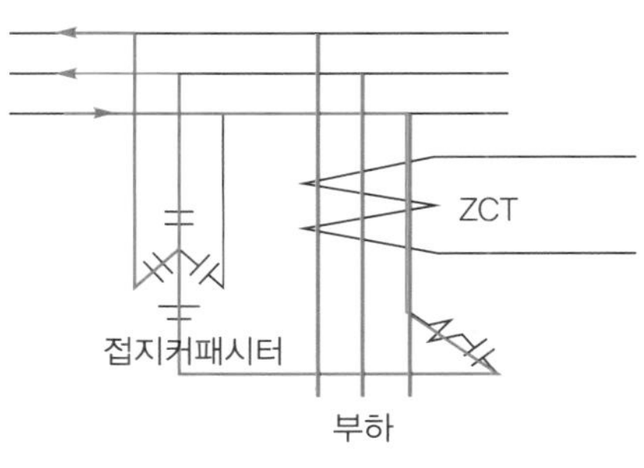

| 지락이 된 경우 |

한줄 Pick 접지형 커패시터는 비접지회로에서 지락을 검출하기 위하여 설치한다.

메모

CHAPTER

08

변압기

145 SECTION

변압기 Y결선에서 상전압과 선간전압은 무엇인가요?

변압기 Y결선에서 상전압이란 무엇이고, 선간전압이란 무엇인지 설명 부탁드립니다.

(1) 상전압은 N중성점(0상)과 각 상(L1, L2, L3)의 전압입니다.
(2) 선간전압(상간전압)은 상과 상(L1−L2, L2−L3, L3−L1)의 전압입니다.

상전압과 선간(상간)전압은 다음 그림을 통해 이해하면 쉽습니다.

원 속에 정삼각형을 그린 것이 3상 3선식 △결선이고 정삼각형 각 꼭짓점에서 중앙 중심점으로 선을 그린 것이 3상 4선식 Y결선입니다. △결선은 중성점이 없어 사실 선간(상간전압)만 존재합니다. 그러나 Y결선은 기준이 되는 중성점이 중앙에 있어 이것을 기준으로 각 꼭짓점(L1, L2, L3)과의 전압을 상전압이라 하고, 각 꼭짓점과 꼭짓점 사이를 선간(상간)전압이라 합니다. 상전압과 선간(상간)전압은 아래 그림처럼 각 선의 크기로 이해하면 됩니다. Y의 선간전압은 삼각함수를 이용하여 구하면 상전압×$2\cos 30^\circ=\sqrt{3}$×상전압이 됩니다. 그림에서 적색(L1−N, L2−N, L3−N)선이 각각 상전압이고, 정삼각형의 △결선, 즉 연두색(L1−L2, L2−L3, L3−L1)이 선간전압이며, 선간전압 380[V]는 220[V]×$2\cos 30^\circ=\sqrt{3}$×상전압$=\sqrt{3}\times$220[V]가 됩니다.

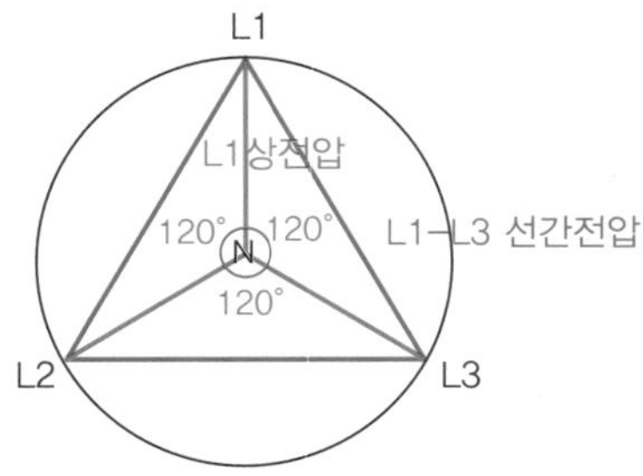

| 상전압과 선간전압 |

상전압과 선간(상간)전압은 정삼각형으로 그려서 생각하면 된다.

146 SECTION

유입변압기를 닦아도 되나요?

98년에 설치한 메인변압기가 유입변압기로 5,000[kVA]인데, 4,000[kVA]를 계약해서 사용한다고 합니다. 현재 탭 조정장치에서 절연유가 조금씩 누유되어 LOW까지 떨어져 있는데 직원들이 변압기 위에 올라가서 기름을 보루로 닦고 있었습니다. 위험하지 않다고 하는데 정말 위험하지 않은 것인지, 다음 변압기에는 보통 변압기처럼 1차측 고압 연결부위가 보이지 않는데, 모양은 유입변압기처럼 똑같이 생겼습니다. 큐비클 안에 들어있는 것인지, 그럴 경우 표면을 만져도 이상이 없는지 궁금합니다.

| 유입변압기 |

충전부위가 노출되어 있지 않기 때문에 감전의 위험은 없습니다. 하지만 작업 중 변압기 온도계를 건드리면 차단기가 TRIP될 수 있습니다.

변압기 1, 2차 BUSHING이 전부 CHAMBER 내에 들어가 있어 충전부위가 노출되지 않았기 때문에 충전부에 접촉되지 않아 감전의 위험은 없습니다. 용량이 큰 변압기에는 사진과 같이 판넬 위 사다리부분에 온도계전기가 있어 변압기온도가 고온(설정치 이상)이 되면 경보를 하고 트립시키도록 하고 있습니다. 그리고 그 온도계는 충격 시 내부에 있는 접점이 동작할 수 있습니다. 작업을 하려 변압기에 올라갈 때 사다리를 조심하시고 온도계에 접촉되지 않도록 하여야 합니다. 오일 레벨이 LOW라면 콘서베이트 상단 플랜지를 열고 절연이 좋은 신유를 우선 넣고, 정전 시 누유되는 부분을 정비한 후 오일을 교체하여 필터링하시기 바랍니다.

변압기의 충전부가 노출되지 않으면 감전의 위험은 없다. 단, 변압기를 보호하기 위한 온도계가 설치되어 있는데 그 곳에 충격이 가지 않도록 해야 한다.

147
SECTION

변압기 중성점 CT 1차 값은 어떻게 구하나요?

다음 그림을 보면 CT에서 나온 것이 디지털계전기로 들어가서 지락계전기용(50/51G)으로 쓰이는 것처럼 보입니다. CT 2차는 언제나 5[A]라는 것은 알겠는데, 1차 400[A]는 어떻게 계산하는 것인지 궁금합니다.

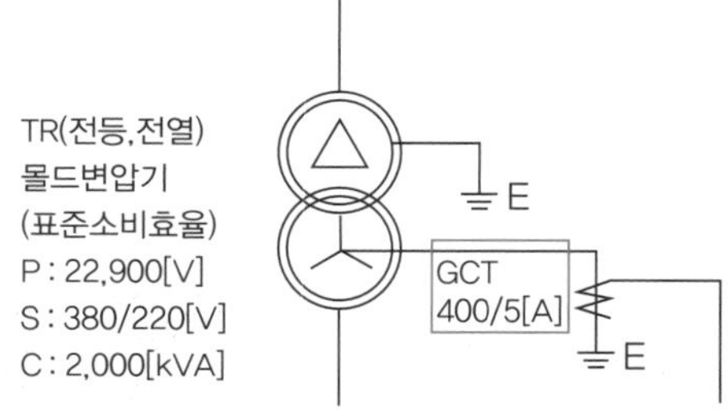

| 변압기 2차 중성점 접지 |

기기의 접지 시스템과 변압기 접지저항을 가지고 선정합니다. 1차 400[A]는 너무 커서 지락검출이 어려우니 100/5로 교체하고 지락전류를 10[A]로 설정하세요.

변압기 중성점, 접지선에 설치하는 CT를 GCT라고 합니다. GCT는 지락전류를 검출하기 위하여 설치합니다. CT의 1차 전류는 지락 시 흐를 수 있는 최대전류를 가지고 선정을 합니다.

지락 시 흐를 수 있는 전류는 $\frac{220[V]}{접지저항}$입니다. 접지저항은 변압기 중성점 접지가 5[Ω] 이하이고 기기접지는 300[V] 미만이므로 100[Ω] 이하입니다. 그러므로 $\frac{220[V]}{(5+100)[\Omega]}$=2[A] 이상 흐릅니다. 그리고 440[V] 기기접지는 10[Ω] 이하입니다. 그러면 $\frac{254[V]}{(5+10)[\Omega]}$=17[A] 이상 흐릅니다. 그러므로 여기에서 접지저항은 각 현장마다 다릅니다. 공장과 같은 곳은 중성점 접지와 기기접지를 메시 등으로 등전위 접지를 하고 각 기기의 외함 접지를 변압기 중성점 접지에서 직접 가져와 접지를 하는 곳이 많이 있습니다. 공통접지 저항값 5[Ω]을 기준으로 하여 $\frac{220[V]}{5[\Omega]}=44[A]$ 전류로 2종 접지선에 설치하는 GCT의 1차를 100[A]로 사용합니다.

전기해결사 PICK

그림의 400[A]는 사실 너무 커서 지락 시 검출이 어렵습니다. GCT를 100/5로 사용을 하고 지락전류 세팅은 안전공사에서는 10[A]를 권장합니다.

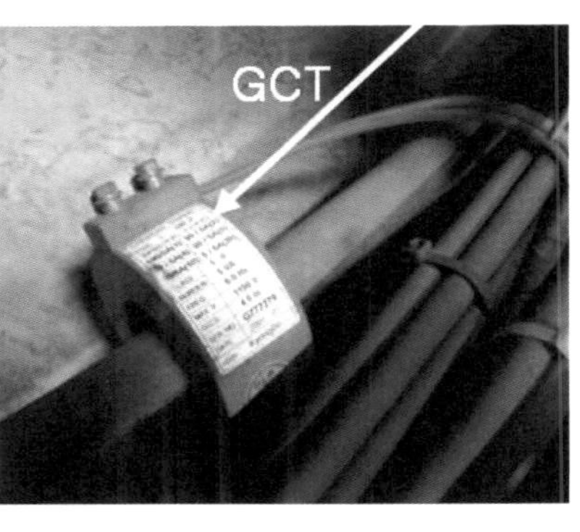

| 변압기 2차 중성점에 설치한 GCT |

1. 중성선 접지에 설치하는 CT를 GCT라 하고, GCT의 1차비는 지락 시 흐르는 지락전류를 가지고 결정한다(대부분 100/5 사용).
2. KEC 접지저항 선정규정에서 접지저항값은 공통 & 통합 접지로 하기 때문에 종별 구분과 저항값 기준이 달라졌다.
   고압 이상 및 통합, 공통접지 시 저항값은 접촉전압(보폭전압) <허용접촉전압 이하가 되도록 하고 저압은 접촉전압 & 스트레스전압을 만족하도록 보호접지 개념으로 감전보호를 만족하라고 되어 있다.
   단, 접지 간 충분한 이격거리 확보로 상호 간섭이 되지 않으면 단독접지를 할 수 있다.

148 SECTION 몰드형 변압기 1차측 케이블 SHIELD를 노출시켜 둔 이유가 무엇인가요?

한전 인입케이블의 가닥을 이렇게 밖으로 빼서 노출시켜 둔 특별한 이유가 있는지, 접지를 시킨다든가 아니면 잘라버려야 하는 게 아닌지 알려주시기 바랍니다.

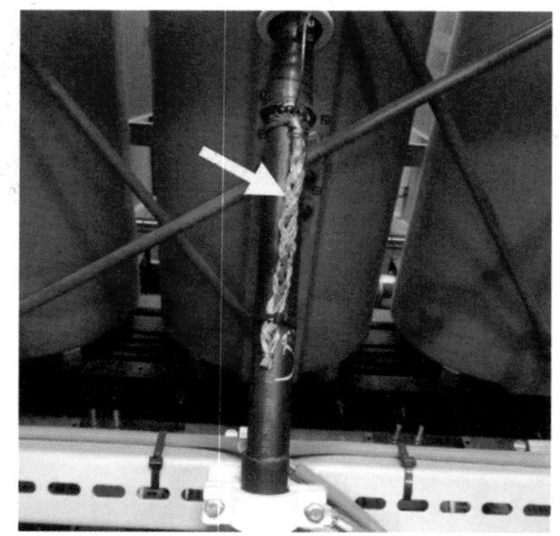

| CABLE의 SHIELD(동심중성선) |

구내 변압기는 편단접지를 하기 때문에 해당 케이블을 사용하지 않아 사진과 같이 단말을 한 것입니다. 기본적으로 SHIELD 편조선은 다음 설명의 사진처럼 절연처리를 하여야 합니다.

제시된 사진의 장소는 변압기 1차 결선부분입니다.

(1) 한전의 22.9[kV] 배전선로는 동심중성선을 전력선 중성선으로 사용하고 다중접지를 하기 때문에 양단접지를 합니다. 구내 변압기는 1차를 △로 결선하기 때문에 중성선을 사용하지 않고 편단접지를 하면서 판넬에서만 접지를 합니다.

(2) 보호접지는 케이블에 고전압 대전류가 흐를 때 주위의 통신선이나 신호선에 전기 노이즈 등이 유도되는 것을 방지하고 케이블의 고유정수를 위하여 하는 것입니다. 차단기에서 변압기 또는 고압기기인 모터 등이 장거리에 있을 때는 필요에 따라 양단접지를 하기도 합니다.

(3) 양단접지를 하면 순환전류가 흐르고 손실이 발생하고 다른 통신선, 신호선 등에 노이즈 영향을 줄 수 있습니다. 그리고 댕기로 꼬아 내린 동선은 뒤에 있는

탭 단자에 접촉될 수 있기 때문에 가능하면 절연 튜브 등을 사용하여 다음의 사진처럼 깔끔하게 처리하는 것이 좋습니다. 다음은 해결사가 현장에서 감리를 한 곳의 작업(SHIELD선 단말절연) 사진입니다.

| SHIELD의 절연처리 |

한전 22.9[kV] 배전선로는 중성선 다중접지(양단접지)를 하고, 구내에서의 고압 지중전선 SHIELD 접지는 편단접지를 한다.

149 SECTION

변압기의 용량 산정 시 주의할 점은 무엇이 있나요?

변압기를 선정할 때 계산식과 특별히 주의할 점은 무엇인지 궁금합니다.

변압기의 용량은 기본적으로 최대 부하의 1.5배 정도로 하면 무난합니다.
대용량 전동기가 있다면 기동 시 전압강하를 고려하여 선정합니다. 메인변압기는 향후 증설계획 등에 대해서도 고려하여야 합니다.

(1) 변압기의 부하가 일반부하일 경우 기본적으로 최대부하를 변압기 용량의 60~70% 정도로 합니다. 그리고 변압기는 향후 증설계획 등을 고려해야 합니다. 부하 중 큰 전동기가 있다면 전동기가 기동할 때 전압강하를 고려해야 합니다. 대용량의 전동기가 직입기동으로 기동할 때 정격의 6~7배 정도의 피상전력이 필요하기 때문에 전압강하가 크게 발생합니다.

(2) 전동기의 기동방식이 변압기와 연관되어 있기 때문에 변압기 용량이 작을 경우 직입기동으로 하지 않고 Y−△나 리액터 기동을 합니다. 하지만 변압기의 용량이 충분히 클 경우엔 변압기 용량은 최대부하×1.5 정도로 선정하면 됩니다. 변압기 용량이 크면 아무리 큰 용량의 모터라도 직입기동으로 합니다.

(3) 대부분 변압기의 용량은 전압강하를 반영하여 선정하며 계산식은 다음과 같습니다.

$$\text{변압기 } Z\% \times \frac{\text{대용량을 뺀 최대기저부하}+\text{대용량 모터}\times\text{기동 시 배율}}{\text{전압강하율}[\%]} \times 1.1(\text{여유율})$$

예를 들어 변압기 $\%Z$ 5, 최대부하용량 800[kVA], 대용량 모터 200[kW], 직입기동, 전압강하 10%라고 하면, $5\times\left(\frac{600+200\times7.2}{10}\right)\times1.1=1,122$[kVA]가 됩니다. 그럼 상위값인 1,250[kVA] 변압기 $\%Z$가 5%인지를 확인하고 만약 5%가 아니라면, 상기 공식에 변압기 $\%Z$를 대입하여 1,250[kVA]보다 작으면 됩니다. 이때의 최대부하율은 $\frac{800[\text{kVA}]}{1,250[\text{kVA}]}=0.64(64\%)$가 되어 아주 이상적입니다.

전기해결사 PICK

상기의 계산은 기동 시의 모터 역률, 기저부하의 역률, 변압기의 $\frac{R}{Z}$의 비율 등 여러 가지 불명확한 함수들이 있기 때문에 정밀계산은 아니지만, 실용하는 데에는 무리가 없습니다.

한줄 Pick 대용량 모터가 있는 변압기는 모터 기동전류를 반영하여 변압기 용량을 선정하여야 한다.

SECTION 150 변압기 2차측 정격전압(440[V])의 정확한 의미는 무엇인가요?

변압기 업체에서는 무부하전류가 인가된 상태에서 2차측 단자 간의 무부하전압, 즉 무부하 시 2차측 단자 간 전압은 440[V]라고 합니다. 인터넷 자료에서는 변압기 %Z에 의한 전압강하를 고려한 2차측 단자 간 전압, 즉 %Z에 의한 전압강하 440[V] × 0.05 = 22[V]를 고려한 것으로 전부하 시 2차측 단자 간 전압은 440[V], 무부하 시 2차측 단자 간 전압은 440[V]+22[V]=462[V]라고 합니다.
2가지의 내용 중 변압기 2차 정격전압은 어떤 것인지 궁금합니다.

변압기 2차측 정격전압은 440[V]입니다.

변압기는 부하에 따라 2차 전압이 변하기 때문에 많은 논란이 될 수 있습니다. 정격전압이란 규정된 조건에 따라 기기에 인가될 수 있는 사용회로에서 기기가 요구하는 전압을 말합니다. 변압기에서도 정격부하가 걸렸을 때, 즉 정격전류가 흘렀을 때의 전압을 정격전압이라 합니다.
변압기의 정격용량[VA]은 정격전압[V]×정격전류[A]로, 462[V]를 정격전압이라 하지않고 440[V]를 정격전압이라 합니다. 462[V]는 무부하전압이고 정격부하가 걸렸을 때 440[V] 정격전압이 된다고 해야 합니다. 변압기의 명판에도 정격용량, 정격전압, 정격전류가 명시되어 있습니다.

1. 정격전압이란 정격부하가 걸렸을 때, 즉 정격전류가 흐를 때의 전압이다.
2. 변압기의 정격용량[VA]은 정격전압[V] × 정격전류[A]이다.

151 SECTION

변압기 2차측에 변압기 중성점 접지를 하는 이유가 무엇인가요?

고압측과 저압측의 혼촉으로 인해 변압기 중성점 접지를 시행함에도 불구하고 저압측이 단권변압기화 되고 접지측 코일에 고전압이 걸리므로 저압측의 절연파괴가 발생될 수 밖에 없는데, 어떻게 고저압 혼촉사고의 절연파괴를 막을 수가 있는 것인지 이에 대하여 자세히 알고 싶습니다.

| 변압기 중성점 접지 |

변압기가 혼촉되면 단권변압기가 됩니다. 혼촉 시 2차측으로 고압전류가 흘러 고압측 차단기를 트립하여 전원을 차단합니다. 설명의 그림을 참고하시기 바랍니다.

접지를 하지 않으면 1차의 고전압이 2차 코일로 넘어와 1차 코일과 2차 코일이 직렬로 연결되어 단권변압기가 됩니다. 접지를 하면 1차의 고전압이 2차 코일로 넘어오지만 바로 변압기 중성점 접지에 의하여 지락됩니다. 현재 그려진 변압기만 보지 말고 22.9[kV] 1차를 공급하는 변압기측을 생각해봐야 합니다.

1차에 전원을 공급하는 변압기의 중성점 접지와 다음 그림의 2차 중성점 간에 폐회로가 형성됩니다. 지락이 되면 1차 고압지락 사고전류가 변압기 2차 코일을 통하여 변압기 중성점 접지선으로 흘러 전원변압기 2차로 흘러가게 됩니다. 이 과정에서 전원변압기 2차에 설치된 GCT에 의하여 지락이 검출되고 계전기가 동작하여 차단기가 전원을 차단시킵니다.

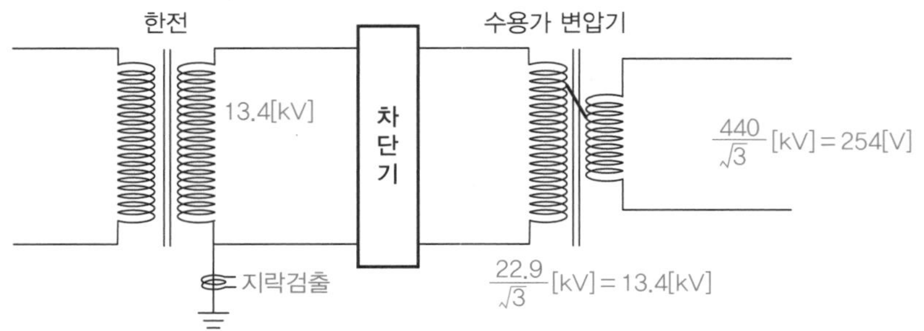

| 변압기 중성점 접지를 하지 않을 경우 |

- 혼촉되면 단권변압기가 된다. 혼촉점이 13[kV]라면 2차측 혼촉점도 13[kV]가 되고 반대쪽은 감압방식이므로 13[kV] – 254[V] = 12,746[V]가 걸린다.

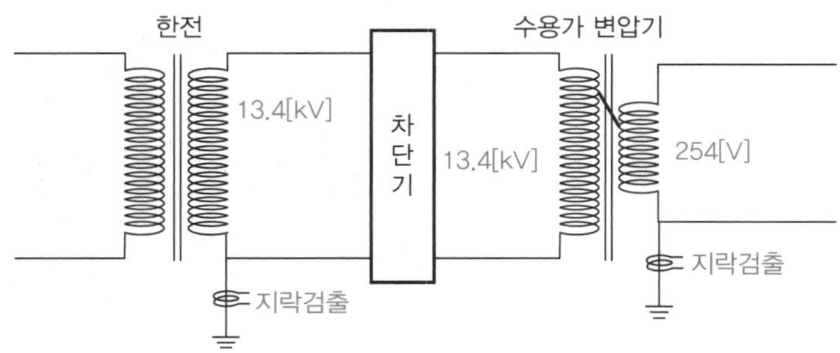

| 변압기 중성점 접지를 하는 경우 |

- 혼촉되면 2차측 변압기 중성점 접지에 의하여 지락회로가 구성된다. 변압기 중성점 접지에 설치된 GCT에 의하여 지락을 검출하고 차단기를 차단시킨다.

1. 비접지상태에서 변압기 1·2차가 혼촉되면 단권변압기가 된다.
2. 접지상태에서 변압기 1·2차가 혼촉되면 지락전류가 변압기 중성점으로 가면서 지락검출 GCT에서 검출되어 차단기를 트립시킨다.

152 SECTION

변압기 용량이 얼마나 부족한가요?

현재 임시전력 30[kVA] 3대를 쓰고 있습니다. 90[kW]를 신청해서 쓰고 있는데, 요즘 겨울철이라 온풍기를 과하게 가동하여 자주 트립됩니다. 상별 부하전류를 찍어보니 L1–117[A], L2–156[A], L3–196[A]입니다. 한 달 전에 전선의 퓨즈가 한 번 나간 적도 있어서 변압기가 터질까봐 걱정이 됩니다. 현재 상태에서 단상 3상 온풍기를 2대 정도 더 사용할 것 같은데 용량이 얼마나 부족한 것인지 알고 싶습니다.

현재 부하가 140% 정도로 과부하입니다. 여름철 사용 중 폭발할 위험도 있습니다.

변압기의 부하는 60~70% 정도가 가장 이상적입니다. 변압기 1대 30[kVA]의 정격 전류는 $\frac{30,000[VA]}{220[V]} = 137[A]$가 됩니다. 현재 설치된 변압기 3대 중 2대(L2, L3)가 과부하입니다. 그리고 L3상 변압기는 무려 41% 정도 오버로드되어 문제가 될 것 같습니다.

먼저 L3상의 부하를 L1상으로 약간 분배하고 현재 역률이 얼마인지 알 수 없지만 역률을 보상할 수 있으면 빨리 보상해 주시기 바랍니다. 그리고 변압기 용량을 증가시키는 것을 검토해 보십시오. 겨울철에는 주위 온도가 낮고 유입변압기라면 그나마 다행이지만 여름철에는 매우 심각합니다. 지금 L3상 변압기는 온도도 많이 올라갈 것 같으므로 온도도 한 번 점검해봐야 할 것입니다.

1. 변압기의 효율은 부하 75% 정도가 가장 좋으나 운전을 고려하면 부하율 60~70% 정도가 가장 좋다.
2. 유입식 변압기의 온도는 여름철(주위온도 40℃)에 80℃ 이하로 운전하는 것이 바람직하다.

153 SECTION

변압기 결선도와 전압의 관계는 어떻게 되나요?

수변전 결선도면을 보면, 변압기 △-Y 결선에서 22.9[kV]/380-220[V]입니다. PTT에서 전압을 측정하면 1차(특고압)에서 선간전압이 22.9[kV]가 나오고 상전압은 13.2[kV]가 나오는데, Y-Y 결선이라면 1차(특고압), 2차(저압)는 이해가 되는데, 도면에는 △-Y로 표기되어 있는 이유가 궁금해서 질문합니다.

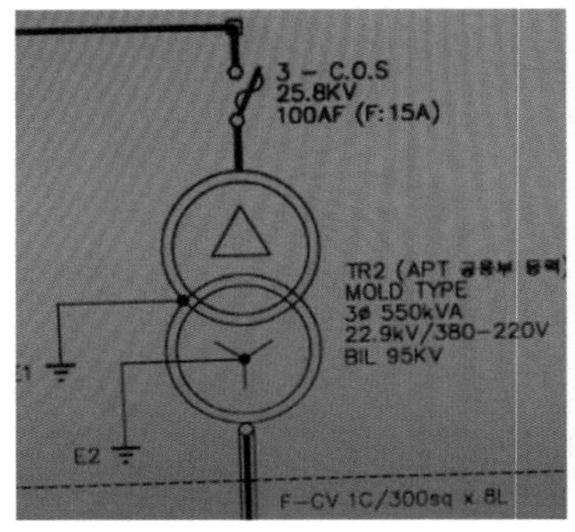

| 수전변압기와 결선도 |

22.9[kV] 배전선로에서 수전은 3상 4선으로 받지만 변압기 결선은 △-Y로 합니다. 3PT를 사용하여 Y로 결선되어 상전압이 걸리기 때문입니다.

변압기를 Y-Y 결선을 하게 되면 변압기 내에 △결선이 없어 제3고조파를 흘릴 수 없으므로 중성점 전위가 이동하고, 철심의 비선형 특성 때문에 기수고조파를 포함한 찌그러진 파형의 전압 전류가 중성선을 통하여 흐르게 됩니다.

이 고조파분은 인접 통신선에 전자유도장해를 일으킬 뿐 아니라 2차측 중성점 접지 시 직렬공진에 의한 이상전압 및 제3고조파의 영상전압에 따른 중성점 전위 변동 등의 현상을 일으킵니다. 그래서 변압기는 △로 결선하여 사용하고 계기용 PT는 3PT를 사용하여 Y결선으로 사용합니다.

수전변압기는 Y-Y 결선으로 사용을 하지 않습니다. 수용가에서는 변압기 1차를 3상 3선 △로 결선하표여 사용합니다. 수전반에 설치한 계기용 PT가 3PT이기 때문에 Y-Y로 결선하면 상전압이 13.2[kV]가 됩니다.

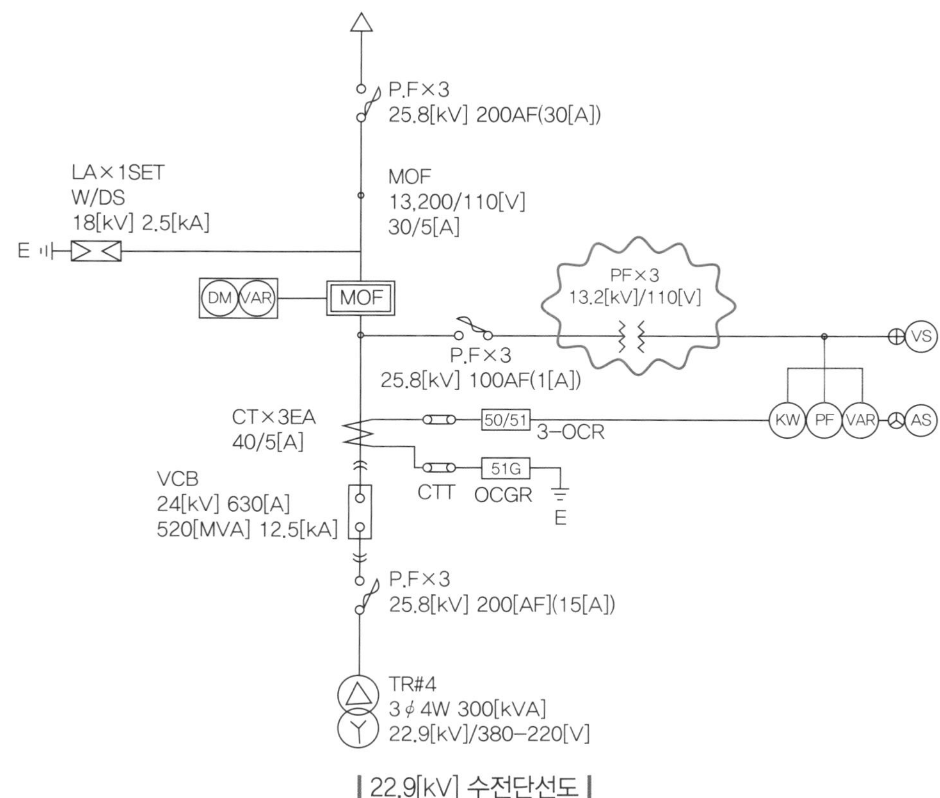

| 22.9[kV] 수전단선도 |

1. 한전 배전선로는 22.9[kV] 3상 4선식으로 공급한다(MOF의 PT결선은 Y-Y로 결선).
2. 한전으로 수전하는 22.9[kV] 변압기는 △-Y로 결선하여 사용한다(154[kV] 변압기는 Y-Y-△ 3권선을 주로 사용하는데 3차 △권선은 전원회로에 발생된 제3고조파를 변압기 안에서 소멸시킴).

154 SECTION

변압기의 적정온도는 얼마인가요?

유입변압기, 몰드변압기의 온도관리에서 절연물의 최고허용온도는 A : 105℃, B : 130℃, F : 155℃ 그리고 권선의 온도상승한도는 50℃-55℃-60℃, 또 몰드는 80-100℃에 주위온도를 더하거나 빼야 한다는 내용들이 이해가 잘 안 됩니다.
유입변압기에서 절연물은 절연유를 말하는 것인지 궁금합니다. 최고허용온도가 130℃이면 그 몰드변압기는 130℃까지로 되어 있는데 괜찮다는 것인지, 그럼 권선허용온도, 권선온도상승이 80℃, 100℃라는 것이 무슨 말인지 모르겠습니다. 유입변압기의 절연물은 코일의 에나멜이고, 절연유는 냉각시키는 냉매입니다. 변압기 F종 최고허용온도가 130℃면 그 변압기는 130℃까지는 괜찮다는 뜻인지 궁금합니다.

유입변압기에서 절연물은 절연유를 말하는 것이 맞습니다.

권선허용온도는 절연계급에 따른 온도이고, 온도상승한도는 그 이상이 되면 안 되는 온도로, 허용온도에서 주위온도 40℃를 뺀 온도입니다.
F종 몰드변압기 허용온도 155−40−15(열전달손실)=100℃가 온도상승한도입니다. 이것은 겨울철 0℃일 때 100℃이면 여름철에는 주위온도가 40℃가 되어 140℃까지 올라가고 여기에 열전달손실온도 15℃를 더하면 155℃가 최고허용온도가 되는 것입니다.

❙ TR(변압기) 판넬에 설치된 온도계 ❙

❙ TR(변압기) ❙

❙ 온도계 ❙

한줄 Pick

1. 대부분의 전기기기의 주위온도는 여름철 최고온도인 40℃를 기준으로 한다.
2. 지시치가 사용온도이고 이 온도에서 주위온도를 뺀 것이 상승온도이다.

155 SECTION 변압기 무부하전류의 크기는 얼마인가요?

22.9[kV]에서 6.6[kV]로 변압하는 변압기가 무부하일 때 무부하전류는 정격 전류의 2~3% 정도 된다는 것을 알게 되었습니다. 그런데 GIPAM을 보니 3상 중 한 상분(I_a)에 대한 전류값만 지시되었습니다(대략 2~3[A]). 왜 다른 I_b, I_c 상에서는 전류 크기가 검출되지 않는 건지 알고 싶습니다.

2~3%는 정밀을 요하는 기기라면 몰라도 일반 계기에서 느끼지 못합니다. 변압기는 무부하일 경우 여자전류가 2~3% 정도 흐릅니다. 계기 자체에서 그 전류값이 미량이라 인지하지 못하여 그럴 수 있습니다.

3상 변압기는 고장이 아닌 한 여자전류가 1상만 흐를 수 없습니다. 변압기에는 3상, 일반적으로 같은 양의 코일이 감기고 거기에 같은 전압이 가해지기 때문입니다. 2~3%라고 하면 계기에서는 거의 못 느낄 정도입니다.
미세한 전류를 측정할 수 있는 후크메타를 이용하여 변압기 1차측 C/T 2차 L1, L2, L3의 전류를 CTT에서 측정해보시면 됩니다. 분명히 같을 것입니다.

1. 변압기는 철심에 코일이 감겨있는데 여기에 전압을 가하면 일을 하지 않아도 코일에 전류가 흐르면서 철심을 자화(자석화)시킨다(이 전류를 여자전류라 함).
2. 자석화된 철심에 다른 코일을 감으면 철심에 흐르는 자속에 의하여 반대 방향으로 전압이 발생하는데 이것이 변압기의 원리이다.

156 SECTION

변압기의 2차측 선전류는 어떻게 되나요?

△-Y결선, OIL TYPE, 3상 4선식 변압기(600[kVA], PRI : 22.9[kV], SEC : 380/220[V]) 중간에는 계전기 등이 있고, 차단기는 MCCB-3P 225/175[A], 460[V]/25[kA]가 있습니다. 차단기 다음으로 △-△ 3상 3선식 변압기(100[kVA], PRI : 380[V], SEC : 220[V], 건식)가 있고, 변압기 2차측에는 차단기 MCCB 3P 225/200[A], 460[V]/25[kA]가 설계되어 있습니다. 여기서, △-△ 변압기의 2차측 차단기에 200[A]가 적정한 것인지, 1차측 차단기와 같은 175[A]로 해도 되는지와 선전류는 어떻게 되는 것인지 궁금합니다.

| 유입식 변압기 |

| 건식 변압기 |

선전류는 변압기 용량/($\sqrt{3}$×전압)=100[kVA]×1,000/(220×$\sqrt{3}$)[V]=262.43[A]입니다. 사용할 수 있습니다.

변압기 1차측 차단기는 변압기 사고 시 1차로 파급되는 것을 예방하기 위한 것이고, 2차측 차단기는 변압기를 보호하는 것으로, 변압기 정격을 초과하지 않는 범위에서 얼마든 사용해도 됩니다.

1. 변압기의 1·2차 전력은 같다(1차 전력=2차 전력).
2. 변압기 2차측 차단기는 변압기 보호목적으로 변압기 용량과 같거나 작아야 한다.
3. 변압기 1차측 차단기는 변압기 사고 시 1차 보호목적으로 정격보다 125% 이상으로 선정한다.

157 SECTION

중성점이란 무엇인가요?

(1) 변압기 중성점은 120°의 위상각이 서로 상쇄되어 이론상 전압은 0[V]라고 합니다. 그런데 왜 쇼트가 나지 않는지 궁금합니다.

(2) 소형 릴레이나 마그네트 같은 경우 내부 코일이 가는 선인데, 220[V]를 가하면 이상이 없지만, 코일을 다 풀어놓고 전압을 가하면 펑! 하고 선로가 소손되는 이유가 궁금합니다.

| 릴레이 |

| 마그네트 |

(1) 전압은 두 점 간의 전위차인데 각기 다른 전원의 1단자들 간에 전압이 걸리지 않습니다.

(2) 전선을 감으면 코일, 즉 인덕턴스가 존재하여 교류저항이 생기고, 전선을 풀어놓으면 교류저항이 없어지기 때문입니다.

쇼트가 나지 않는 이유는 코일의 한쪽에 COMMON하여 등전위로 만들어져 그 등전위된 부분(중성점)은 1점이 되고 전위(전압차)가 없기 때문입니다.

단락이 발생하려면 2점 간에 전압차가 있어야 합니다. 전원이 다른 1선들은 전압차가 생기지 않습니다. 우리가 사용하는 변압기들은 2차에서 전부 접지를 하여 대지를 통해 전기적으로 연결된 상태입니다. 그리고 자동차 및 발전기 등에서도 배터리의 1선을 접지로 사용하여 연결이 된 상태와 같습니다. 전원이 다른 1선들은 서로 연결하여도 전압차가 생기지 않습니다.

코일이란 전선을 감아놓은 것을 말합니다. 코일에는 전선이 갖고 있는 저항성분과 인덕턴스(교류저항)가 생겨 교류전류의 흐름을 방해합니다. 전선을 펴면 교류저항이 없어져 쇼트가 생깁니다.

RELAY가 떨어져 있을 때에는 자기저항이 커서 철심에 자속이 포화되어 열이 많이 발생하지만, 붙어있을 때에는 자기저항이 없어져 자계가 상쇄하여 일을 작게 하므로 전류가 작게 흐릅니다.

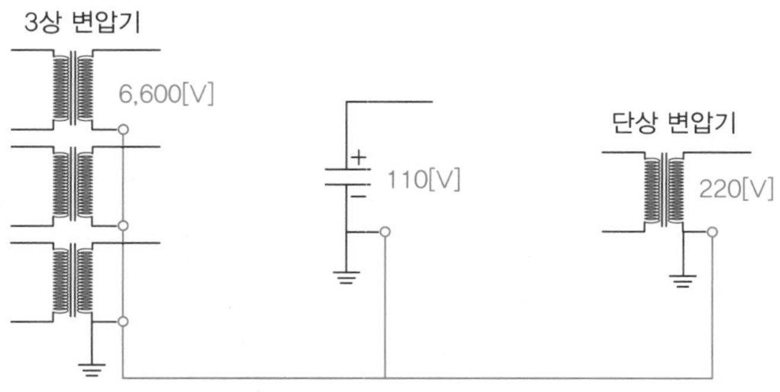

❙ 서로 다른 전원의 접지 ❙

- 우리가 사용하는 수많은 전기는 대지에 접지를 하여 공통으로 사용하고 있다. 단락이라 하는 것은 전원 자신의 (+), (-) 전선이 서로 붙는 것을 말한다.

1. 서로 다른 전원 1단자 간에는 전위차가 없다.
2. 코일에는 R과 X_L이 존재한다(전선을 감으면 코일이 됨).

158 SECTION

Y결선에서 지락사고 시 전류의 흐름은 어떻게 되나요?

Y결선에서 한 상에 지락사고가 발생하면 그 상의 대지전압은 제로(0)가 되고 나머지 두 상은 $\sqrt{3}$배 증가하는데 그렇다면 지락이 발생한 상에 전압이 제로(0)인데 어떻게 전류(지락전류)가 흐르는 것인지 궁금합니다. 그리고 한 상에 지락사고가 발생하면 계통 전체에 전력손실, 소비전력 등 어떤 문제가 발생하는지 궁금합니다.

지락이 되면 변압기 2차의 상 지락점과 중성점이 접지를 통하여 단락되는 것과 같습니다. 지락전류는 지락점에서 대지를 통하여 변압기 중성점으로 흐릅니다.

Y결선에서 한 상에 지락사고가 발생하면 지락된 그 상을 지락저항으로 접지한 것과 같아 지락저항에 따라 중성점의 전위가 이동하게 됩니다. 그로 인하여 지락된 상의 전압은 낮아지고 다른 상의 전위는 높아집니다. 완전지락이 되면 지락된 상의 전압은 대지전압이 0이 되고 다른 상과 선간전압이 걸립니다. 또한 지락점과 대지 간에는 저항이 없어져 상전압을 단락시킨 것이 되어 지락전류가 최대가 됩니다. 단락(지락)전류는 $\dfrac{\text{상전압}}{\text{변압기 } Z}$입니다. 한 상에 지락사고가 발생하면 계통 전체에 전력손실과 소비전력에 대하여는 생각할 필요가 없습니다. 지락사고에 의해 차단기가 트립되고 그러지 않으면 부하는 화재가 발생하고 변압기가 소손됩니다.

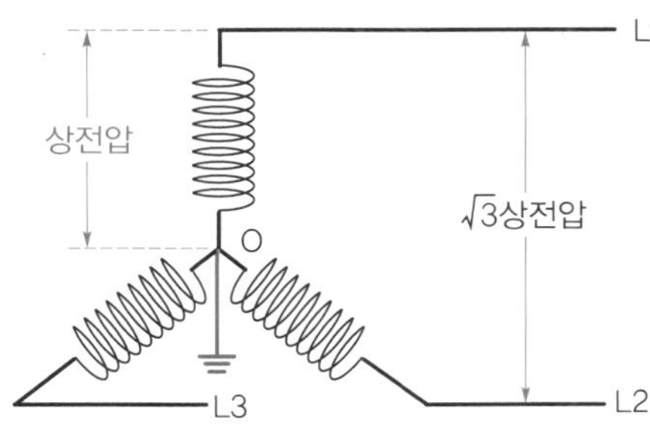

| Y결선에서 지락되지 않을 경우 |

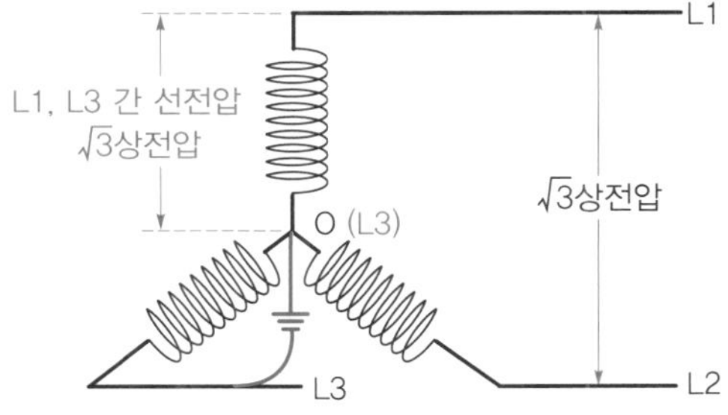

| Y결선에서 1선이 지락될 경우 |

- 각 상전압은 중성점(대지)과 선간전압/$\sqrt{3}$이 걸린다.
- 지락이 되면 L3상을 접지한 것과 같이 되고 대지에 L3상 전압이 걸려 V결선[L1-O, L2-O]이 된다. L3상은 변압기 2차측 1상을 단락시킨 것처럼 된다.

중성점 접지를 하거나 1상 접지를 하면 대지와의 전위(전압)가 0[V]이지 다른 상과의 전압은 0[V]가 아니다.

159 SECTION Y결선에서 부하 중성점 전압이 0[V]가 아닌 이유는 무엇인가요?

Y결선에서 N선 중성점은 0[V]이어야 하는데 실제로는 대략 0.5~0.7[V]가 나옵니다. N-E 사이가 평형일 경우 0[V]이지만, 실제로 N선에서 0.5~0.7[V] 나오는 건 왜 그러는 것인지 알고 싶습니다.

중성선 전선저항에 부하 불평형에 의한 전류가 흐르기 때문입니다. 중성선에 걸리는 대지전압은 부하로 갈수록 커집니다.

이론적으로 완전한 평형이라면 전류가 흐르지 않고 전압은 0[V]가 됩니다. 하지만 3상 4선식 Y결선에서 중성선을 사용하는 부하는 완전한 평형이 될 수 없습니다. 이론적인 완전한 평형이 되지 않기 때문에 전원의 중성점과 부하의 중성점 사이는 0[V]가 되지 않습니다. 중성선에는 그 전압차에 의한 전류가 부하에서 변압기 중성점으로 흐르게 됩니다. 이것이 중성선에 흐르는 불평형 전류입니다.

부하의 중성점은 중성선에 전류가 흐르지 않으면 대지의 전위와 같습니다.

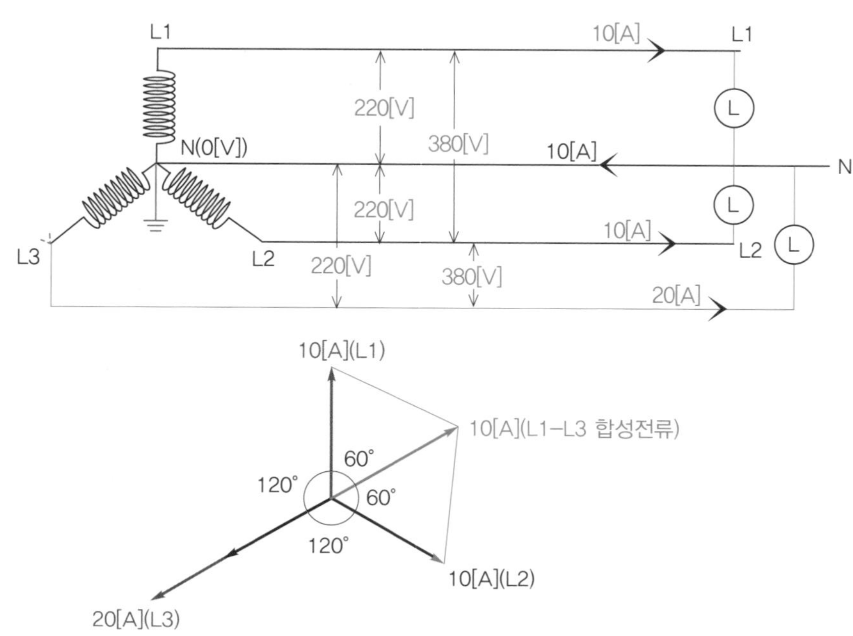

| 3상 4선식에서 중성선 전압이 0[V]가 아닌 이유 |

- 중성선에 흐르는 전류 = 20[A](L3)-10[A](L1-L3 합성전류) = 10[A]
- 부하 중성점에 걸리는 전압은 '중성선 저항×중성선에 흐르는 전류'이다.
- 부하가 지락이 되지 않고 평형이 되면 전류가 흐르지 않기 때문에 중성선의 전압은 0[V]이다.

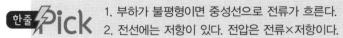

1. 부하가 불평형이면 중성선으로 전류가 흐른다.
2. 전선에는 저항이 있다. 전압은 전류×저항이다.

변압기 2종 접지선 누설전류를 측정해보면 얼마인가요?

수전용량은 900[kVA](3상 4선식 500[kVA] 및 400[kVA])이고, 옥상에 태양광 발전 10[kW]가 설치되어 있으며, TIE-ACB가 투입되어 변압기는 병렬 운전하고 있습니다. 사용 전력은 총 120[kW] 정도 됩니다.

변압기 중성점 접지선 누설전류를 측정해보니 500[kVA]측은 1.5[A], 400[kVA]측은 1[A]가 측정되었습니다. ACB 2차측에 누전경보기가 설치되어 있고, 세팅은 모두 0.2[A]로 되어 있습니다. 누전경보기는 현재 경보가 발생되지는 않은 상태입니다.

중성점 접지선에 누설전류가 측정되는 원인이 실제 부하에서 누설이 발생되고 있는 것인지 태양광 발전설비의 고조파 전류로 인한 것인지 궁금합니다. 누전이 아니라면(케이블 정전용량에 의한 충전전류 등) 이에 대한 기술적 조언도 부탁드립니다.

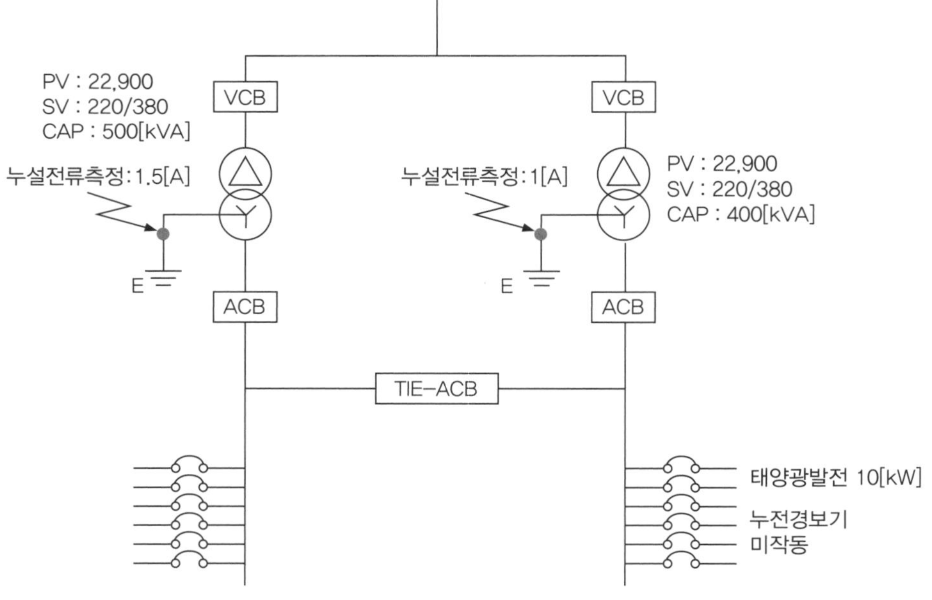

| 22.9[kV] 수전단선도 |

| 수전변압기 2차측 결선 |

(1) 누설전류는 실제 부하의 절연불량이 아닌 상태에서도 인버터나 배터리 용량 등과 같은 전력전자기기를 사용하면 발생됩니다.

(2) 태양광 발전설비에는 인버터를 사용하기 때문에 제3고조파가 누설전류로 흐를 수 있습니다.

누설전류 허용기준이 정격전류의 $\frac{1}{2,000}$[A]입니다. 그런데 상기 변압기들은 $\frac{500,000[VA]}{(\sqrt{3}\times380)[V]}\times\frac{1}{2,000}=0.38$[A]이고, $\frac{400,000[VA]}{(\sqrt{3}\times380)[V]}\times\frac{1}{2,000}=0.3$[A]로 허용전류 이상이 됩니다. 이와 같은 누설전류는 저항에 의한 순수저항성 누설전류, 그리고 정전용량, 전자유도에 의해 발생하기도 합니다. 저항에 의하여 누설전류가 발생된다면 문제가 될 수 있는데 이는 절연점검을 하면 알 수 있습니다.

절연에 이상이 없다면 대부분 정전용량에 의해 발생하는 누설전류입니다. 이에 의한 누설전류는 크게 문제 되지는 않지만 전기 NOISE 등을 발생시키고 다른 제어기기에 영향을 줄 수 있습니다. 이는 대부분 고조파에 의하여 발생합니다. 고조파는 인버터, UPS, BATTERY CHARGER와 같은 반도체 소자를 많이 사용하는 전력제어 기기에서 발생합니다.

고조파가 발생하면 각 선로 등의 X_C는 $\frac{1}{2\pi fC}$로 주파수에 비례하여 작아지기 때문에 누설전류가 커지게 됩니다. 이때에는 전력분석기로 고조파의 유무를 확인하고 그 고조파에 의한 필터 등을 설치하여 고조파를 억제할 수 있습니다.

누설허용전류기준 : 변압기 정격전류기준 3상은 $\frac{1}{2,000}$[A], 단상은 $\frac{1}{1,000}$[A]이다.

161 SECTION

△결선의 접지에 지락전류가 흐를 수 있나요?

△결선에서도 혼촉방지를 위하여 사용전압이 300[V] 이하의 활선 중 하나에 접지를 하는 것으로 알고 있습니다. 그런데 접지된 활선에는 지락전류가 흐르지 않는다고 들었습니다. 비접지식 결선인 △결선의 한 상에 접지를 했는데 왜 지락전류가 흐르지 않는 것인지 궁금합니다.

(1) △결선의 한 상에 접지를 하면 접지식입니다.

(2) 지락 시 지락상태에 따라 지락전류가 흐릅니다.

지락이 되면 다음 그림과 같이 녹색선으로 지락전류가 흐릅니다. 단, L2상의 지락은 L2상 전선로와 지락점에서 전원 L2상까지 대지저항으로 L2상 전류가 분배하여 흐릅니다. 이 전류는 접지상태와 지락상태에 의하여 결정됩니다. 이것은 중성선이 지락된 것과 같이 나타납니다.

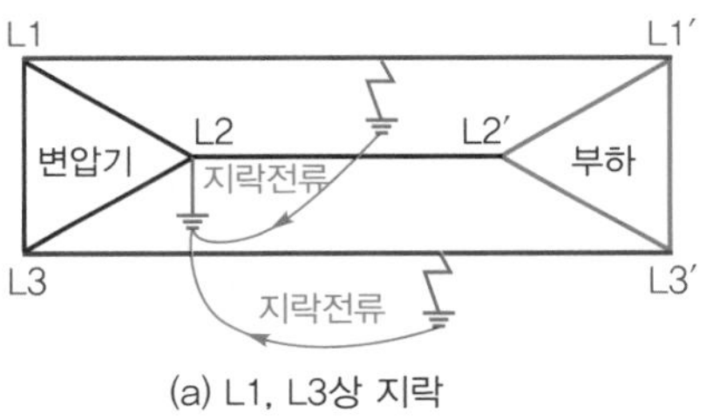

(a) L1, L3상 지락

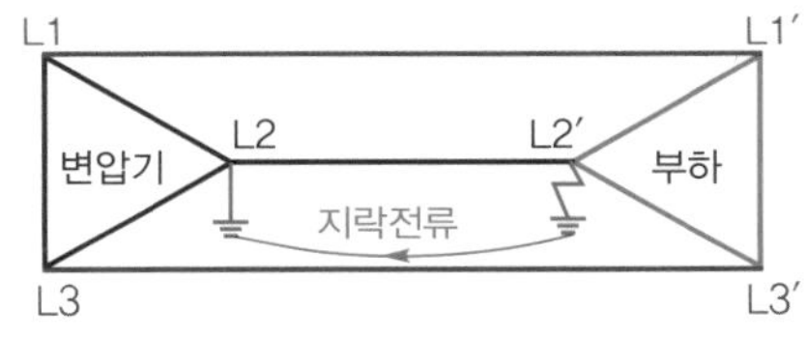

(b) L2상 지락

| △결선에서 L2상 접지를 할 경우의 누설전류 |

- (a)의 경우 지락전류는 $\dfrac{\text{L1-L2 전압}}{\text{지락저항+대지저항}}$ 이다.
- (b)의 경우 지락전류는 L2상 전류 × $\dfrac{\text{L2-L2}'\text{간 저항}}{\text{L2-L2}'\text{간 저항+지락저항+대지저항}}$ 이다.

2차 전압 300[V] 이하 델타변압기도 혼촉사고예방을 위하여 1상을 접지시켜야 한다(일반적으로 L2상 접지를 함).

162 SECTION

변압기의 돌입전류는 변압기에 어떠한 영향을 주나요?

돌입전류가 변압기에 미치는 영향과 보호계전기와의 관계에 대하여 설명 부탁드립니다.

변압기 돌입전류가 10배 정도 되기 때문에 순간적으로 접속부분 등과 같은 약한 부분에서 터지는 사고가 발생할 수 있습니다. 변압기 투입 시 돌입전류에 의하여 계전기가 동작할 수 있기 때문에 설정 시 돌입전류에는 동작되지 않도록 해야 합니다.

변압기에 전원을 가하면 변압기가 여자되기 위하여 돌입전류가 흐르게 되는데, 이는 다음 표와 같습니다.

| 여자돌입전류의 개략값 |

변압기 용량[kVA]	전압인가 권선구분 (정격전류 배수)		최초의 1/2로 감소하는 시간 [Cycle]
	외측	내측	
50	20	33	6~8
100	18	30	
500	11	16	8~10
1,000	9	14	
5,000	6	10	10~60
10[MVA]	5	10	
50[MVA]	5	9	60~

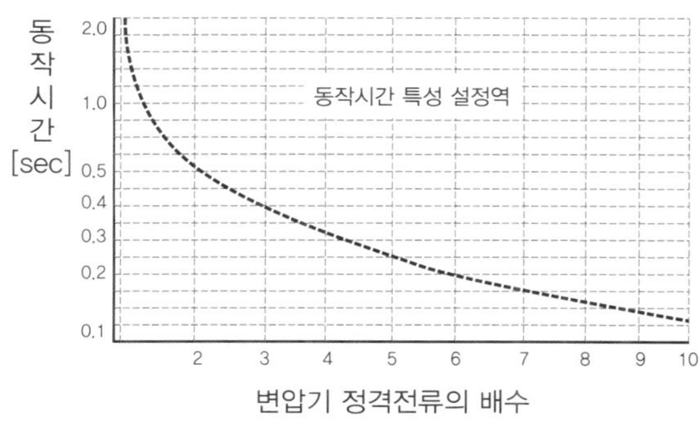

| 여자돌입전류와 과전류계전기와 협조 |

- 계전기의 순시세팅은 돌입전류를 감안하여 10배의 전류에 0.2[sec]로 하면 된다.

질문 더+

Q 유입변압기(22.9/6.6[kV], 6[MVA]) 가압 시 OCGR이 계속 동작되어 VCB가 트립되었지만 OCGR 계전기를 무시하고 가압을 했습니다. 돌입전류 시 OCR이 동작한 것은 봤는데, 왜 OCGR이 동작한 것인지 궁금합니다.

A 돌입전류에 의해 OCGR은 동작하지 않습니다. OCGR은 실제 지락으로 동작하거나 불평형 전류(대부분 30% 세팅)에 의해 동작합니다. 불평형은 CT단자가 헐거울 때에도 동작할 수 있기 때문에 그런 부분을 확인해 보아야 합니다.

1. 돌입전류는 일반적으로 0.2[sec]에 정격의 10배를 기준으로 보호설정을 한다. 용량이 크면 배수가 작고 시간이 많이 걸린다.
2. 보호계전기 설정 시 필히 돌입전류를 감안하여야 한다.

163 SECTION 변압기 중성점 NGR 지락보호계전기는 51N인가요, 아니면 51G인가요?

변압기 중성점 NGR 지락보호용 계전기의 약어는 51N이 맞는지 아니면 51G가 맞는지 궁금합니다. 저희 회사에서는 도면에 51N으로 사용하고 있는데, 보통 FEEDER에 사용된 OCGR을 51G라고 하는 게 맞는지 알고 싶습니다.

GROUND에 접지를 한다고 하여 51G, 3CT 사용 잔류방식은 N을 이용한다고 하여 51N이라 합니다.

잔류전류 검출방식에서 검출된 전류는 불평형까지 포함된 N전류이고, 중성선 접지로 흐르는 전류는 G전류, 즉 순수지락전류입니다.

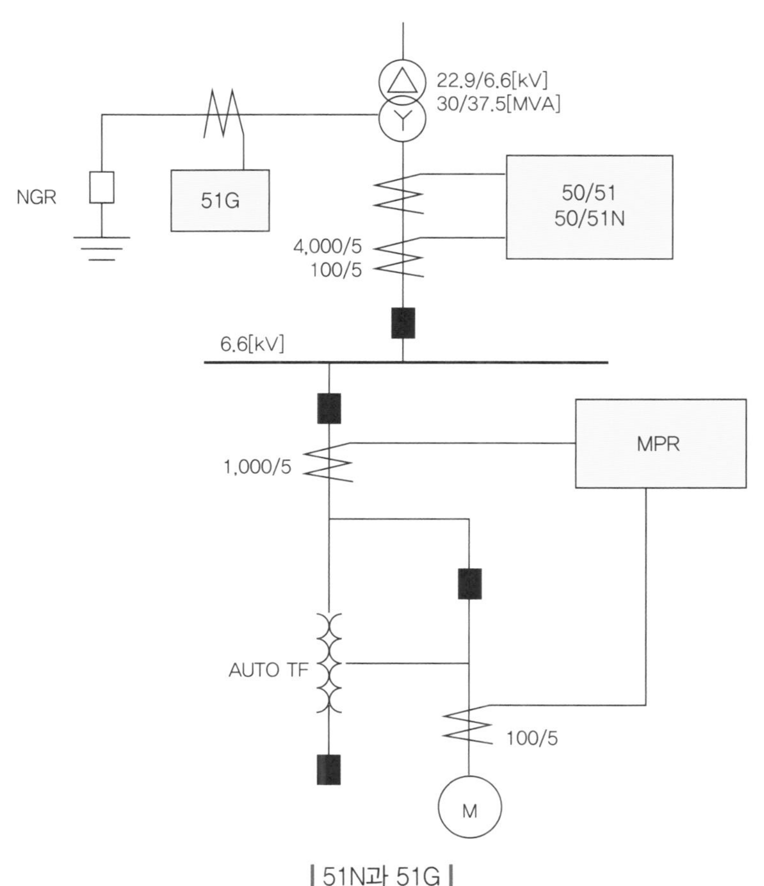

| 51N과 51G |

Q (1) 3상 3선식 저항접지방식도 마찬가지로 NGR로 변압기 중성점에 연결된 것은 51N, FEEDER회로의 잔류회로방식이면 51G인 것인지 궁금합니다.

(2) 변압기 2차측 CT가 2개로 되어 있는데 그 이유를 알고 싶습니다.

A (1) 중성점 접지에 설치된 CT는 순수 GROUND, 즉 대지로 흐르는 지락전류를 검출하는 CT이기 때문에 GCT라 하고 계전기도 51G라고 합니다. 3CT 사용 잔류방식은 중성선에 흐르는 불평형전류까지도 검출하기 때문에 N이고 계전기도 51N이라고 합니다. ZCT도 순수지락전류만 검출하기 때문에 51G라고 합니다.

(2) 모터와 같이 3상 3선을 사용하는 부하는 평형부하이기 때문에 CT가 없는 1상의 전류는 2CT의 벡터합(다른 상의 전류와 같음)으로 나타납니다.

1. 모터부하는 3상 평형부하이다.
2. 지락전류만 검출하는 것이 51G이고, 불평형전류와 같이 검출하는 것이 51N이다.
3. 현재 현장에서는 N과 G를 혼용하고 있다.

164
SECTION

3개의 단상 변압기를 △-△로 결선하고 2차 한 상을 접지로 하면 어떻게 되나요?

3상 3선식 220[V] 변압기에서 고저압 혼촉방지를 위하여 300[V] 미만 변압기는 L1, L2, L3 상 중 한 상을 임의로 접지하게 되어 있다고 알고 있습니다. 변압기는 3대인데, 한 상만 접지한다는 것은 변압기 한 대만 접지가 된다는 것이 아닌지, 고저압 혼촉은 변압기가 1차(고압), 2차(저압) 변압기 절연이 나빠져 서로 만나게 되는 건데, 한 상만 접지를 한다는 것은 변압기 한 대만 보호를 한다는 뜻인지 알고 싶습니다.

단상 변압기 3대를 △결선하고 1대만 접지해도 변압기 3대의 1, 2차가 서로 연결되어 결선되어 있으므로 어느 변압기가 혼촉되어도 접지한 선으로 전류를 흐르게 합니다.

3대의 단상 변압기를 Y나 △로 결선한다는 것은 3대의 단상 변압기를 1대의 3상 변압기로 만든다는 것입니다. 3상 변압기의 구조는 단상 변압기와는 다르지만 내부에서 단상 코일 3개를 결선한 것입니다. 그렇기 때문에 어느 변압기든 혼촉되면 전원측 변압기 2차가 접지되어 있으므로 1차 고전압이 2차로 넘어오고, 변압기 2차 중성점 접지에 의하여 전원측 변압기 2차와 폐회로가 구성되어 지락이 발생하고 지락전류가 흐르게 됩니다. 그러면 그 지락전류는 2차 △결선의 변압기 접지선을 통하여 대지로, 대지에서 전원측 2차 변압기 중성점 접지선으로 하여 변압기 중성점으로 흐르게 됩니다. 그러면서 2차 중성점 접지선에 설치된 CT에서 지락을 검출하여 계전기를 동작시켜 차단기가 동작하고 변압기 전원을 차단합니다.

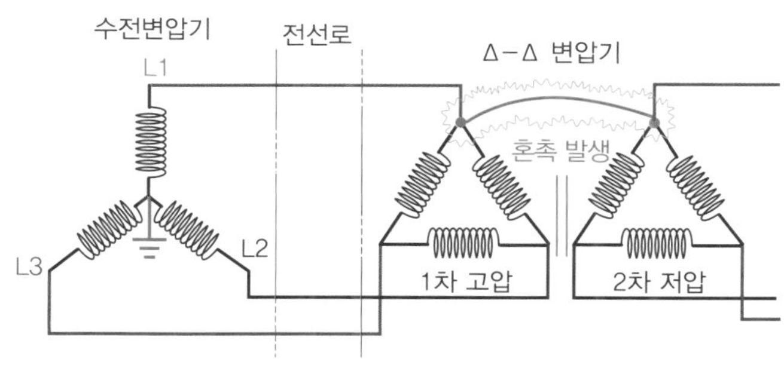

| 접지를 하지 않았을 경우 |

- 1차의 고전압이 2차로 넘어간다.

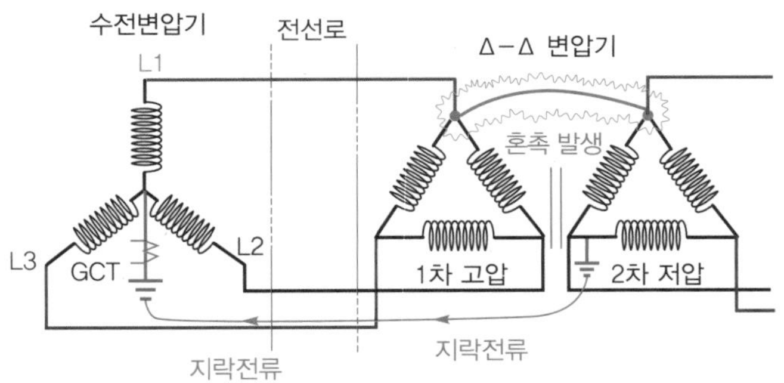

ㅣ접지를 하였을 경우ㅣ

- 1차의 고전압이 2차로 넘어가 접지를 통하여 지락회로를 구성한다.

1. 변압기 2차측은 접지를 하여야 하고 지락사고 시 전원을 차단하여야 한다.
2. 요즘은 기본적으로 공통접지나 통합접지를 실시하여 접지선 간 등전위가 되도록 하기 때문에 지락사고 시 지락전류가 매우 커 지락사고로 인한 피해를 줄이기 위하여 고압은 NGR, 저압은 HRG를 설치하여 지락전류를 제한하고 있다.

몰드변압기의 탭 조정은 어떻게 하나요?

몰드변압기 탭 절환은 어떻게 하는지 궁금합니다.

(1) 탭 절환 시 전원을 차단하고 해야 합니다.

(2) 부하전압이 낮으면 탭을 높여 전압비를 작게 하고, 부하전압이 높으면 탭을 낮춰 전압비를 크게 합니다.

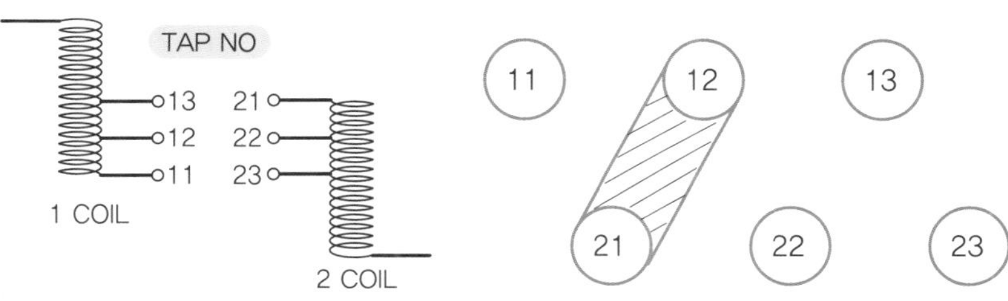

(a) 1상의 코일 (b) 몰드변압기 탭 절환 단자

| 몰드변압기 탭 절환과 연결번호 |

연결번호 및 탭 전압은 각각의 변압기 및 제조사에 의해 변경될 수 있습니다. 가장 정확한 방법은 해당 변압기의 명판을 확인하는 것입니다.

변압기 탭은 1차측 권선에 있습니다.

기본은 2차측 전압을 올릴 때는 1차측과 2차측의 권선비를 작게 하여 1차 전압이 낮은 쪽으로 탭을 바꾸어 주고, 전압을 낮출 때는 권선비를 크게 하여 높은 쪽으로 탭을 바꾸어 줍니다. 즉, 전압비를 크게 하면 전압이 낮아지고, 전압비를 낮추면 전압이 높아집니다.

1차측 23,900[V](11−21)는 전압을 낮추는(탭을 낮춤) 쪽이고, 19,900[V](13−23)는 전압을 높이는(탭을 올림) 쪽입니다. 탭은 다음 공식에 의하여 결정합니다.

$$현재의\ 전압 \times 전압비\left(\frac{1차\ 전압}{2차\ 전압}\right) = 조정전압$$

예를 들면 현재 탭이 22,900[V](12−21)에 있을 때 전압이 360[V]이고 이것을

380[V] 정도로 올리려면 $\frac{22,900}{380}=\frac{X}{360}$, $X=\frac{22,900}{380}\times 360=21,694$[V]로 해야 합니다. 그런데 21,694[V] 탭이 없으므로 21,900[V]로 합니다.

그러므로 2차 전압은 $\frac{22,900\times 360}{21,900}$=376.4[V]가 됩니다.

| 몰드변압기 탭 |

연결번호	탭전압		
	22,900[V]	6,600[V]	3,300[V]
11–21	F23,900	F6,900	F3,450
12–21	R22,900	R6,600	R3,300
12–22	21,900	6,300	3,150
13–22	20,900	6,000	3,000
13–23	19,900	5,700	2,850

제조회사마다 다를 수 있으므로 작업을 할 때는 명판을 확인하는 습관을 들여야 합니다.

다음 사진은 실제 몰드변압기의 탭입니다.

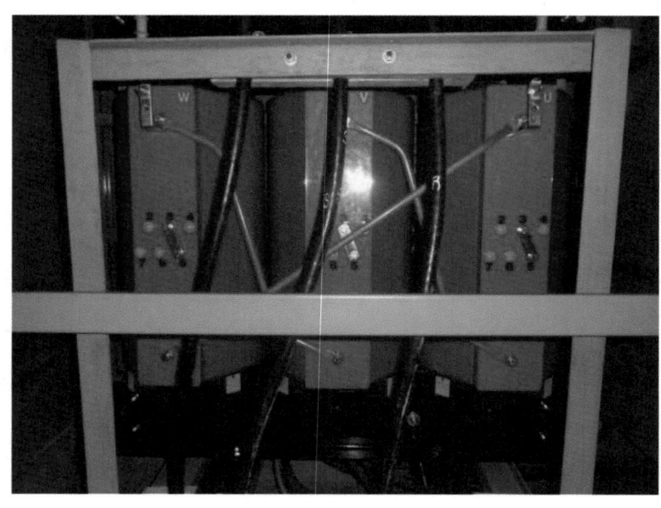

| 몰드변압기 TAP |

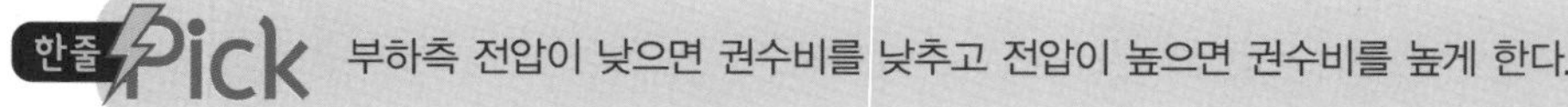

한줄 Pick 부하측 전압이 낮으면 권수비를 낮추고 전압이 높으면 권수비를 높게 한다.

CHAPTER

09

수전설비

166 SECTION

3상 380[V]에서 기기의 전압이 440[V]인 경우 과전압 허용오차를 넘은 건가요?

3상 380[V]에서 기기의 전압이 440[V]인 경우 과전압 허용오차를 넘은 것인지 알고 싶습니다.

(1) 다음 사진처럼 440[V]라면 너무 높은 것 같은데 허용오차 범위에 속해 있다면 그냥 두어도 무방한 지 궁금합니다.

(2) 일반적으로 특고압 및 저압의 허용오차 범위가 어느 정도인지 궁금합니다.

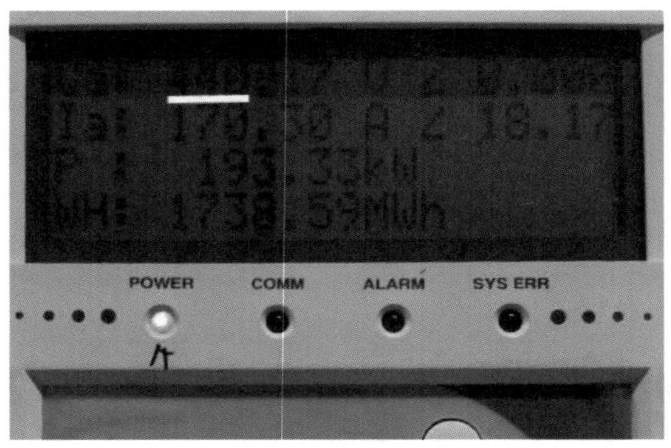

❙ 계전기의 표시판 ❙

(1) 440[V]는 허용전압보다 높습니다.

(2) 한전에서 고객에게 전기를 공급하는 경우 주파수 60[Hz]를 표준 주파수로 하고 110[V]는 110[V]±6[V] 이내, 220[V]는 220[V]±13[V] 이내, 380[V]는 380[V]±38[V] 이내를 유지하여야 합니다.

전기기기의 허용전압은 ±10%입니다. 전압이 높으면 기기의 수명에 치명적입니다. 기본적으로 수전실 전압은 ±5% 이내로 관리해야 합니다.

수전전압은 항상 저압측 전압기준으로 관리한다.

167 SECTION

판넬에서 전류를 알 수 있는 방법은 무엇이 있나요?

에너지 진단 시 펌프나 송풍기의 전류를 측정하도록 합니다. 판넬에 CTT가 있으면 거기에 L1, L2, L3 중 한 선에 전류계를 설치하면 된다고 알고 있습니다. CTT가 없는 판넬은 어디에 전류계를 끼워서 측정해야 할지 모르겠습니다. 전력 계산 시에도 3상인지 단상인지 구분을 할 수 없습니다. 그리고 전압 값은 도면을 봐야만 알 수 있는지, 판넬에서 알 수 있는 방법은 없는지, 역률 값도 어떻게 해야 할지도 알려주시기 바랍니다.

(1) CTT가 없으면 CT 2차측 전선에 후크메타를 걸고 측정한 후 배율을 곱하면 됩니다.

(2) 판넬을 보고 L1, L2, L3가 있으면 3상입니다.

(1) 고압을 수전하거나 사용하는 판넬에는 고압을 직접 계기나 계량기에 인가할 수 없기 때문에 CT와 PT를 설치하여 그것을 저압이나 소전류로 변환한 값으로 고압, 대전류 값을 표시하고, 계량기는 적산된 전력량에 CT와 PT의 배율을 곱하여 구합니다. 고압 판넬은 계기를 개별적으로 설치하지 않는 한 CTT & PTT를 설치합니다. CT비가 100/5이고 PT비가 $\dfrac{\dfrac{22,900}{\sqrt{3}}}{\dfrac{190}{\sqrt{3}}}$[V]라면 CT & PT 배율이 2410배가 되므로 적산한 값에 2410배를 곱해주면 됩니다. CTT가 없으면 CT 2차 선로에 후크메타를 걸고 측정하면 됩니다.

(2) 전력계산은 먼저 측정하고자 하는 전원이 3상인지 단상인지를 알아야 하며, 3상과 단상인지의 여부는 차단기를 보면 쉽게 알 수 있습니다.
3상 동력차단기는 대부분 3P로 되어 있고, 단상 동력차단기는 2P로 되어 있습니다.

❙ 3상 4선식 저압 배전반 ❙

1. 고압의 전압 및 전류의 측정은 PT와 CT로 하고 그 비를 곱한다.
2. 특별한 경우가 아니면 PT 2차는 110[V], CT 2차는 5[A]를 기본으로 한다.

168 SECTION

VCB 판넬 내 OCR은 교체할 수 있나요?

OCR 3개 중 1개가 최고 설정치에서도 동작하지 않습니다. 만약 교체하려면 정전시킨 다음 발전기를 돌려놓고 교체해야 하는 것인지, 또 교체는 꼭 전문업체를 알아봐야만 하는 것인지 아니면 자가 교체도 가능한지 궁금합니다.

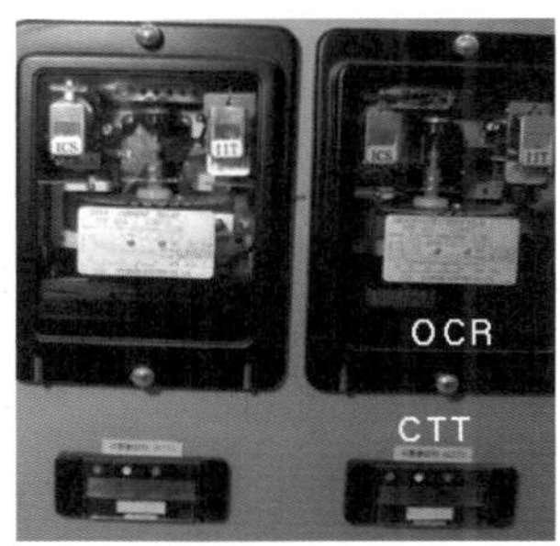

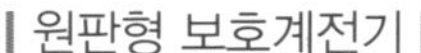

❙ 원판형 보호계전기 ❙

❙ 제어용 차단기 ❙

(1) 정전을 시키지 않은 상태에서 차단기의 조작전원을 OFF하고 CTT를 COMMON 시킨 후 작업하면 됩니다.

(2) 전기기술자라면 자체적으로 해도 됩니다.

기본적으로 판넬에는 계기나 계전기 및 계량기가 고장나거나 테스트가 필요할 때 언제든 작업할 수 있도록 CTT와 PTT가 설치되어 있습니다.

CTT와 PTT는 CT 2차와 PT 2차를 판넬과 연결해 주는 역할을 합니다. 작업을 하거나 테스트를 할 때에는 CTT는 단락하고, PTT는 개방을 하여야 합니다. 다음 사진은 계기나 계전기 등을 테스트하거나 교체할 수 있도록 판넬 전면에 설치한 CTT & PTT 그리고 PLUG입니다.

❙ 판넬 하단에 있는 PTT & CTT 터미널 ❙

❙ PTT & CTT PLUG ❙

다음 사진은 판낼 내 CTT & PTT 단자와 내부 접촉자 구조입니다. 첫 번째 사진에서 아래가 CT & PT에서 오는 1차측이고 위쪽이 계기나 계전기쪽으로 가는 2차측입니다. CT는 운전 중에 개방되면 안 되기 때문에 테스트를 할 때 반드시 주의를 하여야 합니다. 두 번째 사진을 보면 CTT & PTT 내부 접촉자가 붙어 있는데 이를 통해 CT PLUG나 PT PLUG를 뽑아도 내부에서 CTT, PTT의 1·2차를 연결시키고 있는 것을 알 수 있습니다. CT PLUG를 삽입할 때도 PLUG만 단락을 시키거나 1·2차를 쇼트시키면 회로가 개방되지 않습니다. 테스트를 하기 위하여 PLUG를 끼울 때 CTT PLUG 하단을 단락 BAR로 쇼트시켜야 합니다.

| 판넬 안쪽 CTT & PTT 단자 |

| CTT & PTT 내부 접촉자 |

(1) 정전은 PT라인에 의한 전압을 인식하여 발전기가 가동됩니다.

(2) CT라인은 전류와 관계가 있으므로 정전인식에 의한 발전기 가동과는 상관없습니다.

(3) 위 설명은 디지털복합계전기가 아닌 원판형 보호계전기들이 별도로 설치되었다(OCR, UVR, GOCR 등)는 가정하입니다. 만약 디지털복합계전기라면 복합계전기에 위의 기능들이 모두 들어 있으므로 복합계전기를 교체해야 하고, PTT도 꽂아야 합니다. 그러면 현장의 계통도에 따라 정전인식이 될 수도 있습니다.

(4) 교체방법은 보호계전기(OCR)가 일반라인이 아닌 제어회로에서 이루어지기 때문에 제어전원 차단기(현장에 따라 차단기에 한전이라고 표시) 전원을 내리고 하면 됩니다.

Q 디지털복합계전기는 아니나 전문업체를 불러야 될 것 같은데, 3개의 OCR 중 어느 것이 고장난 것인지 알 수가 없습니다. 이럴 경우 정전을 하지 않고 확인 가능한 방법이 있는지 알고 싶습니다.

A 정전을 하지 않으려면 전문업체를 불러야 합니다.

A+ 계전기는 3개가 L1, L2, L3 각 상에 걸려 있을 것입니다. 이들 중 어느 1개라도 동작하면 판넬 내부에 있는 보조계전기(보통 51X)에 의해 동작됩니다. 이는 전문가가 와서 실제 테스트를 통해 찾아내야 할 것 같습니다. 아마 보조계전기(51X)에서 그 다음 계통으로 넘어가지 못하도록 조치(보조계전기의 코일 전원 차단, 혹은 접점 차단) 후 OCR 3개를 차례로 동작시켜보고 안 되는 걸 찾을 겁니다. 이럴 경우에는 정전을 시키지 않아도 됩니다.

1. 조작전원을 OFF시키면 차단기는 수동으로 동작시키지 않는 한 동작하지 않는다(즉, 사고 시에도 동작되지 않음).
2. 모든 작업은 도면을 보고 확인하면서 하여야 한다.
3. CT는 운전 중 절대 개방되면 안 된다(CTT에서 1·2차가 불확실할 경우엔 1차끼리, 2차끼리 COMMON하고 후크메타로 확인할 수 있음).

169 SECTION

계전기의 동작 특성 그래프 곡선은 어떻게 해석해야 하나요?

다음 그림은 계전기 동작 특성 그래프입니다. 어떻게 봐야 하는지 궁금합니다.

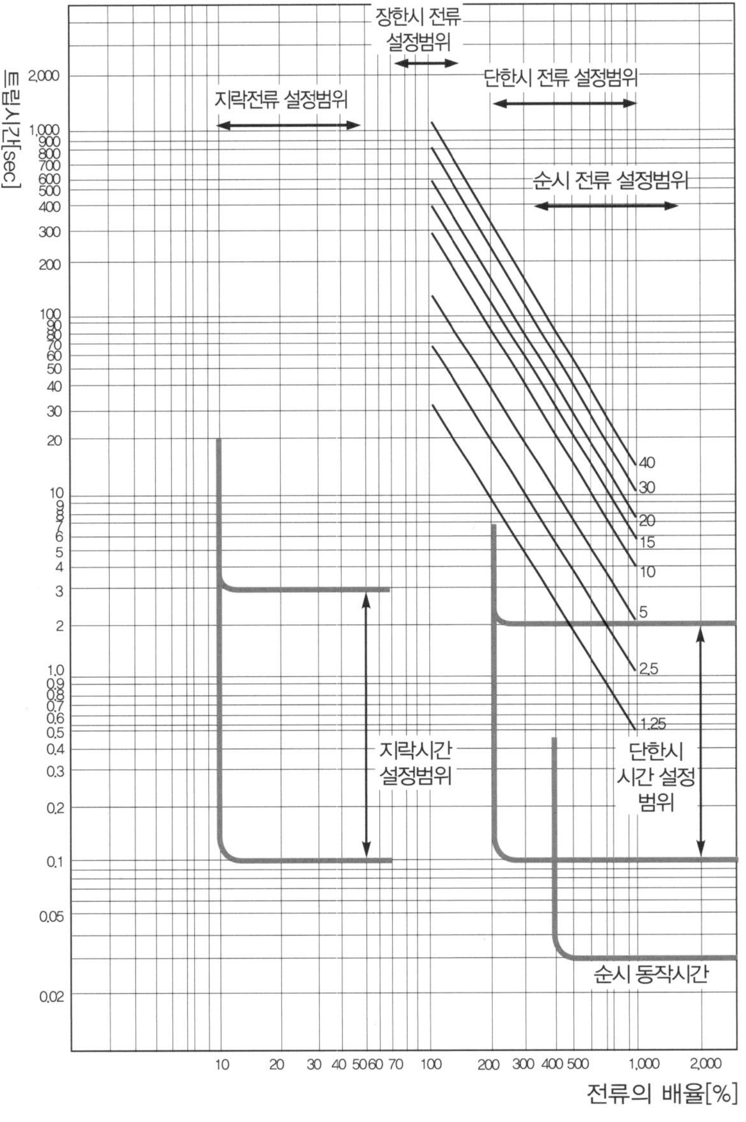

❙ 계전기의 동작 특성 그래프 ❙

그래프를 볼 때 글씨가 쓰여진 부분을 잘 보면 화살표가 있습니다.

(1) 왼쪽부터 지락전류 설정범위를 보면 양쪽 화살표가 10~50%까지 되어 있고, 밑으로 내려오면 지락시간 설정범위가 0.1~3[sec]로 되어 있습니다.

(2) 장한시 전류 설정범위는 75~110% 정도로 되어 있고, 오른쪽 빗금 1.25~40까지는 정한시(600%)일 때 트립 타임곡선입니다.

(3) 단한시 전류 설정범위는 200~1,000%, 단한시 시간 설정범위는 0.1~2[sec]입니다.

(4) 순시 전류 설정범위는 400~1,500%이며, 시간은 순시 0.03[sec]로 되어 있습니다.

1. 장한시 : 조건만 되면 크고 작고를 떠나 동작되는 시간(정해진 시간)이다.
2. 단한시 : 양이 많으면 빨리 동작하고 양이 적으면 늦게 동작하는 시간이다.
3. 계전기는 보호하는 기기의 특성을 정확하게 인지하고 그 특성에 맞추어야 한다.

170 SECTION

메인 VCB 풀턴 스위치는 어떻게 교체하나요?

며칠 전에 한전 정전으로 인해 아파트가 정전되었다가 복구되었는데, 당직기사의 말로는 UVR(디지털 아님)이 4~5번 만에 복구되고, VCB 풀턴 스위치도 투입이 안 되었다고 합니다. 그래서 부하 ACB를 차단시키고 투입하니 VCB가 투입되었습니다. 혹시 몰라 VCB 풀턴 스위치를 교체하려고 합니다. ACB는 풀턴 스위치 조작전원을 내리면 교체가 가능하다는데, VCB도 똑같은 방식으로 하면 되는지 궁금합니다.

(1) VCB도 조작용 차단기를 OFF하고 하면 됩니다.
(2) ACB가 VCB에 INTERLOCK 되어 있으면 투입이 안 됩니다.

(1) VCB나 ACB 등은 차단기가 1펄스로 ON, OFF 동작합니다. 즉, ON이나 OFF 신호가 들어와야만 동작합니다. 평상시는 차단기가 기계적으로만 동작하고 있다가 ON 또는 OFF 신호가 들어오면 동작합니다. ON이 되어 있을 때 조작전원을 내려도 전기적으로 OFF 신호가 들어가지 않기 때문에 동작하지 않습니다. 이것을 FAIL SAFETY SYSTEM이라 합니다. 조작전원을 내리고 교체해도 아무 이상 없습니다.

(2) ACB가 VCB에 INTERLOCK 되어 있으면 ACB를 OFF 해야만 투입되기 때문에 도면을 보고 확인해야 합니다.

Q 메인 VCB를 현장에서 ON 시 캠 스위치를 로컬에 놓고 ON 하는데, 가동(ON)상태일 때도 조작전원을 내리고 로컬-리모트 캠 스위치를 교체해도 OFF가 안 되는지 알고 싶습니다.

A VCB나 ACB는 ONE PULSE SIGNAL에 의하여 동작하고 AUTO RETURN을 합니다. 그러므로 조작전원을 OFF하고 하면 됩니다. 그래도 항상 도면을 참고해야 합니다.

1. 차단기의 PULL TURN S/W는 1PULSE로 1동작(ON이나 OFF)하는 S/W이다.
2. 차단기는 동작 후 기계적으로 LOCK이 되어 있다가 신호가 들어오면 동작된다.
3. VCB와 ACB 간 INTERLOCK를 하기도 한다.

171
SECTION

배전반 풀턴 스위치는 어떻게 교체하나요?

배전(ACB)반 풀턴 스위치를 돌리다가 고장이 발생했습니다. ACB 조작전원을 내리고 풀턴 스위치를 교체하면 되는 것으로 알고 있는데, 이럴 경우 혹시 ACB가 트립되지 않을지 궁금합니다.

조작전원을 내리면 트립되지 않습니다.

기본적으로 ACB는 조작전원을 내리면 트립되지 않습니다. 하지만 자주 취급을 하지 않는 기기의 조작전원이라면 조작전원을 내리기 전에 반드시 제어회로에 대해 도면을 보고 확인하는 습관을 가져야 합니다. 제어회로는 필요에 따라 수시로 조건을 바꾸어 놓을 수가 있습니다.

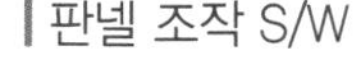
| 판넬 조작 S/W |

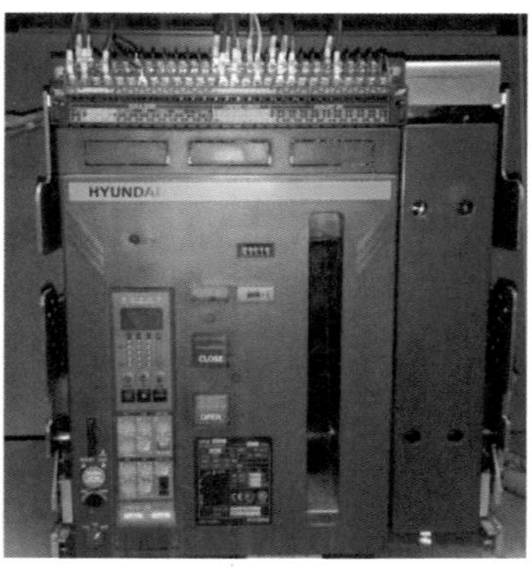

| ACB |

Q 일반적으로 조작회로에 풀턴 스위치가 있기 때문에 조작전원용 차단기를 내리면 ACB는 트립되지 않는 걸로 알고 있습니다. ACB를 트립시키기 위해서는 풀턴 스위치에 의한 수동트립, 보호계전기 접점에 의한 자동트립, 차단기의 전면에 있는 기계적 OPEN BUTTON의 순으로 하는 것이 맞는지 알려주시기 바랍니다.

조작전원용 차단기를 내려도 ACB는 트립되지 않습니다.

ACB는 조작전원(DC 110[V])에 의해 회로가 구성되기 때문에 조작전원용 차단기를 내리면 트립이 되지 않는데, 혹시 UVT가 적용되었다면 UVT전원이 어디서 오는지 현장의 시퀀스 회로도를 보아야 정확히 알 수 있습니다. 정전이 되면 UVT에 의하여 자동으로 ACB는 트립됩니다. UVT는 정전을 인식하면, 즉 주전원이 차단되면 ACB를 OFF시킵니다. 기본적으로 차단기의 동작은 FAIL SAFETY 개념으로 운전 중 조작전원에 문제가 있다고 하여 차단기가 트립되거나 투입되지 않습니다. UVT는 조작전원이 아닌 주전원에 의하여 동작을 합니다. 모터에 사용하는 ACB는 필히 UVT를 사용하여 정전이 되면 자동으로 차단기를 차단시킵니다.

| AC TYPE UVT CONTROLLER 정격 |

구분	정격전압 (rated voltage)	동작시간 (operation time)	흡입전압 (pick up voltage)	낙하전압 (drop-out voltage)
순시형 (instanta-neous)	AC 110[V]	0.15[s] 이하	85% 이상	70% 이하
	AC 220[V]			
	AC 380[V]			
	AC 460 [V]			
지연형 (time delay)	AC 110[V]	0.5[s] 이상	85% 이상	70% 이하
	AC 220[V]			
	AC 380[V]			
	AC 460[V]			

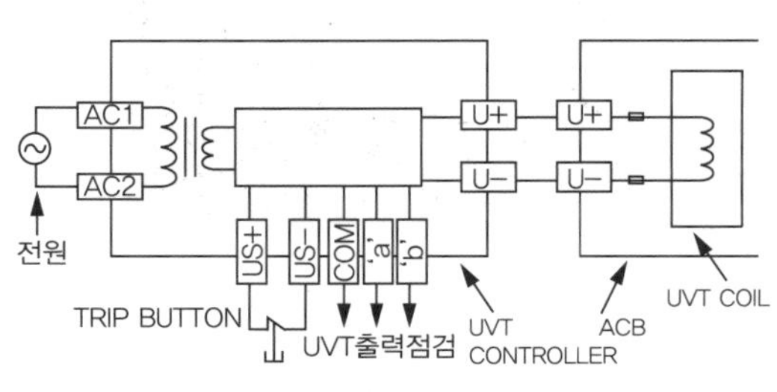

| AC UVT CONTROLLER 회로 |

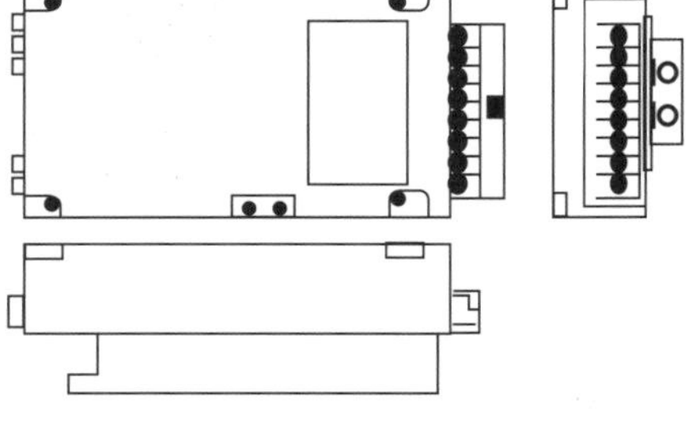

| AC UVT CONTROLLER 외형치수 |

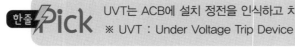

UVT는 ACB에 설치 정전을 인식하고 차단기를 트립시킨다.
※ UVT : Under Voltage Trip Device

172 SECTION

VS & AS 절환스위치 회로의 동작은 어떻게 되나요?

다음 그림의 절환스위치 결선이 맞는지 설명 부탁드립니다.

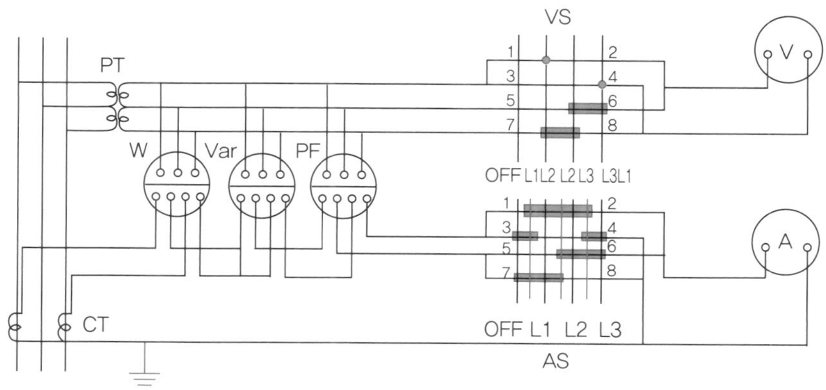

❙ 3상 3선식 전압·전류계 회로 ❙

(1) VS 절체 시에는 해당 전압을 제외한 다른 상의 PT회로는 OPEN되어야 합니다.

(2) AS 절체 시에는 해당 전류를 제외한 다른 상의 CT회로는 단락시켜야 합니다.

(1) 전압[V] SELECTOR 스위치

① OFF일 경우 VS접점이 동작되는 게 없어 계기에 전압이 걸리지 않습니다.

② L1–L2일 경우 1–2접점(L1)이 동작하고, 7–8접점(L3)이 동작하여 L1–L2전압이 나타납니다.

③ L2–L3일 경우 5–6접점(L2)이 동작하고 7–8접점(L3)이 동작하여 L2–L3전압이 나타납니다.

④ L3–L1일 경우 3–4접점(L1)이 동작하고 5–6접점(L2)이 동작하여 L3–L1전압이 나타납니다.

⑤ VS의 선간표시와 실제 선간전압이 L1–L2와 L3–L1이 서로 바뀌어 나타납니다.

(2) 전류[A] SELECTOR 스위치

① AS가 OFF일 경우 3–4, 7–8접점이 동작 CT만 단락시키고 계기에는 전류가 흐르지 않습니다.

② AS가 L1일 경우 1-2접점이 동작 L3상의 CT전류가 계기로 흘러 L3상 전류를 지시하고 7-8접점이 동작 L1상 CT를 단락시킵니다.

③ AS가 L2일 경우 1-2접점이 동작 L3상의 CT전류와 5-6접점이 동작 L1상 CT 전류(120° 위상차)가 합쳐져 L2상 전류를 지시합니다.

④ AS가 L3일 경우 5-6접점이 동작 L1상의 CT전류가 계기로 흘러 L1상 전류를 지시하고 3-4접점이 동작 L3상 CT를 단락시킵니다. 하여 AS의 선전류도 L1상과 L3상이 서로 바뀌어 나타납니다.

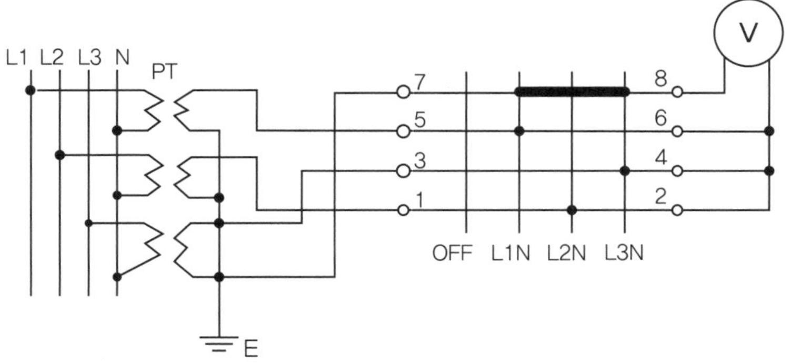

❙ 3상 4선식 전압[V] SELECTOR 스위치 회로도 ❙

- 접점은 4개로 되어 있고 PT는 절체 시에 회로가 단락되면 안 된다. 그렇기 때문에 PT N선만 계기에 연결되게 하고 전압계 SELECTOR 스위치를 OFF할 때는 전체가 개방되고 L1-N상으로 하면 L1상만 계기로 가고 L2, L3 상은 개방된다.
- L2-N와 L3-N상도 마찬가지로 자기 상만 가고 다른 상은 개방된다.

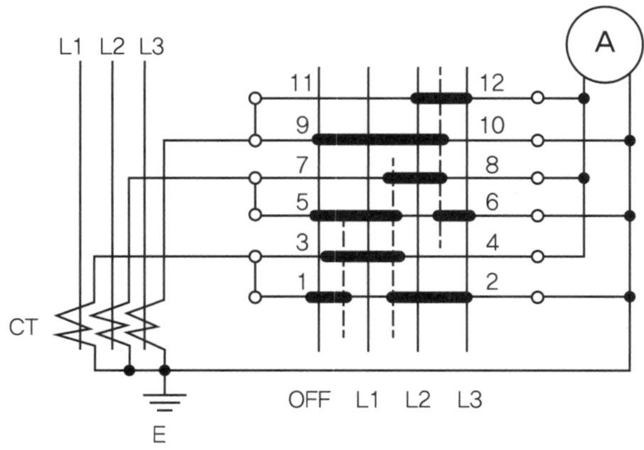

❙ 3상 4선식 전류[A] SELECTOR 스위치 회로도 ❙

- 접점은 6개로 되어 있고 CT는 절체 시 회로가 개방되면 안 되므로 L1-L2-L3 사이에 점선으로 표시를 해 놓았는데 그 중간에서 다른 접점이 동작하는 것과 겹쳐있다.
- CT의 한쪽은 전부 COMMON이 되어 있고 L1로 선택하면 L1만 계기로 가고 다른 상의 CT는 COMMON이 되도록 한다. L2나 L3상으로 선택을 하면 L1상과 마찬가지이다.

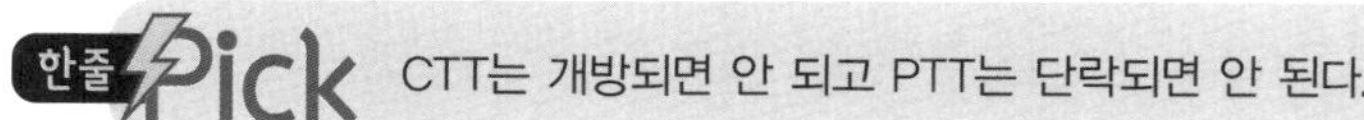

한줄 Pick
CTT는 개방되면 안 되고 PTT는 단락되면 안 된다.

173 SECTION

22.9[kV] 계통도에서 정전신호가 하는 역할은 무엇인가요?

(1) ACB 2차측에 있는 한전, 발전 소스에 의해 정전신호를 받아 발전기가 가동되는 건 알고 있습니다(판넬에서 신호선 확인했음). 그럼 VCB에 있는 UVR에서 저전압을 인식할 경우에도 발전기가 가동되는 게 맞는지, 이 경우 발전기 가동은 VCB, ACB 두 군데에서 각각 신호를 주게 되는지 알고 싶습니다.

(2) ACB에 있는 UVT는 어떤 기능을 하는 것인지, 없애도 되는 기능인지 궁금합니다.

(3) 반대로 말단 부하에서 과부하나 단락으로 ACB에서 트립될 경우 이때 발전기 가동은 어떻게 되는지, 수동으로 돌려줘야 되는지 궁금합니다.

(1) ACB는 VCB 후단에 설치되기 때문에 VCB가 UVR로 동작하여도 정전을 감지하여 발전기에 기동신호를 보냅니다.

(2) ACB에 있는 UVT는 ACB 전단에서 정전이 되었을 때 ACB를 OFF시킵니다.

(3) 정전신호를 어디에 설치하느냐에 따라 가동이 될 수도 있고 안 될 수도 있습니다. 기본적으로 한전에서는 ATS 한전측에서 정전을 감지하도록 권장합니다.

(1) SINGLE LINE에 발전기 START 접점신호가 표기된 것도 있고 없는 것도 있습니다. 전기에서 기본은 정보표시입니다.

(2) 정전신호는 MAIN VCB반의 UVR접점이나 ATS의 27접점을 이용합니다. 기본적으로는 ATS 내부의 27X를 이용하는 것이 가장 현실적입니다.

(3) ACB의 UVT(Under Voltage Trip device)는 ACB에 입전되는 전압이 없거나(정전) 전압이 낮으면 부하기기 보호차원에서 ACB를 차단시키기 위한 장치입니다.

(4) 한전 정전이 아니고 자체 정전일 경우에도 발전기가 돌아야 합니다. VCB UVR에서 정전신호를 받으면 구내 정전 시에는 발전기가 자동으로 운전되지 않습니다.

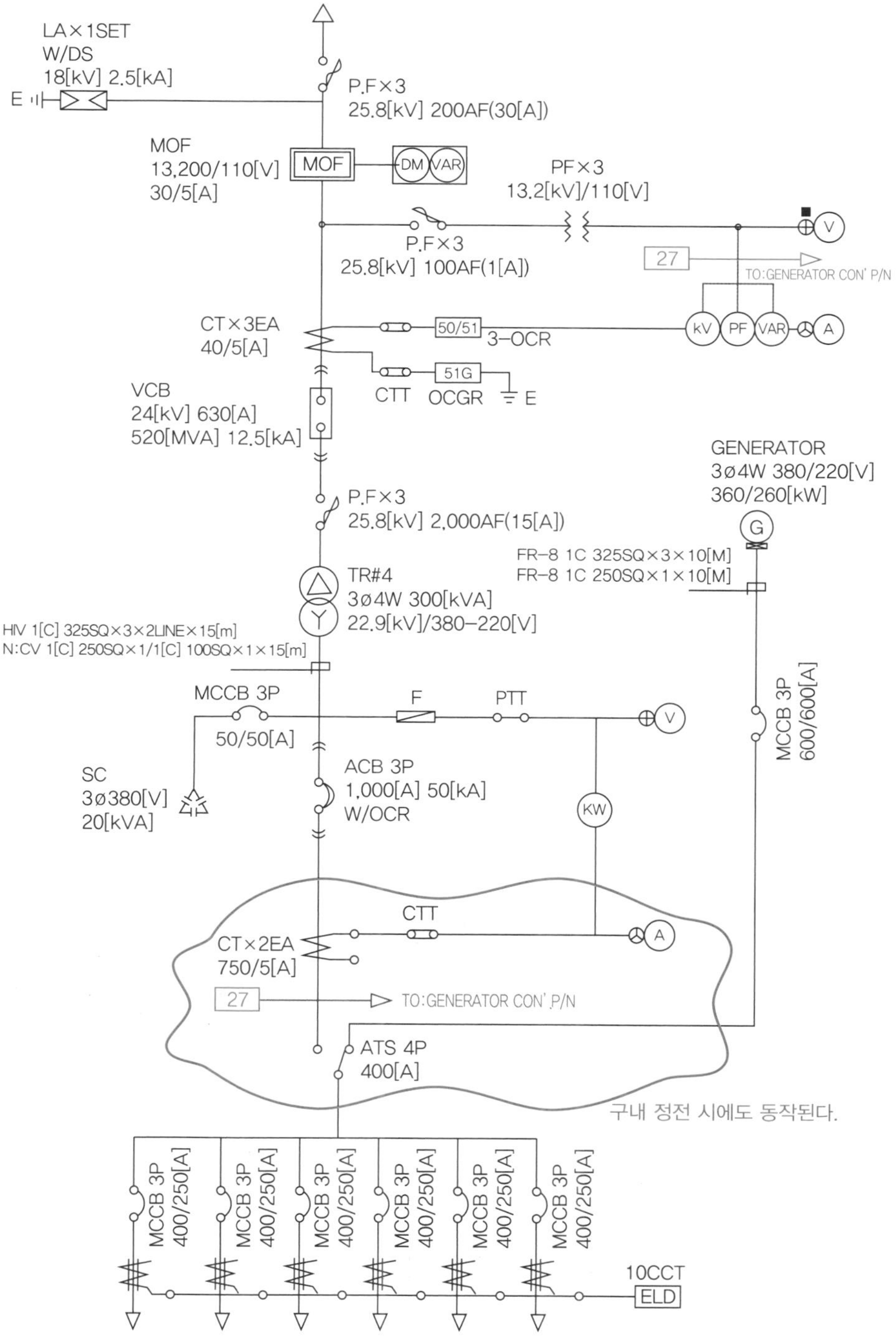

LA×1SET
W/DS
18[kV] 2.5[kA]
E

P.F×3
25.8[kV] 200AF(30[A])

MOF
13,200/110[V]
30/5[A]

MOF

DM VAR

PF×3
13.2[kV]/110[V]

V

P.F×3
25.8[kV] 100AF(1[A])

27

TO:GENERATOR CON' P/N

CT×3EA
40/5[A]

50/51
3-OCR

kV PF VAR A

51G
CTT OCGR E

VCB
24[kV] 630[A]
520[MVA] 12.5[kA]

GENERATOR
3ø4W 380/220[V]
360/260[kW]

P.F×3
25.8[kV] 2,000AF(15[A])

G

FR-8 1C 325SQ×3×10[M]
FR-8 1C 250SQ×1×10[M]

TR#4
3ø4W 300[kVA]
22.9[kV]/380-220[V]

HIV 1[C] 325SQ×3×2LINE×15[m]
N:CV 1[C] 250SQ×1/1[C] 100SQ×1×15[m]

MCCB 3P
50/50[A]

F

PTT

V

MCCB 3P
600/600[A]

SC
3ø380[V]
20[kVA]

ACB 3P
1,000[A] 50[kA]
W/OCR

KW

CTT

CT×2EA
750/5[A]

A

27

TO:GENERATOR CON' P/N

ATS 4P
400[A]

구내 정전 시에도 동작된다.

MCCB 3P 400/250[A]

MCCB 3P 400/250[A]

MCCB 3P 400/250[A]

MCCB 3P 400/250[A]

MCCB 3P 400/250[A]

MCCB 3P 400/250[A]

10CCT
ELD

| 22.9[kV] 수전단선도 |

기본적으로 정전신호는 ATS 1차 한전측 전원에서 받아야 한다.

174 SECTION

발전기의 정전신호는 어디에서 오나요?

정전이 되면 발전기실에 있는 발전기가 돌아갑니다. 이때, 발전기가 정전이 됐다는 것을 어떻게 알고 돌아가는 것인지, 정전이 되었다는 것을 발전기실의 발전기로 신호를 보내야 할 것 같은데 어디에서 보내는 것인지 궁금합니다.

대부분 ATS 1차 한전 전원에서 정전신호를 발전기로 보냅니다. 하지만 일부 수용가에서는 VCB UVR에서 보내고 있습니다.

발전기의 정전신호는 ATS의 한전 전원측에서 받아야 합니다. 그런데 일부 수용가에서는 VCB 판넬의 UVR에서 정전신호를 받는 곳이 있습니다. 한전에서도 정전신호, 발전기 기동신호를 ATS 1차 전원에서 받도록 권장하고 있습니다. 만약 VCB 판넬의 UVR에서 정전신호를 받으면 한전 정전이 아닌 구내 정전일 경우 발전기가 기동하지 못합니다.

현재 발전기 START 신호가 어디에서 오는지 반드시 확인하시고, 만약 VCB의 UVR에서 온다면 ATS 한전 전원에서 받을 수 있도록 개선 하시기 바랍니다.

| 특고압 라인의 VCB 판넬에 있는 UVR |

| 저압라인의 ATS |

한줄 Pick 기본적으로 정전신호는 ATS가 연결되는 한전측 전원에서 받아야 한다.

175 SECTION 수변전 설비 정기검사 시 확인서와 다른 이유는 무엇인가요?

(1) ATS의 복구동작은 수동으로만 동작됩니다. 도면이 단선도만 있어서 ATS측에서 신호가 어디에서 왔는지 추적하려면 어떻게 해야 하는지 궁금합니다.
(2) 냉동기 전용 3.3[kV]로 수전하는 VCB 판넬 내부에 방전장치(방전코일)가 있습니다. 정기검사 실시 확인서에는 "고압반 방전장치로 사용하는 피뢰기는 4.5[kV] 정격으로 교체바랍니다."라고 쓰여 있는데 현재 7.5[kV]가 설치되어 있습니다.
(3) 정류기 판넬에는 평소에 DC 119~120[V]의 전압이 뜨는데 검사 중 확인해보니 약 124~125[V] 정도가 되었습니다. 왜 전압이 상승했는지 궁금합니다.
(4) 현재 22.9[kV] LBS 판넬에서 PT 판넬로 가지 않고 22.9[kV] LBS → 메인 VCB → MOF → PT 판넬 순서라서 한전복전 시 전압계로 확인이 되지 않습니다.
(5) 전원 확인램프도 나갔습니다. VD를 설치하라고 하는데 VD는 Voltage Detector인 게 맞는지 궁금합니다.

(1) 실제로 확인하여야 합니다. 대부분 정전신호는 VCB & ATS에서 가기 때문에 판넬을 확인하면 외부로 가는 선을 확인할 수 있습니다.
(2) 3.3[kV]의 SA는 4.5[kV]로 하여야 합니다.
(3) 정류기의 전압은 직접 확인해 보아야 합니다(정전작업 후 균등충전으로 배터리 전압일 수 있음).
(4) 설계 시 ERROR입니다(공사계획 전 안전공사에서 지적했어야 함).
(5) VD는 전압감지장치입니다.

(1) 정전신호는 기본적으로 ATS 1차 한전 전원에서 받아야 합니다.
(2) SA는 Surge Arrester라고 합니다. 이것은 차단기를 개폐할 때 발생하는 서지전압을 방전시키기 위한 것입니다. SURGE는 이상 고전압으로 전기기계들에 영향을 주기 때문에 이상전압을 방전시키는 것입니다. 3.3[kV]에서는 4.5[kV]를, 6.6[kV]에서는 9[kV]를 사용합니다.

(3) BATTERY CHARGER의 전압계는 순수 배터리 전압이 있고 배터리 충전전압이 있습니다. 아마 충전전압이지 않나 싶습니다. 배터리 충전방식은 부동충전(FLOATING CHARGE)과 균등충전(EQULIZING CHARGE) 2가지가 있습니다. 평상시는 부동충전(FLOATING CHARGE) 배터리 전압×1.1배 정도로 충전하고 정전 후나 오랫동안 장기간 사용하였을 경우 가끔 1.2배로 균등충전(EQULIZING CHARGE)을 합니다. 하여 약 124~125[V]가 되어도 실제 부하에 걸리는 전압은 BATTERY CHARGER DROPPER에 의하여 약 110[V] 정도로 이상이 없습니다.

(4) 설계 시 충분히 검토했어야 합니다. 그리고 공사계획 신고 시 안전공사에서도 지적을 했어야 합니다.

(5) VD는 PT와 같이 전압 충전상태를 정전용량으로 감지하는 장치입니다.

| 전압 검출 센서 |

- INCOMMING반 메인 부스에 설치하여 전압이 입전되었는지를 정전용량으로 검출하는 장치이다. 이 전압을 이용하여 INTERLOCK로 사용하기도 한다.

| 전압 활선표시 LAMP |

- INCOMMING 판넬 전면에 설치하여 판넬에 전원이 입전되었는가를 표시한다.

| 활선표시기 |

- INCOMMING 판넬 내 부스에 설치 전압이 충전되면 활선상태를 LAMP로 표시하는 장치이다.

전기는 보이지 않는다(자동으로 검출하여 표시하면 좋음).

176
SECTION

LBS란 무엇인가요?

(1) LBS는 단락 같은 경우의 대전류 차단기능은 없는 것으로 알고 있습니다. 퓨즈가 같이 있는 LBS에 한해서는 대전류가 발생하더라도 차단이 가능한지 알고 싶습니다.

(2) 일반적으로 정전일 경우 과전류나 단락 시 발생되는 대전류 같은 것들이 발생되지 않아 작동을 하게 되는 것인지 궁금합니다.

(3) 정전 시 VCB만 작동하는 이유는 순간적으로 전기가 나가면 아크 같은 것들이 발생되어 화재위험이 있으므로, 아크를 진공 중에서 흩어지도록 해주는 것이 VCB가 맞는지 알고 싶습니다.

(4) VCB도 차단기이고 LBS도 차단기인데 단락 시 어느 것이 먼저 떨어지게 되는지 알고 싶습니다.

(1) 퓨즈가 있기 때문에 대전류 차단이 가능합니다.

(2) 정전 시는 아무 때나 가능합니다.

(3) LBS는 부하전류를 개폐할 수 있으나 대부분 개폐기로 많이 사용합니다.

(4) 단락 시에는 LBS에 퓨즈를 사용하기 때문에 먼저 동작할 수 있습니다. VCB가 먼저 동작을 하도록 합니다.

(1) 퓨즈는 정확한 시간-전류 용단특성을 가지고 있고 대전류를 0.5[Hz] 이내로 차단할 수 있는 차단용량을 가지고 있습니다. 그러므로 FDS, LBS, AISS 등과 조합하여 단락사고와 같은 사고전류를 차단하는 목적으로 많이 사용합니다.

(2) 정전은 과전류나 단락과 다르게 전원만 한전에서 차단된 것입니다. 다시 말해 대전류가 흐르는 것이 아닙니다. 그래서 정전 시에는 동작을 하지 않고 조작이 가능합니다.

(3) 정전 시 그냥 전기가 차단되어도 아무런 문제가 없습니다. 단지 VCB만 작동되는 이유는 부하를 차단하여 복전 시 전원이 일시에 공급되지 않도록 하기 위함입니다.

VCB는 고속으로 진공 중에서 접점을 개폐하므로 아크가 거의 발생하지 않으며, 발생하는 아크는 접점구조에 의하여 소호됩니다.

참고 스파이럴형 접점은 접점 표면 간에 발생된 아크를 나선형상의 접점구조로 인하여 생성되는 유도자계에 의하여 접점 주위의 표면을 회전하게 함으로써 접점이 국부적으로 가열, 손상되는 것을 방지하고, 단시간에 차단한다.

(4) VCB는 단락용량이 크고 동작시간이 길어 동작시간이 짧은 LBS의 퓨즈가 먼저 용단됩니다.

질문 더+

Q 정전 후, 복전 시 VCB가 자동으로 투입되어 발전기가 정지하는 게 맞는지, 아니면 인위적으로 하는 것인지 궁금합니다. 그리고 정전 시 버저를 정지시키고, UVR 램프를 리셋시켜야 하는 것이 맞는지도 궁금합니다.

A 정전 시 기본적으로 대부분의 VCB는 UVR에 의하여 트립됩니다.

A+ 발전기는 ATS에 있는 27X(한전 정전)에 의해 자동으로 기동됩니다. 그리고 발전기의 전압을 ATS에서 감지하여 발전측으로 절체 발전기 전원을 공급합니다. 복전은 한전 전원입전을 확인하고, VCB의 UVR을 리셋시키고 인위적으로 투입해야 합니다. 발전기는 VCB이나 ACB 을 투입하면 ATS에서 전원 입전을 자동으로 감지하여 한전측으로 절체되고 발전기가 STOP됩니다. 이는 일반적인 수전설비의 계통인 경우의 설명입니다.

| LBS(부하차단스위치) |

부하개폐기(Load Breaker Switch) : 대부분 LBS는 인입단에 설치하여 구내 작업 시 개폐를 시키고 안전작업을 위하여 사용한다. 그리고 단락사고 등이 발생할 경우 빠르게 전원을 차단하는 목적으로 퓨즈와 같이 사용하기도 한다.

177 SECTION

수변전실 접지함 단자를 공통접지하는 이유가 무엇인가요?

(1) 수변전실 접지단자함을 보면 1, 2, 3종 접지를 구분해야 하는 걸로 알고 있는데 모든 접지가 공통으로 묶여 있습니다. 공통접지를 왜 하는지 궁금합니다.

(2) 모든 수변전 설비 기구의 접지 위치로 접지 종별을 구분하는 걸로 알고 있는데, 모든 기구가 공통접지되어 있는 상태에서 접지저항이 의미있는 것인지, 접지저항 값이 모두 똑같이 나오는 것이 아닌지 궁금합니다.

(3) 누설전류는 접지선을 통해 대지로 방전되는 걸로 알고 있는데, 형광등 안정기 교체 시 접지선이 없는 경우가 많습니다. 그러면 접지선을 통해 누설전류가 대지로 방전되어야 하는데, 왜 외함에 접지를 하는지도 궁금합니다. 그리고 누설전류가 있다는 것이 전기요금하고도 연관있는 것인지 알고 싶습니다.

(1) 공통접지를 하는 경우 접지저항을 낮추고 각 접지 간의 전위차가 없도록 합니다.

(2) KEC 규정에는 종별 접지기준이 없어지고 접지저항 값이 특정되지 않았습니다.

(3) 외함에 접지를 하는 이유는 외함으로 누전이 되면 접지선을 통하여 누설전류가 대지로 가도록 하기 위한 것입니다.

전기해결사 PICK

기존 전기설비기준에는 전기기계의 사용전압 그리고 중성선을 구분 1, 2, 3, 특3종 접지를 하도록 하고 있었습니다. 그 기준에 맞추기 위해 종별을 구분하여 접지를 했는데, 접지의 목적은 지락사고 시 감전사고와 기기고장, 화재사고 등을 예방하기 위한 것입니다.

(1) 공통접지를 하는 이유는 접지저항 값을 낮추고 접지전위를 같게(등전위 접지) 하기 위함입니다(개정된 KEC규정에서는 종별 접지를 구분하지 않고 공통접지나 통합접지를 함).

① 공통접지는 피뢰설비와 통신설비를 제외한 전기설비접지를 공통으로 묶는 접지방식입니다.

② 통합접지는 전기, 통신, 피뢰설비 등 모든 접지를 통합하여 접지하는 방식입니다.

(2) 건물 내의 사람이 접촉할 수 있는 모든 도전부가 등전위를 형성하여야 합니다. 등전위접지를 하는 목적은 접지의 전위를 같도록 하여 접지전위차로 인한 접지 간의 전류가 흐르지 않도록 하기 위함입니다. 등전위접지를 하면 접지저항값이 똑같이 나옵니다.

(3) 외함에 접지하는 목적은 지락발생 시 대지로 지락전류의 길을 만들어 주기 위함입니다. 또한 지락발생 시 사람이 접촉했을 경우 사람을 통하여 전류가 흐르지 않고 접지로 흐르도록 하기 위함입니다. 대지로 흐른 지락전류는 변압기 중성점 접지를 통하여 변압기의 중성점으로 되돌아갑니다.

(4) 누설전류가 있다는 것은 전기가 정상적인 전기회로가 아닌 비정상적인 곳으로 새고 있다는 것을 의미합니다. 이것은 사용하지 않아도 사용하는 것과 같이 계량기를 통하여 전류가 흐르기 때문에 전기요금하고도 연관이 있습니다.

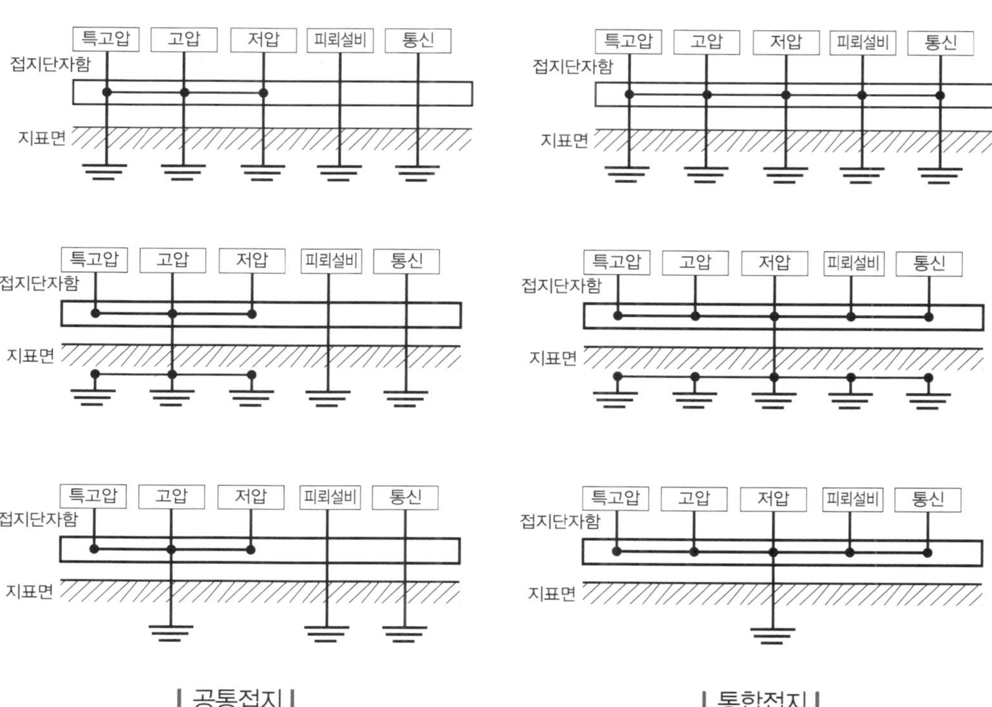

| 공통접지 | | 통합접지 |

| 접지함 내에서 개별접지를 공통접지로 개선 |

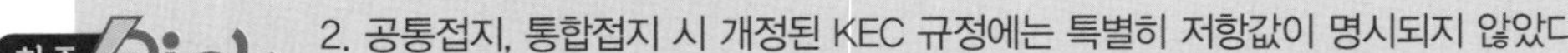

한줄 Pick

1. 접지저항은 낮을수록 좋다.
2. 공통접지, 통합접지 시 개정된 KEC 규정에는 특별히 저항값이 명시되지 않았다.
3. 공통접지나 통합접지는 공사계획 신고 시 안전공사에 접지 관련 자료를 제출하고 신고하여야 한다.

178 SECTION

직접접지방식과 다중접지방식의 차이점이 무엇인가요?

직접접지방식과 다중접지방식으로 용어를 나눌 수 있는 이유와 그 둘의 차이에 대해서 설명해주시기 바랍니다.

일반수용가에서는 변압기 중성점은 단일접지를 하고, 22.9[kV] 한전 배전선로는 변압기 중성점 접지와 중성선을 다중접지합니다.

(1) 직접접지는 변압기 중성점을 접지하는 것으로 고저압 혼촉이나 지락사고를 예방하기 위한 방식이고, 중성선 다중접지는 한전 변압기에서 수용가까지 거리가 멀기 때문에 접지저항을 낮게 하기 위하여 한전 22,900[V] 배전선로 중성선을 각 전주마다 접지하는 방식입니다. 그리고 전주에 설치된 단상, 3상 변압기에도 중성선 다중접지를 사용합니다.

(2) 일반수용가나 한전 변압기도 직접접지를 합니다. 일반수용가는 변압기에서만 중성점을 접지합니다. 하지만 한전 22,900[V] 배전선로는 변압기 중성점을 접지하고 수용가까지 가면서 중성선을 각 전주마다 접지합니다.

| 전기실 변압기의 접지 |

| 주상 변압기의 접지 |

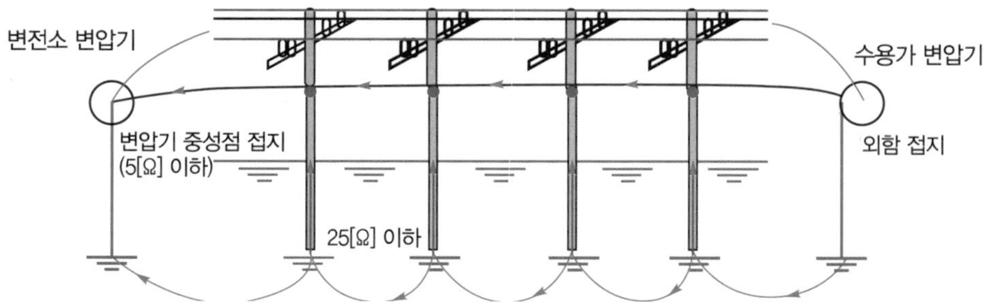

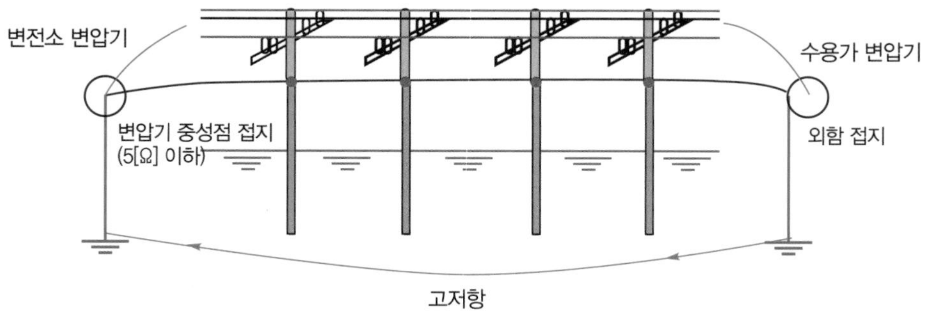

| 한전 22.9[kV] 배전선로(수～수십 [km]) |

- 첫 번째 그림은 중성선 다중접지(전주에서 개별 접지저항 = 25[Ω] 이하) 시의 지락전류 흐름을 나타낸 것이다.
- 두 번째 그림은 중성선 접지를 하지 않을 때 지락전류의 저항흐름을 나타낸 것이다.
- 지락 시 지락전류가 흐르지 못한다.

한전 22.9[kV] 배전선로에서 지락전류는 중성선과 대지를 통하여 한전 변압기 중성점으로 간다.

179 SECTION

수전설비 중 LA와 SA를 설치하는 이유가 무엇인가요?

(1) VCB반에 LA가 설치되어 있는데, VCB 아래쪽이 아닌 위쪽에 설치하는 이유가 무엇인지 궁금합니다.

(2) VCB반 PT에 대한 교재에서 1차에 사용하는 퓨즈를 PT 자체 고장보호에 사용하고 2차에 사용하는 퓨즈는 2차측 오결선, 과부하 시 1차측 보호에 적용한다고 설명되어 있는데, 두 가지가 같은 뜻이 아닌지 알고 싶습니다.

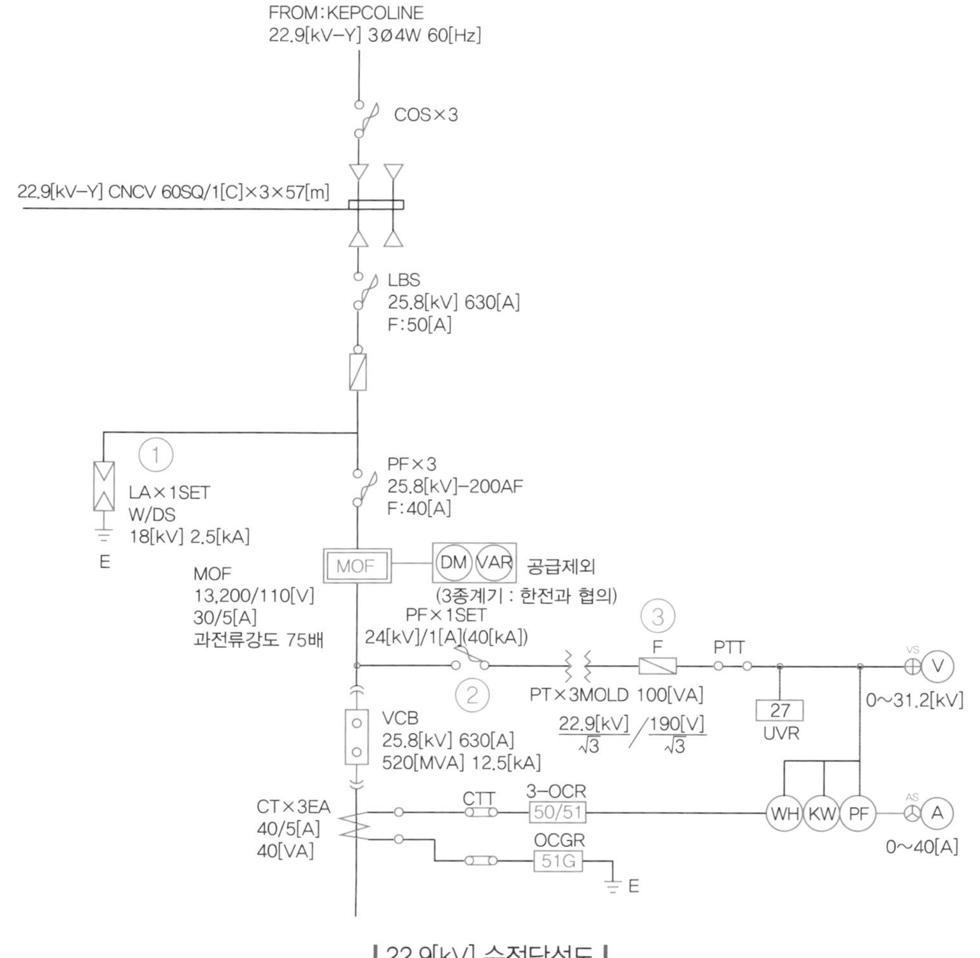

| 22.9[kV] 수전단선도 |

(1) LA는 수전용 변압기를 보호하고, SA는 배전용 변압기와 부하를 보호합니다.

(2) 2차 퓨즈는 PT를 보호하고 1차 퓨즈는 PT사고 시 1차로 사고파급을 예방합니다.

(1) VCB 전단 1차에 설치하는 LA는 수전용 변압기를 보호하기 위한 것으로, 외부에서 유입되는 낙뢰와 같은 이상 전압을 PASS하고, VCB 후단 2차에 설치하는 SA는 VCB가 개폐할 때 발생하는 서지를 PASS하여 부하를 보호하기 위한 것입니다.

(2) PT 1차에 사용하는 퓨즈는 PT가 소손될 경우 1차 주전원 회로로 사고가 파급되는 것을 방지합니다. 1차 퓨즈는 PT 자체를 보호하지 못합니다. PT 2차에 사용하는 퓨즈는 2차측 계기나 계전기 등에서 문제가 생길 경우 또는 PT선에 단락이 생길 경우 PT를 보호하는 것입니다. 퓨즈 선정을 잘못하면 단순 과부하 시에 PT를 보호하지 못합니다.

1. LA는 수전실 인입구나 변전실 인입구에 설치한다.
2. 유입변압기는 SA를 설치하지 않아도 된다.

수배전 계통도에서 PT비는 어떻게 구하나요?

수배전반 도면을 보면 PT비가 $\frac{22,900}{\sqrt{3}} : \frac{190}{\sqrt{3}}$에서 어떻게 190[V]가 나왔는지 알고 싶습니다.

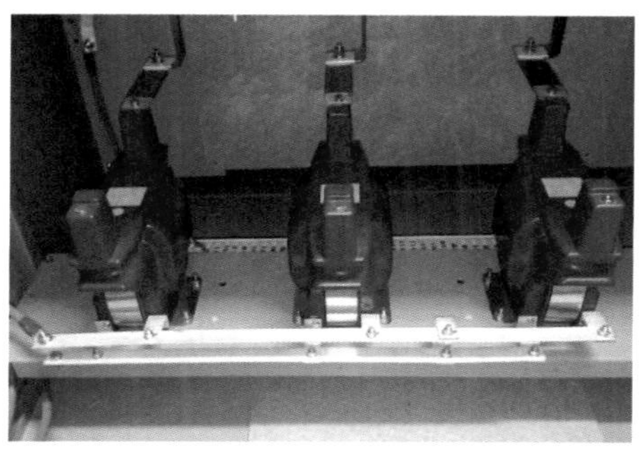

❙ VCB 1차측에 설치된 PT ❙

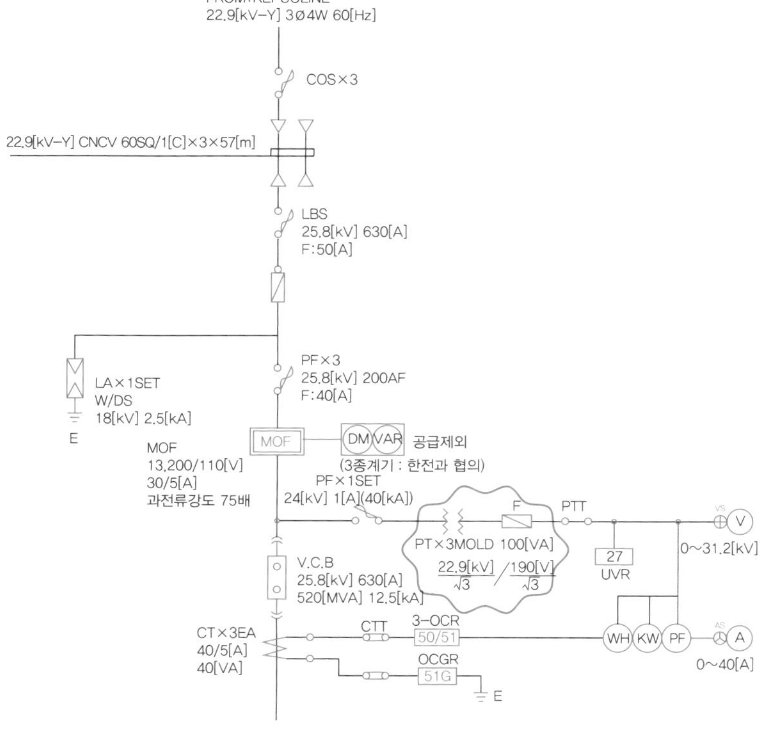

❙ 22.9[kV] 수전단선도 ❙

PT가 Y-Y로 결선되고, 선간전압이기 때문입니다.

1차 수전방식이 22.9[kV] 3상 4선식이기 때문에 PT 2차도 3상 4선식으로 하기 위하여 PT를 3PT로 설치하고 Y-Y로 결선하였기 때문입니다. 이것은 22.9[kV] 수전 시 표준 설계방법입니다. 그리고 계량기도 3상 4선식을 사용합니다. 190[V]는 선간전압이고 110[V]는 상전압입니다.

전압비는 $\dfrac{\dfrac{22.9[kV]}{\sqrt{3}}}{\dfrac{190[V]}{\sqrt{3}}} = \dfrac{13.2[kV]}{110[V]} = \dfrac{22.9[kV]}{190[V]} = 120 : 1$이 됩니다.

한줄 Pick PT & CT는 고전압 & 대전류를 저전압 & 저전류로 변환시킨다.

181 SECTION

CT 선정 방법은 어떻게 되나요?

판넬에서 CT 설치점의 최대부하전류를 먼저 산출한 후 전등전열부하는 1.25배(1.3~1.5배), 전동기부하는 2~2.5배의 CT 1차 전류를 선정하고, 부하의 특수성이나 장래 부하증설을 고려할 경우 여유도를 좀 더 가산할 수 있다고 하는데 왜 전동기일 때는 2배에서 2.5배를 곱해야 하는 건지 궁금합니다.

일반부하나 전동기도 정격전류의 1.25배(1.3~1.5배)를 사용하는 것이 정상입니다.

전동기가 기동할 때 전류가 정격전류의 6~7배 흐르므로 CT&'A' METER는 정격의 2~2.5배 사용하도록 하고 있으나 전동기도 CT&'A' METER 선정 시 기본적으로 운전전류(정격전류보다는 작음)의 약 1.5배가 되도록 선정해야 운전관리를 하는데 이상적입니다. 만약 전동기의 운전전류가 정격전류보다 너무 적으면 계기의 지시치를 보기 불편하고 CT의 용량이 커집니다. 전동기 판넬에는 OVER RANGE 300%인 전류계를 사용합니다.

OVER RANGE란 전동기 기동을 고려한 눈금이 없는 범위입니다. MAIN FEEDER의 'A' & CT라면 증설을 고려하여 2배 정도로 해야 합니다(수전실의 CT는 변압기 정격전류의 1.25배보다 크게 함).

| CT |

| A-METER |

전동기에 설치하는 전류계는 대부분 OVER RANGE가 300%이고 일반 판넬의 전류계는 OVER RANGE가 없다.

182 SECTION

왜 서지전압이 발생하나요?

발전기뿐 아니라 차단기 등 스위치를 OPEN할 때 왜 서지전압이 발생하고 서지전압에는 주로 어떤 것들이 있으며, 또 서지가 발생하면 전력계통에 어떠한 일들이 발생하는지 궁금합니다.

서지전압은 전기기기에 전압을 가하거나 차단할 때 그 충격에 의하여 발생하는 전압입니다.

서지전압은 주로 전력설비의 개폐동작, 정전기방전, 뇌격방전 등과 같이 전기가 갑자기 충돌하거나 차단하는 등의 충격에 의해 발생합니다. 그리고 전기·전자 장비에서는 전자유도, 정전유도, 빛, 전파간섭 등에 기인하여 발생하기도 합니다. 서지전압의 보호대책으로는 빈번한 개폐조작을 피하고 등전위 접속 등을 고려하는 것이 있습니다. 서지영향은 대부분 데이터선로, 계측 및 제어장비의 선로에 포함된 전자부품요소 등을 파손시키고, 전력기기 등에는 절연파괴 등을 일으킵니다. 그렇기 때문에 전력기기에서의 낙뢰에 의한 대책으로 LA를 설치하고 차단기에서는 개폐서지에 대한 대책으로 SA, 일반 전자기기에는 SP(서지프로텍터)를 설치합니다.

| LA |

| SA |

통합접지 시에는 반드시 배전반 인입점 메인 차단기 2차에 SPD(Surge Protector Device)를 설치하여야 한다.

183 SECTION VCB & ACB의 동작타임차트에서 동작순서는 어떻게 되나요?

다음 그림의 타임차트를 보고 차단기의 기본적인 동작순서를 설명해주시기 바랍니다.

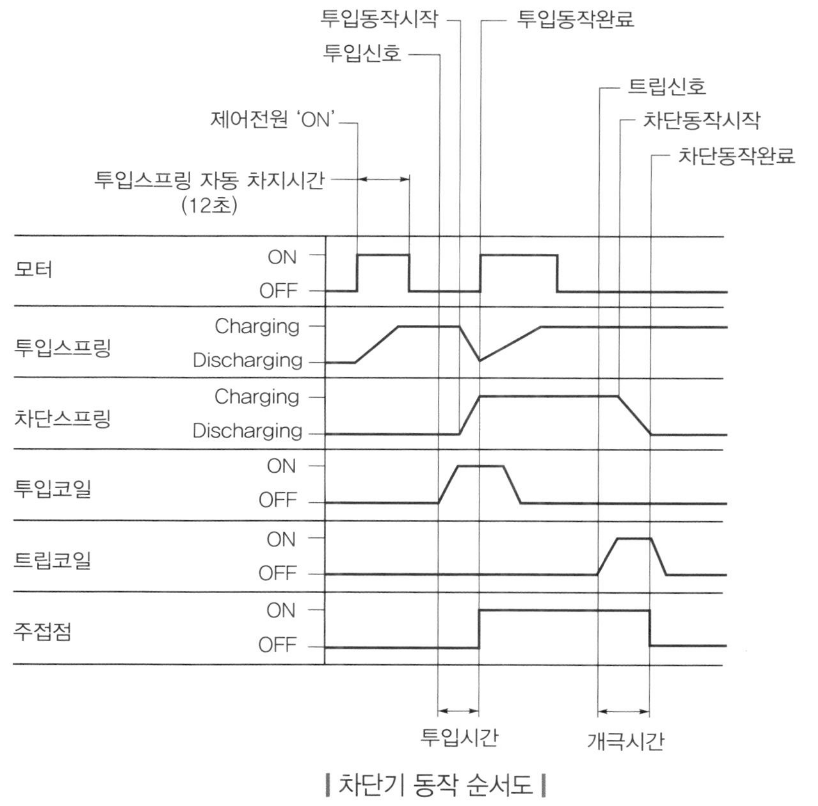

❙ 차단기 동작 순서도 ❙

A 타임차트는 기기의 동작을 시간적으로 나타낸 것으로, 기기 운전개념을 이해하는 데 도움이 됩니다.

기본적으로 VCB와 ACB의 SPRING CHARGE의 개념은 같습니다.

(1) 차단기에는 투입용 스프링과 차단용 스프링이 있는데 차단기에 제어전원이 들어가면 바로 SPRING CHARGING용 모터가 동작하여 약 12초 동안 투입용 SPRING CHARGE가 진행됩니다.

(2) 12초가 되면 스프링 CHARGING이 완료되고 CHARGING 모터의 전원이 차단됩니다. 이 상태가 되어야 차단기를 투입시킬 수 있습니다. CHARGING이 되지 않으면 레버로 수동 CHARGING을 할 수도 있습니다.

(3) 이 상태에서 투입신호를 주면 차단기가 투입되면서 차단 SPRING이 CHARGING모터와 상관없이 즉시 CHARGE(차단이 즉시 가능하도록)가 되고, 투입 SPRING은 DISCHARGE 후 즉시 CHARGING 모터가 동작, 다시 CHARGING진행되어 12초 후에 CHARGING이 완료됩니다. 차단기가 투입되면 투입 스프링과 차단 스프링이 같이 CHARGING이 된 상태입니다.

(4) 차단신호를 주면 차단 SPRING에 의해 즉시 차단하게 됩니다. 그리고 투입용 스프링이 CHARGING 상태이기 때문에 즉시 재투입이 가능합니다.

(5) 다시 투입하면 위 동작을 반복합니다.

타임차트는 기기동작을 나타내는 시퀀스의 기본이다.

184 SECTION VCB나 ACB의 조작 시 반드시 부하를 차단해야 하는 이유가 무엇인가요?

정전 시 세대부하용 ACB를 OFF시키는 이유는 VCB가 ON되었을 때 돌입전류를 막기 위해서입니다. 그러면 공용부 ACB는 ON상태인데 VCB가 ON이 되면 공용부 ACB 또한 돌입전류로 손상을 입지 않을지 궁금합니다.

세대부하용 ACB를 OFF시키는 이유는 ACB의 손상을 막기 위한 것이 아니라 원하지 않는 기기들이 운전될 수 있기 때문입니다.

(1) ACB나 VCB는 계전기가 없다면 그냥 접점으로 된 개폐기에 불과합니다. ACB가 ON이 되어 있는 상태라면 접점이 CLOSE가 된 MAGNET와 같은 상태로 ACB에는 아무 영향이 없습니다. 문제는 항상 ON/OFF 시 발생합니다.

(2) 돌입전류란 변압기와 같이 코일을 가진 유도기와 커패시터와 같은 정전용량 기기에 전원을 가압할 때 발생합니다. 저항부하에서도 초기에는 온도가 낮아 저항이 낮은 상태에서 가압되기 때문에 전류가 많이 흐릅니다. 그래서 기본은 차단기를 조작할 때 부하를 무부하시키고 해야 하지만, ACB나 VCB는 돌입전류를 감당할 수 있기 때문에 현장에서 복전 시 그냥 조작하기도 합니다.

VCB나 ACB는 부하기기의 ON & OFF에 직접 사용하기도 합니다. 그리고 일반 메인차단기는 정전 시 대부분의 동력부하들이 MAGNET에 의하여 정지되어 있기 때문에 그 상태로 투입하여도 큰 부담이 되지 않습니다.

만약 전원 투입 시 바로 운전이 되는 기기가 있다면 안전 유무를 확인하여야 합니다. 전원 투입·개방 시에는 사전에 관련된 부서 등에 통보를 하여야 합니다.

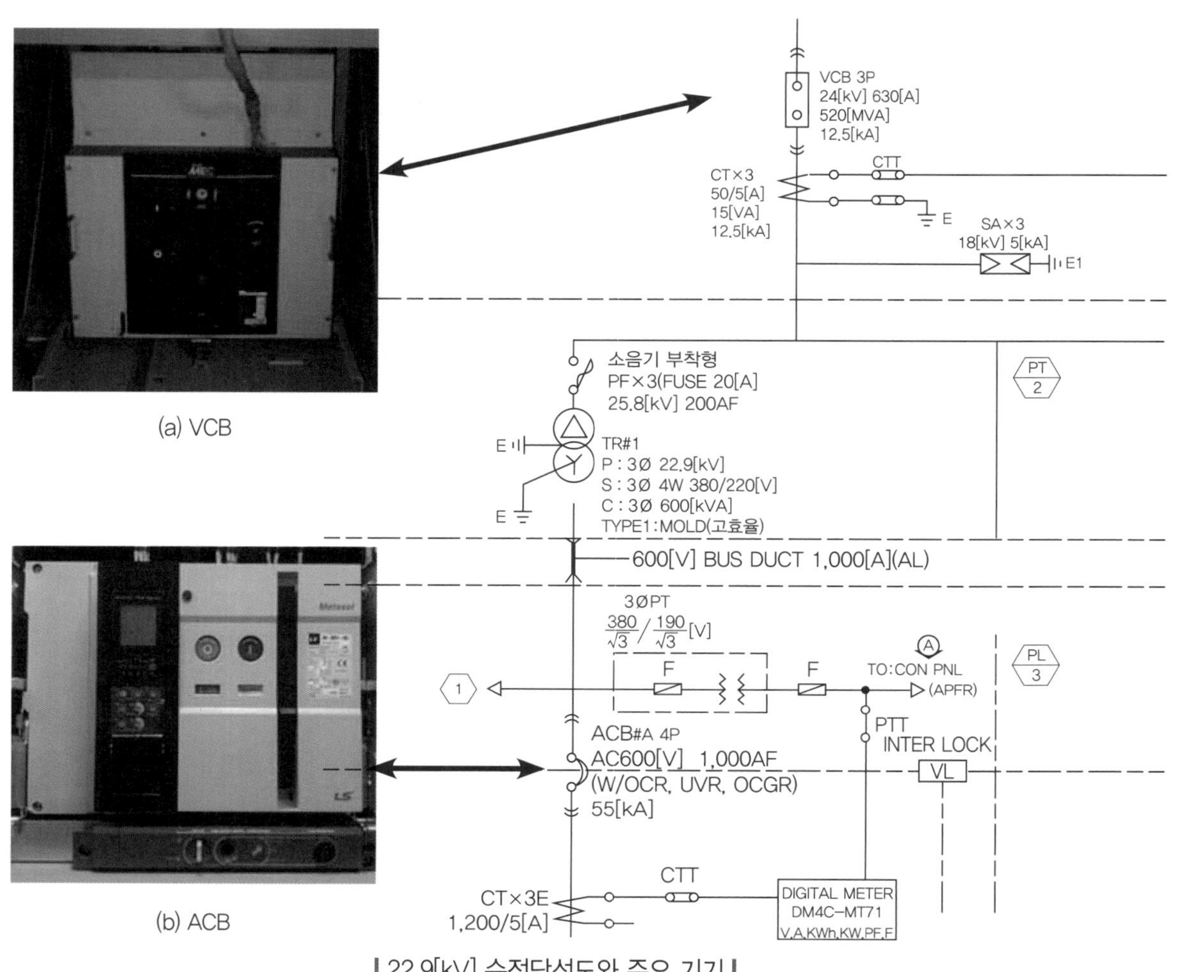

(a) VCB

(b) ACB

| 22.9[kV] 수전단선도와 주요 기기 |

한줄 Pick 돌입전류는 변압기와 같은 코일부하나 커패시터 같은 부하에서 크게 발생한다.

185
SECTION

VCB의 조작전원은 DC와 AC 중 어느 것인가요?

일반적으로 VCB, ACB 등은 정류기반에서 공급하는 DC 110[V]를 조작전원으로 이용하고 있는데, AC를 공급받아 DC로 정류해서 사용할 수 있다고 했습니다. 그럼 정전됐을 때 AC가 없는데, 그때는 DC로 정류시킬 AC를 어디에서 확보하는지 궁금합니다.

일반수용가에서는 정전 시에도 차단기 개폐조작을 할 수 있도록 차단기 조작전원을 DC전원으로 사용합니다. DC전원은 평상시 충전기를 통하여 배터리에 충전을 시켜 놓습니다. 하지만 소용량 수용가에서는 VCB 1차에 조작용 변압기를 설치, 그 전원을 정류하여 DC를 사용합니다.

차단기가 많은 수용가에서는 보다 안정적으로 차단기를 조작하고 테스트하며 정전 시에도 조작이 가능하도록 DC전원을 조작전원으로 사용합니다. AC전원은 충전할 수 없고 정전이 되면 사용할 수 없지만, DC전원은 충전을 하여 저장할 수 있기 때문에 배터리에 저장만 하면 정전이 되었을 때에도 DC전원을 이용할 수 있습니다.

그리고 발전기가 있는 곳은 정전 시에도 발전기 전원으로 배터리를 충전합니다. 만약 DC전원이 없다면 정전 시 차단기를 조작할 수 없기 때문에 일반 수용가에서는 기본적으로 수전실에 정류기와 배터리를 설치하여 DC전원을 사용합니다. 하지만 단순한 수전설비로 차단기 숫자가 적고 한전 전원입전 시에만 조작해도 되는 곳은 별도의 DC전원장치를 설치하지 않고 VCB 전단에 조작전원용 변압기를 설치하여 한전 전원입전 시 그 전원을 가지고 DC로 정류 VCB를 투입합니다. 그리고 정전 시에는 차단기가 자동으로 트립되도록 CTD를 사용합니다.

CTD(Condenser Trip Dvice)는 정전 시 자동으로 VCB를 TRIP시키는 장치로, 정전 시에도 30초 이내에는 트립이 가능합니다. 단, 정전 후 자동 트립회로는 판넬에 별도로 구성해야 합니다.

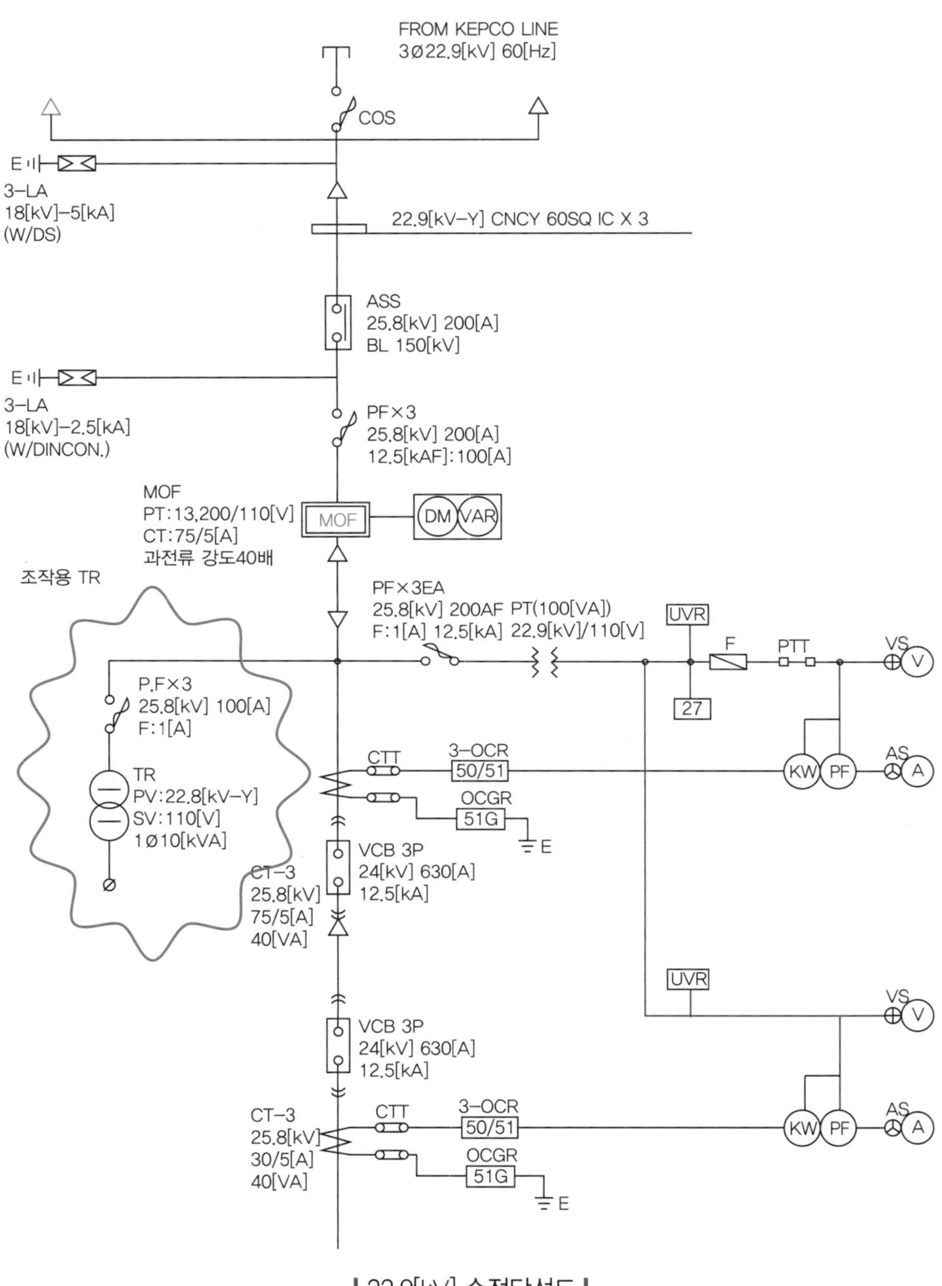
FROM KEPCO LINE
3Ø22.9[kV] 60[Hz]
COS
E
3-LA
18[kV]-5[kA]
(W/DS)
22.9[kV-Y] CNCY 60SQ IC X 3
ASS
25.8[kV] 200[A]
BL 150[kV]
E
3-LA
18[kV]-2.5[kA]
(W/DINCON.)
PF×3
25.8[kV] 200[A]
12.5[kAF]:100[A]
MOF
PT:13,200/110[V]
CT:75/5[A]
과전류 강도40배
MOF
DM
VAR
조작용 TR
PF×3EA
25.8[kV] 200AF PT(100[VA])
F:1[A] 12.5[kA] 22.9[kV]/110[V]
UVR
F
PTT
VS
V
27
P.F×3
25.8[kV] 100[A]
F:1[A]
TR
PV:22.8[kV-Y]
SV:110[V]
1Ø10[kVA]
CTT
3-OCR
50/51
OCGR
51G
E
KW
PF
AS
A
VCB 3P
24[kV] 630[A]
12.5[kA]
CT-3
25.8[kV]
75/5[A]
40[VA]
UVR
VS
V
VCB 3P
24[kV] 630[A]
12.5[kA]
CT-3
25.8[kV]
30/5[A]
40[VA]
CTT
3-OCR
50/51
OCGR
51G
E
KW
PF
AS
A

| 22.9[kV] 수전단선도 |

| CTD 사양 |

정격	사양	
형명	CB-T1	CB-T2
정격입력전압[V]	AC 100/110	AC 200/220
주파수[Hz]	50/60	50/60
정격충전전압[V]	140/155	280/310
충전시간	10[sec] 이내	10[sec] 이내
트립가능시간	30[sec] 이내	30[sec] 이내
입력전압변동범위	85%~110%	85%~110%
커패시터 용량[μF]	1,000	560

| CTD |

- CTD(Condensor Trip Device) : 정전 시에도 30[sec] 이내에는 트립이 가능하다. 단, 정전 후 자동 트립회로는 판넬에 별도로 구성하여야 한다.

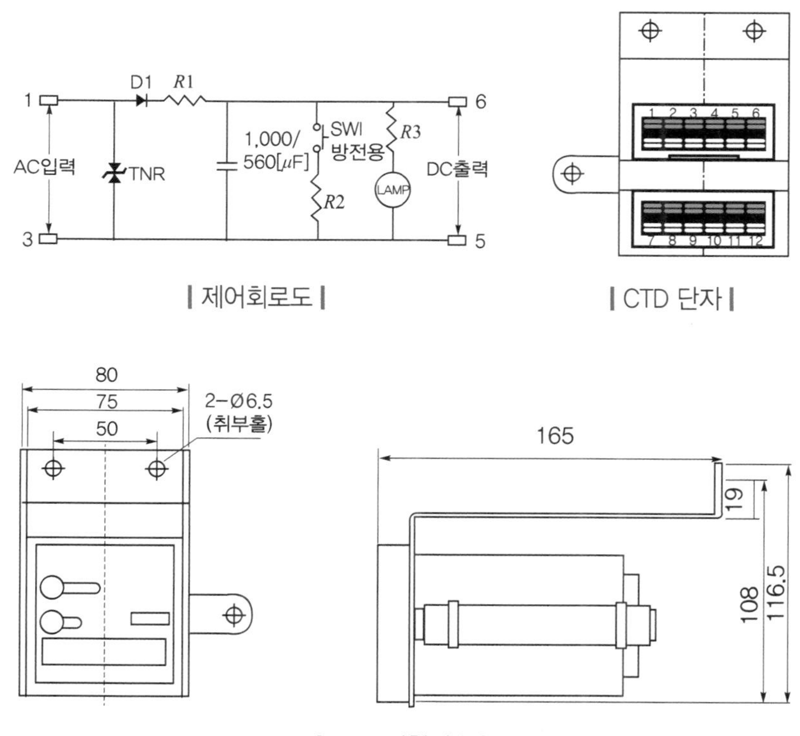

| 제어회로도 |

| CTD 단자 |

| CTD 외형치수 |

• RECTIFIER(투입용 정류기) : 직류전원이 없는 경우 교류전원을 정류하여 차단기에 투입전원을 공급하기 위한 장치이다.

형명	입력전압	출력전류	시간
VCB-X	1ø100/110[V] 1ø200/220[V]	40[A] DC	10[sec]

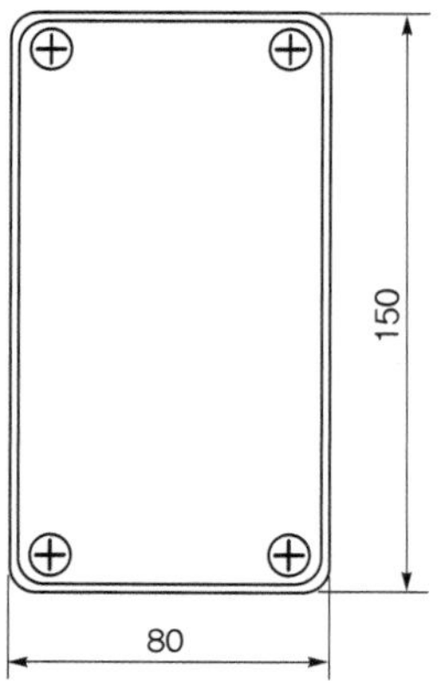

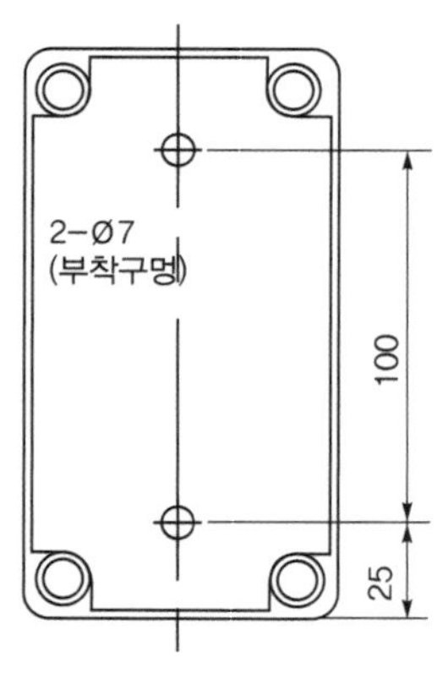

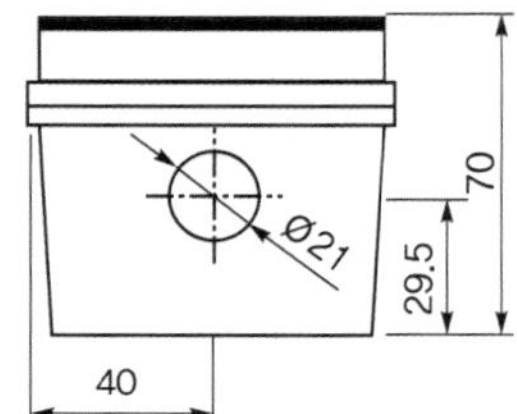

| 외형치수 |

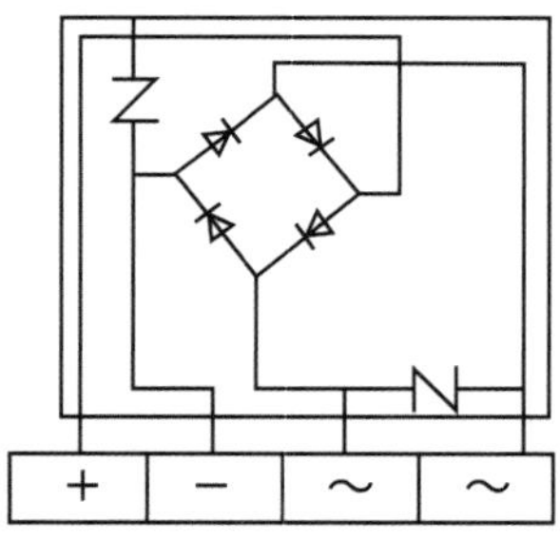

| 제어회로도 |

간이수전설비에서는 배터리를 사용하지 않고 투입용 정류기와 CTD를 많이 사용한다.

186 SECTION

CT의 원리는 어떻게 되나요?

판넬에 보면 전원 케이블에 CT가 있는데 이것의 원리가 어떻게 되는지 궁금합니다.

변압기와 CT의 원리는 같지만 동작이 다릅니다. CT는 1차 대전류를 철심을 이용하여 유도시켜 권선비에 반비례하는 2차 저전류로 만듭니다.

(1) PT가 전압을 변환시킨다면 CT는 전류를 변환시킵니다. 원리는 변압기와 같습니다. PT와 CT의 전력도 입력=출력으로 같습니다. 변압기의 전력은 2차와 관련있고 CT의 전력은 1차와 관련있습니다.

(2) PT는 2차 부하에 따라 용량이 정해지고, CT의 용량은 1차에 의하여 정해집니다. CT는 2차와 무관하게 1차에 전류가 흘러 전력이 되고 2차로 유도여자 시킵니다. 그러면 2차는 1차와의 권수비에 의한 전압이 유기됩니다.

① 2차를 개방하면 1차 전력이 2차에서 소모되지 않기 때문에 그대로 철심에 자속으로 남아 열을 발생시키고 철심의 자속에 의하여 2차에는 전압만 유도됩니다.

② CT 2차 부하는 단락상태로 연결됩니다. 부하가 연결되면 1차에서 만들어진 전력을 전체에 소모합니다. 즉 1차의 전력과 2차의 전력이 같습니다. 철심에는 자속이 상쇄되고 없어 철심이 과열되지 않고 부하에 걸리는 전압은 단락되어 전류가 최대가 됩니다. CT의 용량은 설치 시 이미 결정됩니다. 단락전류가 5[A]라는 것으로 CT의 Z를 알 수 있습니다. 만약 50[VA]라 한다면 Z는 $I^2 \times Z$이므로 $50 = 5^2 \times Z$, $Z = 2[\Omega]$이 됩니다. 이것이 CT의 원리입니다.

③ CT비는 1차 전류/2차 전류로 대부분 1차를 1회 관통하는 것이 기본입니다. 만약 5/100(1:20)짜리를 2회 감을 시 10/100(1:10)이 됩니다.

1. CT도 변압기이다.
2. CT 2차는 개방되면 안 된다.
3. CT의 용량으로 CT의 Z를 알 수 있다.

187 SECTION

PT와 CT의 차이는 무엇인가요?

최근에 작업을 위해 PT를 개방시켜야 했는데, 전류요소만 생각해서 그만 단락을 시켰습니다. 확인해보니 PT 퓨즈만 소손된 줄 알았는데 PT까지 소손되어 버렸습니다. 그런데 CT는 왜 단락을 시킨 후에 작업이나 시험을 하여야 하는지 궁금합니다.

CT와 PT의 원리는 변압기의 원리와 같습니다. PT는 2차에 의하여 부하용량이 결정되지만 CT는 1차 전류에 의하여 용량이 결정되고 그 전력이 2차로 유도됩니다. CT 1차측 전류가 흐르는 상태에서 2차측을 개방하면 철심에 큰 자속이 생기고, CT 2차측에 고전압이 발생하여 CT를 소손시킵니다(단, 전류가 적게 흐를 경우는 예외).

CT 1차측에 전류가 흐르면 그 전류에 의하여 철심에 자속이 생기고 그 자속에 의하여 2차측에 전압이 만들어지고 그것을 단락시켜야 1차에서 만들어진 전력 전체가 2차로 유도됩니다.

철심에 자속이 흐르면 열이 발생합니다. CT는 2차와 상관없이 1차에 전류가 흐르면 철심을 여자시킵니다. 2차를 단락시키면 1차 여자전류에 따라 2차 전류가 흐르면서 철심 내 자속을 상쇄시키고, 개방이 되면 1차 전류와 반대 방향으로 흐르는 2차 전류가 흐르지 않기 때문에 철심 내 자속을 상쇄시키지 못합니다.

결론은 상쇄되지 않은 자속에 의하여(대전류가 흐르면 철심은 포화가 됨) 철심이 과열되고 2차측에는 고전압이 유도됩니다. 그래서 철심이 과열되고 2차 단자 권수비에 비례한 고전압이 유도되어 절연파괴가 일어납니다.

PT는 일반 변압기와 원리가 똑같습니다. 단락시키면 쇼트되어 PT가 소손되므로 개방을 하는 것입니다. 개방하면 부하측은 무전압이 되어 계기와 계전기들을 안전하게 교체할 수 있습니다.

PT 2차를 쇼트시키면 변압기 2차를 쇼트시킨 것과 똑같습니다. PT의 용량은 100[VA] 정도밖에 안 되고 1차 퓨즈는 1[A]로 약 14[kVA]$\left(\frac{22,900}{\sqrt{3}}[\mathrm{V}]\times 1[\mathrm{A}]\right)$의 부하용량을 갖습니다. 그렇기 때문에 2차측이 단락되어도 1차 퓨즈가 용단되지 않고 PT가 소손된 것입니다.

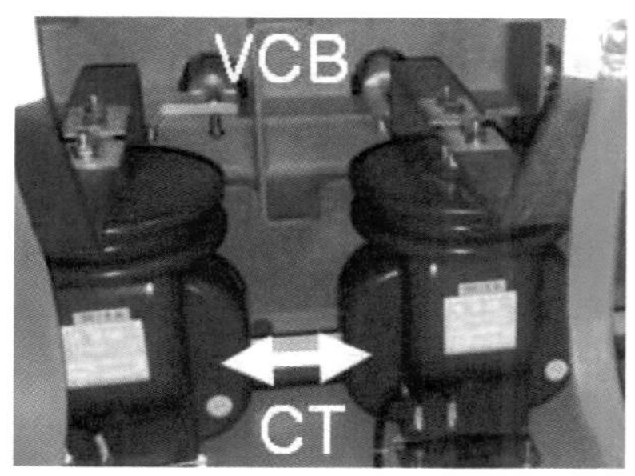

| CT |

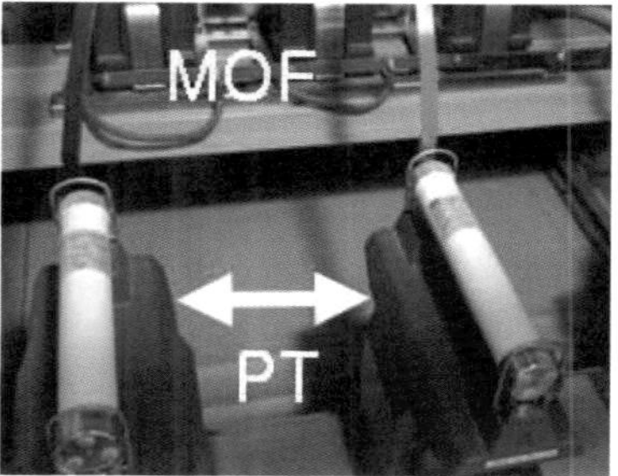

| PT |

특별한 경우를 제외하고 PT는 차단기 1차, CT는 차단기 2차에 설치한다.

188
SECTION

검침 후 왜 CT, PT비를 곱하나요?

검침을 하고 나서 전력량을 구할 때 960을 곱해주고 있습니다. 왜 960을 곱해주는지 궁금합니다.

CT와 PT에서 고전압을 저전압으로, 대전류를 소전류로 만들어 그 전압과 전류가 계량기에 적산되었기 때문에 이것을 다시 고압, 대전류로 환산하려고 변환한 배율로 곱해주는 것입니다.

CT와 PT는 계량기에 직접 고전압과 대전류를 인가하지 못하기 때문에 고전압, 대전류를 저전압과 소전류로 변환하는 변환기입니다. 계량기는 CT와 PT로 변환한 저전압과 소전류에 의하여 계량됩니다.

(1) 여기에서 CT와 PT를 하나로 만든 것이 MOF입니다. 이때, 고전압을 얼마의 저전압으로 또 대전류를 얼마의 소전류로 얼마나 변환시켰느냐가 배율입니다. 사용량은 계량기가 낮춰진 저전압, 소전류로 적산되니까 변환시킨 배율만큼 곱해주는 것입니다.

(2) PT=N/110, CT=N/5로 변환하여 적산전력계에 입력되어 적산됩니다. CT의 배율을 알면 MOF의 배율을 알 수 있습니다.

(3) PT비는 전압이 $\dfrac{\frac{22,900}{\sqrt{3}}}{\frac{190}{\sqrt{3}}}$로 120배가 고정이고 CT비가 $\dfrac{150[A]}{5[A]}$로 30배가 되어 120배×30=3,600배가 되는 것입니다.

(4) 배율 960은 CT가 40/5이기 때문입니다. PT비×CT비=960이므로 120×CT비=960, CT비=$\dfrac{960}{120}$=8이 됩니다.

전기해결사 PICK

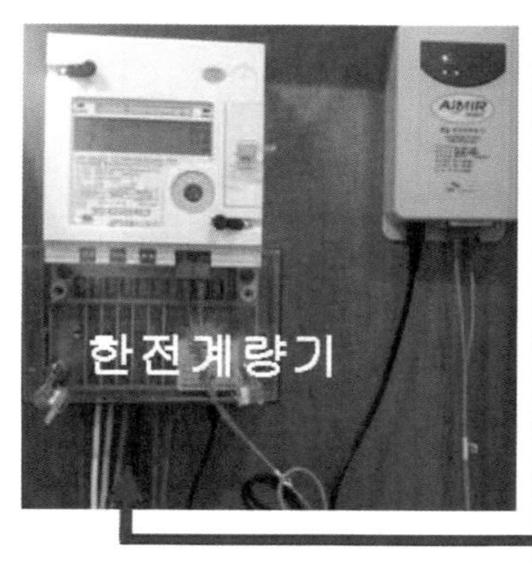

| 한전 적산전력계 |　　　　| MOLD형 MOF |

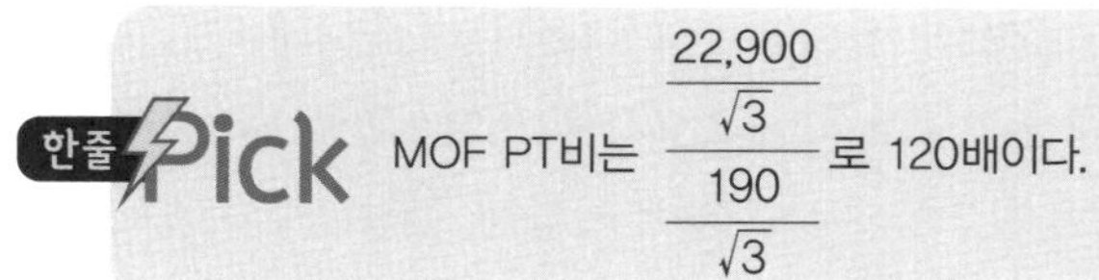

한줄 Pick MOF PT비는 $\dfrac{\dfrac{22,900}{\sqrt{3}}}{\dfrac{190}{\sqrt{3}}}$ 로 120배이다.

189 SECTION

CT의 2차측을 단락시키는 이유는 무엇인가요?

CT의 2차측 전류계를 개방할 때에는 항상 CT 2차측을 먼저 단락시킨 후에 전류계를 제거해야 한다고 알고 있습니다. 그 이유가 개방 시에 1차측의 부하 전류가 모두 여자전류가 되어 2차측에 과전압을 유기시켜 2차측 절연파괴를 야기하기 때문이라고 알고 있는데 제가 알고 있는 내용이 맞는지 궁금합니다.

CT는 2차 부하가 없어도 1차 전류에 의하여 철심에 자속이 흐릅니다.
철심에 자속이 흐르면 열이 발생하고 이 상태에서 2차측을 단락시켜야 2차 전류에 의한 반대자속이 흘러 1차 자속을 상쇄시킵니다. 2차를 개방시키면 2차 자속(상쇄자속)이 없어 철심이 과열되고 2차에 1차 권수비에 비례하는 전압이 유기됩니다. 그리고 1차 전류가 크면 철심에 자속이 포화되어 $N(\frac{d\phi}{dt})$에 의한 2차 과전압이 유기되어 절연을 파괴시킵니다.

변압기는 2차 부하를 사용하지 않아도 1차 코일에 전압을 가하면 1차 전류가 흘러 철심에 자속이 흐르고 그 자속에 의하여 2차측에 권수비에 비례하는 전압을 유도시키는데 이 전류를 변압기의 무부하전류, 여자전류라고 합니다. 이 상태에서는 2차 부하가 걸리지 않는 한 항상 일정한 여자전류만 흐릅니다. 2차에 부하가 걸리면 그 부하에 따라 2차 전류가 흐르고 그 2차 전류에 의하여 2차 자속이 생기며 1차에서 그 자속을 상쇄시키려고 2차 전류에 비례한 전류가 흐릅니다.
그러나 CT는 변압기와 달라 2차 부하가 없어도 1차 부하에 흐르는 전류 전체가 1차 자속을 만들고 그 자속 중 일부만 권수비에 맞는 2차 전압을 유기시킵니다. 그러므로 1차 부하전류에 의하여 철심에 자속이 흐르고 CT 2차에 전압도 만듭니다.
CT 2차가 개방되면 2차에 전류가 흐르지 않고 1차 자속을 쇄교시킬 수 있는 자속을 만들지 못하므로 철심에는 1차 전류에 의한 자속 중 2차 여자전압을 만든 자속만 빼고 나머지가 그대로 남아 철심을 과열시킵니다. 이 상태에서 1차 전류가 증가하면 증가할수록 1차 자속만 증가하여 철심을 포화시킵니다.
포화가 되면 $N\left(\frac{d\phi}{dt}\right)$에 의하여 CT 2차측에 1차 배율전압보다 더 큰 고전압이 발생하여 절연을 파괴하고 CT를 소손시킵니다. 이 상태에서 2차측을 단락시키면 2차

단락전류에 의하여 2차 자속이 생기고 이 자속이 1차 자속과 반대로 흐르면서 철심 속 자속을 상쇄시켜 고전압은 발생하지 않습니다.

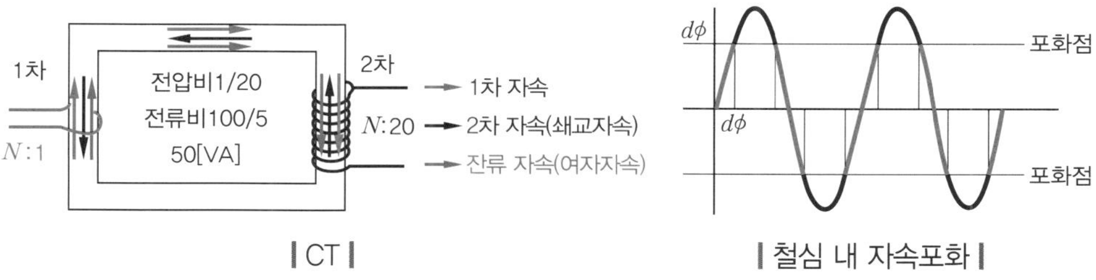

| CT |　　| 철심 내 자속포화 |

- CT의 원리는 변압기(PT)와 같다(권수비에 전압은 비례하고 전류는 반비례). 변압기(PT)는 전압을 변환하고 CT는 전류를 변환시킨다. 변압기(PT)는 2차 부하전류에 따라 1차의 전류가 변화하고 1차 전력이 전송된다. 6,600[V]/110[V]에서 1차 6,600[V]일 때 2차는 110[V]이다.
- CT는 반대로 1차 부하전류에 의하여 2차에 전류를 변환시킨다. 100/5이면 1차 100[A]일 때 2차가 5[A]가 된다. 1차에 전류가 흐르면 철심에 1차 자속이 흐르면서 1차 자속에 포함된 여자자속에 의하여 2차에 전압이 유도된다(변압기와 같음).
- CT 2차가 단락되면 2차 코일에서 1차와 반대인 유도된 전압이 발생하고 2차 전류가 흐른다. 2차 전류가 흐르면 철심에는 1차 자속의 반대방향으로 2차 자속이 흘러 철심 속에 흐르는 1차 자속을 상쇄시킨다. 이 자속을 쇄교자속이라 한다.
- 여기에서 2차를 개방하면 2차에 전류가 흐르지 않기 때문에 철심에는 1차 자속이 전체에 흐른다(철심에 자속이 흐르면 자기열 철손이 발생).
- 2차가 개방이 된 상태에서 1차에 전류가 많이 흐르면 철심에 자속이 증가하여 포화(더이상 자속이 증가되지 않음)되고 과열되어 코일이 소손된다.
- 2차 코일에는 1차 자속 속에 있는 여자자속에 의하여 전압이 유도되는데 자속이 포화되면 $V=N\left(\frac{d\phi}{dt}\right)$이므로 고전압이 유도되어 절연이 파괴된다.

1. 계기나 계전기 등을 교체할 때 PT는 개방, CT는 단락시켜야 한다.
2. 변압기는 2차 부하에 의하여 1차 전류가 흐르고 CT는 2차와 무관하게 1차 전류가 흐른다.
3. CT도 변압기와 같은 원리이다.

CT 2차측 전선의 굵기를 산정하는 방법은 무엇인가요?

CT 2차측 케이블 계전기 SOURCE 또는 PROTECTION용 CT 2차측 케이블 사이즈는 어떻게 선정하는지 궁금합니다.

CT 2차 정격전류는 5[A]입니다(예외적으로 현장 계기용은 1[A] 사용).
전선의 굵기가 가늘어도 문제는 생기지 않지만 전선의 굵기가 가늘면 계기에 흐르는 전류가 작아져 전류를 작게 지시(오차발생)합니다.

| CT |

CT 2차 전력은 CT 2차측 부하와는 무관하게 주회로에 흐르는 1차 전류에 의해 결정됩니다.

예를 들면 정격 100/5, 50[VA] CT라면 CT 1차 전류가 100[A] 흐를 때 CT 2차가 5[A]이고, 이때 1차에 의하여 발생한 전력이 50[VA]라는 것입니다. 그러면 CT의 전압은 1차가 $\frac{50[VA]}{100[A]}=0.5[V]$이고, 2차 전압은 $\frac{50[VA]}{5[A]}=10[V]$입니다. 따라서, 변압기와 같이 '1차 전력=2차 전력'이 됩니다.

CT 2차측의 Z는 $\frac{10[VA]}{5[A]}=2[\Omega]$이 됩니다. $Z(2[\Omega])$는 CT 2차를 단락(0[Ω])했을 때 CT 자체가 가지고 있는 변하지 않는 내부저항입니다. 1차측 100[A]가 흐르면 2차측에 50[VA] 전력이 생기고 2차측을 단락시키면 CT저항이 2[Ω]이므로

$50[VA]=I^2 \times Z=I^2 \times 2[\Omega]$이 되어 I가 5[A]가 됩니다. 만약 CT 2차 전선의 길이가 길어지거나 너무 가늘 경우 전선의 저항이 0.5[Ω]이라고 한다면 2차에 흐르는 전류는 $50[VA]=I^2 \times Z$이므로 $I^2=\frac{50[VA]}{Z}$, $I=\sqrt{\frac{50[VA]}{(0.5+2)[\Omega]}}=4.47[A]$가 됩니다.

계기에 흐르는 전류가 4.47[A]이면 계기 지시치는 89.4[A]입니다. 그러므로 계기를 전기실에서 멀리 떨어뜨려서 사용할 경우 전선의 저항이 커지기 때문에 전선의 굵기를 굵게 하거나 CT 2차 전류가 1[A]인 것을 사용해야 합니다.

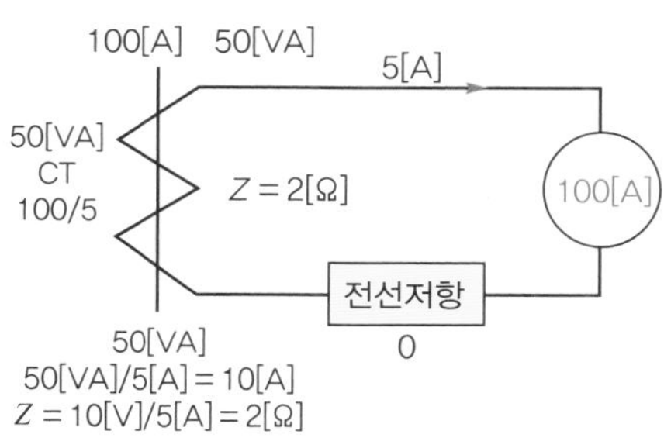

❙ 전선의 저항이 0[Ω]일 때 ❙

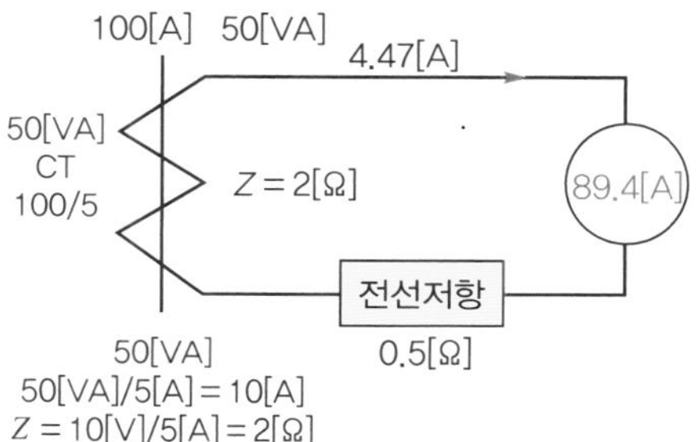

❙ 전선의 저항이 0.5[Ω]일 때 ❙

1. CT 2차 전선은 굵을수록 좋다.
2. 로컬로 나가는 'A' 계기용 CT는 2차 전류가 1[A]인 것을 주로 사용한다.

191 SECTION

계량기 배율(상전압, 선간전압) 계산방법은 무엇인가요?

계량기 배율을 계산할 때 전압 배율 × 전류 배율 = 계량기 배율의 식을 사용해서 계산하는데, 특고압은 22,900[V](선간전압)로 수전하고, MOF를 통해 13,200[V](상전압)/110[V] = 120배로 알고 있습니다. 저압에서는 380[V] 같은 경우는 PT를 사용하지 않을 때는 그냥 'CT 배율 전류×380[V]' 이렇게 계산하면, 380[V]는 22,900[V]처럼 선간전압인데 그렇게 되면 MOF처럼 한 상(p1), 한 상(p2), 한 상(p3)이 측정되는 '상전압×전류'의 이런 형태가 아닌 '선간전압×전류'의 형태가 되는 게 아닌지 궁금합니다.

380[V]도 MOF처럼 $\frac{22{,}900[V](선간전압)}{1.732} \fallingdotseq 13{,}200[V]$(상전압)을 이용해서 $\frac{380[V](선간전압)}{1.732} \fallingdotseq 220[V]$(상전압)으로 계산되어야 하는 게 아닌지 알고 싶습니다.

22.9[kV] MOF는 3상 4선식으로 계량기에 상전압이 들어가게 하였고, 380[V]는 3상 3선식으로 계량기에 선간전압이 들어가게 하여 계량되기 때문입니다.

전력량계에서 PT와 CT를 사용하는 가장 큰 이유는 전압과 전류가 클 경우 계기에 직접 가할 수 없기 때문에 22,900[V]는 $\frac{22{,}900}{\sqrt{3}}$을, $\frac{1{,}900}{\sqrt{3}}$으로 하고 380[V]는 전압이 아주 높지 않기 때문에 직접 계량기에 인가하기 위해서입니다. 그렇기 때문에 MOF는 PT $\frac{22{,}900}{\sqrt{3}}$을, $\frac{1{,}900}{\sqrt{3}}$으로 결국은 110[V]로 바꾼 결과입니다. 그래서의 배율이 120인 것입니다.

전력량은 CT와 PT를 얼마에서 얼마로 줄였는지를 가지고 적산된 계량치에 그 배수만 곱해 주면 됩니다. 3상 계량기에는 3상 3선식과 3상 4선식이 있습니다.

계량기도 3상 3선식과 3상 4선식이 있는데 3상 3선식은 2PT 선간전압으로 계산하고 3상 4선식은 3PT 상전압으로 계산한다.

192 SECTION

GCT란 무엇인가요?

일반적인 CT는 알고 있는데, GCT라는 것도 있는지 궁금합니다.

GCT는 변압기 중성점에서 접지를 한 선에 설치한 CT입니다.

(1) 3상 4선식 계통의 시스템에서 대부분 지락계전기를 세팅할 때 수전용 차단기와 변압기용 메인차단기에는 3CT에 의한 잔류방식의 OCGR계전기를 채택합니다. 이때는 불평형 등을 고려하여 정격전류의 30% 정도로 설정합니다.

(2) 잔류방식에 의한 세팅값은 변압기의 지락 또는 메인케이블 등의 지락 시 매우 큰 전류가 흘러 OCGR이 동작 차단기가 정상적으로 동작하지만, 부하설비 등의 지락 시에는 지락전류가 30%라는 큰 세팅값에 비해 아주 적기 때문에 차단기가 동작하지 않습니다. 그렇기 때문에 FEEDER용 변압기 등에는 변압기 1·2차 코일 혼촉방지 시 사고를 예방하기 위하여 변압기의 중성점에 GROUND 접지를 하고, 그 접지선에 순수지락전류를 검출할 수 있는 CT를 설치하는데 이것을 GCT라고 합니다.

(3) GCT의 비는 용량에 관계없이 440[V] 이하일 경우 100/5를 많이 사용합니다. 왜냐하면 TT접지계통 개별접지로 변압기 중성점 접지값을 5[Ω], 특고압 접지값을 10[Ω]으로 하여 지락 시 최소전류를 $\frac{440}{\sqrt{3}\times 15} \fallingdotseq 17$[A]를 기준으로 하였기 때문입니다. 그러나 실제 접지저항은 그보다 훨씬 작으므로 접지전류는 클 것입니다. 세팅은 100[A]×0.1=10[A], 0.5초 정도로 많이 합니다.

Q 위 설명에서 보면 $\frac{440}{\sqrt{3}\times 15}$라는 식이 있는데 여기서 15는 어떻게 나온 것인지 궁금합니다.

A 변압기 중성점 접지값(5[Ω]) + 특고압 접지값(10[Ω])입니다.

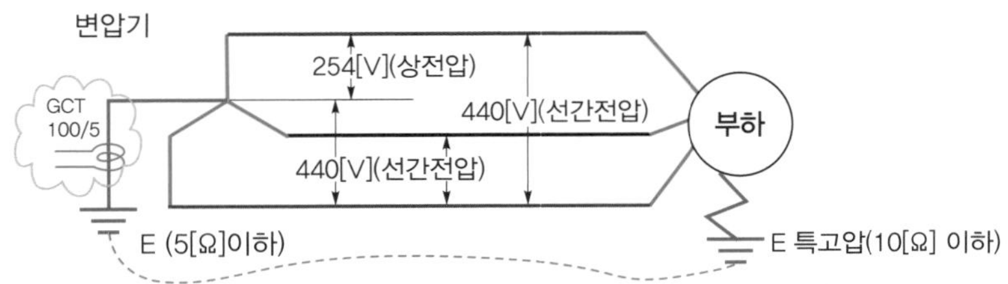

| GCT를 이용한 지락검출 |

- GCT는 지락검출을 위해 사용한다.
- 지락전류 계산식은 $\frac{254[V]}{\text{접지저항}(15[\Omega]\ \text{이하})+\text{지락저항}}$이므로 지락 최대전류는 수십 [A]도 되지 않는다. GCT는 100/5를 사용하였고 계전기 세팅은 10~15[A](2차 0.5~0.7 5[A]) 정도 하면 된다.

1. OCGR 계전기는 10[A], 0.5[sec]로 세팅한다.
2. KEC규정에 의해 접지는 공통접지나 통합접지로 실시한다.

193 SECTION 수전설비 단선도의 주차단기에 있는 CT의 위치는 어디인가요?

특고압 수전설비 단선결선도를 보면 CT의 위치가 메인차단기 1차(전단)에 설치된 경우가 있고, 2차(후단)에 설치된 경우도 있습니다. 어떤 이유에서 다르게 설치된 것인지 문의 드립니다.

판넬 대부분의 PT는 차단기의 1차, CT는 2차에 설치되기 때문입니다.

CT와 PT의 위치는 CT와 PT의 사용목적에 의해, 그리고 작업성 등에 의해 결정합니다. 판넬의 PT는 전압이 입전되었는지를 확인하는 목적이고, CT는 부하의 전류 상태를 알기 위한 목적으로 주로 사용합니다. 87(DIF-RELAY)에 사용하는 CT는 1차에도 설치합니다.

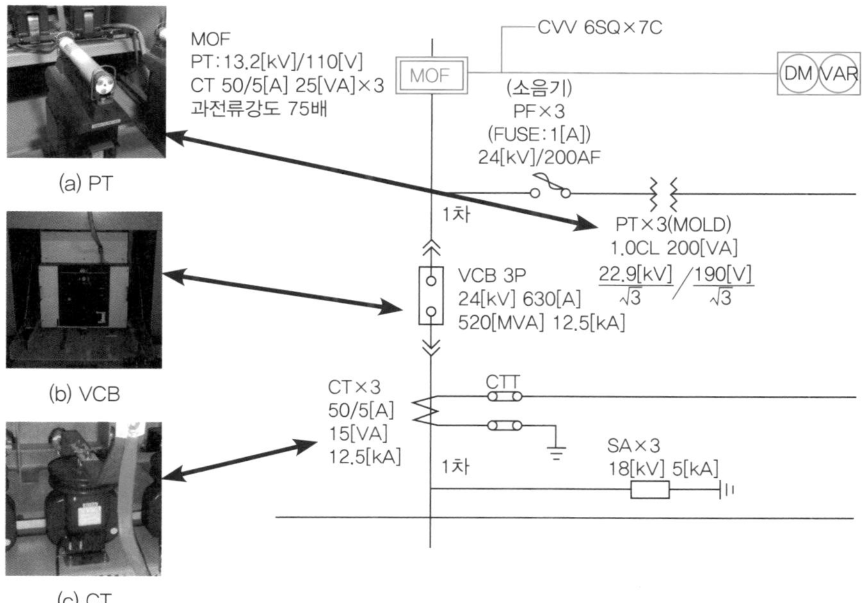

(a) PT

(b) VCB

(c) CT

| 22.9[kV] 수전단선도와 PT, CT 설치위치 |

한줄 Pick PT는 차단기 1차, CT는 차단기 2차측에 설치한다.

194 SECTION

2CT V결선이 무엇인가요?

V결선이면 같은 극성끼리 연결되는 것이 아니라 다른 극성끼리 연결되는 것으로 알고 있는데, 제가 보기에는 Y결선에서 한 상이 없을 때의 결선으로만 보입니다. 무엇이 맞는지 알고 싶습니다.

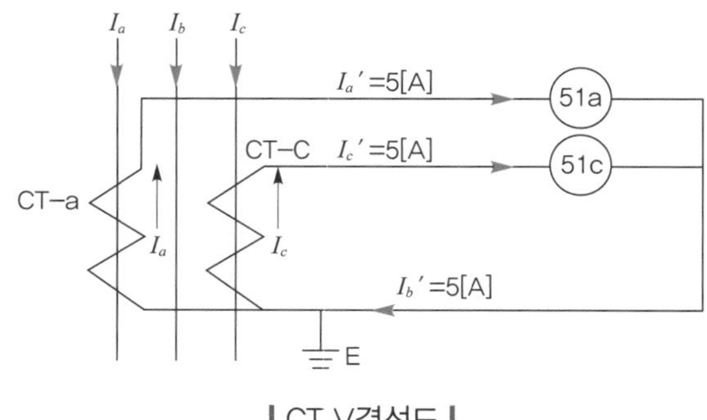

❙ CT V결선도 ❙

120° 위상차가 다른 2상의 합은 위상차 60°인 벡터의 합입니다.

(1) 그림을 보면 CT 2개가 a상과 c상의 CT로 2개가 한쪽에 연결되었습니다. 그 연결된 곳을 b상이라 합니다. 잘 보면 델타에서 CT가 하나 없는 것으로 V 모양이 됩니다. 그렇기 때문에 V결선이라 합니다.

(2) CT–a상과 CT–c상의 전류는 각각 a상과 c상 전류로 위상차가 120°입니다. 여기서 b는 a상 전류와 c상 전류의 벡터합은 $2\times5\cos\theta=2\times5\times\frac{1}{2}=5$입니다.

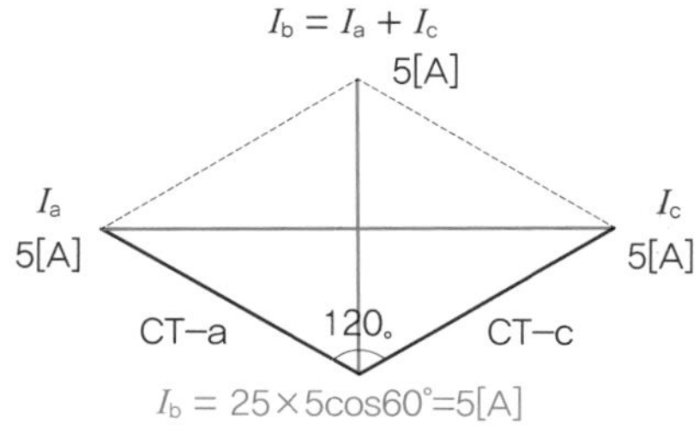

1. 모터와 같은 3상 3선 평형부하에서는 2PT, 2CT를 사용한다.
2. 전기는 그림을 그려서 이해하면 쉽다.

195
SECTION

ACB가 트립되는 이유가 무엇인가요?

며칠 전 ACB가 트립된 적이 있습니다. 트립되었을 당시 트립의 원인을 알리는 램프 중 지락쪽에 램프가 들어와서 트립된 차단기 2차측 배선용 차단기를 모두 차단시키고, ACB 투입 후 배선용 차단기를 하나씩 투입시켰습니다. 그러나 한참이 지나도록 ACB가 트립되지 않자 그 이유가 무엇일까? 하는 의문을 가지고 다음날 차단기 생산회사에 질문을 했더니 부하전류 불평형이라는 답변을 들었습니다.

전류를 가지고 계산해보니 최대불평형이 33%까지 나오는 걸 확인하고 평상시 부하가 많이 걸리는 L1상에 부하분담을 하려고 생각하고 있었습니다. 그런데 그날 저녁 또 다시 차단기가 트립되었습니다. 이번에는 신속히 투입이 이루어지고 투입된 차단기 2차측 케이블에 후크메타로 전류를 측정하였으나 전혀 불평형을 확인하지 못했습니다. 그런데 전류체크 후(L1, L2, L3=270, 260, 255) 차단기가 또 다시 트립되었습니다. 역시 트립의 원인을 알리는 램프는 지락을 알리는 GFT 램프쪽에 들어와 있었습니다.

차단기 2차측 부하는 모두 세대로 들어가는 전원으로 세대분전반에는 누전차단기가 설치되어 있는데 이렇게 되는 경우도 있는 건지 모르겠습니다.

(1) 지락으로 트립되면 절연점검을 해야 됩니다. 불평형은 전부하전류 30% 정도로 설정을 하기 때문에 쉽게 불평형이 되지 않습니다.

(2) 3개의 CT 중 1개가 2차 전류회로에서 접촉불량 등으로 검출되지 않으면 불평형으로 볼 수 있습니다.

절연점검 후 이상이 없으면 실제로 중성선에 흐르는 전류를 측정해 보시기 바랍니다. 다음과 같이 중성선에 전류가 많이 흐르는지 확인해 보셔야 합니다. 절연이 우수하고 중성선에 전류가 설정값 이상으로 흐르지 않으면 계전기가 오동작한 것으로 추정됩니다.

(1) $I_g = \frac{I_4}{n} + \frac{I_5}{n} = \frac{\text{중성선전류+지락전류}}{n}$

여기서, n : CT비

(2) 지락특성(Ground fault protection) OCGR : 동작전류설정(GFT) = I_n × Non − 0.1 − 0.15 − 0.2 − 0.25 − 0.3 − 0.35 − 0.4 − 0.5 − 0.6 − 0.7 − 0.8(12steps) 설정오차 (±)10%

(3) GFT는 불평형을 포함하더라도 I_n 정격전류기준의 %이므로 부하불평형 30%만의 의미가 아닙니다.

(4) 3상 4선식에 있어서 3CT를 사용하는 것은 영상전류를 잔류방식으로 검출하고, 중성선에 흐르는 전체전류+지락전류를 기본으로 한 것입니다. 설정치가 30%라면 ACB 정격이 1,600[A]일 경우 480[A]가 중성선을 포함하여 접지로 전류가 흘러야 동작합니다.

요즘은 4P ACB를 사용하고 NCT(중성선 CT)를 이용하여 순수 중성선에 흐르는 전류를 검출하기도 하고, ZCT나 접지선에 직접 CT를 사용하여 순수지락전류를 검출하기도 합니다.

(5) 3CT 잔류방식에서 3개의 CT 중 1개가 접촉불량 등 검출이 되지 않으면 그 전류가 불평형전류로 동작할 수 있습니다.

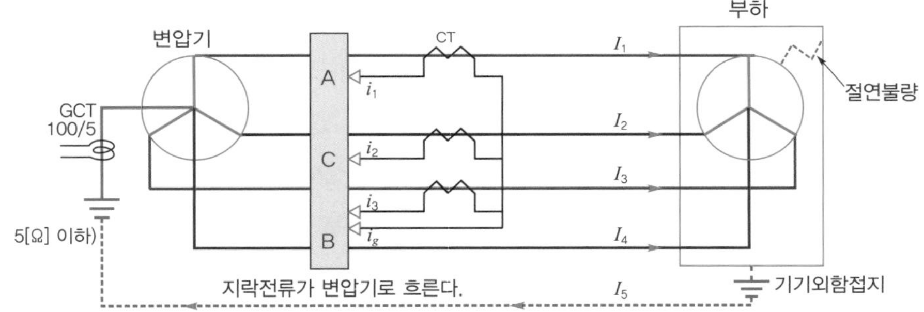

| 지락전류 |

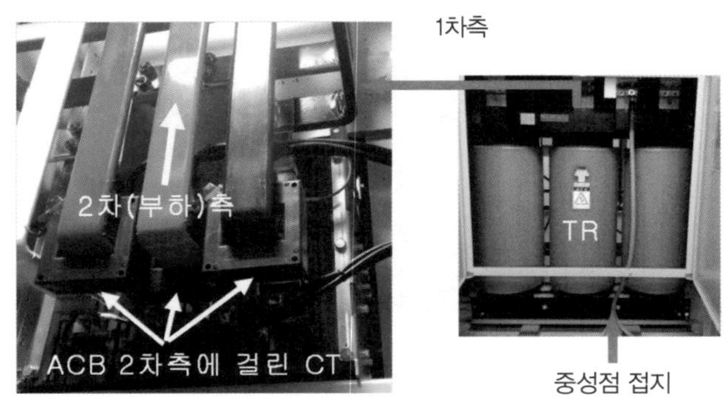

| 변압기 접지와 CT |

1. 3CT 잔류방식 I_g로 흐르는 전류는 중성선(불평형)전류+지락전류이다.
2. 일반 ACB의 GFT 동작 시 불평형전류에 의한 트립인지 확인해야 한다.

196 SECTION ACB 계전기 세팅 시 지락전류는 얼마로 해야 하나요?

(1) 현장 ACB 지락전류 세팅이 0.2로 되어 있는데 이것이 정격전류의 0.2%라는 뜻인지 궁금합니다.

(2) ACB 정격전류가 2,000[A]인데 그러면 지락전류가 400[A]가 되었을 때 트립된다는 것인지도 궁금합니다. 보통 지락전류가 흘러도 400[A]까진 흐르지 않는 게 맞는 것 같습니다.

(1) 0.2%가 아니고 20%입니다.

(2) 400[A]는 순수지락전류가 아닙니다. 3개의 CT 중 1개가 전류를 검출동작을 하지 못하면 그렇게 동작할 수 있습니다.

400[A]에는 순수지락전류만 있는 것이 아니고 부하불평형에 따른 중성선의 전류도 포함되어 있습니다. 그렇기 때문에 지락이 아닌데도 OCGR이 동작됐을 때, 즉 원인이 나오지 않았을 때 부하의 불평형에 대한 점검도 해야 합니다. 그리고 지락 시에 흐르는 전류도 지락이 어떻게 되었느냐에 따라 정격전류보다도 훨씬 큰 전류가 흐릅니다. 3개의 CT 중 1개가 전류검출을 하지 못하면 그 전류를 불평형으로 인지하여 동작할 수 있습니다.

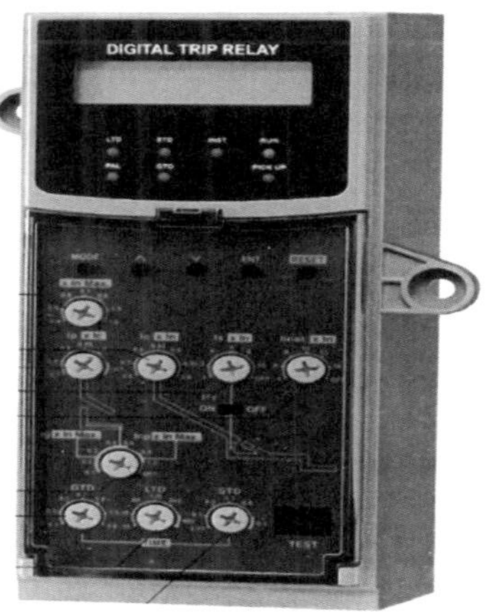

❙ ACB와 OCR 계전기 ❙

| ACB OCR 계전기 동작특성과 설정 |

동작특성	Mode	설정단계
정격전류 설정 (rated current)	I_n	$(0.4-0.5-0.6-0.7-0.8-0.9-1.0)\times I_{nmax}$
연속 통전전류 설정 (continuous current)	I_c	$(0.6-0.8-0.8-0.85-0.9-0.95-1.0)\times I_n$ 세팅값을 초과하면 'PICK-UP' LED가 점멸되고, 115% 초과 시 점등되고, OCR 트립 후 일정시간이 지나면 소등됨. LTD LED는 OCR 트립과 동시에 점등됨
장한시 트립시간 설정 (long-time delay tripping time)	LTD	15-30-60-120-240[sec]
단한시 트립전류 설정 (short-time delay tripping current)	I_s	$(2-3-4-6-8-10-\text{OFF})\times I_n$ OCR 트립동작과 동시에 점등됨
단한시 트립시간 설정 (short-time delay tripping time)	STD	0.05-0.1-0.2-0.3-0.4-0.5[sec]
순시 트립전류 설정 (instantaneous tripping current)	I_i	$(4-6-8-10-12-16-\text{OFF})\times I_n$ OCR 트립동작과 동시에 점등됨
pre-alarm 전류 설정 (pre-alarm current)	I_p	$(0.7-0.8-0.9-0.95-1.0-\text{OFF})\times I_C$ 설정값을 초과하면 장한시 트립시간의 $\frac{1}{2}$[sec]에 점등됨
지락 트립전류 설정 (ground fault current)	I_g	$(0.1-0.2-0.3-0.4-0.5-\text{OFF})\times I_{nmax}$ OCR 트립동작과 동시에 점등됨
	I_{NP}^*	$(0.5-1.0-\text{OFF})\times I_{nmax}$
지락 트립시간 설정 (ground fault time)	GTD	0.1-0.3-0.5-0.7-1.0-1.5-3.0[sec]

* I_{NP}는 NP(Neutral Protection) 기능으로 4P 차단기에서 과전류로부터 N상을 보호하는 기능

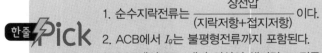

1. 순수지락전류는 $\frac{\text{상전압}}{(\text{지락저항}+\text{접지저항})}$ 이다.
2. ACB에서 I_g는 불평형전류까지 포함된다.
3. 3CT에서 CT 1개가 이상이 생기면 그 전류가 불평형으로 나타난다.

197
SECTION

GOCR 동작으로 인한 MAIN ACB 차단현상이 왜 일어나나요?

GOCR(OCGR) 동작으로 MAIN ACB가 차단됩니다.

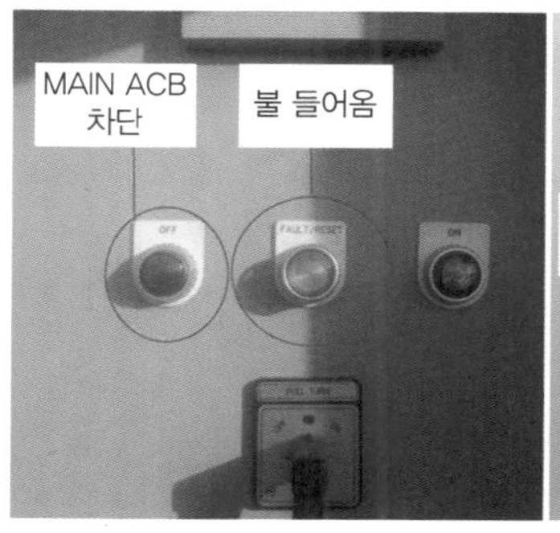

| 조작판넬 |

| 원판형 유도계전기 |

직접 현장에서 점검을 해 보았지만 원인을 알 수가 없었습니다. GOCR의 타겟은 오른쪽 사진처럼 위로 올라가 있는 상태입니다. 그런데 문제는 계속 떨어질 때는 바로 떨어졌고, 한 20분 정도 경과 후 떨어지다가 하루가 지난 지금까지 어제 사용하던 설비들을 그대로 사용 중인데도 아무 이상 없이 사용하고 있습니다. 무엇이 문제인지 알고 싶습니다.

ACB에는 대부분 자체 계전기가 있습니다. 확인해 보시기 바랍니다.

위 계전기는 실제 동작이 되면 OCGR ICS TRIP TARGET도 동작하여 표시합니다.

(1) ICS 동작 표시가 보이지 않으면 OCGR ICS에 의한 동작이 아닙니다. 이때는 내부에 있는 ACB의 OCGR 및 동작하고 있는 RELAY를 확인해서 무엇이 동작했는지를 확인하여야 합니다.

(2) 원판형 OCGR이 동작되는 원인은 실제 지락이 동작했을 경우, CT LINE이 단선 또는 접촉불량일 경우, 마지막으로 실제 불평형일 경우입니다. CT LINE 단선 또는 접촉불량은 후크메타로 CT의 N선을 측정하여 전류가 흐르면 계산으로 확인할 수 있습니다.

(3) 원판형 OCGR 계전기는 잔류방식에 의하여 동작하는데, 이때는 불평형으로도 동작하기 때문에 CT LINE이 단선되거나 접촉불량이 되면 동작될 수 있습니다. 세팅을 30% 이하로 하기 때문에 CT가 단선되거나 접촉불량 시 부하가 $\frac{1}{3}$ 정도가 되면 불평형전류가 지락으로 인식하고 동작합니다.

(4) 원판형 계전기는 내부 원판에 의하여 접점이 동작이 되는데 DOOR를 열고 닫으면서 충격이 가해지면 동작할 수 있습니다.

1. 원판형 계전기는 충격 시 원판 진동에 의하여 동작될 수 있다.
2. ACB가 트립되면 판넬 내부 ACB 자체 계전기와 RELAY를 확인해야 한다.

198 SECTION

TIE-ACB 투입 시 용량산정은 어떻게 해야 하나요?

제가 근무하는 곳에는 1,500[kVA] 2대의 TR이 있으며, 평상시 동력부하는 300[A] 정도이며 전등, 전열부하는 600[A] 정도입니다. 만약 비상사태 시 TR 1대가 고장이 발생해 부득이하게 TIE-ACB를 투입하여 운전하고자 한다면 부하용량 분배 시 어떻게 조절해야 할지 문의드립니다.

동력부하를 줄이려고 보니 겨울철인 것을 감안하여 냉온수기 가동을 중지하고 동파방지를 위한 펌프만을 돌려야 하는 것이 아닌지 궁금합니다. 만일 동력 TR에 문제가 생긴다면 부하 산정에 상당히 고민이 됩니다. 반대로 전등, 전열 TR에 문제가 생긴다면 600[A]의 부하를 부담시키기엔 용량이 크기 때문에 적절하게 전등, 전열을 OFF시켜 조절하면 될 것 같은데 말입니다.

정격전류가 전등과 동력을 합해도 100%가 되지 않으므로 TIE-ACB를 투입하여 사용해도 문제는 없습니다.

1,500[kVA]라면 사용전압 2차가 440[V] 3상이라 해도 용량에는 아무 문제가 없습니다(220/380[V]겠지만 명시되어 있지 않아 높은 전압으로 가정한 것임).

1,500[kVA]/(440×$\sqrt{3}$)[V]×1,000=2,000[A]이므로 변압기 용량이 너무 큽니다. 전등과 동력을 합해도 50%(440[V] 기준) 부하 밖에 되지 않습니다. TIE 시 부하용량 분배는 고려할 필요가 없습니다.

TIE는 비상상황이고, 변압기가 자주 고장나는 것도 아닙니다. 제가 근무했던 공장도 TIE ACB가 많이 있지만 고장으로 인해 조작한 예는 극히 드물고 정전작업 시 작업을 하거나 점검하기 위해 조작한 것이 고작이었습니다.

1. 전기설비관리는 상시 점검하고 그 상태를 기록하는 것이다.
2. TIE ACB를 설치할 때는 사전에 사고 시 1대로 사용할 수 있게 설계하기 때문에 병렬운전이 가능하게 할 필요는 있다. 정격(용량, 전압, %Z)이 같은 변압기는 언제든 병렬운전이 가능하다.

저압반 ACB OCGR은 어떻게 동작하나요?

변압기 2차측 저압반 ACB OCGR에 관해 궁금한 게 있어 질문 드립니다. 현재 저희 공장에서 사용하는 변압기(1,800[KVA])에서 전임자가 계전기 선을 하나 빼놓은 걸 발견하였습니다. 히터 단상 부하를 쓰는 관계로 설비불평형이 많이 일어나는 편이며, CT는 4,000/5, GCT는 100/5를 사용합니다(2차측). 현재 GCT 전류측정 시 10[A] 정도가 측정됩니다. OCGR Tap전류를 계산하면 다음과 같습니다.

1차측(특고압) 전류=1,800[KVA]×1,000/(1.732×22,900)[V]=45.38[A]

2차측(저압) 전류=1,800[KVA]×1,000/(1.732×380)[V]=2734.90[A]

OCGR 계산 시 최대부하전류의 30% 이하이므로 한시 Tap전류=2,734.9×(5/4,000)×0.3=1.03[A] 이하로 설정하는 것으로 알고 있습니다.

OCGR에서 1번과 10번은 DC 110[V]이고, 4번과 5번은 GCT 선로, ICS는 한시동작, IIT는 순시동작으로 알고 있는데, 다음 사진에서 빼놓은 결선을 2번에 활선상태로 결선을 해도 되는지, OCGR 계전기 동작이 어떻게 이루어지는지 궁금합니다.

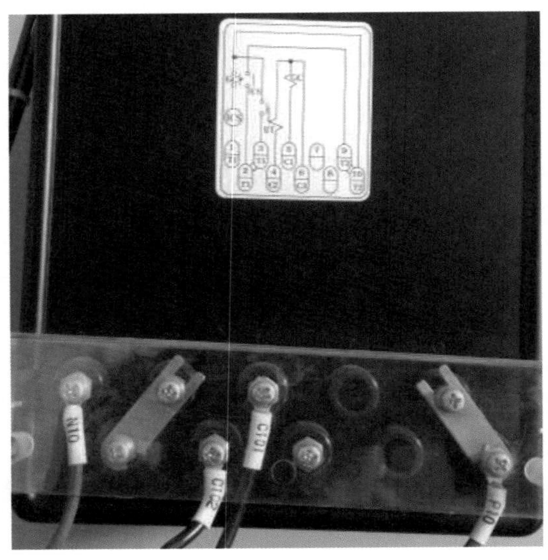

❙ 원판형 계전기 뒷단자 ❙

계전기 작업은 기본적으로 정전시키고 하는 것이 정상입니다. 운전 중 작업을 하려면 조작전원을 내리고 CTT와 PTT를 COMMON, OPEN하고 하여야 합니다.

$2,734.9\times\frac{5}{4,000}\times0.3=1.03[A]$ 이것과 GCT의 100/5 OCGR과는 의미가 다릅니다.

GCT 100/5는 변압기 2차 중성점 접지선에 설치하는 것으로 순수지락전류 100[A]일 때 5[A]가 되는 것입니다. 세팅은 이 전류(5[A])의 10%인 0.5[A], 1차 전류 10[A]에 설정을 많이 하고 안전공사에서도 그렇게 권장합니다.

$2,734.9\times\frac{5}{4,000}\times0.3=1.03[A]$는 3CT에 의한 잔류검출방식으로 2차 전류의 N선에 흐르는 불평형전류까지 포함이 된 820[A]입니다. 상기의 어떤 것을 OCGR로 어떻게 사용을 하였는지 시퀀스를 보셔야 합니다. GCT 10[A]는 실제 지락전류입니다. 그 원인을 찾아 보수를 하고 결선을 해야 합니다.

질문 더+

Q 원인을 단상 히터로 추측하는데 업체에서는 애자타입이라 누전은 없을 것이라고 단정지어 조금 혼란스럽습니다. 단상 히터설비가 365일 가동하며, 수량이 많은 관계로 선로와 외함 측정도 불가한 상황입니다(윗분들은 이해를 잘 못하는 관계로). 활선상태에서 확인하는 방법은 없는지 알고 싶습니다.

또한 ,상기 답변내용 중에서 저희는 3CT에 의한 잔류검출방식은 아니며 변압기 2차측 중성점 접지선에 설치되어 있는 순수지락전류용 GCT입니다.

A HEATER는 HEATING 매체가 물, 기름과 같은 유체가 대부분이고 HEATING 시 습도가 낮아 주위조건에 따라 절연이 변할 수 있어 전기설비에서 히터는 다른 설비에 비하여 지락이 잘 발생합니다. 히터가 어떻게 설치되었는지는 모르지만 회로별로 후크메타를 이용하여 영상전류를 측정하면 됩니다.

GCT에 의한 순수지락이라면 히터가 주원인이 됩니다.

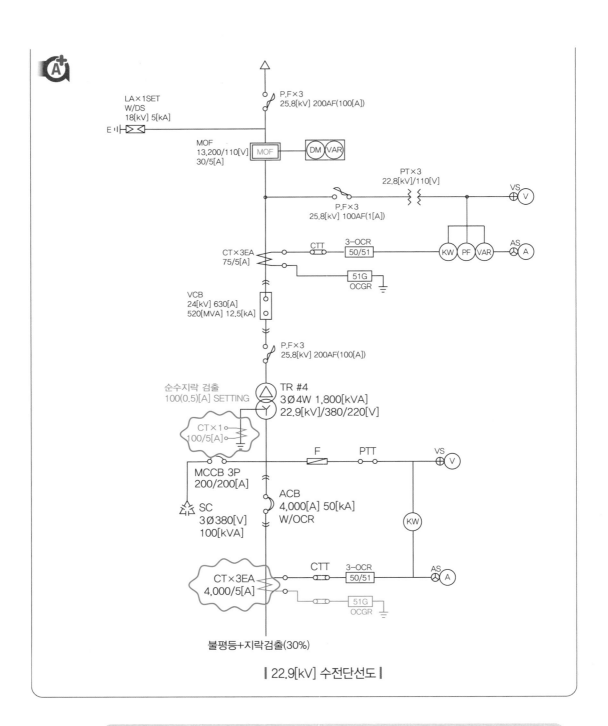

LA×1SET
W/DS
18[kV] 5[kA]
E

P.F×3
25.8[kV] 200AF(100[A])

MOF
13,200/110[V]
30/5[A]
MOF
DM VAR

PT×3
22.8[kV]/110[V]
VS V
P.F×3
25.8[kV] 100AF(1[A])

CT×3EA
75/5[A]
CTT
3–OCR
50/51
KW PF VAR
AS A
51G
OCGR

VCB
24[kV] 630[A]
520[MVA] 12.5[kA]

P.F×3
25.8[kV] 200AF(100[A])

순수지락 검출
100(0.5)[A] SETTING
TR #4
3Ø4W 1,800[kVA]
22.9[kV]/380/220[V]
CT×1
100/5[A]

F
PTT
VS V
MCCB 3P
200/200[A]
ACB
4,000[A] 50[kA]
W/OCR
SC
3Ø380[V]
100[kVA]
KW

CT×3EA
4,000/5[A]
CTT
3–OCR
50/51
AS A
51G
OCGR

불평등+지락검출(30%)

| 22.9[kV] 수전단선도 |

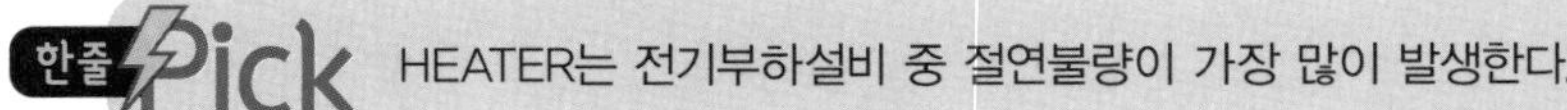

한줄 Pick
HEATER는 전기부하설비 중 절연불량이 가장 많이 발생한다.

200 SECTION

기중차단기 지락(GROUND FAULT)으로 인한 트립은 어떠한 영향을 주나요?

사진은 기중차단기 모니터 사진입니다. 기중차단기가 한번 트립된 적이 있습니다. 사진에서 보이듯 GROUND FAULT(지락사고)에 불이 들어와서 리셋을 누르고 수동으로 조작하여 레버를 올려 투입하였습니다.

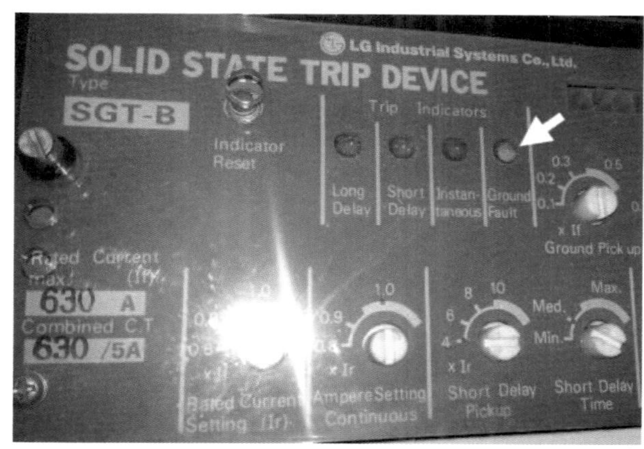

| ACB TRIP 장치 |

(1) 저압측 상전류 세팅조절을 하려면 어디를 조절해야 하는지 궁금합니다. 450~500[A]가 적절하다고 하는데, 적정한 전류치는 어느 정도인지도 알고 싶습니다(변압기 용량은 300[kVA]). 주변에 물어보니 세팅치는 적절하게 잘 되어 있다고 합니다.

(2) 공장이다 보니 분기차단기가 누전차단기가 아닌 배선용 차단기입니다. 누전차단기로 구성될 경우 자주 트립되어 생산라인이 자꾸 멈추기 때문에 그렇다고 하는데 기중차단기 트립에 과연 영향을 미치는 수준이라고 봐야 하는지 알고 싶습니다.

변압기 2차 ACB의 상전류는 변압기의 정격으로 하지 않고 실제 부하의 정격전류를 가지고 합니다.

여기에서 부하를 모르기 때문에 변압기 2차 정격이 300[kVA]÷($\sqrt{3}$×380[V])=456[A]이므로 456÷630가 되어 0.72가 나옵니다. 조금 OVER가 되지만 BASE

CURRENT SETTING(I_r)을 0.8로 하면 됩니다. 그리고 OCGR의 동작전류는 CT의 3상 4선식의 잔류방식에 의해 검출합니다. 잔류방식은 불평형전류와 지락전류가 CT N선을 통하여 흐르면서 OCGR이 동작합니다.

일반적으로 잔류방식의 OCGR SETTING은 정격전류의 30%로 설정하고 동작시간은 순시정한시에 동작합니다. 부하측 점검 시 절연에 이상이 없었다면 불평형전류를 의심할 필요가 있습니다.

MCCB는 지락에 동작하지 않고 과전류나 단락에만 동작합니다. 즉, 지락도 과전류나 단락으로 대부분 한시동작을 하기 때문에 용량이 적은 MCCB는 지락에도 동작하지만 큰 MCCB는 ACB의 지락차단시간보다 커 ACB OCGR이 먼저 동작합니다. 지락감지기능이 있는 EOCR이나 감도전류가 0.5[A] 정도 SETTING을 할 수 있는 ELB를 사용하면 도움이 될 수 있습니다.

화학공장 등 중요한 곳에서는 메인차단기가 동작되면 정전이 발생하여 피해가 심하기 때문에 별도로 고저항접지 HRG SYSTEM을 채용하고 각 기기에는 EOCR과 GFR 계전기를 설치하여 지락된 기기만 트립되도록 한다.

OCGR 사용 시 어떻게 접지해야 하나요?

접지식에는 3CT+OCGR를, 비접지식에는 ZCT+OCGR을 쓰는 걸로 알고 있는데 저희 현장의 단선계통도에는 접지식임에도 불구하고 51G에 ZCT+OCGR을 쓰고 있는 것 같습니다.

(1) 접지식에 ZCT+OCGR 사용이 가능한지 궁금합니다.

(2) ZCT 영상전류와 3CT 영상전류의 크기가 각각 다르게 나오는 이유를 알고 싶습니다.

(1) 접지식에서도 ZCT+OCGR을 사용합니다.

(2) ZCT로 검출되는 전류는 순수한 지락전류이고, 3CT로 검출되는 전류는 불평형 전류와 지락전류가 포함된 전류입니다.

ZCT+OCGR은 변압기 중성점 접지에 CT를 사용하는 것과 비슷한 것으로, 지락 시 누설전류가 ZCT를 통하여 변압기로 가는 누설전류를 검출하는 것입니다. 이것은 누전차단기와 같은 원리로 순수하게 누설전류만을 가지고 동작합니다. 다음 그림은 변압기 중성점에 NGR(19[Ω])을 사용하여 지락전류를 200[A] 이하가 되도록 한 것입니다. 만약 NGR이 없으면 변압기 중성점 저항에 따라 지락 시 수백[A]가 될 수도 있습니다.

ZCT에서 검출된 전류는 3CT에서 검출되는 영상전류와 당연히 다릅니다. 3CT에서의 잔류방식은 중성선에 흐르는 전류까지 검출되는 것입니다. 이 전류는 불평형전류가 포함된 것입니다. 그렇기 때문에 실제 누설전류가 아니라도 불평형전류에 의하여 동작할 수 있습니다.

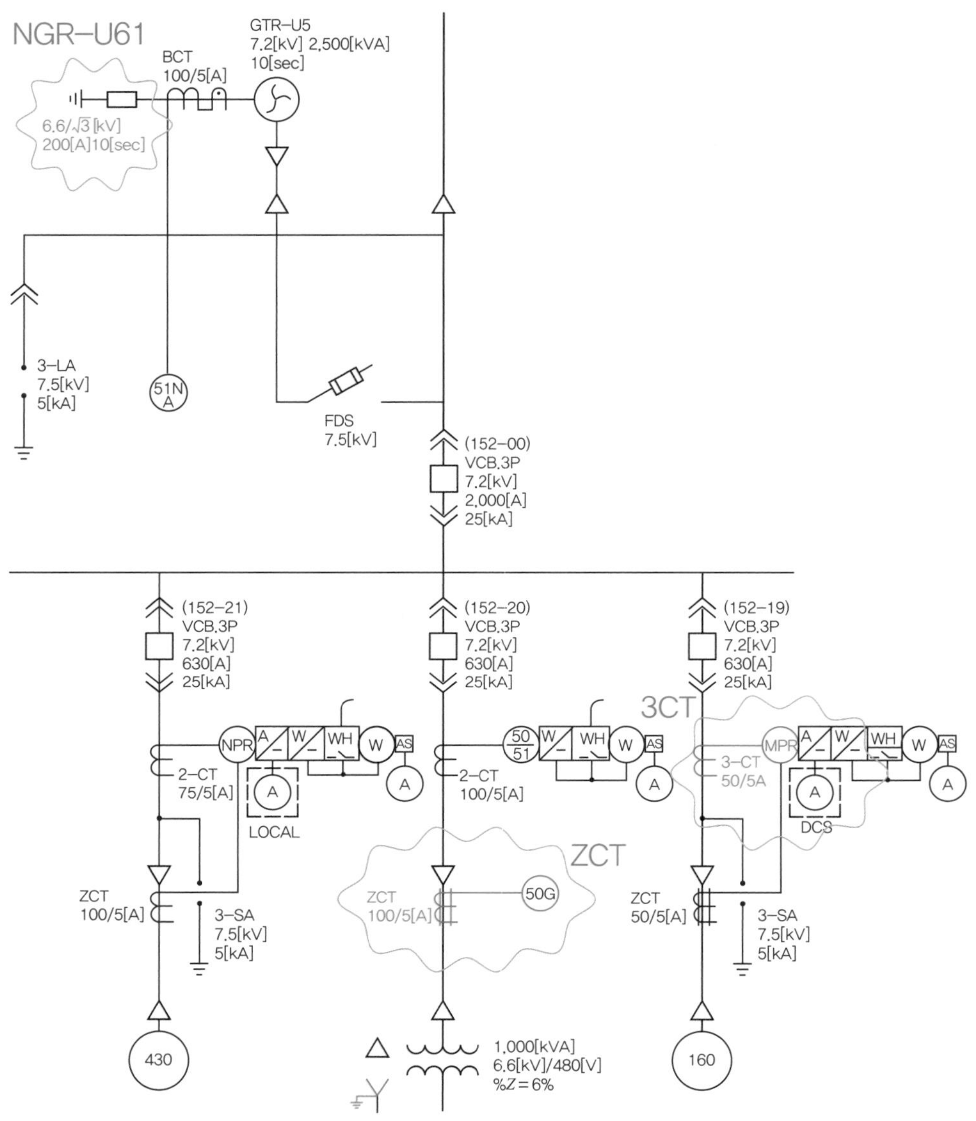

❙ NGR, ZCT를 사용한 고압 판넬 회로도 ❙

한줄 Pick 3CT에 의한 잔류방식은 불평형전류까지 검출되고, ZCT와 중성점 접지선에 설치하는 CT는 순수지락전류만 검출한다.

202 SECTION 비접지계통에서 지락발생으로 기기 고장이 일어날 수 있나요?

Q 비접지계통에서 지락사고 시 지락전류는 작은 것으로 알고 있는데 이 지락전류가 발생하지 않도록 해야 하는지, 비접지에서도 지락전류로 인해 차단기가 떨어질 수도 있는지 그리고 비접지계통에서 지락전류를 신경 써야 하는 이유도 알고 싶습니다.

(1) 1선 지락사고 시 지락전류는 작지만 지락 시 건전상의 전위가 $\sqrt{3}$배까지 상승되고 과도한 이상전압이 6~8배 정도 발생하여 기기의 절연을 파괴시키고 2~3대의 전동기를 동시에 소손시키는 등의 지락사고를 일으킵니다.

(2) 지락사고 시 계전기가 동작하여 차단기를 작동하기 때문에 지락전류를 신경써야 합니다.

(1) 전로에 지락전류가 간헐적, 혹은 계속적으로 흐르면 전선로 커패시턴스의 반복충전과 전선로 커패시턴스와 기기 간 인덕턴스에 의하여 공진이 발생하며, 6~8배 정도되는 과도 이상전압이 전선로에 유기되어 기기의 절연을 파괴시키고 2~3대의 전동기가 동시에 소손될 수도 있기 때문입니다.

(2) 비접지계통에서도 지락 시 ZCT와 GPT를 사용하여 지락이 차단되도록 하기도 하고, GTR과 NGR, GCT를 사용하여 지락전류가 흐르도록 하여 차단이 되도록 합니다.

Q (1) GTR과 NGR은 항상 같이 사용하는 것이 맞는지 궁금합니다.

(2) GTR이 △회로에 중성점을 만들어주고, NGR이 지락전류를 제한해 주는 것 같습니다. 다른 일반 Y회로에서는 NGR을 사용하지 않는 경우도 많습니다. NGR의 정확한 의미와 사용처가 어떻게 되는지 알고 싶습니다.

A (1) GTR과 NGR은 같이 사용합니다.

(2) NGR(Nutral Ground Resistance)은 지락전류를 제한하기 위한 것입니다.

NGR은 Y결선에서도 지락 시 지락전류가 크기 때문에 사용합니다. 비접지에서는 지락 귀환 회로가 없기 때문에 지락전류가 흐르도록 중성점 접지를 한 변압기인 GTR을 설치하고 지락 시 지락전류가 GTR로 흐르게 하여 GCT(BCT) & ZCT를 이용하여 지락전류를 검출하는 방식입니다.

비접지에서 GTR을 사용하고 NGR을 사용하면 전류는 Y결선 접지방식과 같이 흐릅니다.

이때 지락전류는 $\dfrac{\dfrac{\text{선간전압}}{\sqrt{3}}}{\text{접지저항}+\text{지락점 접지저항}}$ 입니다.

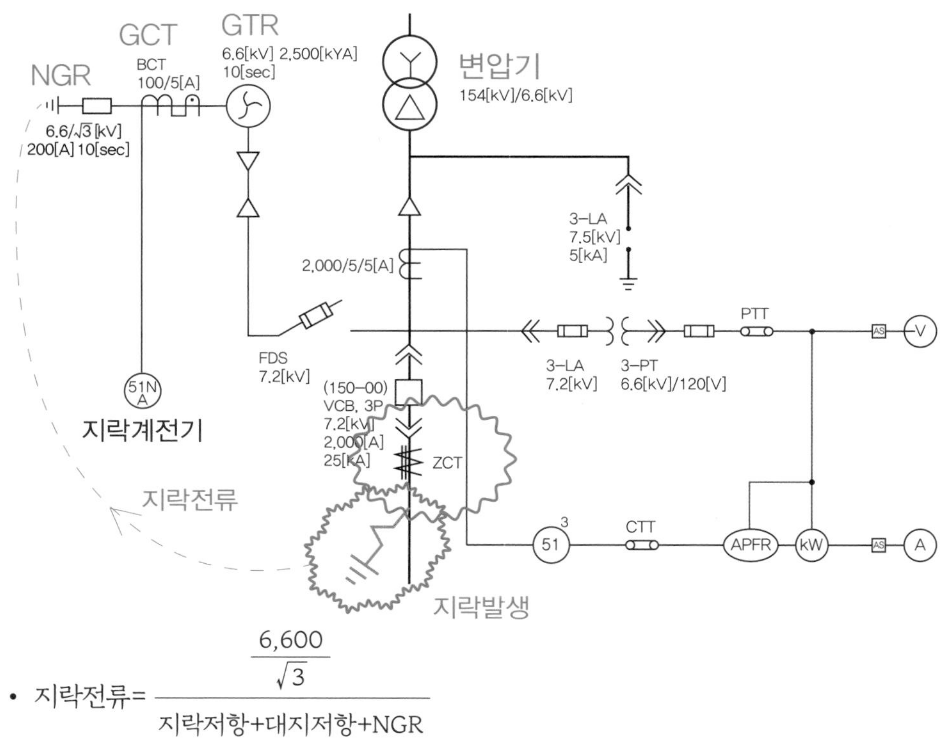

- 지락전류 = $\dfrac{\dfrac{6{,}600}{\sqrt{3}}}{\text{지락저항}+\text{대지저항}+\text{NGR}}$

한줄 Pick 변압기 2차가 고압일 경우 중성선에 NGR을 설치하여 지락전류를 제한한다.

ACB 자체 계전기의 설정값은 어떻게 구하나요?

ACB 지락전류 설정값이 궁금합니다.
사진의 h = 설정탭 × I_n이고, 차단기정격 I_n = 320[A]입니다. 따라서 $I \times h = 320 \times 0.3 = 96$[A]입니다.
매뉴얼을 보니 다이얼은 EARTH FALUT PICK UP이라고 나와 있고, 해당 차단기는 전동기 단독 부하이며, 정격전류 165[A], 정격전압 480[V]입니다.
업체에 문의해보니 계산값은 맞다고 합니다. 지락발생 시 3상의 벡터합이 0이 안 되는 것을 가지고 검출한다고 합니다. 약 20년 전에 설치된 설비라 계전기 정정값 계산 기준자료가 남아있는 게 없습니다.
질문을 드리자면,

(1) EARTH FALUT PICK UP은 지락전류로 알고 있는데 지락전류 설정값이 너무 높은 것이 아닌가 궁금합니다.

(2) 설정값이 어떻게 해서 정해진 것인지, 해당 지락전류 정정기준에 대해 알고 싶습니다.

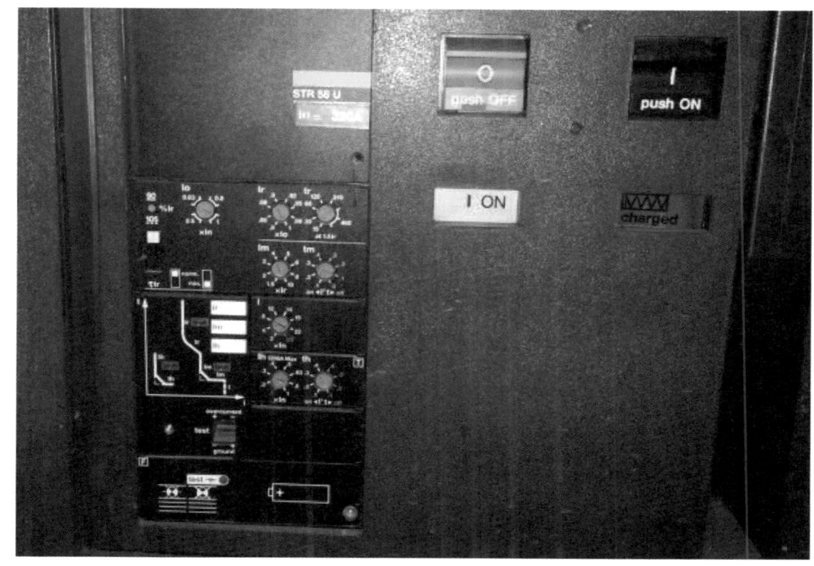

| ACB에 내장된 계전기 |

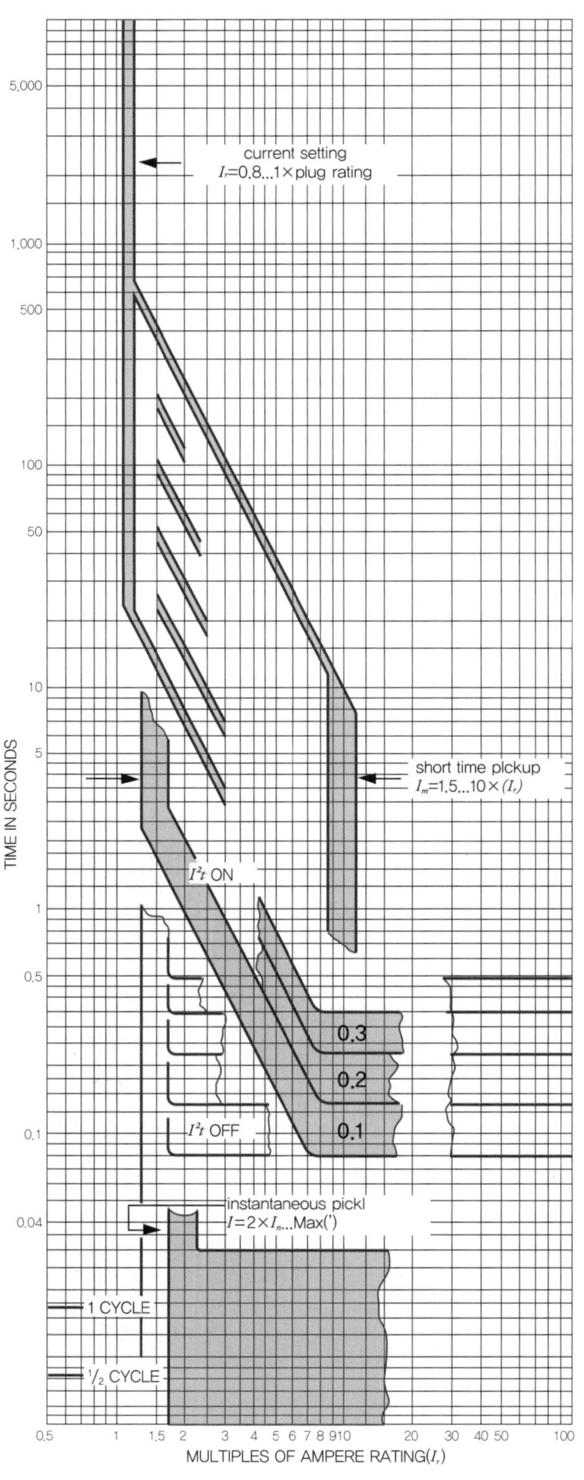
MULTIPLES OF AMPERE RATING(I_r)
current setting
I_r=0.8...1×plug rating
short time pickup
I_m=1.5...10×(I_r)
I^2t ON
I^2t OFF
0.3
0.2
0.1
instantaneous pickl
I=2×I_n...Max(*)
1 CYCLE
1/2 CYCLE
TIME IN SECONDS
MULTIPLES OF AMPERE RATING(I_r)

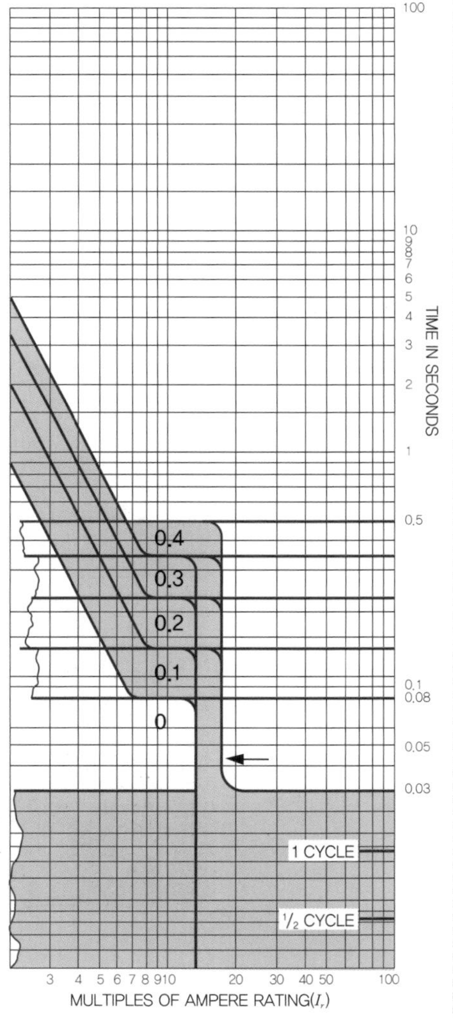
0.4
0.3
0.2
0.1
0
1 CYCLE
1/2 CYCLE
TIME IN SECONDS
MULTIPLES OF AMPERE RATING(I_r)

(1) EARTH FALUT PICK UP은 지락전류를 감지하고 동작되는 것을 말합니다.

(2) 높습니다. 일반적으로 3상 4선식 부하를 사용할 경우엔 잔류방식으로 30% 정도 세팅합니다. 이것은 부하불평형에서도 동작되고, 결상에서도 동작되도록 한 것입니다.

모터는 3상 3선식으로 사용하기 때문에 평상시에는 전류가 '0'이 되고, 지락 시에는 순수지락전류만 감지하기 때문에 10%보다 작게 해야 합니다. 동작 TIME은 옆의 DIAL $I^2 \times t$를 ON으로 했기 때문에 반한시 0.4 곡선으로 동작합니다.

(1) $I^2 \times t$ ON은 반한시, OFF는 정한시 동작특성을 말합니다.

(2) 반한시는 전류가 크면 클수록 계전기가 동작하는 시간이 짧아지고 정한시는 설정치 이상이 되면 전류의 크기와 상관없이 정해진 시간(세팅 시간)에 동작합니다.

(3) OCR(과전류) 세팅은 $I_n \times 0.6 = 320 \times 0.6 = 192$[A]가 됩니다.

질문 더+

Q 전동기 3상 3선식에서의 설정값 10%는 어떤 기준이 있는지 궁금합니다. 일반적인 전동기 보호방식에 따라 설정값을 10%로 정하는 것인지 설명 부탁드립니다.

A 보호계전기의 설정에서 중요한 것은 보호협조입니다. 모터 소손 시 메인 ACB가 동작하지 않고 모터용 ACB가 먼저 동작하도록 합니다.

A+ 상기 ACB의 상위단 변압기 중성점 GCT(100/5)의 OCGR SETTING과 보호협조가 되도록 합니다. 변압기 중성점 접지는 TT계통접지(단독) 5[Ω] 이하이므로 완전지락사고 시 지락전류는 $\dfrac{\dfrac{480[V]}{\sqrt{3}}}{5[\Omega]} = 55$[A] 이상이 됩니다. 세팅을 30[A] 정도로 하고 TIME을 상기 ACB보다 조금 늦게 동작되도록 합니다.

모터가 완전지락 시 위의 식과 같은 전류가 흐르므로 0.1 이하로 해야 320[A]×0.1=32[A] 이하가 되기 때문입니다. 일반적으로 모터용 ACB OCGR은 SETTING값이 메인차단기보다 작아야 보호협조가 됩니다.

전기설비에서는 계통의 보호협조(고장 시 고장 구간만 차단)가 매우 중요하다.

204 SECTION

ACB 트립과 OCGR 동작과의 관계는 어떻게 되나요?

440[A] ACB가 트립되어 문의 드립니다.

2,500[kVA] 변압기 2차 중성점 접지 GCT 100/5에서 신호를 받아 OCGR이 동작하는 방식입니다. 변압기 2차 정격전류는 3,280[A]이고, 2차 CT는 4,000/5[A]짜리입니다. 이때, 트립신호는 GCT에서만 받는 게 아닌지 궁금합니다.

현재 OCGR TAP은 0.1[A] TAP이며, 실부하 전류는 300[A] 전후입니다. 그리고 OCGR 설정치 결정 방법에서 30%를 설정하라는 이유는 무엇인지 알고 싶습니다.

| 원판형 OCGR 계전기 |

OCGR은 GCT와 3CT에서 받아 트립하게 합니다.

100/5의 GCT는 변압기 중성점 접지선에 설치하여 변압기의 혼촉사고와 2차측의 순수지락을 차단하기 위해 변압기 1차쪽 VCB의 OCGR에 사용합니다. 하지만 ACB는 CT 3개를 사용하여 잔류방식을 채용합니다. 때문에 ACB에 있는 OCGR 계전기도 확인해야 합니다. 그리고 30%는 3상 4선식에 3CT를 설치하여 잔류방식으로 불평형전류까지를 검출하여 동작하도록 세팅합니다.

GCT의 100/5 CT는 순수지락전류로 대부분 0.1(10%)=10[A]로 세팅을 합니다. 질문에서 말한 계전기 0.1TAP은 0.1[A]로 2[A]입니다. MOTOR 등이 소손되면 GCT에서 지락을 검출하고 VCB의 OCGR이 동작 트립될 수도 있습니다. 부하 쪽에 이상이 없고 ACB가 트립되었다면 혹시 GCT를 ACB의 트립회로에 넣었는지 확인해야 합니다.

| OCGR 계전기 |

TYPE	GCO-UNIT		
	TAP RANGE	TIME CHARACTERISTICS	RATING
GCO-CIⅢ5	0.5-2.0[A]	inverse refer to page 158	2[A]
GCO-CIⅢ1	0.1-0.5[A]		0.4[A]
GCO-CIⅡ5	0.5-2.0[A]	very inverse refer to page 159	2[A]
GCO-CIⅡ1	0.1-0.5[A]		0.5[A]
GCO-CIⅢD5	0.5-2.0[A]	inverse refer to page 158	2[A]
GCO-CIⅢD1	0.1-0.5[A]		0.4[A]
GCO-CIⅡD5	0.5-2.0[A]	very inverse refer to page 159	2[A]
GCO-CIⅡD1	0.1-0.5[A]		0.5[A]

1. 변압기 중성점 접지선에 설치하는 NCT의 2차 전류는 변압기용 차단기가 동작할 수 있도록 하여야 한다.
2. 중성점 접지의 목적은 변압기 1·2차 코일 혼촉 시 사고예방이다.

OCGR 동작에 의한 ACB 트립의 원인은 무엇인가요?

OCGR 계전기가 작동하여 ACB가 트립되었습니다. 사고 당시 탭은 0.1[A]에 세팅되어 있었고 현재는 0.3[A]로 탭을 변경하였습니다.
변압기 중성선에 과전류가 흘러 트립된 것인지와 중성선에 누설전류는 현재 80~90[mA] 정도 흐르고 있는데 그 원인이 무엇인지도 알고 싶습니다.

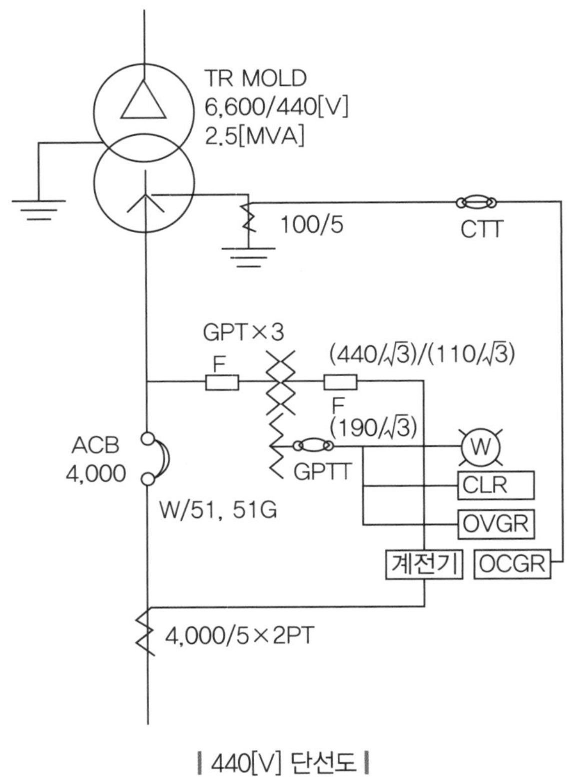

| 440[V] 단선도 |

계전기는 ACB에도 있고, 별도로 원판형으로도 있을 것입니다. 계전기의 세팅값이 너무 낮아 트립되었을 것으로 예상됩니다.

유도형 OCGR계전기에는 RATING전류가 최대 0.5[A]와 2[A]로 SETTING 할 수 있도록 2종류가 있습니다. 여기에는 0.5[A]가 아닌 2[A]로 하여야 합니다. 현재의 지락 세팅값은 $\frac{100}{5}\times 0.1$로써 2[A]가 되어 실제 지락사고가 아니더라도 세팅값이 너무 낮아 동작할 수 있습니다. 현재의 계전기를 사용할 것이라면 최대 0.5=10[A]로 세팅하고 사용하여야 합니다.

한줄 Pick 부하측의 순수지락전류는 대부분 10[A]로 설정한다.

206 SECTION ACB에 UVT를 왜 설치하나요?

ACB 내부에 UVT가 설치되어 있는데 그 이유가 궁금합니다. 정전 시 UVT가 작동하는 거 이외에 다른 이유가 있는지, 저전압이 부하 쪽으로 문제가 되는 것인지 궁금합니다.

저전압이 걸리면 전동기에는 과전류가 흐르고 운전하던 기기들이 운전 중 정지될 수 있으며, 정전이 되었다가 갑자기 입전되어 기기가 동작사고를 일으킬 수 있습니다.

ACB의 용도가 단순히 FEEDER용으로 쓰는 경우와 전동기와 같은 곳, 즉 부하 차단기로 사용하는 경우가 있습니다.

(1) 전동기와 같이 부하 차단기로 사용한다면 당연히 UVT를 사용해야 합니다. ACB는 1 PULSE A접점에 의하여 ON/OFF가 되기 때문에 OFF신호가 들어오지 않는 한 기계적으로 계속 ON이 되어 있습니다. 이 상태에서 갑자기 입전될 경우 정전으로 정지되어 있던 전동기가 운전될 수 있습니다.

(2) UVT는 OPTION 사항으로 ACB에 없을 수도 있습니다. UVT가 없을 경우 수전단에 이상이 발생하여 저전압이 걸릴 때 동력기기는 과전류로 인하여 소손될 수 있습니다. FEEDER용으로 사용해도 기본은 정전 후 입전 시 부하를 확인한 후 전원측에서부터 전원을 투입해야 합니다.

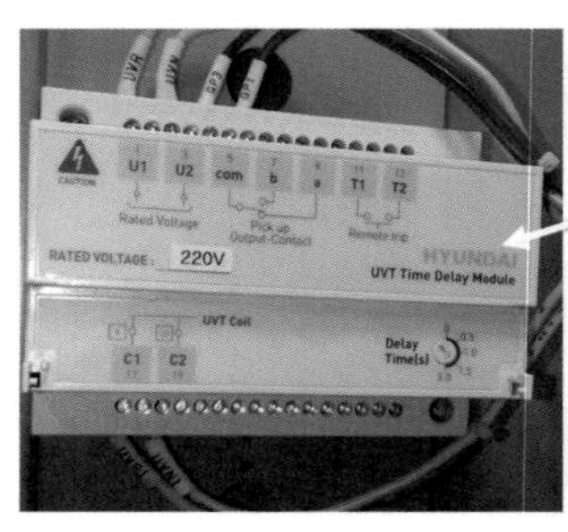

| ACB와 내부 |

모터 등과 같이 갑자기 운전되면 안 되는 기기에 사용하는 ACB는 필수적으로 설치해야 한다.

207 SECTION

차단기의 차단용량은 얼마로 해야 하나요?

(1) 수전전압이 22.9[kV], 제1변압기가 3.3[kV]로 감압하는 TR이 1,400[kVA], %Z는 5.6%인데, 2차측 VCB 정격전류와 [kA] 선정이 궁금합니다.

(2) 제2변압기 1차 전압 3.3[kV]에서 380/220[V]로 감압하는 TR, %Z는 5.5%, 1,400[kVA]의 ACB의 정격차단전류와 정격전류를 구하는 방법이 궁금합니다.

(3) ACB 후단의 MCCB의 [kA] 선정은 ACB와 동급으로 해야 하는 것인지도 알고 싶습니다.

(1) VCB 정격전류는 부하용량을 가지고 선정하고 VCB의 차단용량 [kA]는 $\frac{\text{변압기의 정격전류}}{\%Z}$를 가지고 선정합니다.

(2) (1)과 마찬가지입니다.

(3) ACB 후단의 MCCB는 설치 위치에 따라 차단용량이 다릅니다.

정격전류는 $\frac{1{,}400[\text{kVA}]}{3.3\sqrt{3}\,[\text{kV}]}=245[\text{A}]$입니다. 차단용량은 차단기가 안전하게 차단할 수 있는 용량입니다.

(1) 차단용량이 부족하면 차단 시의 차단기 내부단락 등으로 인해 차단기가 폭발할 수 있습니다. 실제로 용량이 큰 변압기와 전동기 등을 사용할 경우 전원의 %Z와 부하측의 기여전원도 감안해야 합니다.

(2) 기여전원은 기본적으로 변압기 정격용량의 4배입니다. 현장에서는 약식으로 계산하여 차단전류를 정해도 크게 문제는 없습니다.

약식으로 계산하면 단락전류$=\frac{\text{정격전류}}{\%Z}\times100$ 입니다. 정격전류는 1차 변압기를 기본으로 합니다.

수전측 변압기가 1,400[kVA]이므로 정격전류는 $\frac{1{,}400}{3.3\times\sqrt{3}}=245[\text{A}]$이며, 단락전류는 $\frac{245}{5.6}\times100=4.37[\text{kA}]$가 됩니다. 여기에 전동기를 사용하는 변압기라면

변압기 정격전류×4배를 합하여 줍니다. 그러면 4.37[kA]+245[A]×4=5,350[A] (5.5[kA]) 이상이면 됩니다.

| 고장전류 및 차단용량의 계산 |

구분	계산식
고장전류	$I_S=\frac{100}{\%Z}\times I_n=\frac{100}{\%Z}\times\frac{P_n}{\sqrt{3}V}$ 여기서, P_n : 기준용량, I_n : 정격전류
차단용량	$P_S=\sqrt{3}VI_s=\frac{100}{\%Z}\times P_n$ 여기서, P_s : 단락용량, I_S : 단락전류

(3) 2차 변압기 1차는 메인 변압기 2차와 같습니다. 2차 변압기 2차의 차단기 단락전류도 위와 같은 방법으로 구합니다. 메인 MCCB가 ACB의 바로 아래 같이 설치되어 있으면 단락전류는 같습니다. 여기에 기본적으로 차단기의 정격차단용량은 계산값의 1.5배(기계적, 전기적 강도 고려)를 곱합니다. 그러면 메인변압기 2차 메인, 2차 변압기 1차는 4.37×1.5 = 약 7[kA] 이상으로 하면 됩니다.

1. 고장전류 $I_S=\frac{100}{\%Z}\times$ 정격전류(I_n), $\frac{100}{\%Z}\times\frac{기준용량(P_n)}{\sqrt{3}\times V}$
2. 단락(차단)용량 $P_S=\sqrt{3}\times V\times I_s$, $\frac{100}{\%Z}\times(P_n)$
3. 동력부하를 사용하면 변압기 정격전류 × 4를 합하여 준다.

208 SECTION

인버터를 사용하는 고압모터만의 부하에서 계전기 설정 시 OCGR 설정은 어떻게 하나요?

현장에 1,200[kW] 모터가 인버터에 의해 구동되고 있습니다. 사양은 6.6[kV], 3P-3W 6P, 전류 124.2[A]입니다. 참고로 계전기 설정값은 3CT-250/5[A]짜리에, PT-6.6[kV]/110/190[V](계통도 상에는 6.6[kV]/110[V]만 표기), 그리고 NCT-5/5[A], 3P-3W입니다. BY-PASS에는 리액터 구동 방식으로 되어 있습니다. 여기서 궁금한 것은 OCGR이 설정되어 있다는 것입니다. 그리고 인버터 라인과 BY-PASS 라인의 OCGR 설정값은 둘 다 한시값만 똑같이 설정되어 있습니다.

(1) 3상 3선식에 OCGR 설정이 맞는 것인지 궁금합니다. 제가 알기로 일반적으로 3상 3선식에는 OCGR을 사용하지 않고 GR이나 SGR을 설정하는 것으로 알고 있습니다.

(2) 그리고 NCT가 설정되어 있습니다. 계통도상에는 이런 내용이 전혀 없는데 설정이 잘못된 것인지, 아니면 CT 중성점에 NCT를 걸어 놓은 것인지도 알고 싶습니다.

(3) 부하 테스트 시 인버터를 구동할 때에는 OCGR이 동작하지 않는데 리액터 구동에만 OCGR이 동작하는 것이 CT의 설치위치 때문인지 궁금합니다(참고 : CT설치는 인버터 라인 계통도상에는 인버터 전단에 설치되어 있고 리액터 구동 방식에서는 인버터 후단에 설치되어 있는 것으로 표기되어 있음).

(4) 인버터 라인에 OCGR 설정이 필요한지도 알고 싶습니다.

(1) 3상 3선식에도 OCR을 사용합니다.

(2) NCT는 기본적으로 CT를 중성선에 설치합니다. 3CT의 중성선은 NCT 역할을 합니다.

(3) 모터의 OCGR용 CT(ZCT)는 인버터 부하측에 설치하여야 합니다. 리액터 구동에만 OCGR이 동작한다면 도면을 보고 혹시 제3고조파의 영향인지 확인이 필요합니다.

(4) 인버터도 자체 OCGR 기능을 가지고 있습니다.

고압 모터에서는 주로 MPR이라는 모터전용 PROTECTION 계전기를 사용합니다. 이 계전기에는 여러 가지의 기능이 있습니다.

(1) 모터에서 전원은 비접지가 아닌, 즉 전원 계통이 3ϕ 4W라 하더라도 무조건 중성선을 사용하지 않고 3W만을 사용합니다. OCGR도 OVGR과 함께 GR입니다.

(2) NCT는 기본적으로 1개의 CT를 중성선에 설치하는 것을 말합니다. 그런데 모터로 가는 전원에는 중성선이 없습니다.

(3) 상기의 지락검출은 잔류방식인 3개의 CT를 사용하고, CT의 중성선에 별도로 5/5의 CT 1개를 설치하여 지락을 검출하는 방식입니다. 상기와 같은 잔류방식이라 해도 전동기는 부하가 평형이 되기 때문에 지락전류가 전부 검출됩니다. 기본적으로 가장 좋은 방법은 ZCT를 사용하는 것입니다.

(4) 리액터 구동에만 OCGR이 동작하는 것은 도면을 보아야 알 수 있습니다. OCGR용 ZCT는 인버터까지 보호할 목적으로 설치하는 것이기 때문에 인버터 전단에 설치해야 합니다.

(5) 인버터는 대부분 자체적으로 모터 보호기능(과부하, 지락, 결상 등)을 가지고 있습니다.

질문 더+

Q 우선 설정값이 $I > 0.2I_n$인데, 인버터 전단에 CT를 설치해서 OCGR을 잡아낼 수 있는지 궁금합니다. 아무래도 부하 쪽 영상전류를 인버터가 잡아먹어버릴 것 같아서 말입니다. 인버터 전단의 CT 설치는 인버터 전단이 결상, 지락, 인버터 소손 등의 원인이 아닌 이상 계전기쪽에서는 동작하지 않을 것 같은데 제 생각이 맞는지도 알고 싶습니다.

A 계전기 쪽에서도 동작하고, 말씀하신 내용이 맞습니다.

A+ 인버터는 AC를 DC로 변환하는 인버터(INVERTER)부와 DC를 AC로 변환하는 컨버터(CONVERTER)부가 있습니다. 즉, AC를 DC로, DC를 AC로 변환하여 부하에 공급합니다. 인버터 전단에 설치하는 계전기는 인버터까지의 OCR, OCGR 등을 입력측에서 검출하여 차단기를 차단하는 것이고, 인버터 출력측의 OCR, OCGR 등은 인버터 출력측에서 검출하고 인버터에서 정지시킵니다.

인버터 자체에도 모터를 보호하는 기능(과부하, 지락, 결상 등)이 있다.

209 SECTION 간이수전설비에는 정류기반이 없나요?

변압기 용량 750[kVA], 발전기 210[kW]의 간이수전설비입니다. 그런데 정류기반이 없는데 이럴 경우 ACB 투입전원은 어떻게 공급되는 것인지 궁금합니다. VCB나 ACB 등은 정류기반에 의해 DC로 조작하는 걸로 알고 있는데, 간이수전설비에서 정류기반이 없는 것은 왜 그런 것인지 알고 싶습니다.

간이수전설비에서 ACB는 대부분 AC를 DC로 정류하여 사용합니다.

간이수전실과 같은 곳은 대부분 VCB나 ACB 중 1대로 구성됩니다. 그렇기 때문에 특별하게 고가의 장비를 설치하지 않고 VCB 전단에 조작용 변압기를 설치하여 한전전원 입전 시 정류하여 사용할 수 있도록 정류기와 CTD를 설치하여 사용합니다.

(1) CTD(Condensor Trip Device)

| CTD 사양 |

정격	사양	
형명	CB-T1	CB-T2
정격입력전압[V]	AC 100/110	AC 200/220
주파수[Hz]	50/60	50/60
정격충전전압[V]	140/155	280/310
충전시간	10[sec] 이내	10[sec] 이내
트립가능시간	30[sec] 이내	30[sec] 이내
입력전압변동범위	85~110%	85~110%
커패시터 용량[μF]	1,000	560

| 별도 부착형 CTD |

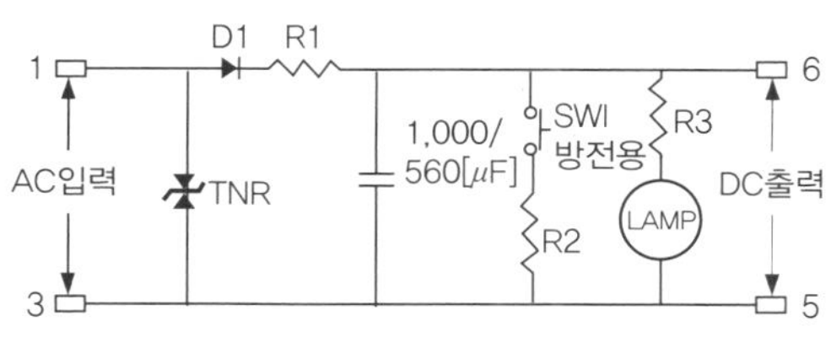

| 제어회로도 |

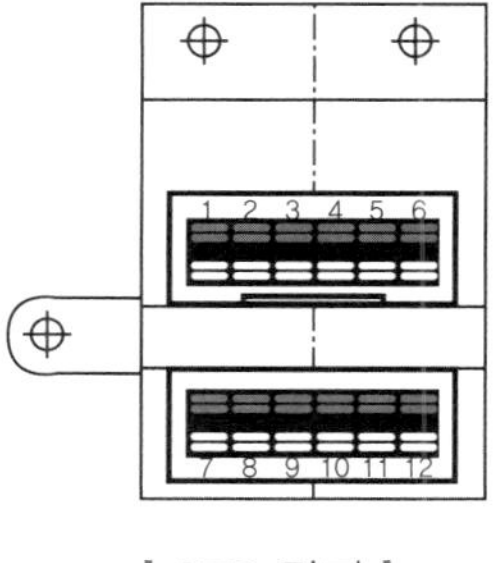

| CTD 단자 |

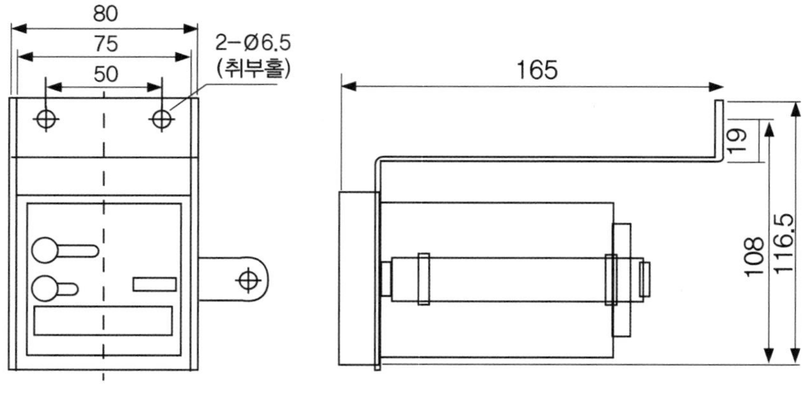

| 외형치수 |

(2) RECTIFIER(투입용 정류기)

형명	입력전압	출력전류	시간
VCB-X	100/110[V] 200/220[V]	40[A] DC	10[sec]

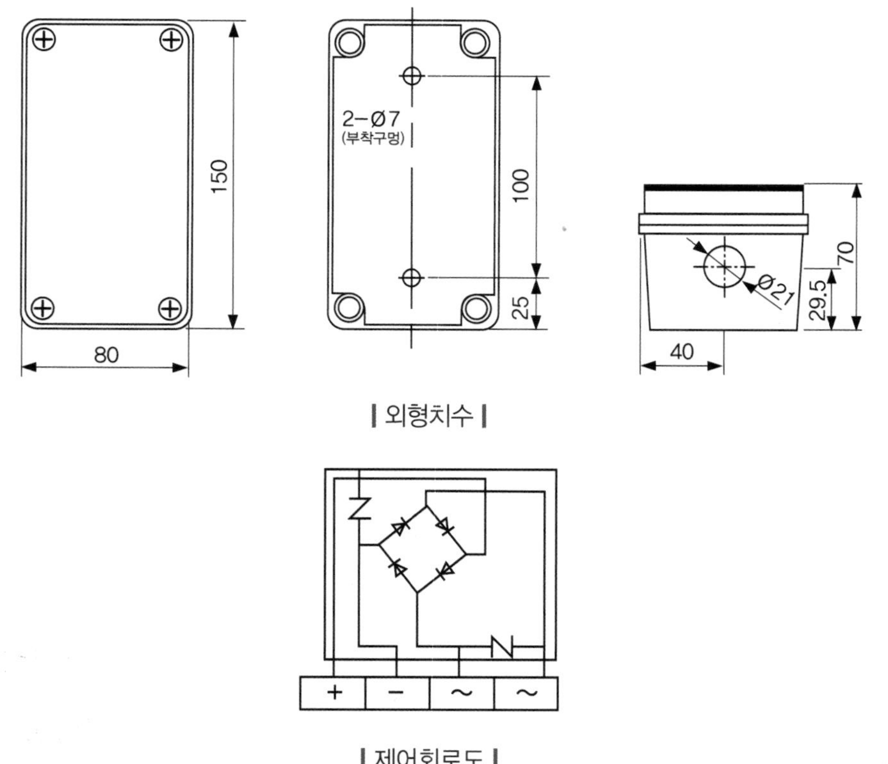

| 외형치수 |

| 제어회로도 |

- CTD(Condensor Trip Device) : 정전 시에도 30[sec] 이내에는 트립이 가능하다. 단, 정전 후 자동 트립회로는 판넬에 별도로 구성하여야 한다.
- RECTIFIER(투입용 정류기) : 직류전원이 없는 경우에 교류전원을 정류하여 차단기에 투입전원을 공급하기 위한 장치이다.

간이수전설비(1,000[kVA] 미만) 조작전원은 정류기와 CTD를 사용하여 AC를 DC로 정류하여 사용한다.

ZCT에서 [10P10]은 무엇을 의미하나요?

다음 사진은 ZCT에 대한 사양 같은데 해석 부탁드립니다.

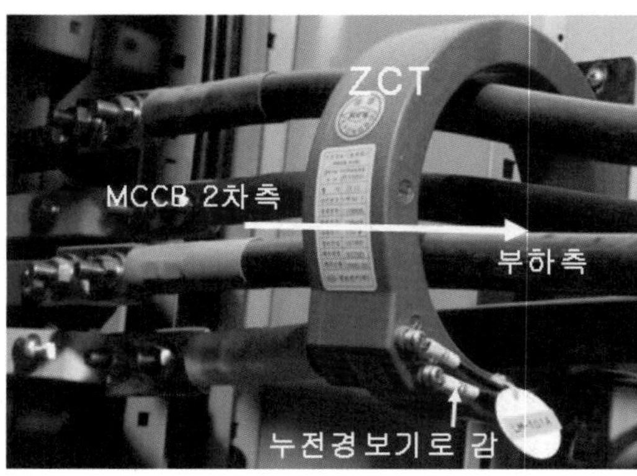

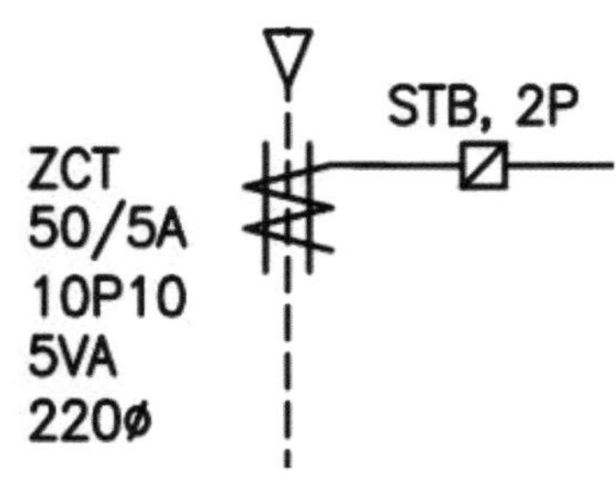

| ZCT와 ZCT 도면표시 |

[10P10]은 1차 전류에 10배의 전류가 흐를 경우 2차 전류와 오차가 10% 이내인 것을 말합니다.

[10P10]은 계전기용으로 사용하는 일반용 ZCT로 2차측 정격부담하에서 1차 전류 50[A]의 10배 전류 500[A]가 흐를 경우 2차의 오차가 50[A]의 10%(50−5[A] = 45[A] 이하) 이내라는 것을 나타냅니다. ZCT는 일반 계전기용 CT와 의미가 같습니다. 220ϕ는 ZCT의 HOLE 내경(케이블이 관통하는 직경)을 말합니다.

보호계전기용 CT는 비오차가 작은 5P20을 많이 사용한다.

211 SECTION 분전반 단락사고 시 상위 차단기가 먼저 동작하는 이유가 무엇인가요?

전기분전반에서 작업도중 단락사고가 발생했습니다. 원인을 제거하고 전원을 투입하려는데 분전반의 메인전원이 트립되어 있었습니다. 원인을 찾던 중 변전실 배전반에 275[A] 차단기가 동작해 있는 걸 발견해서 복구했습니다. 어떻게 분전반에 있는 30[A] 차단기에서 단락이 발생했는데, 30[A] 차단기가 먼저 동작하지 않고 상위 메인배전반의 차단기가 동작하게 되는 것인지 궁금합니다.

MCCB는 각 사양에 따른 차단동작특성을 가지고 있는데 선정을 잘못하면 그럴 수 있습니다.

이 기회에 MCCB의 차단특성곡선을 한번 보는 것도 좋을 것 같습니다. 단락 시 단락전류는 정격전류의 수십 배가 됩니다. 단락 시 트립은 정격도 중요하지만 차단기의 차단특성을 보아야 합니다.

단락 시 전류가 수십 배가 되기 때문에 정격전류보다 차단기의 TYPE에 영향이 있다는 것을 알 것입니다. 그리고 단락 시에는 최대한 빨리 차단시켜야 하기 때문에 동작시간이 짧고 전류는 차단기에 같이 영향을 미칩니다. 다음 차단기 특성곡선을 보면 정격이 작은 차단기의 100배 전류의 트립시간이 정격이 큰 차단기의 15배 전류의 트립시간보다 더 길기 때문에 정격이 큰 차단기가 먼저 트립됩니다.

단락 시 차단기의 트립시간은 0.01~0.02[sec]에 이루어집니다. 이것을 보려면 동작특성곡선을 보아야 합니다. 다음은 LS산전 자료에서 발췌한 차단기의 동작특성곡선입니다.

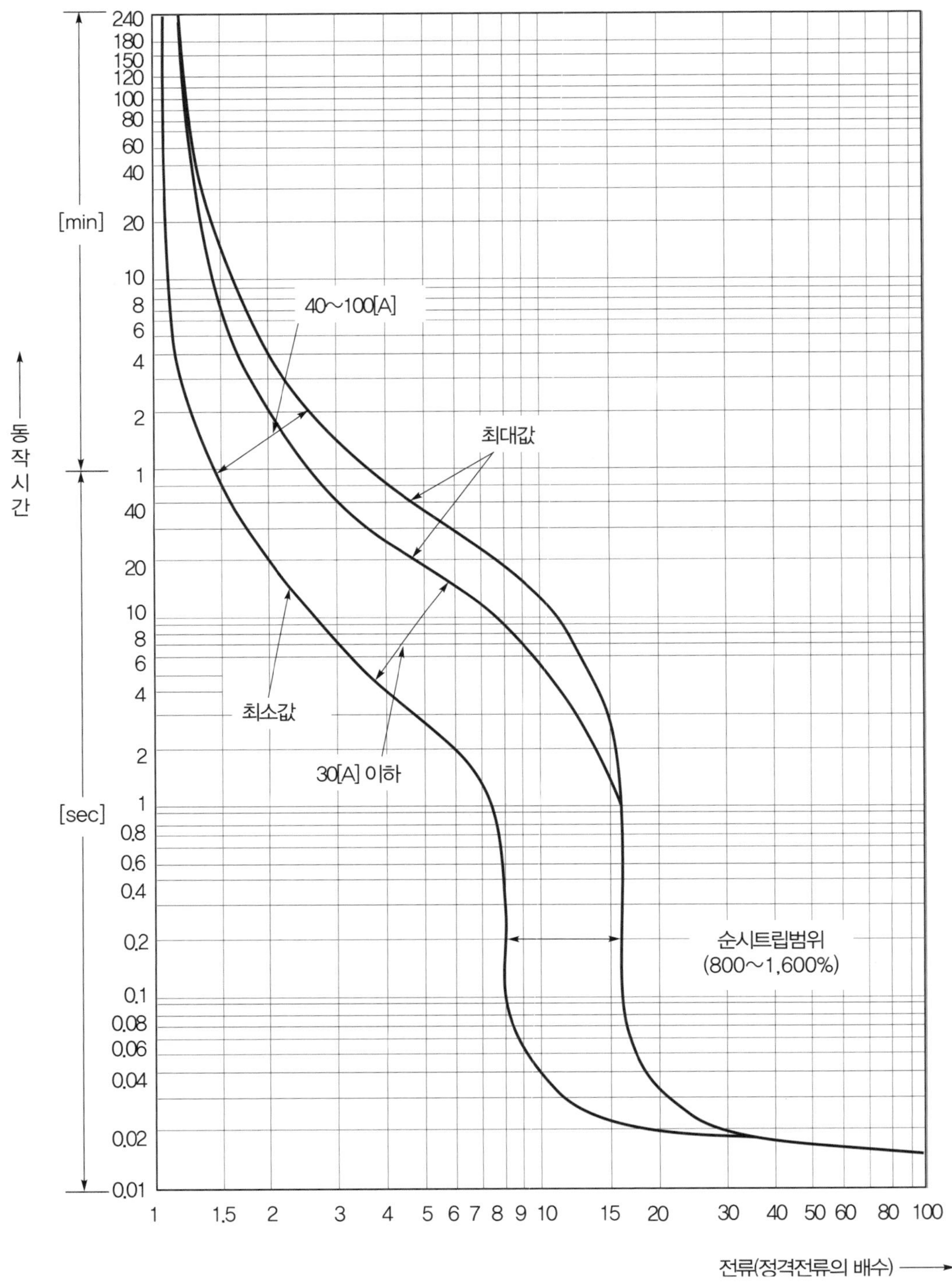

‖ MCCB의 차단특성곡선 I ‖

| MCCB의 차단특성곡선 II |

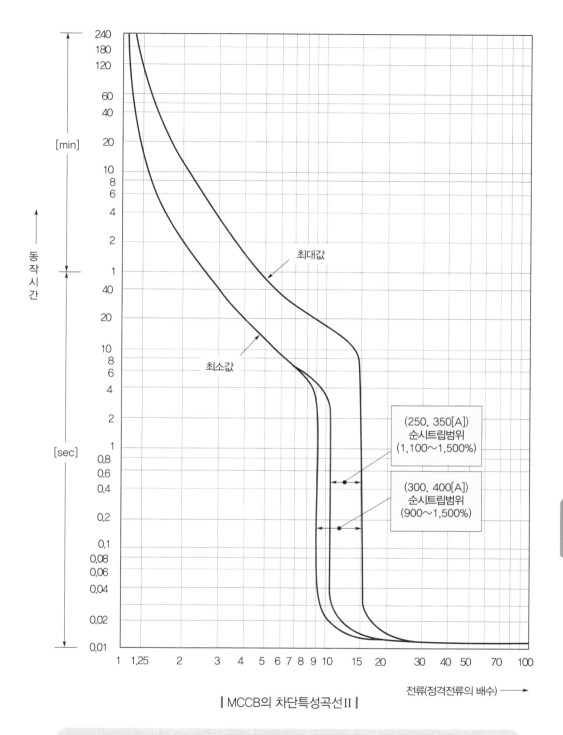

배선용 차단기에는 경제형, 표준형, 고차단형, 한류형 등 각각의 특성곡선을 가지고 있기 때문에 차단기를 선정할 때에는 반드시 부하에 맞는 차단기를 선정하여야 한다.

212 SECTION

한시, 순시의 의미는 무엇인가요?

보호계전기의 기능 중 한시 및 순시가 무슨 뜻인지 궁금합니다.

(1) 한시 : 정해진 시간입니다.

(2) 순시 : 순간적인 시간입니다.

계전기에 있어서 순시와 한시는 기본적인 개념입니다.

(1) **한시동작** : 이상전류를 검출한 뒤 일정시간 후에 동작하는 것을 말합니다. 과전류(과부하)가 발생할 경우 보호동작요소의 보호특성곡선에 따른 지연시간 후 보호동작이 이루어지는 형태입니다.

예를 들어 전동기를 기동할 때 정격전류의 약 6~7배 이상의 전류가 흐르는데 이때 기동시간 정도는 지연된 후 해당 전류가 지속되면 차단하고, 기동시간 이내에 정상전류로 복귀되면 운전되도록 하여야 합니다. 대부분의 계전기, EOCR, ACB 등은 두 가지 요소를 모두 가지고 있으며 각각 계통 또는 보호될 부하의 특성에 맞게 설정해야 합니다.

(2) **순시동작** : 일반적으로 단락보호를 위한 보호동작을 의미합니다. 단락사고가 발생할 경우 시간이 지연된 후의 보호는 이미 사고가 커진 뒤이기 때문에 단락사고와 같이 큰 이상전류가 검출될 경우 그 설정값에 이상이 나타나면 매우 짧은 시간 내에 동작하는 것을 말합니다.

한시는 부하보호, 순시는 전원보호라고 보시면 됩니다.

보호계전기 순시특성은 단락사고 시, 한시특성은 과부하 시 동작되도록 한다.

213 SECTION 순시 전압강하 시(또는 전력 계통 불안정 시) 대용량 부하가 먼저 영향을 받는 이유는 무엇인가요?

순시 전압강하와 같은 전력 계통이 불안정한 상황에서 대용량 부하가 먼저 영향을 받는 이유를 알고 싶습니다.

대용량 부하는 기기에 대전력을 공급하여 일을 하기 때문에 그 영향이 가장 큽니다.

대용량 부하는 대부분 동력부하로서 한 순간이라도 전압이 떨어지면 그만큼 큰 전류를 필요로 하기 때문입니다. 일반 전등 및 전열부하는 전압이 DROP되면 상대적으로 전류가 작아 그 영향이 작습니다.

수전전압이 낮아지면 동력부하의 전류가 증가한다.

214
SECTION

CT의 이상 유무를 확인하는 방법은 무엇인가요?

다음 그림처럼 3상 수전설비를 운영하고 있습니다. LS산전 계전기에서 b상에서만 전류값이 나오지 않습니다. a, b, c, n에서 후크메타로 전류를 측정해 보면 각각 0.3[A], 0[A], 0.2[A], 0.4[A]가 측정됩니다. CT비는 2,500/5입니다.

계전기 업체에 문의해보니 IL1, IL2, IL3이 바뀌거나 아님 회로 문제라고 하는데 이해가 되지 않습니다. CT업체에 문의해보니 CT가 고장일 가능성은 낮고, 전원 차단 후 CT단자 저항을 측정해보라고 합니다. 중요 시설이 있어 정전을 쉽게 할 수 없는 상황입니다. 이 상태로 수년간 사용해 왔는데 문제는 없는 것인지 알고 싶습니다.

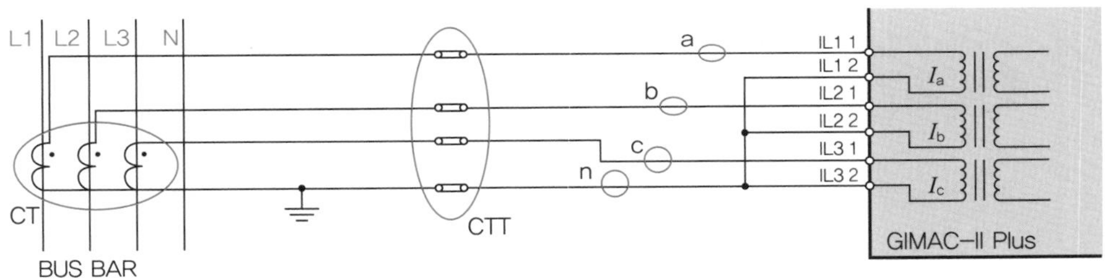

| 계전기에 흐르는 전류 |

그 정도의 전류상태에서는 이상이 있어도 큰 문제가 없습니다. 이를 이해하기 위해 키르히호프의 전류법칙을 확실하게 이해해야 합니다.

"전류의 합은 0이고 가는 전류와 오는 전류의 합은 같습니다."

먼저 설비에 비하여 부하를 너무 적게 사용하고 있습니다. 5[A] CT의 6%인 0.3[A] 밖에 되지 않습니다(정격의 10% 미만). 이 경우는 CT 2차에 흐르는 전류가 작아 잘 나타나지 않을 수도 있습니다. 그 전류가 정상적이라면 3상 4선식 3CT에서 a, b, c, n의 전류의 합은 0이 되어야 합니다. 그리고 1개의 CT에 이상이 있으면 n은 2개 CT합이 됩니다. 점검방법은 다음 그림을 참고하시기 바랍니다.

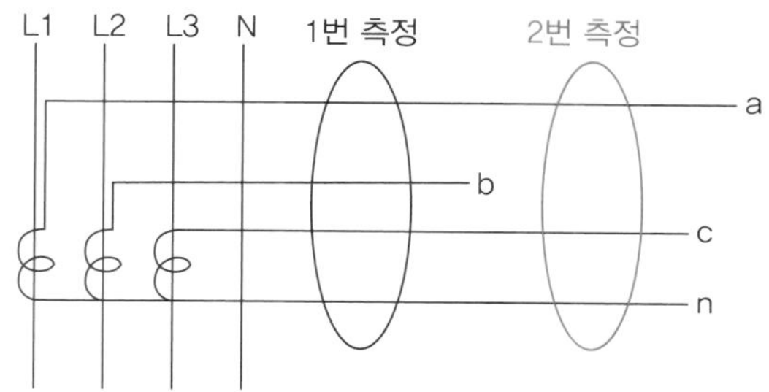

Ⅰ CT회로 이상 유무 확인법 Ⅰ

- L2상에 부하가 걸렸을 때 위 그림 1번, 2번과 같이 후크메타를 넣어 측정하여 1은 0이 나오고, 2가 0이 아니라면 정상이다.
- 키르히호프의 전류법칙에서 a, b, c의 합이 n($i_a + i_b + i_c = i_n$)으로 항상 0이 되어야 하는데 2에서 b가 빠졌기 때문에 b차가 n에서 나타나는 것이다.
- L2상에 부하가 걸렸는데도 똑같이 1번과 2번이 0이 나온다면 그것은 3상 회로에서 L2상 CT가 없는 2CT회로와 같다($i_a + i_b = i_n$).

Q 현장에 가서 실물의 전류를 측정해보니 1, 2 모두 전류값이 0으로 나왔습니다. 확인차 옆라인의 정상동작 계전기측의 1, 2번을 측정해보니 1은 0, 2는 0.3이 나왔습니다. 그림의 L2상 CT 고장으로 보면 되는 것인지 궁금합니다.

A 먼저 부하가 작아 확실하진 않지만 점검결과를 보면 CT에서부터 계전기까지의 문제 같습니다.

한줄 Pick CT 및 PT 관련 점검 시에는 필히 CTT와 PTT를 꼽고 작업해야 한다.

215 SECTION

VCB의 OCGR의 세팅값은 얼마로 해야 하나요?

3CT 잔류방식 적용에서 3상 4선식 ACB의 OCGR은 불평형 부하까지를 검출하여 30%로 세팅한다고 알고 있습니다. 그러면 변압기 전단 VCB는 3상 3선식이고 3상 3선식에서는 벡터적으로 불평형전류가 나타나지 않는데 순수 지락전류만 검출한다면 3CT 잔류방식 결선방식에서 OCGR을 얼마에 세팅하여야 하는지 알고 싶습니다.

변압기 전단 VCB도 30%로 세팅합니다.

변압기의 1차는 3선식이라 하여도 한전에서 수전은 3상 4선식 22,900[V-Y]로 합니다. 그리고 VCB의 계전기도 3상 4선식으로 3CT를 사용하는 잔류방식으로 하고 있습니다. 그리고 변압기 2차측에서 부하를 3상 4선식으로 사용하면서 단상이나 불평형 부하를 사용하기도 하고, 변압기 1차 CNCV 케이블이 보호가 되어 접지하기 때문에 VCB의 OCGR도 30% 이하로 세팅하여 지락 및 불평형까지 검출합니다.

3CT를 이용한 잔류방식은 정격전류의 30%까지 세팅하기 때문에 지락전류가 작을 경우엔 검출이 어렵습니다.

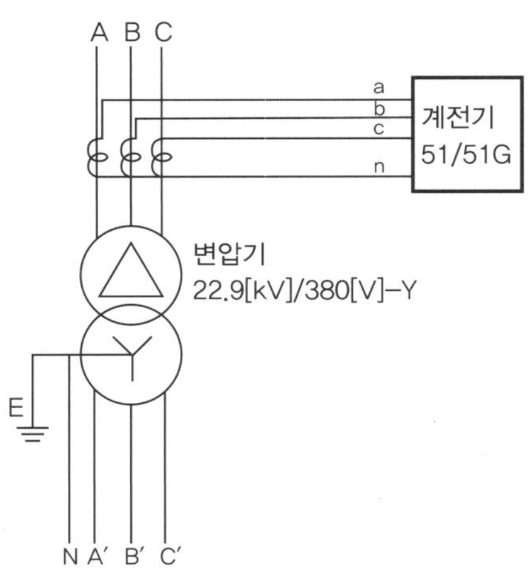

❙ CT계전기 결선도 ❙

다음은 OCGR 보호계전기 정정지침입니다.

(1) **동작전류정정 :** 최대부하전류의 30% 이내(변압기 정격전류의 30%) 저항접지(NGR)의 경우 최대 1선 지락전류의 30% 이하로 정정합니다.

(2) **한시요소정정 :** 최대 1선 고장전류(또는 정정치 10배)에서 0.2[sec] 이내에 동작이 되도록 한다. 전후의 계전기간 보호협조 시간은 0.4~0.5[sec] 범위에서 정정합니다.

(3) **순시요소정정 :** 한시정정값의 5~10배로 합니다. 전후의 계전기간 보호협조와 불필요한 동작(오동작) 방지를 위하여 제거(LOCK)할 수 있습니다.

1. 3CT 잔류방식은 정격의 30%로 설정하기 때문에 불평형전류에 의하여도 동작할 수 있다.
2. CT의 선에 이상이 있으면 불평형으로 동작될 수 있다.

CHAPTER 09 수전설비

GPT란 무엇인가요?

GPT, CLR, SGR의 의미와 비접지방식이란 무엇인지 알고 싶습니다. 22.9[kV]는 접지이고, 3,300[V]는 비접지라고 하는데 무슨 말인지 모르겠습니다.

GPT는 지락 시 전압을 검출하는 것이고, CLR은 지락전류를 제한하는 것이고, SGR은 지락사고 시에 지락된 부하회로만 선택하여 동작하도록 하는 계전기를 말합니다. 3,300[V]도 접지로 사용합니다.

GPT는 비접지계통에서 지락보호를 하기 위해 CLR과 같이 동작하여 유효지락전류를 흐르게 합니다. 또한 유효지락전류를 검출하고 선택지락계전기가 동작하도록 합니다. 비접지와 접지의 차이는 변압기 2차의 단자에서 중성점 접지를 하였는가의 차이입니다. CLR(Current Limit Resister)은 지락되는 유효전류의 양을 제한하고, SGR(Selection Ground Relay)은 지락된 회로를 찾아 동작이 되도록 합니다.

Q 왜 CLR과 같이 써야 유효지락전류가 흐르게 되는 것인지 궁금합니다.

A GPT도 변압기입니다. 부하가 변압기 2차에 걸리는 원리와 같습니다. 부하가 걸리면 전류가 흐릅니다. 그 전류는 결론적으로 1차 전압비에 따른 전류가 됩니다. 그리고 부하가 저항부하이기 때문에 전부 유효전류가 됩니다.

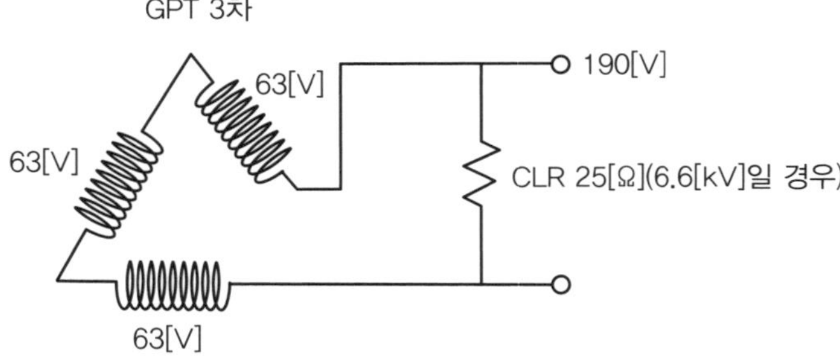

- 1선 완전 지락 시 GPT에는 190[V]가 발생한다. 그러면 CLR에 흐르는 전류는 $\frac{190}{25}$=76[A]의 유효전류가 흐른다.
- 지락 시에 ZCT를 통하여 이 전류가 흐르도록 한다.
- ZCT를 통하여 흐르는 유효전류 $X = \frac{\frac{190^2}{25}}{\frac{6,600}{\sqrt{3}}} = 380$[mA]가 흐르도록 한다.

1. CLR이 없으면 변압기 2차에 부하가 없는 것과 같다.
2. 67S(SGR)는 방향성 계전기이므로 ZCT의 전류와 GPT의 전압 방향을 맞추어야 한다.

CHAPTER 09 수전설비

217 SECTION

VCS 퓨즈용량은 어떻게 선정하나요?

VCS 퓨즈용량을 선정하는 방법에 대해 알고 싶습니다. 어느 회사 전기실을 진단해보니 VCS 퓨즈는 80[A]를 사용 중이였고 모터부하의 용량은 220[kW]를 사용하고 있었습니다. 수전전압은 6.6[kV]이었습니다. 보통 PF나 COS는 부하용량 대비 2배나 1.5배를 기준으로 퓨즈용량을 선정하는데 그렇게 계산을 해봐도 80[A] 퓨즈를 사용하는 것이 적절한지 모르겠습니다.

기본적으로 모터를 보호할 때 퓨즈를 사용하지 않습니다. VCS(모터)에 사용하는 퓨즈는 단락보호용입니다.

모터는 MPR이나 EOCR이나 3E RELAY 등의 PROTECTION 계전기에 의하여 보호가 됩니다. VCS의 개폐기는 단락 시 차단용량이 부족하기 때문에 후비보호 목적으로 PF를 사용합니다. 모터의 VCS라면 모터 기동 시 차단되지 않아야 됩니다. 저압의 MCCB도 모터정격의 3배의 차단기를 사용합니다.

VCS의 퓨즈도 단락차단이 목적이기 때문에 기동이나 과부하 시 차단되지 않고 단락 시 차단하도록 모터용량의 약 2~3배 정도로 선정하는 것이 가장 이상적입니다. 모터정격전류가 22[A]이고, 퓨즈가 80[A]라 하여도 단락전류가 1.2~2.8[kA]에서 0.1[sec] 이내에 동작이 되므로 크게 문제는 없습니다. 다음은 비한류형 퓨즈정격선정표입니다.

| 22.9[kV]급(일반적인 'K' TYPE) 변압기 보호용 비한류형 퓨즈 정격선정표 [참고치] |

변압기정격 용량[kVA]		변압기 정격 전부하 전류[A] I_n	① 변압기 여자돌입 전류[A] $I_t=10I_n$	② 대칭단락전류실효치[A] $I_s=100I_n/\%Z$	③ 300초 또는 600초 용융 전류[A]			①, ②, ③을 모두 만족하는 퓨즈정격 선정범위
1ϕ	3ϕ				최소 $<2I_n$	최대 $>2.4I_n$	퓨즈 정격	
5	15	0.38	3.8	6.3	0.76	0.91	1	1
10	30	0.76	7.6	12.6	1.52	1.82	1	1
15	45	1.13	11.3	18.9	2.26	2.71	2	1, 2
25	75	1.89	18.9	31.5	3.78	4.54	2	2, 3
33	100	2.52	25.2	42.0	5.04	6.05	3	2, 3
50	150	3.78	37.8	63.0	7.56	9.07	6	3, 6
67	200	5.04	50.4	84.0	10.08	12.10	6	6, 8
75	225	5.67	56.7	94.5	11.34	13.61	6	6, 8, 10
100	300	7.56	75.6	126.1	15.12	18.14	8	8, 10, 12
167	500	12.60	126.0	210.1	25.20	30.24	12	10, 12, 15, 20
250	750	18.90	189.0	315.1	37.80	45.36	20	15, 20, 25, 30
333	1,000	25.20	252.0	420.2	50.40	60.48	30	20, 25, 30, 40
500	1,500	37.80	378.0	630.3	75.60	90.72	40	30, 40, 50
667	2,000	50.40	504.0	840.4	100.8	121.0	65	40, 50, 65, 80
1,000	3,000	75.60	756.0	1,260.6	151.2	181.4	80	50, 65, 80, 100
1,670	5,000	126.00	1,260.0	2,101.0	277.2	332.6	140	100, 140
2,500	7,500	189.00	1,890.0	3,151.5	415.8	499.0	200	140, 200

[비고] 1. 상기 표는 방출형 퓨즈(PF, COS)의 선정표이므로 한류형 퓨즈선정에는 적용하지 말 것
2. 전력퓨즈의 정격선정에 필요한 단시간 대전류 특성은 각 형식마다 달라서 동일정격전류라도 용단특성에는 공통점이 없으므로 메이커의 동작특성곡선을 참고하여 선정할 것

VCS(MOTOR)에 사용하는 퓨즈는 용량이 작으면 문제가 되지만 크면 문제가 되지 않는다.

218 SECTION

제3고조파에 의하여 OCGR, OVR이 동작할 수 있나요?

비접지회로에서 제3고조파에 의하여 계전기가 트립이 될 수 있는지 궁금합니다.

제3고조파는 A, B, C 3상 전위가 동상이므로 각 상의 용량성 누설전류가 전체 합이 되어 GTR로 흐르면서 OCGR, OVR을 동작시킬 수 있습니다.

3CT를 사용한 잔류방식에서는 정격전류의 30%를 설정하기 때문에 전류가 크지 않으면 그 정도가 약하지만, 비접지에서의 제3고조파는 지락전류와 같이 작용하기 때문에 OVGR을 동작시킬 수 있습니다. 그렇기 때문에 전력제어소자인 IGBT, SCR 등과 같은 스위칭소자를 사용하는 인버터, 무정전 전원장치(UPS), 배터리 충전기 등과 같은 설비를 사용할 경우와 과전압 지락 계전기 정정 시 제3고조파에 대하여 생각해 볼 필요가 있습니다.

다음 그림은 제3고조파의 전류흐름도입니다. 실제로 흐르는 전류는 극히 작은 [mA]이지만 이해를 돕기 위하여 [A]로 표기하였습니다.

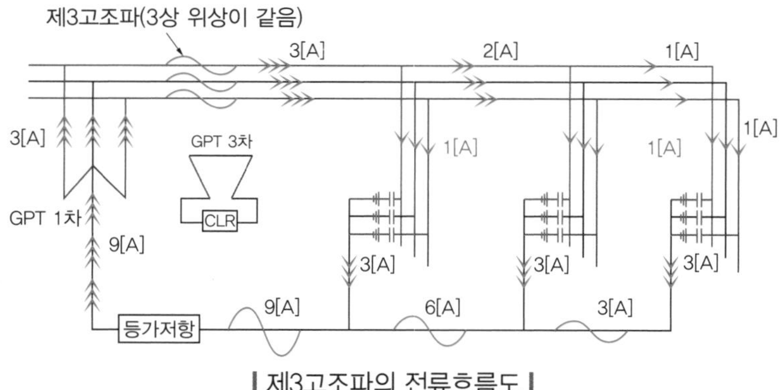

| 제3고조파의 전류흐름도 |

- CLR을 동기저항으로 변환하면 전압비의 제곱이 된다.

IGBT, SCR 등과 같은 스위칭소자를 사용하는 전력전자 인버터, UPS, 배터리 CHARGER 등은 제3고조파가 발생한다.

전기설비검사·점검기준 주요 내용

전기설비검사·점검기준 주요 내용

* 이 내용은 KEC규정에 따라 전기안전공사에서 전기업계 종사자(설계, 시공 및 감리, 안전관리자)들에게 검사·점검 업무에 참고할 수 있도록 주요 「전기설비검사·점검기준」을 발췌, 세부규정으로 정리한 자료입니다.

1 전선의 식별(전기설비검사 · 점검기준 310.2)

전선의 색상은 다음 표에 따르며 IEC 적용시점 이전에 기 생산된 전선은 소진시까지 사용 가능하다.

단, 신규 전선과 기존 전선 연결 시 연결점과 종단점에는 다음 표의 색상이 반 영구적으로 유지 될 수 있도록 도색, 밴드, 색 테이프 등으로 상 구분 표시를 하여야 한다.

| 전선 상별 식별 |

상(문자)	색상	비고
L1	갈색	
L2	흑색	
L3	회색	
N(중성선도체)	청색	
PE(보호도체)	녹색-노란색	
PEN(보호도체와 중성선도체 겸용)	녹색-노란색에 청색마킹 또는 청색에 녹색-노란색 마킹	

| 직류도체의 색상 식별 |

상(문자)	색상	비고
L^+	적색	
L^-	백색	
PEM(중간도체)	청색	
N(중성선도체)	청색	

2 저압전로의 절연

(1) 저압전로의 절연저항(전기설비검사 · 점검기준 410.1.1)

저압전로의 전선 상호 간 및 전로와 대지 사이의 절연저항은 개폐기 또는 과전류차단기 등으로 구분할 수 있는 전로마다 측정한다.

| 저압전로의 절연성능 |

전로의 사용전압[V]	DC 시험전압[V]	절연저항[MΩ]
SELV 및 PELV	250	0.5
FELV 및 500[V] 이하	500	1.0
500[V] 초과	1,000	1.0

* 특별저압(extra low voltage : 2차 전압이 AC 50[V], DC 120[V] 이하)으로 SELV(비접지회로 구성) 및 PELV(접지회로 구성)는 1차와 2차가 전기적으로 절연된 회로이고 FELV는 1차와 2차가 전기적으로 절연이 되지 않은 회로이다.

① 측정 시 영향을 주거나 손상을 받을 수 있는 SPD 또는 분리가 어려울 경우 250[V] DC로 낮추어 측정할 수 있지만 절연저항값은 1[MΩ] 이상이어야 한다.

② 저압전로에서 정전이 어려울 경우 저항성분의 누설전류 1[mA] 이하이어야 한다.

③ 정격전압이 300[V] 미만에서는 500[V], 300[V] 이상 600[V] 이하여서는 1,000[V]의 절연저항계를 사용해 측정한다. 단, 연료전지 스택 및 30[V] 이하의 보조기계류는 시험회로에서 제외할 수 있다.

(2) 고압 이상 기계기구의 절연저항(전기설비검사 · 점검기준 410.1.3)

① 회전기의 절연저항 값은 다음의 계산식에서 정하는 값 이상일 것

㉠ 회전수를 고려하지 않은 식

$$\frac{\text{정격전압[V]}}{\text{정격출력([kW] 또는 [kVA])}+1{,}000}\,[\text{M}\Omega]$$

㉡ 회전수를 고려한 식

$$\frac{\text{정격전압}+1/3(\text{매분회전수})}{\text{정격출력([kW] 또는 [kVA])}+2{,}000+0.5}\,[\text{M}\Omega]$$

② 유입변압기의 절연저항(1,000[V] 또는 2,000[V] 절연저항계에 의함) 값은 다음 그림에 의할 것

부록

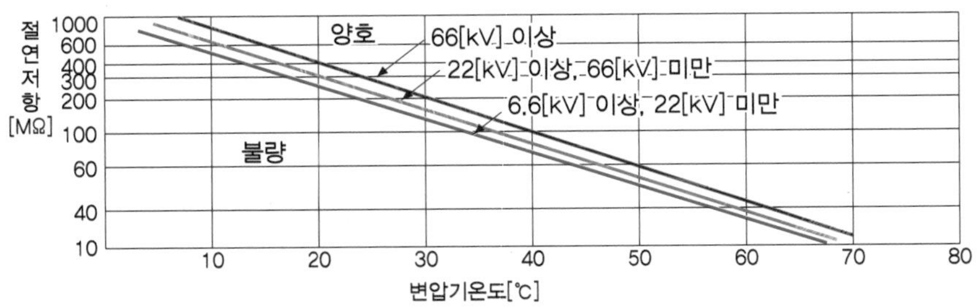

| 유입변압기의 절연저항 허용치 |

(3) 전로 및 기계기구의 절연내력시험(전기설비 검사 · 점검기준 410.2.1)

① 절연내력시험을 하기 전에 1,000[V] 이상으로 절연저항을 측정하여 측정치가 3[MΩ] 이상일 때 시험한다.

② 고압이상 전로 및 기계기구는 10분간 전로와 대지 사이에 교류시험전압을 연속으로 가하여 견디어야 한다.

③ 케이블은 교류시험전압의 2배의 직류전압, 회전기(회전변류기 제외)는 교류시험전압의 1.6배의 직류전압으로 시험할 수 있다.

④ 고압 및 특고압의 전로에 전선으로 사용하는 케이블의 절연체가 XLPE 등 고분자재료인 경우 0.1[Hz] 정현파전압을 상전압의 3배 크기로 전로와 대지 사이에 연속하여 1시간 가하여 절연내력을 시험하였을 때 이에 견디어야 한다.

3 전선의 허용전류 및 도체의 단면적 선정

[1] 전선의 허용전류(전기설비검사·점검기준 240.2.1)

(1) 허용전류 선정기준

① 부속서 B(허용전류) : 허용전류 감소계수 명확화

㉠ 주위온도 기준 : 지중 20℃, 기중 옥내 30℃, 기중 옥외 40℃

㉡ 토지의 열저항

| 열저항률에 따른 보정계수 |

열저항률[K · m/W]	0.5	0.7	1	1.5	2	2.5	3
매설 덕트 내 케이블에 대한 보정계수	1.28	1.20	1.18	1.10	1.05	1	0.98
직접 매설한 케이블에 대한 보정계수	1.88	1.62	1.50	1.28	1.12	1	0.9

국내 상황을 고려한 토양의 열저항률 기준

- 젖은 상태 토양의 경우 : 0.6[K·m/W]
- 일반적인 함수량인 경우 : 1.0[K·m/W]
- 건조상태인 토양의 경우 : 1.5[K·m/W]
- 기본값은 건조상태 토양의 경우값 : 1.5[K·m/W]를 적용

② 부속서 C(허용전류 간략화 표)는 불인정한다.

③ 부속서 D(허용전류를 구하는 방식) 표준에서 제시하지 않는 단면적에 한하여 사용을 인정한다.

④ 부속서 G(수용가 설비에서의 전압강하)전압강하 간략화 계산식을 인정한다.

(2) 허용전류 산정방법[보호장치(차단기) 정격선정과 연계]

절연도체와 비외장케이블에 대한 전류가 KS C IEC 60364-5-52[저압전기설비-제5-52부]의 '부속서 B(허용전류)'에 주어진 필요한 보정계수를 적용하고 KS C IEC60364-5-52의 '부속서 A(공사방법)'를 참조하여 KS C IEC60364-5-52의 '부속서 B(허용전류)'의 표(공사방법, 도체의 종류 등을 고려 허용전류)에서 선정된 적절한 값을 초과하지 않는 경우 232.18.1(절연물의 허용온도)의 요구사항을 충족하는 것으로 한다(KEC 232.17).

(3) 허용전류(전선의 단면적) 산정 시 고려사항

① 공사방법 : KS C IEC 60364-5-52 부속서 A 도체 및 케이블과 관련한 설치방법 및 공사방법(A~G, 1~73)

② 감소계수 : 주위온도, 토지의 열저항, 복수회로, 통전도체수, 트레이 단수 등

③ 케이블 및 절연물의 종류(PVC, XLPE 등), 도체 심선수(단심, 다심)

④ 전압강하, 전동기 기동 및 돌입전류 등

⑤ 보호장치와의 협조 : $I_B \le I_n \le I_Z$

여기서, I_B : 회로의 설계전류

I_n : 보호장치정격전류

I_Z : 케이블의 허용전류

⑥ 보호장치 동작시간에 따른 단시간 허용온도(단락전류 시)에 견디는 단면적 고려

[2] 도체의 단면적 선정(전기설비검사 · 점검기준 240.2.2)

각 항목에서 선정된 단면적 중 가장 큰 단면적으로 선정

No	고려사항	비고
1	설계전류(I_B)	간선일 경우 역률, 수용률 등 고려하여 설계전류 선정
2	보호장치의 정격전류	I_B(부하전류)≤I_n(차단기 정격전류)≤I_z(도체의 허용전류)
3	부하 운전시 허용전압강하	
4	단락전류(I_{sc})에 의한 도체의 온도상승	$t_z=(\frac{s\times k}{I_{Fmin}})^2$ 여기서, s : 도체의 단면적 k : 절연물에 의한 상수 I_{Fmin} : 최소단락전류[A]
5	전동기 기동 시 허용전압강하	$I_{ms}=I_m\times\beta\times C\times k$(전전압, Y-D, 리액터, 기동보상기) $I_{ms}=I_m\times\gamma$(γ소프트스타터 및 인버터 기동 시 전류제한 비율)
6	전동기 기동 시 기동전류에 의한 도체의 온도 상승	$S=(\frac{I_B\times\beta\times kt_m}{k})\times\alpha$ 여기서, β : 전전압기동배율 t_m : 기동시간 α : 여유계수 k : 절연물에 의한 상수

[3] 허용전류의 산정 예시(비전동기부하)

1. 선식 및 전압 : 3상 3선, 380[V]	2. 부하조건 : 20[kVA]	3. 선도체 : CV 0.6/1[kV]-4[C]
4. 복수회로 회선수 : 1	5. 분기회로 허용전압강하율 : 2%	6. 분기회로의 길이 : 40[m]
7. 보호장치정격 : 32[A]	8. 주위온도 : 30℃	9. 차단기 동작시간 : 0.4[sec]
10. 단락전류 크기 : 1,200[A]	11. 공사방법 : 현수형 케이블트렁킹 내 다심케이블(옥내)	

(1) 설계전류 : $I_B=\frac{\mathrm{P}}{\sqrt{3}\mathrm{V}}=\frac{20}{\sqrt{3}\times 0.38}=30.4$

(2) 감소계수에 따른 보정된 설계전류 : $\frac{30.4}{1.0}=30.4[A]$

(3) 공사방법(표 A.52.3에서 B2) 절연물 종류(XLPE) 등에 따른 전선의 단면적 : 4[mm²](603645-52 표 B.52.5)

(4) 전압강하에 따른 단면적 : $S=\frac{30.8\times 30.4\times 40}{1{,}000\times 380\times 0.02}=4.9[\mathrm{mm}^2]$

(5) 표준값에서 선정 : 6[mm²]

(6) 전선의 단면적은 가장 큰 값 6[mm²]로 선정

(7) 적합여부 검증 : $I_B\le I_n\le I_Z$. $I_B(30.4[A])\le I_n(32[A])\le I_Z(44[A])$

차단기 차단배율에 따른 동작시간(t_n) < 단시간 허용온도에 도달하는 시간(t_z)

구분	기준값	조건	보정계수	참고자료
주위온도	30℃	30℃	1.0	60364-5-52 표. 52.14
도체수*	3개	4개	1.0	60364-5-52 표. 52.17

구분	기준값	조건	보정계수	참고자료
복수회로수	1회선	1회선	1.0	60364-5-52 표. 52.17
합계		1.0	1.0	1.0X1.0X1.0

* 중성선 포함 4개 도체는 3개 부하 도체와 동일함(고조파 미고려 시)

4 접지시스템 (전기설비검사 · 점검기준 320)

(8) 기존 접지방식과 KEC 접지시스템 간 비교

<table>
<tr><th>접지대상</th><th>기존 접지저항값 기준</th><th>KEC 접지저항값 선정기준</th></tr>
<tr><td>고압 및 특고압 설비</td><td>1종 접지, 10[Ω] 이하</td><td rowspan="4">• 고압 이상 및 공통접지 : 접촉전압(보폭전압) ≤ 허용접촉전압
• 특고압과 고압의 혼촉방지시설 : 10[Ω] 이하
• 피뢰기 : 10[Ω] 이하
• 변압기 중성점 접지 : 150[Ω][300, 600/ I_g (1선 지락전류)
• 상기 적색으로 표시된 규정은 공통접지 채용 시 적용하지 않음
• 저압 : 접촉전압 및 스트레스전압을 만족할 것, 저압계통 보호접지 개념으로 감전보호를 만족하여야 함</td></tr>
<tr><td>400[V] 초과
600[V] 이하</td><td>특3종 접지, 10[Ω] 이하</td></tr>
<tr><td>400[V] 이하</td><td>3종 접지, 100[Ω] 이하</td></tr>
<tr><td>변압기</td><td>2종 접지(계산값)</td></tr>
<tr><td>고압 및 특고압 설비</td><td>1종 접지, 6.0[mm²] 이하</td><td rowspan="4">상도체 단면적 S[mm²]에 따라 선정
– $S \le 16$: S
– $16 < S \le 35$: 16
– $S > 35$: $S/2$
• 보호도체와 상도체의 재질이 다른 경우(k1/k2) 적용
차단시간 5초 이하의 경우 $S = \frac{\sqrt{I^2 t}}{k}$
• 계산값이 더 큰 경우 계산값 적용</td></tr>
<tr><td>400[V] 초과
600[V] 이하</td><td>특3종 접지,
2.5[mm²] 이하</td></tr>
<tr><td>400[V] 이하</td><td>3종 접지, 2.5[mm²] 이하</td></tr>
<tr><td>변압기</td><td>2종 접지, 16[mm²] 이상</td></tr>
</table>

(9) 접지시스템의 구분 및 종류

접지시스템은 계통접지, 보호접지, 피뢰시스템접지 등으로 구분하며, 접지시스템의 시설 종류에는 단독접지, 공통접지, 통합접지가 있다. 계통접지는 TN계통, TT계통 및 IT계통으로 분류한다.

* '계통접지'란 전력계통에서 돌발적으로 발생하는 이상현상에 대비하여 대지와 계통을 연결하는 것으로, 변압기의 중성선(저압측 1단자 시행 접지계통을 포함)을 대지에 접속하는 것을 말하며, 일반적으로 중성점 접지라고도 한다.

① 사용되는 코드가 갖는 의미

㉠ 제1문자 : 전원계통과 대지의 관계

제1문자	영문	의미
T	Terra	한 점을 대지에 직접접지
I	Insulation	모든 충전부를 대지와 절연시키거나 높은 임피던스를 통해 한 점을 대지에 직접접지

㉡ 제2문자 : 전기설비의 노출도전부와 대지의 관계

제1문자	영문	의미
T	Terra	노출도전부를 대지에 직접 접속(전원계통의 접지와는 무관)
I	Insulation	노출도전부를 전원계통의 접지점(교류 계통에서는 통상적으로 중성점, 중성점이 없을 경우는 선도체)에 직접 접속

㉢ 그 다음 문자(문자가 있을 경우) : 중성선과 보호도체의 배치

제1문자	영문	의미
S	Separated	중성선 또는 접지된 선도체 외에 별도의 도체에 의해 제공되는 보호 기능
C	Combined	중성선과 보호 기능을 한 개의 도체로 겸용(PEN 도체)

② 사용되는 기호의 의미

중성선(N), 보호도체(PE)	중간도체(M)	중성선과 보호도체 겸용(PEN)

③ 계통접지

㉠ TN계통 : 보호도체(PE) 계통의 접지도체에 직접연결 배전계통에서 PE도체를 추가로 접지할 수 있다(공통접지).

• TN－S : 중성선(접지된 선도체)과 PE도체 별도 사용

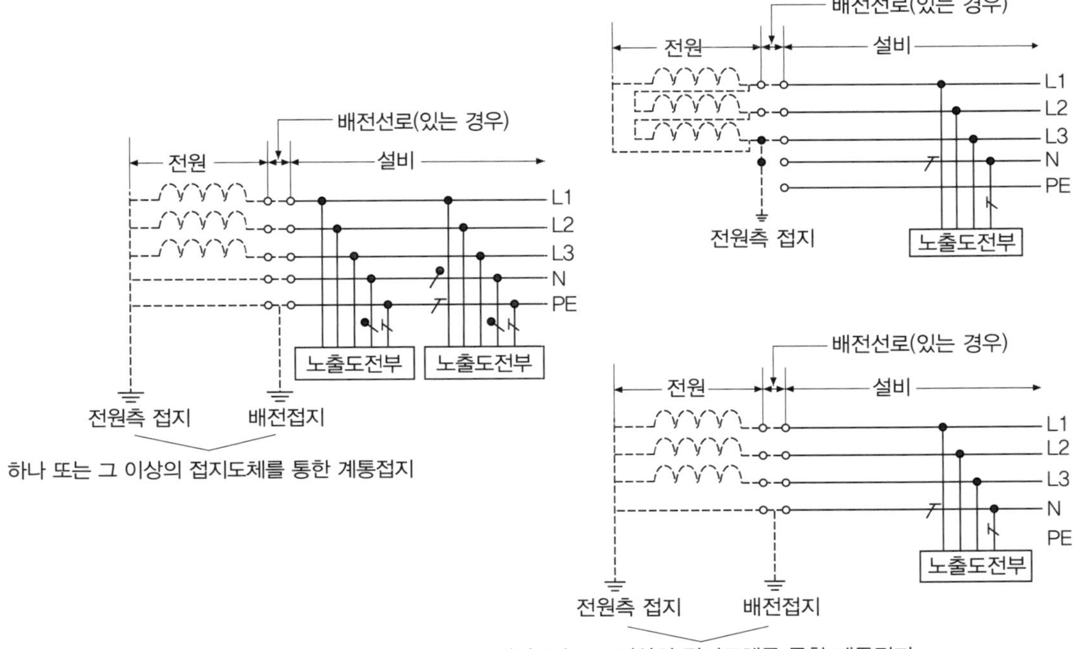

• TN−C : 중성선과 PE도체의 기능을 동일도체로 겸용(PEN) 사용

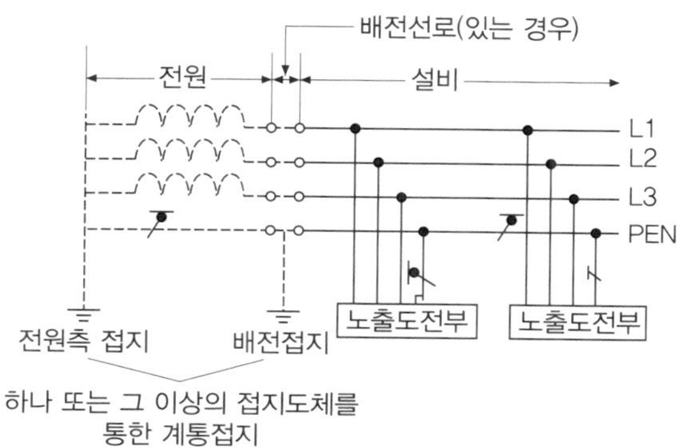

• TN−C−S : 중성선과 PE도체를 별도로 사용

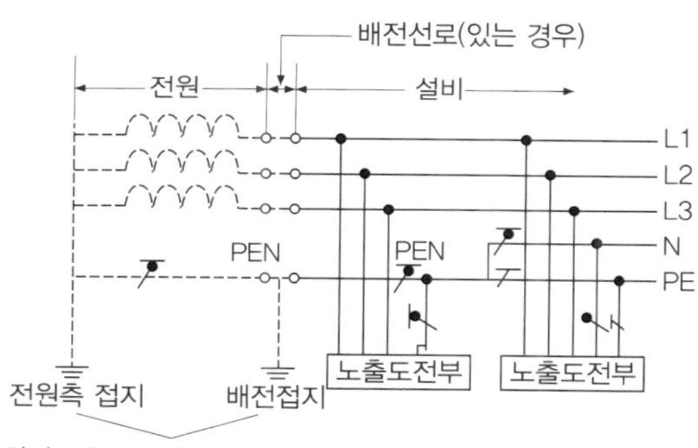

㉡ TT계통 : 설비의 노출도전부를 계통의 접지극과 독립된 접지극에 접속, 배전계통에서 PE도체를 추가로 접지할 수 있다.

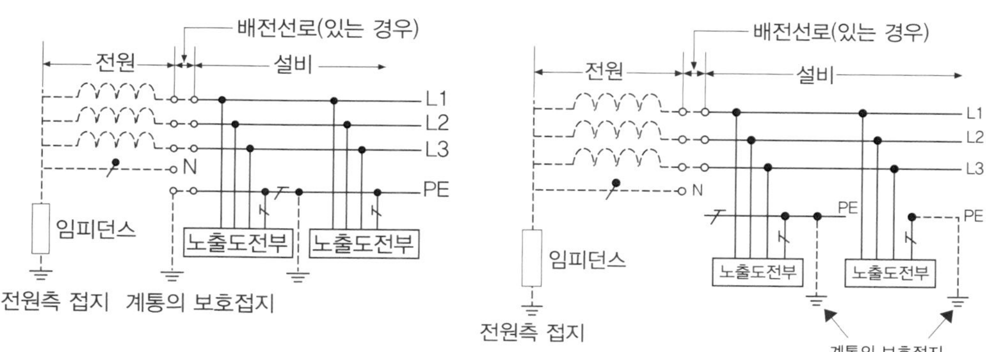

부록

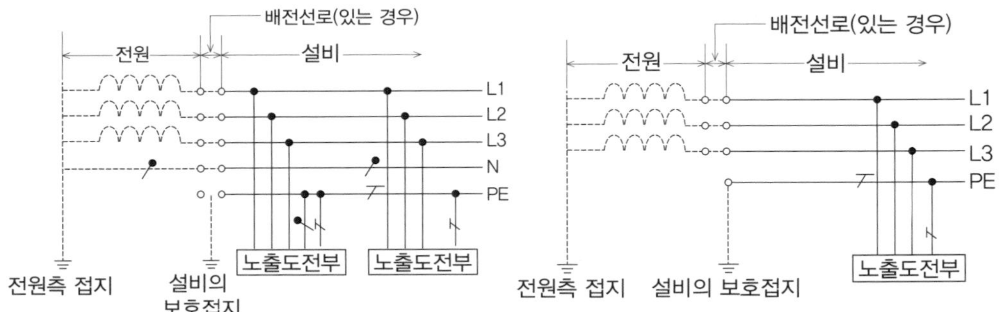

㉢ IT계통 : 전원은 대지에 절연 또는 접속, 노출도전부는 일괄 또는 단독으로 PE도체에 연결하여 대지에 접속

- 설비에서 보호접지는 계통의 보호접지에 대한 대안이거나 추가적 설비로 제고될 수 있다.
- 설비에서 접지는 설비의 인입점에 위치할 필요는 없다.

④ 접지방법

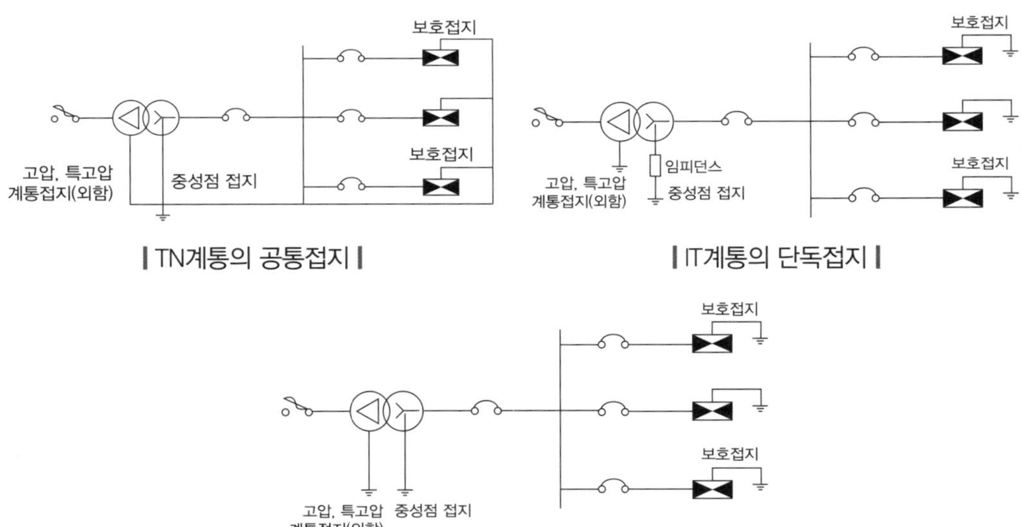

| TN계통의 공통접지 |

| IT계통의 단독접지 |

| TT계통의 공통접지 |

(10) KEC 기준(통합)에 따른 접지선, 보호도체, 등전위본딩도체 시설기준

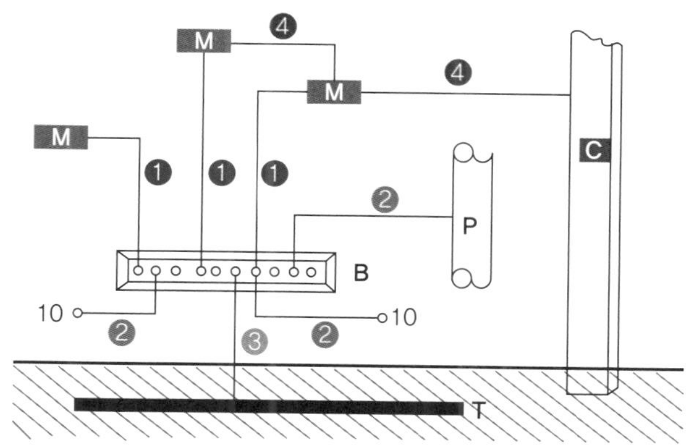

1 : 보호도체(PE)	2 : 주 등전위본딩용 전선
3 : 접지선	4 : 보조 등전위본딩용 전선
M : 전기기기의 노출도전성 부분	C : 철골, 금속덕트 등의 계통 외 도전성 부분
B : 주 접지단자	P : 수도관, 가스관 등 금속배관
T : 접지극	10 : 기타 기기(예 : 정보통신시스템, 뇌보호시스템)

① 접지선과 보호도체 단면적 확인 : 단면적 $S=\frac{\sqrt{I^2t}}{k}$ 값 이상 또는 접지선(보호도체 포함)의 최소단면적 이상이어야 한다(단, 차단시간이 5초 이하인 경우에만 적용)

설비의 상도체 단면적 S[mm²]	보호도체 최소단면적 S_p[mm²]
$S \le 16$	S
$16 < S \le 35$	16
$S > 35$	$\frac{S}{2}$

② 지중에 매설하는 경우의 접지선 최소단면적 확인

구분	기계적 보호 있음	기계적 보호 없음
부식에 대한 보호 있음	2.5[mm²] /Cu	16[mm²] /Cu
	10[mm²] /Fe	16[mm²] /Cu
부식에 대한 보호 없음	25[mm²] /Cu	
	50[mm²] /Fe	

③ 주 등전위본딩도체 단면적 확인

재질	단면적[mm²]	낙뢰보호계통을 포함하는 경우 단면적[mm²]
구리	6	16

부록

재질	단면적[mm²]	낙뢰보호계통을 포함하는 경우 단면적[mm²]
알루미늄	16	25
강철	50	50

④ 보조 등전위본딩도체 단면적 확인

구분	기계적 보호 있음	기계적 보호 없음
전원 케이블의 일부 또는 케이블	2.5[mm²] /Cu	4[mm²] /Cu
외함으로 구성되어 있지 않은 경우	16[mm²] /Al	16[mm²] /Fe

⑤ 공사계획신고수리 시 안내사항

사람이 동시에 접촉할 수 있는 범위(2.5[m] 미만 이격거리)와 고층 건축물에는 고층의 노출도전부와 계통 외 도전부에 보조 등전위본딩을 실시하도록 안내

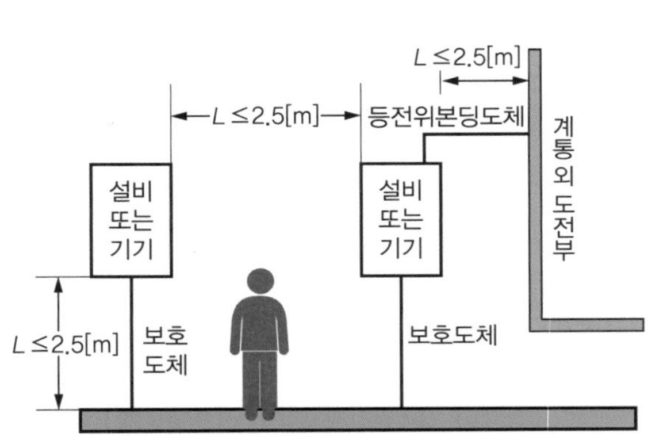

❙ 동시에 접촉할 수 있는 경우 ❙

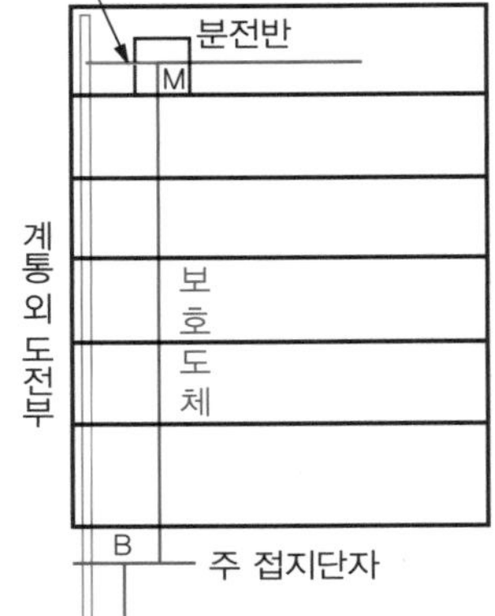

❙ 고층 건축물의 경우 ❙

⑥ 접지저항과 대지저항률 측정(전기설비검사 · 점검기준 420.1, 420.2)

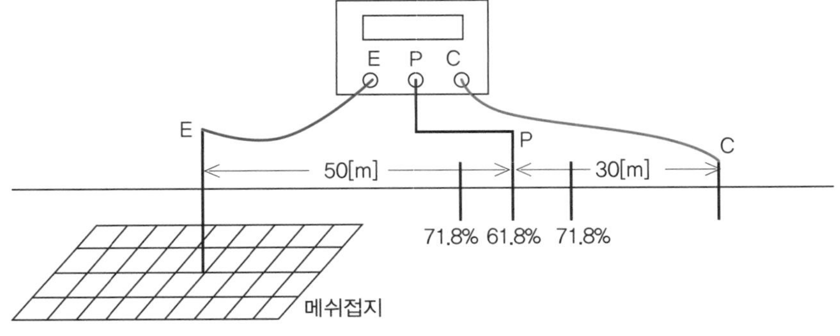

❙ 3점식 접지저항 측정 ❙

㉠ 3점식 접지저항 측정(전기설비검사 · 점검기준 420.2)

- 보조극은 저항구역이 중첩되지 않도록 접지극 규모의 6.5배 이격하거나 접지극과 전류보조극 간 80[m] 이상 이격하여 측정한다.
- P위치는 전위변화가 작은 E, C 간 일직선상 61.8% 지점에 설치한다.
- 접지극의 저항이 참값인가를 확인하기 위해서는 P를 C의 61.8% 지점, 71.8% 지점 및 51.8% 지점에 설치하여 세 측정값을 취한다.
- 세 측정값의 오차가 ±5% 이하이면 세 측정값의 평균을 E의 접지저항값으로 한다.

㉡ Wenner 4점식 대지저항률 측정방법

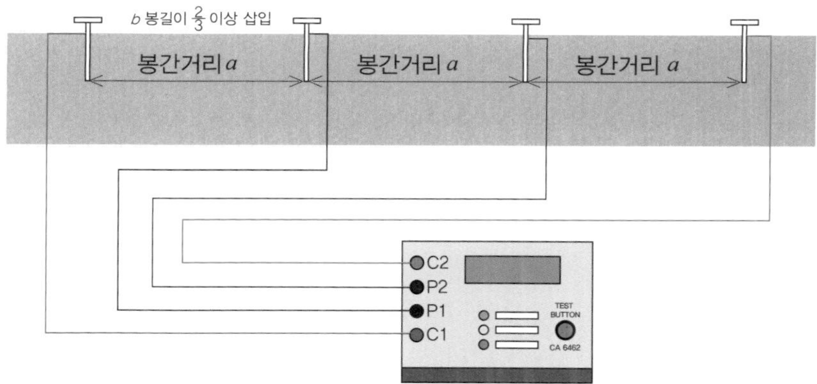

| 대지저항률 |

대지저항률 측정방법(ρ)은 다음 절차를 따르며, $a \geq 20d$일 때 $\rho = 2\pi aR[\Omega\cdot\mathrm{m}]$의 계산식에 의해 산출한다.

여기서, a : 탐침간격, d : 매설깊이, R : 측정된 대지 고유저항값

- 4개의 금속탐침을 대지에 일렬로 같은 간격으로 매설한다. 각각의 등거리에서 측정 후 대지저항률값을 표시한다.
- C1과 P1 사이에 연결된 금속판이 있으면 서로 분리시킨다.
- 도선을 이용하여 측정기의 4단자(C1, P1, P2, C2)를 위 그림과 같이 측정탐침에 연결한다. 측정기의 각 단자와 측정탐침이 바르게 연결되었는지 확인한다.
- 테스트 버튼을 누른 상태에서 측정기의 LCD 판에 표시된 저항값을 읽는다. 이때, 값의 변화가 심하거나 표시되는 값이 없다면 각 단자와 탐침 간의 연결을 확인하여 재측정한다.

- 측정탐침의 거리를 바꾸어가며 위 세 번째, 네 번째와 같은 방법으로 측정한 값을 측정표에 기록한다.
- 대지저항률은 측정된 저항값을 $\rho = 2\pi aR$ 식에 대입하여 얻는다.
- 측정하고자 하는 장소의 위치 및 방향을 달리하여 위 세 번째~여섯 번째 과정을 반복 측정하여 보다 정확한 대지저항률을 얻어 접지시스템의 신뢰성을 높인다.

⑦ 공통·통합 접지공사 검사방법

㉠ 공통·통합 접지공사에 대한 부분검사는 접지공사 중이거나 접지공사가 완료된 때 접지저항 또는 대지저항률을 측정하고 접지공사가 신고한 공사계획에 적합한 지 확인한다.

㉡ 부분검사를 받지 않고 전기수용설비 전체 공사가 완료된 후에 사용 전 검사 시 주변여건에 의하여 접지저항 측정이 어려운 경우에는 감리자료(접지저항 측정값, 대지저항률 측정값, 접지극 재료, 형상, 접속방법, 깊이 등)와 사진 등 증빙서류를 제출받아 접지저항 측정검사를 갈음한다.

⑧ 공통·통합 접지공사 시 등전위본딩 검사 및 전기적 연속성 측정방법 : 공통·통합 접지공사 시 사람이 접촉할 우려가 있는 범위(수평방향 2.5[m], 높이 2.5[m])에 있는 모든 고정설비의 노출도전성 부분과 계통 외 도전성 부분은 다음과 같이 등전위본딩 검사를 실시하고, 전기적 연속성을 측정한 전기저항 값이 0.2[Ω] 이하 이어야 한다.

㉠ 주 접지단자와 계통 외 도전성 부분 간

㉡ 노출도전성 부분 간, 노출도전성 부분과 계통 외 도전성 부분 간

㉢ TT 계통인 경우 주 접지단자와 노출도전성 부분 간

㉣ TN 계통인 경우 중성점과 노출도전성 부분 간

⑨ 보조 보호등전위본딩의 유효성 확인 : 동시에 접근 가능한 노출도전부와 계통 외 도전부 사이의 저항값(R)은 다음의 조건을 충족하여야 한다.

㉠ 교류 계통 : $\leq 50/I_a$ [Ω]

㉡ 직류 계통 : $\leq 120/I_a$ [Ω]

여기서, I_a : 보호장치의 동작전류[A][누전차단기의 경우 I_n(정격감도전류), 과전류보호장치의 경우 5초 이내 동작전류]

R : 계통 외 도전부와 대지사이의 저항[Ω]

⑩ 보조 보호등전위본딩 : 전원자동차단에 의한 감전보호방식에서 고장 시 자동차단시간이 다음 표에서 요구하는 최대차단시간을 초과하고, 2.5[m] 이내에 설치된 고정기기의 노출도전부와 계통 외 도전부는 보조 보호등전위를 하여야 한다.

| 보호장치의 최대차단시간 |

공칭대지전압 (U_0)	고장 시 최대차단시간[sec]					
	32[A] 이하 분기회로				32[A] 초과 분기 및 배전회로	
	교류		직류			
	TN	TT	TN	TT	TN	TT
50[V]<U_0≤120[V]	0.8	0.3	[비고]	[비고]		
120[V]<U_0≤230[V]	0.4	0.2	0.5	0.4	5	1
230[V]<U_0≤400[V]	0.2	0.07	0.4	0.2		
U_0>400[V]	0.1	0.04	0.1	0.1	5	1

* TT계통에서 차단은 과전류 보호장치에 의해 이루어지고 보호등전위본딩은 설비 안의 모든 계통 외 도전부와 접속되는 경우 TN계통에 적용 가능한 최대 차단시간이 사용될 수 있다. U_0 는 교류 또는 직류 공칭대지전압이다.

【비고】 차단은 감전보호 외에 다른 원인에 의해 요구될 수도 있다.

⑪ 대지전위상승 제한값에 의한 고압 또는 특고압 및 저압시스템 상호접속 최소요건

저압계통의 형태[a, b]		대지전위상승(EPR) 요건		
		접촉전압	스트레스 전압[c]	
			고장지속시간 t_f≤5[s]	고장지속시간 t_f>5[s]
TT		해당 없음	EPR≤1,200 [V]	EPR≤250 [V]
TN		EPR≤$F \cdot U_{TP}$[d, e]	EPR≤1,200 [V]	EPR≤250 [V]
IT	보호도체 있음	TN 계통에 따름	EPR≤1,200 [V]	EPR≤250 [V]
	보호도체 없음	해당 없음	EPR≤1,200 [V]	EPR≤250 [V]

- a : 저압계통은 공통접지 및 통합접지(KEC 142.5.2)를 참조한다.
- b : 통신기기는 ITU 추천사항을 적용한다.
- c : 적절한 저압기기가 설치되거나 EPR이 측정이나 계산에 근거한 국부전위차로 치환된다면 한계값은 증가할 수 있다.
- d : F의 기본값은 2이다. PEN 도체를 대지에 추가 접속한 경우보다 높은 F값이 적용될 수 있다. 어떤 토양구조에서는 F값은 5까지 될 수도 있다. 이 규정은 표토층이 보다 높은 저항률을 가진 경우 등, 층별 저항률의 차이가 현저한 토양에 적용 시 주의가 필요하다. 이 경우의 접촉전압은 EPR의 50%로 한다. 단, PEN 또는 저압 중간도체가 고압 또는 특고압 접지계통에 접속되었다면 F의 값은 1로 한다.
- e : U_{TP}는 허용접촉전압을 의미한다[KS C IEC 61936-1(교류 1[kV] 초과 설비-공통규정) 그림. 140-21(허용접촉전압 U_{TP}) 참조].

⑫ 통합·공통접지 저항값 산정

㉠ 설계기준 : 접촉전압 및 보폭전압의 허용 값 이내의 요건을 만족할 것
KS C IEC 61936-1(교류 1[kV] 초과 전력설비-제1부 공통규정)의 10 접지 시스템 또는 IEEE std 80 표준에 따름

㉡ 접지설계값 검증(허용접촉전압 ≥ 접촉전압)

| 저항값 산정 |

<table>
<tr><th colspan="2">계산에 의한 방법</th><th>KS C IEC 61936-1의 그림 12에서 선정</th></tr>
<tr>
<td rowspan="2">$U_{TP} = I_B(t_f) \cdot \frac{1}{HF} \cdot [Z_t(U_T) \cdot BF]$
여기서, $I_B(t_p)$: 인체제한전류
U_T : 접촉전압
U_{TP} : 허용접촉전압
t_p : 고장지속시간[sec]
HF : 심장전류계수
$Z_t(U_T)$: 인체임피던스
BF : 인체계수
EPR(대지전위상승)=$I_g \times R_g$
여기서, I_g=$C_p \cdot I_F \cdot B$: 접지망유입전류
R_g : IEEE std 80으로 계산된 접지저항값
∴ U_{TP} ≥EPR(접지설계 만족)</td>
<td rowspan="2">• 접지설계 Factor
– 심장전류계수(HF) : 1.0
– 인체계수(BF) : 0.75
– 인체임피던스($Z_t(U_T)$) : 1.225[Ω]
• 인체의 추가 임피던스는 미 고려
– 지락전류(β) : 0.2~0.4
– 계통확장계수(C_p) : 설계값(1 이상)
– 1선지락전류(I_F) : 프로그램 계산값
– 인체제한전류($I_B(t_f)$) : C2곡선 적용</td>
<td>전압[V]: 1,000, 900, 800, 700, 600, 500, 400, 300, 200, 100, 0
시간[ms]: 10, 100, 1,000, 10,000</td>
</tr>
<tr><td> 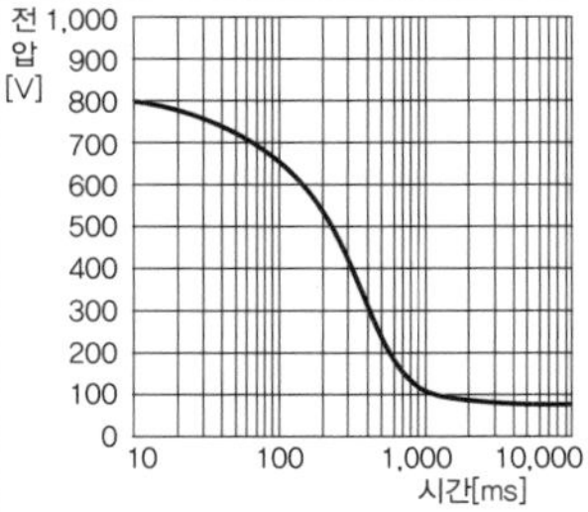EPR=$F \cdot U_{TP}$
• F의 기본값은 2
• 대지저항률이 낮은 경우 2~5 적용 가능
• PEN 또는 저압 중간 도체가 고압 또는 특고압 접지 계통에 접속되었을 경우 F의 값은 1</td></tr>
</table>

⑬ 개별접지 : 가능한 경우에 한함

㉠ 고압(특고압)접지극과 저압접지극을 분리할 수 있는 경우

- 각 접지극 간 충분한 이격거리가 확보될 시 : 50[kV] 이하 계통에서 20[m] 이상 이격[유럽전기표준위원회(CENELEC) HD 63791의 9.4.4]이 가능한 경우 및 각 접지극 간 저항구역이 중첩되지 않는다는 근거를 제시할 수 있는 경우
- 저압이 TT계통인 경우 : EPR에 따른 허용스트레스전압 기준값을 만족하는 접지저항값

㉡ 저압 수전 시 TT접지 방식 채용 시 : 전원의 자동차단 조건을 만족하는 접지저항값

| 접지저항 선정의 기준 요약 |

구분		접지저항값 선정의 기준		
수전 구분	저압접지계통	접촉전압 요건	스트레스전압 요건	비고
고압 이상 수전의 경우	공통(통합)접지	접촉전압≤ 허용접촉전압	허용상용주파 과전압 이내	AND 조건 만족
	TN	접촉전압≤ 허용접촉전압	해당없음	
	TT	해당없음	$R_g \times I_m + U_0 \le 1,200$	고장지속시간≤5[sec]
			$R_g \times I_m + U_0 \le 250$	고장지속시간>5[sec]
저압 수전의 경우	TN	수용가측 접지저항 선정 기준값 없음		
	TT	전원의 자동차단에 의한 감전보호 조건을 만족하는 값		

⑭ 통합접지 적용 시 확인사항(SPD설치)

㉠ 외부 피뢰시스템은 전기검사범위에서 제외(추후 검토 예정)

㉡ 기기에 요구되는 정격임펄스 내전압을 만족할 것

| 기기에 요구되는 정격임펄스 내전압 |

설비의 공칭전압[V]		요구되는 임펄스 내전압[kV][a]			
3상 계통	중성선이 있는 단상 계통	과전압 범주 Ⅳ 설비 전력 공급점에 있는 기기	과전압 범주 Ⅲ 배전 및 회전기기	과전압 범주 Ⅱ 전기제품 및 전류 사용기기	과전압 범주 Ⅰ 특별히 보호된 기기
–	120~240	4	2.5	1.5	0.8
(220/380)[b] 230/440 277/480	–	6	4	2.5	1.5
400/690	–	8	6	4	2.5
1,000	–	12	8	6	4

• a : 임펄스 내전압은 활성도체와 PE사이에 적용된다.
• b : 국내에서 사용하는 전압이다.
[출처] KS C IEC 60364-4-44 표 44B

㉢ 피뢰구역의 경계부분에는 SPD를 설치할 것(피뢰구역에는 KS C IEC 62305-4의 4.3[LPZ]에 따름)

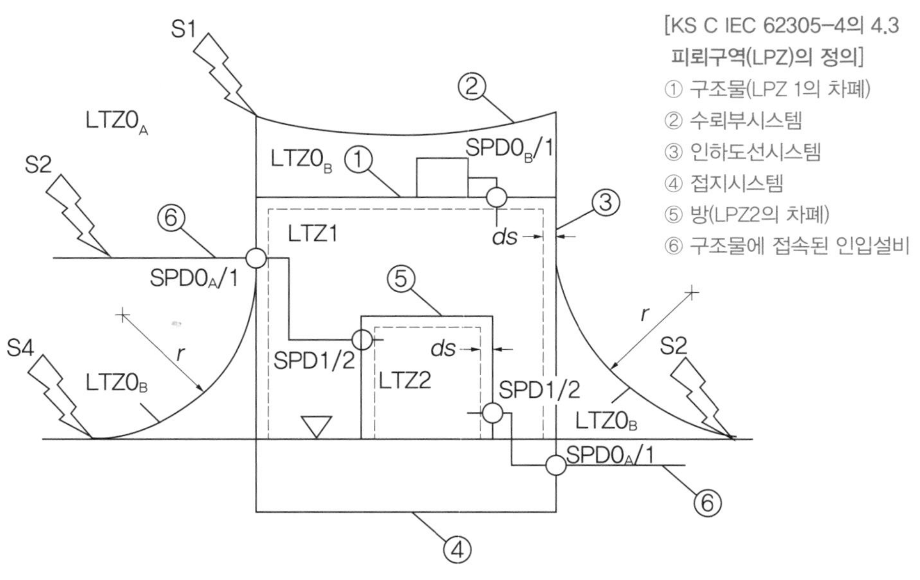

S1 : 구조물 뇌격
S2 : 구조물 근처 뇌격
S3 : 구조물에 접속된 인입설비 뇌격
S4 : 구조물에 접속된 인입설비 근처 뇌격
r : 회전구체반지름
ds : 매우 강한 자계에 대한 안전거리
$LPZ0_A$: 직격뢰, 전체 뇌격전류
$LPZ0_B$: 직격뢰가 아니며 부분적인 뇌격전류 또는 유도전류, 전체자계
LPZ1 : 직격뢰가 아니며, 제한된 뇌격전류 또는 유도전류, 전체자계
LPZ2 : 직격뢰가 아니며, 유도전류, 감쇠된 자계
* LPZ1과 LPZ2 : 내부의 보호구역은 반드시 안전거리 *ds*를 고려해야 한다.

| 피뢰구역(LPZ) |

㉣ 저압 수전설비 또는 변압기 저압측 주배전반에는 1등급 또는 2등급 서지보호장치를 시설할 것

- 1등급 SPD의 보호모드별 임펄스전류 I_{imp}

| 구조물에 뇌격(S1) |

보호모드	단상		3상	
	CT1	CT2	CT1	CT2
각 상전선과 중성선 사이	–	12.5[kA]	–	12.5[kA]
각 상전선과 PE선 사이	12.5[kA]	–	12.5[kA]	–
중성선과 PE선 사이	12.5[kA]	25[kA]	12.5[kA]	50[kA]

| 건축물 인입 전원선로 뇌격(S3) |

보호모드	단상		3상	
	CT1	CT2	CT1	CT2
각 상전선과 중성선 사이	–	5[kA]	–	5[kA]
각 상전선과 PE선 사이	5[kA]	–	5[kA]	–
중성선과 PE선 사이	5kA]	10[kA]	5[kA]	20[kA]

- 2등급 SPD의 보호모드별 공칭방전전류 I_n

보호모드	단상		3상	
	CT1	CT2	CT1	CT2
각 상전선과 중성선 사이	–	5[kA]	–	5[kA]
각 상전선과 PE선 사이	5[kA]	–	5[kA]	–
중성선과 PE선 사이	5[kA]	10[kA]	5[kA]	20[kA]

※ CT1은 SPD를 RCD의 부하측, CT2는 SPD를 RCD의 전원측에 설치하는 경우를 의미한다.

⑮ 접지도체 및 보호도체 단면적 선정

㉠ 접지도체 : 기준 접지바와 접지극을 연결하는 도체

㉡ 보호도체 : 감전 방지와 같은 안전을 위해 준비된 도체(PEN, PEM, PEL 도체 포함)

- 특수한 경우의 접지도체 및 보호도체의 단면적

  큰 고장전류가 접지도체를 통해 흐르지 않는 경우 및 피뢰시스템이 접속되는 경우 접지도체의 최소단면적

구분	구리	알루미늄
보호도체가 하나인 경우	10[mm^2] 이상	16[mm^2] 이상
추가로 보호도체를 위한 별도의 단자가 구비된 경우	10[mm^2] 이상	16[mm^2] 이상

• 일반적인 경우의 접지도체 및 보호도체 단면적(계산식 우선 적용)

| 차단시간이 5초 이하인 경우 |

$S = \frac{\sqrt{I^2 t}}{k}$	S : 단면적[mm] I : 보호장치를 통해 흐를 수 있는 예상 고장전류 실효값[A] t : 자동차단을 위한 보호장치의 동작시간[sec] k : 보호도체, 절연, 기타 부위의 재질 및 초기온도와 최종온도에 따라 정해지는 계수

| 차단시간이 5초 이상인 경우 |

선도체의 단면적 S[mm²]	대응하는 보호도체의 최소 단면적[mm²]	
	보호도체의 재질이 선도체와 같은 경우	보호도체의 재질이 선도체와 다른 경우
$S \le 16$	S	$\frac{k_1}{k_2} \times S$
$16 < S \le 35$	16^a	$\frac{k_1}{k_2} \times 16$
$S > 35$	$\frac{S^a}{2}$	$\frac{k_1}{k_2} \times \frac{S}{2}$

⑯ 등전위본딩

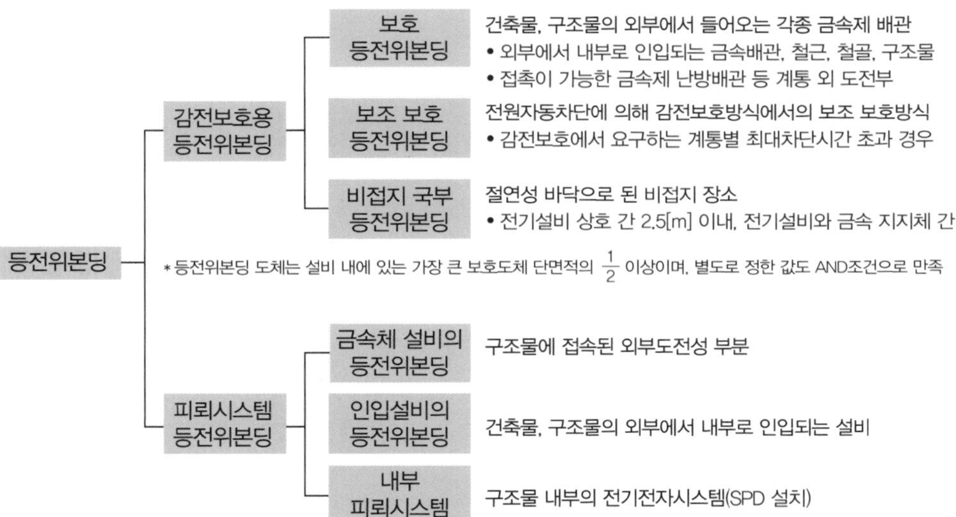

5 고장보호(전기설비검사 · 점검기준 350.5)

[1] 전원의 자동차단에 의한 감전보호(전기설비검사 · 점검기준 350.5.1)

(1) 보호대책 일반 요구사항

① 전원의 자동차단에 의한 보호대책은 다음과 같다.

㉠ 기본보호는 충전부의 기본절연, 격벽 또는 외함에 의한다.

㉡ 전원의 자동차단에 의한 고장보호를 보호방식으로 하는 경우 보호접지, 보호등전위본딩 및 고장 시 자동차단 조건을 충족하여야 한다.

㉢ 추가적인 보호로 누전차단기를 시설할 수 있다.

단, 누전차단기는 단독적인 보호대책으로 인정하지 않는다.

② 누설전류감시장치는 누설전류의 설정값을 초과하는 경우 음향 또는 음향과 시각적인 신호를 발생시킬 것

단, 누설전류감시장치는 보호장치에는 포함되지 않는다.

| 저압 접지계통별 판정기준 |

저압 접지계통	판정기준
TN계통	1. $Z_S \times I_a \leq U_0$(보호장치가 과전류차단기인 경우) 여기서, Z_S:고장회로 루프임피던스 합[Ω] I_a : 과전류차단기가 동작하는 전류[A] U_0 : 교류 또는 직류 공칭대지전압[V]
TT계통	2. $Z_S \times I_{\Delta n} \leq 50$(보호장치가 누전류차단기인 경우) 여기서, $I_{\Delta n}$: 누전차단기 정격감도전류[A]

| 보호장치의 최대차단시간 |

공칭대지접압[V]	고장 시 최대차단시간[sec]					
	32[A] 이하 분기회로				32[A] 초과 분기회로	
	교류		직류			
	TN	TT	TN	TT	TN	TT
50[V]<U_0≤120[V]	0.8	0.3	–	–	5	1
120[V]<U_0≤230[V]	0.4	0.2	5	0.4		
230[V]<U_0≤400[V]	0.2	0.07	0.4	0.2		
U_0>400[V]	0.1	0.04	0.1	0.1		

여기서, U_0: 교류에서 공칭대지전압, 직류에서 선간전압을 의미

| IT계통 전원의 자동차단조건 |

노출도전부가 같은 접지계통에 집합적으로 상호 접속된 경우 (TN계통과 유사한 조건 적용)	노출도전부가 그룹별 또는 개별로 접지된 경우 (TT계통과 유사한 조건 적용)
$2(Z_S \times I_a) \leq U$ [중성선이 없는 경우]	$R_A \times I_d \leq 50$
$2(Z_S' \times I_a) \leq U_0$ [중성선이 있는 경우]	

여기서, Z_S : 회로의 선도체와 보호도체를 포함하는 고장 루프임피던스

Z'_S : 회로의 중성선과 보호도체를 포함하는 고장 루프임피던스

U_0 : 선도체와 대지 간 공칭전압[V]

U : 선간 공칭전압

I_a : TN계통에서 차단시간 내에 보호장치를 동작시키는 전류

R_A : 접지극과 노출도전부 접속된 보호도체의 접지극 저항의 합
I_a : TT계통에서 요구하는 차단시간 내에 보호장치(누전차단기)를 동작시키는 전류

【비고】 선도체와 대지 간에 고장이 발생한 경우 5초 이내에 전원의 출력전압이 교류 50[V](직류 120[V]) 이하로 감소되는 경우에는 위 표를 적용하지 않는다.

(2) 추가적 보호

전원의 자동차단조건에서 최대차단시간 이내에 차단하지 못하는 경우 동시접촉이 가능한 고정기기의 모든 노출도전부와 계통 외 도전부 사이에 보조 보호등전위본딩을 시설할 것

① 동시접촉이 가능한 고정기기란 사람이나 동물이 동시에 접근될 수 있는 노출도전부 또는 계통 외 도전부를 말하며, 일반적으로 기기 내측거리가 2.5[m] 이내를 의미한다.

② 보조 보호등전위본딩의 유효성이 의심되는 경우 동시에 접촉 가능한 노출도전부와 계통 외 도전부 사이의 저항(R)이 다음 조건을 충족하는지 확인해야 한다.

교류 계통에서 $R \leq \dfrac{50[V]}{I_a}$, 직류 계통에서 $R \leq 120[V]$

여기서, I_a : 보호장치의 동작전류[A][누전차단기의 경우 : $I_{\triangle n}$(정격감도전류), 과전류 보호장치의 경우 : 5초 동작전류]

(3) 전원의 자동차단에 의한 감전보호의 계통별 예시

① TN계통

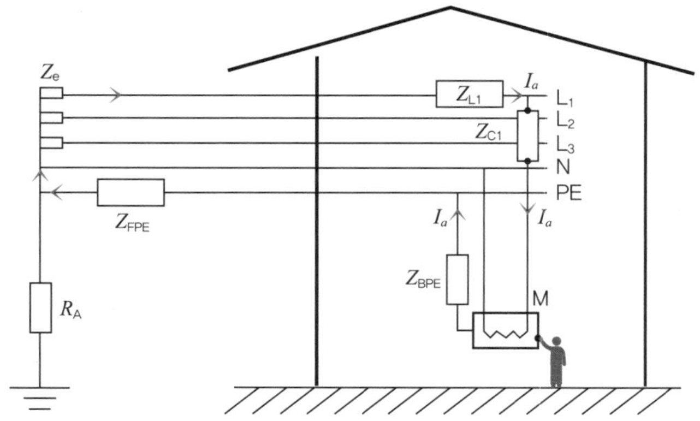

Z_e : 외부 루프임피던스
Z_{L1} : 간선의 임피던스
Z_{C1} : 분기선 임피던스
Z_{BPE} : 분기회로 보호도체 임피던스
Z_{FPE} : 간선 보호도체 임피던스
U_0 : 계통의 상전압[V]
Z_S : 합성 루프임피던스[Ω]
$Z_S = Z_e + Z_{L1} + Z_{C1} + Z_{BPE} + Z_{FPE}$
$I_f = \dfrac{U_0}{Z_e + Z_{L1} + Z_{C1} + Z_{BPE} + Z_{FPE}}$

구 분	대지전압	도체종류	길이[m]	임피던스[Ω]
외부 루프임피던스	220[V]	–	–	0.34
간선의 임피던스		F–CV 16[mm²]	50	0.0736
분기선 임피던스		HIV 4[mm²]	10	0.0234
분기회로 보호도체 임피던스		HIV 4[mm²]	10	0.0234
간선 보호도체 임피던스		F–GV 16[mm²]	50	0.0736
합계				0.534

㉠ 지락고장전류 : $I_f = \dfrac{U_o(\text{대지전압})}{Z_s(\text{고장 루프임피던스})} = \dfrac{220[V]}{0.534} = 411.98[A]$

㉡ 보호장치 종류

- 주택용 배선차단기 TYPE C, 정격전류 50[A]
- TYPE C 순시동작전류 (10 I_n) : 500[A]

㉢ 판정 : 보호장치 순시동작전류(500[A]) ≥ 지락고장전류(411.98[A]) 부적합

⇒ 누전차단기를 설치하거나, 주택용 배선차단기 TYPE B를 설치하여야 한다.

② TT계통

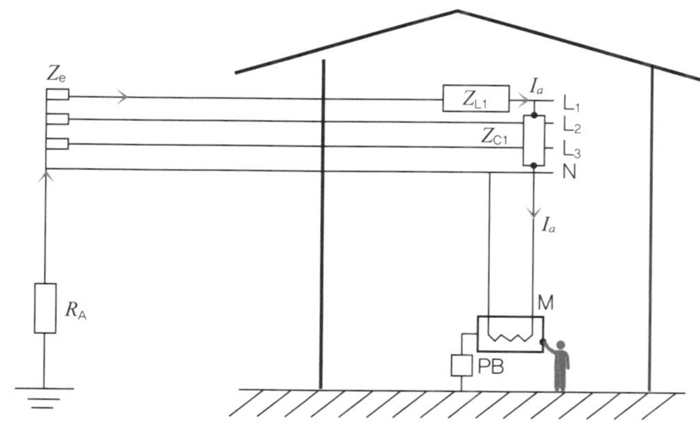

Z_e : 외부 루프임피던스
Z_{L1} : 간선의 임피던스
Z_{C1} : 분기선 임피던스
Z_{PE} : 보호도체 임피던스
R_A : 노출도전부 접지저항
R_B : 계통의 접지저항
U_0 : 계통의 상전압[V]
Z_S : 합성 루프임피던스[Ω]
$Z_S = Z_e + Z_{L1} + Z_{C1} + Z_{PE} + R_A + R_B$
$I_f = \dfrac{U_0}{Z_e + Z_{L1} + Z_{C1} + Z_{PE} + R_A + R_B}$

구 분	대지전압	도체종류	길이[m]	임피던스[Ω]
외부 루프임피던스	220[V]	–	–	0.34
간선의 임피던스		F–CV 16[mm²]	50	0.0736
분기선 임피던스		HIV 4[mm²]	10	0.0234
보호도체 임피던스		F–GV 16[mm²]	50	0.0736
계통접지저항		–	–	5
노출도전부 접지저항		–	–	10
합 계				15.5

㉠ 지락고장전류 : $I_f = \frac{U_o(\text{대지전압})}{Z_s(\text{고장 루프임피던스})} = \frac{220[V]}{15.5} = 14.19[A]$

㉡ 보호장치 종류

- 주택용 배선차단기 TYPE B, 정격전류 20[A]
- TYPE B 순시동작전류 ($5I_n$) : 100[A]
- 누전차단기 감도전류 : 30[mA]

㉢ 판정

- 과전류차단기 사용 시 : 차단기 순시동작전류(100[A]) ≥ 지락전류(14.2[A]) 부적합
- 누전차단기 사용 시 : $I_a \times R_A \le 50[V] = 0.03 \times 10 = 0.3[V]$ 적합

③ IT 계통

㉠ 노출도전부 또는 대지로 단일고장이 발생한 경우 고장전류가 작아 자동차단이 절대조건은 아니나, 두 곳에서 고장발생 시 동시에 접근이 가능한 노출도전부에 접촉되는 경우에는 인체에 위험을 피하기 위한 조치를 취할 것

㉡ 노출도전부는 개별, 그룹별 또는 집합적으로 접지해야 하며, 다음의 조건을 충족할 것

- 교류계통에서 $R_A \times I_d \le 50[V]$
- 직류계통에서 $R_A \times I_d \le 120[V]$

여기서, R_A : 노출도전부에 접속된 보호도체와 접지극 저항의 합[Ω]

I_d : 하나의 상도체와 노출도전부 사이에서 무시할 수 있는 임피던스로 1차 고장이 발생했을 때의 고장전류[A]로 전기설비의 누설전류와 총 접지임피던스를 고려한 값

㉢ IT계통은 감시장치와 보호장치를 사용할 수 있으며, 1차(단일) 고장이 지속되는 동안 음향 및 시각신호를 갖춘 절연감시장치가 작동될 것

- 절연감시장치
- 누설전류 감시장치
- 절연고장 검출장치
- 과전류보호장치
- 누전차단기

㉣ 1차 고장이 발생한 후 다른 충전도체에서 2차 고장이 발생한 경우 전원의 자동차단조건은 다음 표와 같다.

| IT계통 전원의 자동차단 조건 |

노출도전부가 같은 접지계통에 집합적으로 상호 접속된 경우(TN 계통과 유사한 조건 적용)	노출도전부가 그룹별 또는 개별로 접지된 경우 (TT계통과 유사한 조건 적용)
$2I_aZ_s \le$ (중성선이 없는 경우) $2I_aZ'_s \le$ (중성선이 있는 경우)	$R_A \times I_d \le 50[V]$

여기서, Z_s : 회로의 선도체와 보호도체를 포함하는 고장루프 임피던스
Z'_s : 회로의 중성선과 보호도체를 포함하는 고장루프 임피던스
U_0 : 선도체와 대지 간 공칭전압[V]
U : 선간 공칭전압
I_a : TN계통에서 차단시간 내에 보호장치를 동작시키는 전류
R_A : 접지극과 노출도전부 접속된 보호도체의 접지극 저항의 합
I_d : TT계통에서 요구하는 차단시간 내에 보호장치(누전차단기)를 동작시키는 전류

(4) 과전류차단기 TYPE별 루프임피던스 기준은 다음 표를 활용할 수 있다.

| 과전류차단기 TYPE별 루프임피던스 |

정격전류[A]	주택용						산업용			
	TYPE-B		TYPE-C		TYPE-D		I_a[A]		Z_s[Ω]	
	I_a[A]	Z_s[Ω]	I_a[A]	Z_s[Ω]	I_a[A]	Z_s[Ω]	TN	TT	TN	TT
15	75	2.93	150	1.47	300	0.73	225	225	0.98	0.98
16	80	2.75	160	1.38	320	0.69	240	240	0.92	0.92
20	100	2.20	200	1.10	400	0.55	300	300	0.73	0.73
30	150	1.47	300	0.73	600	0.37	450	450	0.49	0.49
32	160	1.38	320	0.69	640	0.34	480	480	0.46	0.46
40	200	1.10	400	0.55	800	0.28	480	600	0.46	0.37
50	250	0.88	500	0.44	1,000	0.22	600	750	0.37	0.29
60	300	0.73	600	0.37	1,200	0.18	720	900	0.31	0.24
63	315	0.70	630	0.35	1,260	0.17	756	945	0.29	0.23
75	375	0.59	750	0.29	1,500	0.15	900	1,125	0.24	0.2
80	400	0.55	800	0.28	1,600	0.14	960	1,200	0.23	0.18
100	500	0.44	1,000	0.22	2,000	0.11	1,200	1,500	0.1	0.15
125	625	0.35	1,250	0.18	2,500	0.09	1,500	1,875	0.15	0.12
150	750	0.29	1,500	0.15	3,000	0.07	1,800	2,250	0.12	0.1
175	875	0.25	1,750	0.13	3,500	0.06	2,100	2,625	0.10	0.08
200	1000	0.22	2,000	0.11	4,000	0.06	2,400	3,000	0.09	0.07

정격 전류 [A]	주택용						산업용			
	TYPE-B		TYPE-C		TYPE-D		I_a[A]		Z_s[Ω]	
	I_a[A]	Z_s[Ω]	I_a[A]	Z_s[Ω]	I_a[A]	Z_s[Ω]	TN	TT	TN	TT
225	1125	0.20	2,250	0.10	4,500	0.05	2,700	3,375	0.08	0.07
250	1250	0.18	2,500	0.09	5,000	0.04	3,000	3,750	0.07	0.06

【비고】 보호장치의 동작시간은 다음 표의 값을 만족하여야 한다.

| 보호장치의 동작시간 |

구분	32[A] 이하	32[A] 초과
TN계통	0.4[sec] 이하	5[sec] 이하
TT계통	0.2[sec] 이하	1[sec] 이하

(5) TT계통에서 누전차단기 감도전류에 따른 접지저항값 기준

누전차단기 감도전류[mA]	30	100	300	500	1,000
노출도전부 최대접지 저항값[Ω]	500(500)	500(300)	167(150)	100	50

【비고】 1. 한전 계통접지저항값 5[Ω] 기준으로 계산
2. 계산값이 500[Ω]을 초과하는 경우에는 접지저항값 기준을 참조하여 500[Ω] 이하로 한다(지락점 저항을 감안하여 제한한 값임).
3. 표 내부 ( )는 물기있는 장소 및 전기적 위험도가 높은 장소에 적용한다.

(6) 전원의 자동차단에 의한 감전보호 계산

| 외부 루프임피던스 기준값 |

구 분	상당 100[A] 이하		상당 100[A] 초과	
	단상(2상)	3상	단상(2상)	3상
외부 루프임피던스[Ω]	0.34+j0.15	0.29+j0.18	0.29+j0.12	0.24+j0.19
사용전압[V]	220	380/220	220	380/220
외부 루프임피던스값을 전기공급자가 제공할 경우 그 제공값을 우선 적용할 것				

| 한전 전원계통의 접지저항 기준값 |

구분	배전용 변압기 및 기기접지		중성선의 접지		
			22.9[kV-Y] 계통		
	사람이 접촉할 위험이 있는 장소	사람이 접촉할 위험이 없는 장소 (22.9[kV-Y])	특고압 선로측	저압 선로측	
				1상 2선	3상 4선
합성저항	–	≤25[Ω]	≤5[Ω/㎞]	≤5[Ω/㎞]	≤5[Ω/㎞]
단독저항	≤10[Ω]	≤25[Ω]	≤100[Ω]	≤100[Ω]	≤100[Ω]

<table>
<tr><th rowspan="4">구분</th><th colspan="2">배전용 변압기 및 기기접지</th><th colspan="3">중성선의 접지</th></tr>
<tr><th rowspan="3">사람이 접촉할 위험이 있는 장소</th><th rowspan="3">사람이 접촉할 위험이 없는 장소 (22.9[kV-Y])</th><th colspan="3">22.9[kV-Y] 계통</th></tr>
<tr><th rowspan="2">특고압 선로측</th><th colspan="2">저압 선로측</th></tr>
<tr><th>1상 2선</th><th>3상 4선</th></tr>
<tr><td>접지방법</td><td colspan="2">특고압측 외함과 저압측 중성점 또는 저압일단 공용</td><td colspan="3">특고압과 저압측 중성선접지 공용</td></tr>
</table>

(7) 누전차단기의 시설(전기설비검사 · 점검기준 350.5.3)

전원의 자동차단에 의한 저압전로의 보호대책으로 누전차단기를 시설해야 할 대상은 다음과 같다.

① 금속제 외함을 가지는 사용전압이 50[V]를 초과하는 저압의 기계기구로서 사람이 쉽게 접촉할 우려가 있는 곳에 시설하는 것에 전기를 공급하는 전로. 다만 다음의 어느 하나에 해당하는 경우에는 적용하지 않는다.

㉠ 기계기구를 발전소 · 변전소 · 개폐소 또는 이에 준하는 곳에 시설하는 경우

㉡ 기계기구를 건조한 곳에 시설하는 경우

㉢ 대지전압이 150[V] 이하인 기계기구를 물기가 있는 곳 이외의 곳에 시설하는 경우

㉣ 「전기용품 및 생활용품 안전관리법」의 적용을 받는 이중 절연구조의 기계기구를 시설하는 경우

㉤ 그 전로의 전원측에 절연변압기(2차 전압이 300[V] 이하인 경우에 한함)를 시설하고 또한 그 절연변압기의 부하측의 전로에 접지하지 아니하는 경우

㉥ 기계기구가 고무 · 합성수지, 기타 절연물로 피복된 경우

㉦ 기계기구가 KEC 131의 8(절연할 수 없는 부분)에 규정하는 것일 경우

㉧ 기계기구 내에 「전기용품 및 생활용품 안전관리법」의 적용을 받는 누전차단기를 설치하고 또한 기계기구의 전원 연결선이 손상을 받을 우려가 없도록 시설하는 경우

② KEC 규정에서 특별히 누전차단기 설치를 요구하는 경우

㉠ 주택의 인입구

㉡ 욕조나 샤워시설이 있는 욕실 또는 화장실 등 인체가 물에 젖어 있는 상태에서 전기를 사용하는 장소에 콘센트를 시설하는 경우(정격감도전류 15[mA] 이하, 동작시간 0.03[sec] 이하의 전류동작형)

㉢ 옥측 및 옥외에 시설하는 저압의 전기간판에 전기를 공급하는 전로

㉣ 가로등, 보안등, 조경등 등으로 시설하는 방전등에 공급하는 전로의 사용전압이 150[V]를 초과하는 경우

㉤ 수중조명등의 절연변압기의 2차측 전로의 사용전압이 30[V]를 초과하는 경우(정격감도전류 30[mA] 이하 누전차단기)

㉥ 교통신호등 회로의 사용전압이 150[V]를 넘는 경우

㉦ 파이프라인 등의 전열장치에 전기를 공급하는 전로

㉧ 비상 조명을 제외한 조명용 분기회로 및 정격 32[A] 이하의 콘센트용 분기회로(정격 감도전류 30[mA] 이하)

㉨ 이동식 주택 또는 이동식 조립주택에 공급하기 위해 고정 접속되는 최종분기회로(정격감도전류가 30[mA] 이하)

㉩ 의료장소의 전로에는 정격 감도전류 30[mA] 이하, 동작시간 0.03[sec] 이내의 누전차단기를 설치할 것. 다만 다음의 경우는 적용하지 아니한다.

- 의료 IT계통의 전로
- TT계통 또는 TN계통에서 전원자동차단에 의한 보호가 의료행위에 중대한 지장을 초래할 우려가 있는 회로에 누전경보기를 시설하는 경우
- 의료장소의 바닥으로부터 2.5[m]를 초과하는 높이에 설치된 조명기구의 전원회로
- 건조한 장소에 설치하는 의료용 전기기기의 전원회로

③ 특고압전로, 고압전로 또는 저압전로와 변압기에 의하여 결합되는 사용전압 400[V] 초과 저압전로(발전소 및 변전소와 이에 준하는 곳에 있는 부분의 전로를 제외) 또는 발전기에서 공급하는 400[V] 초과의 저압전로

④ 마리나 및 이와 유사한 장소의 콘센트 회로의 누전차단기 시설은 다음에 따를 것

㉠ 정격전류가 63[A] 이하인 모든 콘센트는 정격감도전류가 30[mA] 이하이고 중성극을 포함한 모든 극을 차단하는 누전차단기를 시설할 것

㉡ 정격전류가 63[A]를 초과하는 콘센트는 정격감도전류 300[mA] 이하이고, 중성극을 포함한 모든 극을 차단하는 누전차단기를 시설할 것

㉢ 주거용 선박에 전원을 공급하는 접속장치는 정격감도전류가 30[mA] 이하이고 중성극을 포함한 모든 극을 차단하는 누전차단기를 시설할 것

⑤ 다음의 전로에는 전기용품안전기준 'K60947-2의 부속서 P'의 적용을 받는 자동복구 기능을 갖는 누전차단기를 시설할 수 있다.

㉠ 독립된 무인 통신 중계소 · 기지국

㉡ 관련 법령에 의해 일반인의 출입을 금지 또는 제한하는 곳

㉢ 옥외의 장소에 무인으로 운전하는 통신중계기 또는 단위기기 전용회로. 단, 일반인이 특정한 목적을 위해 머물러 있는 장소로서 버스정류장, 횡단보도 등에는 시설할 수 없다.

⑥ 일반인이 접촉할 우려가 있는 장소(세대 내 분전반 및 이와 유사한 장소)에는 IEC 표준의 주택용 누전차단기를 시설하여야 하고 정방향(세로)으로 부착할 경우 위쪽이 켜짐(ON), 아래쪽이 꺼짐(OFF)으로 시설할 것

* IEC 표준에서는 주택용은 전기설비의 사용에 관한 지식이 없는 사람이 사용하는 전기설비에 적용하고, 산업용은 전기설비의 사용에 관해 지식이 있는 사람이 유지하는 전기설비에 적용하므로 숙련자(전기안전관리자), 기능자(전기안전관리보조자)에 의해 전기설비 조작이 한정된 장소 외 주택(단독주택, 공동주택 등) 및 준주택(기숙사, 고시원, 노인복지주택, 오피스텔 등)의 세대, 숙박시설(호텔, 모텔, 여인숙 등)의 객실 등 일반인이 점유할 수 있는 장소에는 주택용 누전차단기를 설치할 것

⑦ 다음의 장소에는 ①부터 ⑥까지 규정하는 누전차단기를 설치하지 않을 수 있다.

㉠ 저압의 비상용 조명장치 및 유도등

㉡ 비상용 승강기

㉢ 철도용 신호장치

㉣ 비접지 저압전로

㉤ 전로의 중성점의 접지에 의한 전로

㉥ 기타 그 정지가 공공의 안전 확보에 지장을 줄 우려가 있는 기계기구에 전기를 공급하는 전로의 경우

[2] SELV, PELV를 적용한 특별저압에 의한 보호

(1) SELV, PELV 및 FELV 비교

| 특별저압의 비교 |

구 분	전 원	회 로	대지와의 관계
SELV	• 안전절연 변압기 및 동등 절연 전원 • 축전지, 디젤발전기 등 독립전원 • 저압 안전절연 변압기, 이중 또는 강화 절연된 전동발전기 등 이동용 전원	구조적 분리	• 비접지회로로 한다. • 노출도전부를 접지하지 않는다.
PELV			• 접지회로를 허용한다. • 노출도전부를 접지해도 된다.
FELV	안전전원이 아니다.	구조적 미분리	• 접지회로를 허용한다. • 노출도전부는 1차측 회로의 보호도체에 접속한다. • 보호도체가 있는 회로로 접속 하는 것은 허용된다.

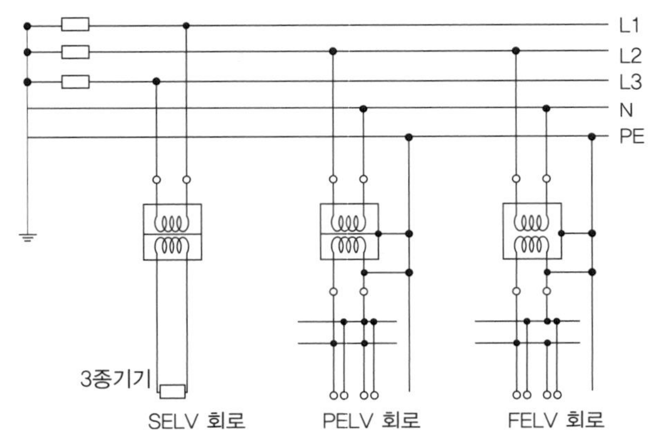

| 특별저압 전원회로 |

(2) 감전보호에 사용하는 기기등급

| 감전보호에 사용하는 기기등급 |

구 분	정 의
0종 기기	기본절연이 이루어져 있지만, 노출도전부와 보호도체를 접속하는 단자가 없는 기기로서 가장 위험한 기기
1종 기기	기본절연이 이루어져 있으며, 노출도전부를 보호도체로 접속할 수 있는 단자를 갖춘 기기
2종 기기	기본절연과 보조절연으로 구성되는 이중절연 또는 강화절연으로 구성된 기기
3종 기기	기본보호가 ELV 값의 전압제한에 의존하며, 고장보호는 구비되지 않는 기기

(3) 보호대책 요구사항

① 특별저압 계통의 전압한계는 전압밴드 I의 상한값인 교류 50[V] 이하, 직류 120[V] 이하일 것

② 특별저압 회로를 제외한 모든 회로로부터 특별저압계통을 보호 분리하고, 특별저압계통과 다른 특별저압계통 간에는 기본절연을 할 것

| 건축전기설비의 전압밴드 |

구분	접지계통				비접지 또는 비유효접지 계통[a]	
	대지 간		선 간		선 간	
	교류	직류	교류	직류	교류	직류
밴드 I	$U \le 50$	$U \le 120U$	$U \le 50$	$U \le 120$	$U \le 50$	$U \le 120$
밴드 II	$50 < U \le 600$	$120 < U \le 900$	$50 < U \le 1{,}000$	$120 < U \le 1{,}500$	$50 < U \le 1{,}000$	$120 < U \le 1{,}500$

• a : 중성선이 있는 경우
여기서, U : 설비의 공칭전압

(4) SELV와 PELV용 전원은 다음에 적합할 것

① 안전절연변압기(KS C IEC 61558-2-6 조건)

㉠ 1차 전압은 교류 1,100[V] 이하

㉡ 2차 전압은 교류 50[V] 이하

㉢ 단상 10[kVA] 이하, 3상 16[kVA] 이하

㉣ 입력회로와 출력회로는 전기적으로 서로 분리된 구조

② 축전지 및 디젤발전기 등과 같은 독립전원

③ 내부고장이 발생한 경우에도 출력단자의 전압이 교류 50[V], 직류 120[V]를 초과하지 않도록 제한된 전자장치

④ 저압으로 공급되는 안전절연변압기, 이중 또는 강화절연이 적용된 전동 발전기 등 이동용 전원

(5) SELV와 PELV 회로에 대한 요구사항

① SELV와 PELV 회로는 다음을 포함할 것

㉠ 충전부와 다른 SELV와 PELV 회로 사이의 기본절연

㉡ SELV 또는 PELV 이외의 회로들의 충전부로부터 분리

㉢ SELV 회로는 충전부와 대지 사이의 기본절연(비접지)

㉣ SELV 회로 및 PELV 회로에 의해 공급되는 기기의 노출도전부는 접지

② 기본절연이 된 다른 회로의 충전부로부터 특별저압 회로 배선계통의 보호분리는 다음의 방법 중 하나에 의할 것

㉠ SELV와 PELV 회로의 도체들은 기본절연을 하고 비금속외피 또는 절연된 외함으로 시설할 것

㉡ SELV와 PELV 회로의 도체들은 전압밴드 I보다 높은 전압회로의 도체들로부터 접지된 금속시스 또는 접지된 금속차폐물에 의해 분리할 것

㉢ SELV와 PELV 회로의 도체들이 사용 최고전압에 대해 절연된 경우 전압밴드 I 보다 높은 전압의 다른 회로 도체들과 함께 다심케이블 또는 다른 도체그룹에 수용할 수 있을 것

③ SELV와 PELV 계통의 플러그와 콘센트는 다음에 따른다.

㉠ 플러그는 다른 전압 계통의 콘센트에 꽂을 수 없을 것

㉡ 콘센트는 다른 전압 계통의 플러그를 수용할 수 없을 것

㉢ SELV 계통에서 플러그 및 콘센트는 보호도체에 접속하지 않을 것

(6) 공칭전압이 교류 25[V] 또는 직류 60[V]를 초과하거나 기기가 (물에)잠겨 있는 경우 기본보호는 특별저압 회로에 대해 다음의 사항을 따를 것

① 충전부의 기본절연

② 격벽 또는 외함

(7) 건조한 상태에서 다음의 경우는 기본보호를 하지 않아도 된다.

① SELV 회로에서 공칭전압이 교류 25[V] 또는 직류 60[V]를 초과하지 않는 경우

② PELV 회로에서 공칭전압이 교류 25[V] 또는 직류 60[V]를 초과하지 않고 노출도전부 및 충전부가 보호도체에 의해서 주 접지단자에 접속된 경우

* SELV 또는 PELV 계통의 공칭전압이 교류 12[V] 또는 직류 30[V]를 초과하지 않는 경우 모든 상황에서 기본보호를 하지 않아도 된다.

6 과전류에 대한 보호 (전기설비검사 · 점검기준 350.6)

(1) 차단기의 시간-전류 동작특성

정격전류	규정시간	정격전류의 배수			
		주택용		산업용	
		부동작전류	동작전류	부동작전류	동작전류
63[A] 이하	60분	1.13배	1.45배	1.05배	1.3배
63[A] 초과	120분	1.13배	1.45배	1.05배	1.3배

(2) 주택용 배선차단기의 순시동작특성

구 분	순시동작범위	시험전류 및 개방시간	보호대상 부하 예시
B-TYPE	$3I_n$ 초과 $5I_n$ 이하	$3I_n$: 0.1초 이상, $5I_n$: 0.1초 미만	기동전류가 낮은 부하 (조명설비, 저항성 부하)
C-TYPE	$5I_n$ 초과 $10I_n$ 이하	$5I_n$: 0.1초 이상, $10I_n$: 0.1초 미만	기동전류가 보통인 부하 (유도전동기 등)
D-TYPE	$10I_n$ 초과 $20I_n$ 이하	$10I_n$: 0.1초 이상, $20I_n$: 0.1초 미만	돌입전류가 큰 부하 (부하측 변압기, X선 발생장치 등)
과전류 보호겸용 누전차단기의 과전류 독장특성은 배선차단기와 동일하다.			

(3) 과부하 전류에 의한 보호

도체와 과부하 보호장치 사이의 보호협조조건은 다음과 같다.

$$I_B \leq I_n \leq I_Z$$
$$I_2 \leq 1.45 \times I_Z$$

여기서, I_B : 회로의 설계전류

I_Z : 케이블(전선)의 허용전류

I_n : 보호장치의 정격전류

I_2 : 보호장치가 규약시간 이내에 유효하게 동작하는 것을 보장하는 전류

(4) 과부하 보호 설계 조건도

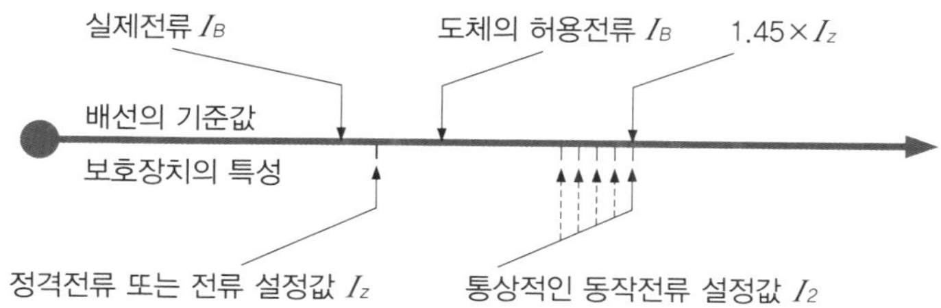

(5) 절연형태별 최고사용온도

절연물의 종류	케이블의 종류	허용온도(℃)
PVC	VV케이블 CV	70
XLPE	F-CV	90
EPR	TFR-CV, F-FR-8	90
무기물(접촉 우려 있음)	MI 케이블	70
무기물(접촉 우려 없음)	MI 케이블	105

부록

(6) 과부하 보호장치의 설치 위치(전기설비검사 · 점검기준 350.6.4.1)

과부하 보호장치는 전로 중 허용전류값이 줄어드는 곳에 설치해야 하며, 분기점으로부터 보호장치 설치점과의 거리는 다음과 같다.

① 분기점으로부터 거리 제한없이 설치하는 경우

㉠ 분기점(O)과 P2 사이에 다른 분기회로 및 콘센트의 설치가 없을 것

㉡ 전원측 보호장치(P1)에 의해 분기회로 도체(S2)가 단락전류에 대한 보호가 되는 경우

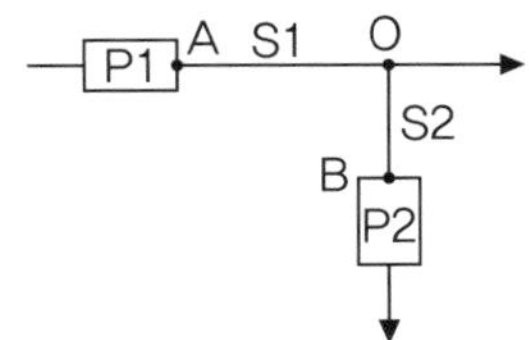

여기서, S1 : 전원측 배선
S2 : 분기회로 배선
P1 : 전원측 보호장치
P2 : 분기회로 보호장치

② 분기점으로부터 3[m] 이내에 설치하는 경우

㉠ 분기점(O)과 P2 사이에 다른 분기회로 및 콘센트의 설치가 없을 것

㉡ 단락의 위험과 화재 및 인체에 대한 위험성이 최소화되도록 설치된 경우

* 단락위험을 최소화할 수 있는 방법은 배선보호를 강화한 것이며, 예로 전선관, 케이블트레이, 케이블덕트 등의 방법으로 손이 닿지 않는 위치에 설치하는 것을 의미한다.

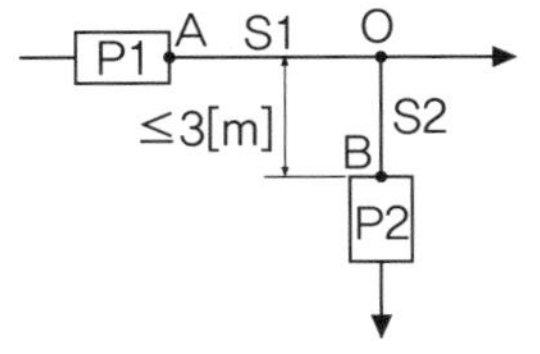

여기서, S1 : 전원측 배선
S2 : 분기회로 배선
P1 : 전원측 보호장치
P2 : 분기회로 보호장치

(7) 과부하 보호장치의 생략

① 과부하 보호장치는 다음과 같은 경우 생략할 수 있다. 다만, 화재 또는 폭발 위험성이 있는 장소에 설치되는 설비 또는 특수설비 및 특수장소에서 별도로 정하는 경우에는 과부하 보호장치를 생략할 수 없다.

㉠ 분기회로의 전원측에 설치된 보호장치에 의하여 분기회로에서 발생하는 과부하에 대해 보호되고 있는 경우

㉡ 전원측 보호장치에 의해 단락보호가 되고 있으며, 분기회로 중에 다른 분기회로 및 콘센트 접속이 없으며, 부하기기 내에 설치된 과부하 보호장치가 유효

하게 동작하여 과부하 전류가 분기회로에 전달되지 않도록 조치하는 경우

㉢ 통신회로용, 제어회로용, 신호회로용 및 이와 유사한 설비

* 앞의 ①은 IT계통에서 적용하지 않는다.

② IT계통에서 다음과 같은 경우에는 과부하 보호장치 설치위치 변경 또는 생략이 가능하다.

㉠ 이중절연 또는 강화절연에 의해 보호되는 경우

㉡ 2차 고장 시 즉시 동작하는 누전차단기로 보호되는 경우

㉢ 지속적으로 감시되는 계통으로 다음 중 하나의 기능을 구비한 절연감시 장치를 사용하는 경우

- 1차(최초) 고장이 발생한 경우 고장회로를 차단하는 기능
- 고장발생 시 시각 또는 청각신호를 나타내는 기능

③ 중성선이 없는 IT계통에서 각 회로에 누전차단기가 설치된 경우에는 선도체 중의 어느 하나에는 과부하 보호장치를 생략할 수 있다.

④ 사용 중 예상치 못한 회로의 개방이 위험 또는 큰 손상을 초래할 수 있는 다음과 같은 부하에 전원을 공급하는 회로에 대해서는 과부하 보호장치를 생략할 수 있다.

㉠ 회전기의 여자회로

㉡ 전자석 크레인의 전원회로

㉢ 전류변성기의 2차 회로

㉣ 소방설비의 전원회로

㉤ 안전설비(주거침입경보, 가스누출경보 등)의 전원회로

(8) 단락보호장치의 특성

① 단락보호장치의 정격차단용량

㉠ 단락보호장치의 정격차단전류는 보호장치 설치점에서 예상단락전류에 여유율을 고려한 값보다 커야 한다.

보호장치의 정격차단전류 > 예상단락전류×설계여유

* 설계여유는 일반적으로 25% 정도 가산한다.

㉡ 예상단락전류가 부하측 보호장치의 정격차단전류를 초과하나 전원측 보호장치로 후비보호가 가능한 경우 ㉠을 적용하지 아니한다. 단, 부하측 보호장치

의 정격단시간 내전류는 전원측 보호장치에 의하여 제한된 통과에너지보다 커야 한다.

② 케이블 등의 단락전류 : 회로의 임의의 지점에서 발생한 모든 단락전류는 케이블 및 절연도체의 허용온도를 초과하지 않는 시간 내에 차단되도록 해야 한다. 단락지속시간이 5초 이하인 경우, 단락전류에 의해 절연체의 허용온도에 도달하기 위한 시간 t는 다음과 같이 계산할 수 있다.

$$t = \left(\frac{kS}{I}\right)$$

여기서, t : 단락전류 지속시간[sec]

S : 도체의 단면적[mm^2]

I : 유효 단락전류 [A, rms]

k : 도체 재료의 저항률, 온도계수, 열용량, 해당 초기온도와 최종온도를 고려한 계수로 다음 표와 같다.

❙ 절연물의 종류, 주위온도에 따라 정해지는 도체에 대한 k값 ❙

구 분	도체절연 형식							
	PVC(열가소성)		PVC(열가소성) 90℃		에틸렌프로필렌 고무/가교 폴리에틸렌 60℃ (열경화성)	고무 (열경화성)	무기재료	
							PVC 외장	노출 비외장
단면적[mm^2]	≤300	>300	≤300	>300				
초기온도[℃]	70		90		90	60	70	105
최종온도[℃]	160	140	160	140	250	200	160	250
구리	**115**	**103**	**100**	**86**	**143**	**141**	**115**	**135/115***
알루미늄	76	68	66	57	94	93	–	–
구리의 납땜접속	115	–			–	–	–	–

* 이 값은 사람이 접촉할 우려가 있는 노출 케이블에 적용되어야 한다.

(9) 고압계통의 지락고장으로 인한 저압설비보호

변전소에서 고압측 지락고장의 경우, 다음 과전압의 유형들이 저압설비에 영향을 미칠 수 있다.

① 상용주파 고장전압(U_f)

② 상용주파 스트레스전압(U_1 및 U_2)

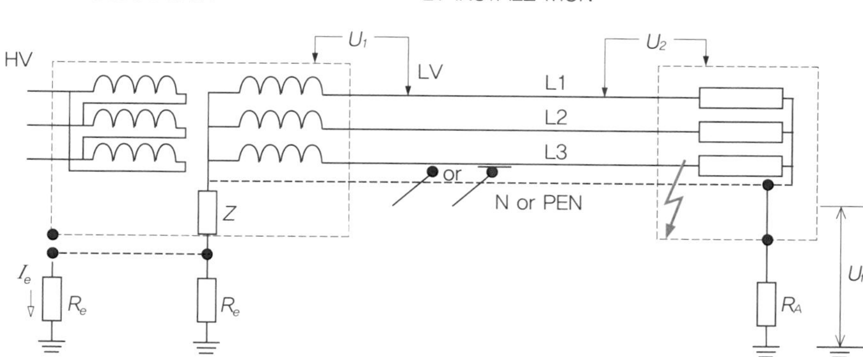

③ 상용주파 스트레스전압의 크기와 지속시간은 다음 표를 초과하지 않을 것

* 스트레스전압이란 저압계통에 전력을 공급하는 변압기의 고압측에서 지락고장으로 인해 저압회로의 노출도전부와 저압선도체 사이에 발생하는 전압이다.

| 저압설비의 허용상용주파 스트레스전압 |

고압계통에서 지락고장 지속시간[sec]	저압설비의 허용상용주파 스트레스전압[V]	비 고
5[sec] 초과	$U_0 + 250$	중성선 도체가 없는 계통에서는 선간전압을 의미한다.
5[sec] 이하	$U_0 + 1,200$	

7 전기사용장소의 배선방법(전기설비검사 · 점검기준 380)

(1) 배선설비 관통부의 밀봉

① 배선설비가 바닥, 벽, 지붕, 천장, 칸막이, 중공벽 등 건축구조물을 관통하는 경우 배선설비가 통과한 후에 남는 개구부는 관통 전의 건축구조 각 부재에 규정된 내화등급에 따라 밀폐할 것

② 내화성능이 규정된 건축구조부재를 관통하는 배선설비는 '①'에서 요구한 외부의 밀폐와 마찬가지로 관통 전에 각 부의 내화등급이 되도록 내부도 밀폐할 것

③ 관련 제품 표준에서 자소성으로 분류되고 최대 내부단면적이 710[mm^2] 이하인 전선관, 케이블트렁킹 및 케이블덕팅 시스템은 다음과 같은 경우일 때 내부는 밀폐하지 않아도 된다.

(2) 수용가 설비에서의 전압강하(전기설비검사·점검기준 380.3)

① 수용가 설비의 인입구로부터 기기까지의 전압강하는 다음 표 이하일 것

설비의 유형	조명[%]	기타[%]
A–저압으로 수전하는 경우	3	5
B[a]–고압 이상으로 수전하는 경우	6	8

• a 가능한 한 최종회로 내의 전압강하가 A유형의 값을 넘지 않도록 하는 것이 바람직하다. 사용자의 배선설비가 100[m]를 넘는 부분의 전압강하는 미터당 0.005% 증가할 수 있으나 이러한 증가분은 0.5%를 넘지 않아야 한다.

② 옥내배선 등 비교적 전선의 길이가 짧고, 전선이 가는 경우에는 표피효과나 근접효과 등에 의한 도체저항값의 증가분이나 리액턴스분을 무시해도 지장이 없는 때는 다음 계산식으로 전압강하를 계산할 수 있다.

| 전선의 굵기 계산식 |

<table>
<tr><td>교류식</td><td colspan="2">$e\,[\%] = \dfrac{K \times I_B \times L(R\cos\theta_L + X\sin\theta_L)}{V} \times 100$</td><td>$K$: 단상=2, 삼상=$\sqrt{3}$
I_B : 설계전류[A]
L : 전선의 길이[A]
R : 전선의 저항[A]
X : 전선의 리액턴스[Ω]
$\cos\theta_L$: 부하의 역률
$\sin\theta_L$: 부하의 무효율</td></tr>
<tr><td rowspan="4">직류식</td><td>단상 2선식</td><td>$e = \dfrac{35.6 \times L \times I_B}{1,000 \times A}$</td><td rowspan="4">$e$: 전압강하[V]
I_B : 설계전류[A]
L : 전선의 길이[m]
A : 전선단면적[mm^2]</td></tr>
<tr><td>3상 3선식</td><td>$e = \dfrac{30.8 \times L \times I_B}{1,000 \times A}$</td></tr>
<tr><td>단상 3선식</td><td>$e = \dfrac{17.8 \times L \times I_B}{1,000 \times A}$</td></tr>
<tr><td>3상 4선식</td><td>$e = \dfrac{17.8 \times L \times I_B}{1,000 \times A}$</td></tr>
</table>

③ 조명부하와 기타부하 공용 시에는 부하의 용량이 큰 것의 기준을 따른다.

④ 이 표의 각 공식은 각 상이 평형하는 경우에 전선의 도전율은 97%, 저항률은 1/58을 적용한 것이다.

(3) 케이블트레이공사방법(전기설비검사 · 점검기준 380.8.1)

① 수평트레이에 다심케이블을 포설할 경우 다음에 적합할 것

㉠ 케이블트레이 내에 다심케이블을 포설하는 경우 이들 케이블의 지름(케이블의 완성품의 바깥지름을 말함. 이하 같음)의 합계는 트레이의 내측 폭 이하로 하고 단층으로 시설할 것

㉡ 벽면과의 간격은 20[mm] 이상 이격하여 설치할 것

㉢ 트레이 설치 및 케이블 허용전류의 저감계수는 KS C IEC 60364-5-52(전기기기의 선정 및 배선설비) 표 B.52.20을 적용한다.

* 다심케이블 간 이격하여 설치 시에는 트레이 간 수직거리(300[mm])의 제한을 받지 않고 설치할 수 있으며, 케이블 간 이격의 의미는 트레이에 설치된 케이블의 최대바깥지름(D) 이상 이격하여 포설하는 것을 의미한다.
  동일 케이블트레이에 다심과 단심케이블을 동시에 포설할 때 최악의 조건(단심케이블에 준함)을 기준으로 적용한다.

| 수평트레이 다심케이블 공사방법 |

② 수평트레이에 단심케이블을 포설할 때 다음에 적합할 것

㉠ 케이블 트레이 내에 단심케이블을 시설하는 경우 이들 케이블의 지름의 합계는 트레이의 내측 폭 이하로 하고 단층으로 시설해야 한다. 단 삼각포설 시에는 묶음단위 사이즈 간격은 단심케이블 지름의 2배 이상 이격하여 포설하도록 해야 한다.

㉡ 벽면과의 간격은 20[mm] 이상 이격하여 설치할 것

㉢ 트레이 설치 및 케이블 허용전류의 저감계수는 KS C IEC 60364-5-52(전기기기의 선정 및 배선설비) 표 B.52.21을 적용한다.

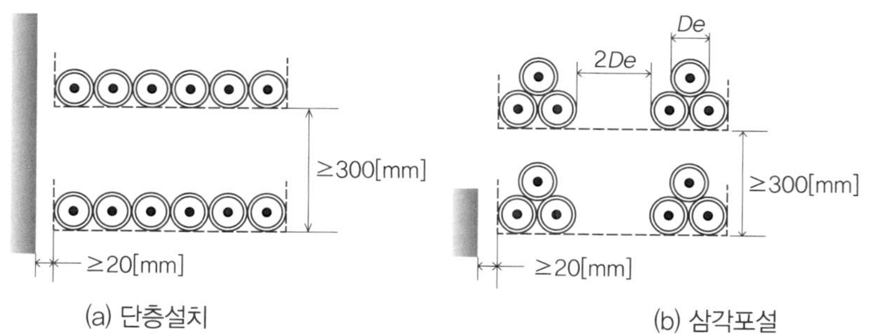

| 수평트레이의 단심케이블 공사방법 |

부록

③ 수직트레이에 다심케이블을 포설할 때 다음에 적합할 것

㉠ 케이블트레이 내에 다심케이블을 시설하는 경우 이들 케이블 지름의 합계는 트레이의 내측폭 이하로 하고 단층으로 시설해야 한다.

㉡ 벽면과의 간격은 가장 굵은 케이블의 바깥지름의 0.3배 이상 이격하여 설치해야 한다.

㉢ 트레이 설치 및 케이블 허용전류의 저감계수는 KS C IEC 60364-5-52(전기기기의 선정 및 배선설비) 표 B.52.20을 적용한다.

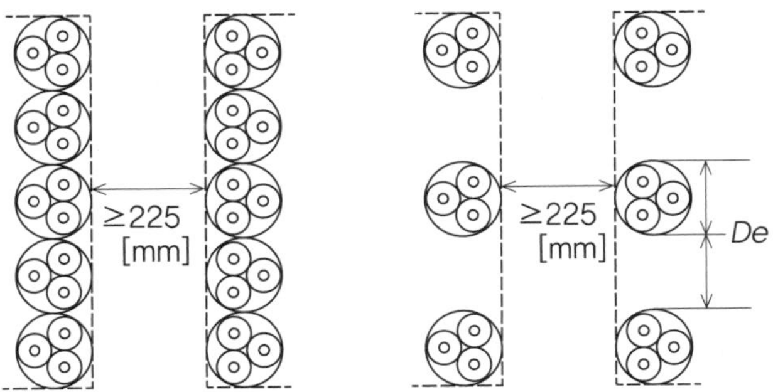

| 수직트레이의 다심케이블 공사방법 |

④ 수직트레이에 단심케이블을 포설 시 다음에 적합할 것

㉠ 케이블트레이 내에 단심케이블을 포설하는 경우 이들 케이블 지름의 합계는 트레이의 내측 폭 이하로 하고 단층으로 시설할 것, 단 삼각포설 시에는 묶음단위 사이즈 간격은 단심케이블 지름의 2배 이상 이격하여 설치하도록 하여야 한다.

㉡ 벽면과의 간격은 가장 굵은 단심케이블 바깥지름의 0.3배 이상 이격하여 설치할 것

㉢ 트레이 설치 및 케이블 허용전류의 저감계수는 KS C IEC 60364-5-52(전기기기의 선정 및 배선설비) 표 B.52.21을 적용한다.

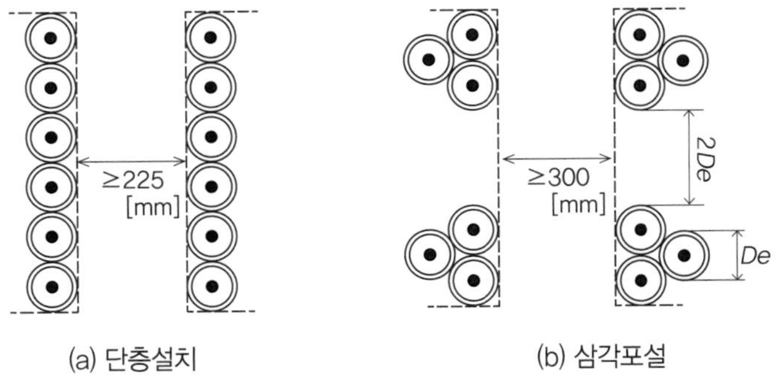

(a) 단층설치 (b) 삼각포설

| 수직트레이의 단심케이블 공사방법 |

- 케이블트레이를 2단 이상으로 설치하여 배선하는 경우 높은 전압 순으로 상단에서 하단 순으로 포설할 것
- 케이블트레이가 방화구획의 벽·마루·천장 등을 관통하는 경우에는 관통부는 불연성의 물질로 충전(充塡)할 것
- 금속제 케이블트레이시스템은 기계적 및 전기적으로 완전하게 접속하여야 하며 KEC 140 규정에 따라 접지할 것

8 기타사항

(1) 시험성적서 확인방법

① 일련번호가 표기된 성적서는 사본도 인정

② 수입전기 기계기구 : 검사기관에서 원격 영상입회 시험 후 자체 시험성적서 인정, 공인시험기관의 참고시험성적서로 검수시험 대체 가능

| 시험성적서 품목별 인정방법 |

대상품목	세부품목	인정방법		
		검수시험성적서(○)	자체시험성적서(◎, ●)	참고시험성적서
변압기	유입, 건식, 몰드형	○	◎, ●	–
	5만[V] 이상 M.Tr	○ (개별기기)	현장조립설치 제품 (개별기기는 성적서 확인)	–
차단기	VCB, OCB, GCB 등	○	●	GCB(국내 미생산)
	고압 이상 가스절연개폐기(GIS)	○	현장조립설치 제품 (개별기기는 성적서 확인. 단, 복합조립기기 밀폐형은 동체단일 품목으로 인정)	–
보호계전기류 (유도형, 정지형, 디지털형)	OCR, OCGR, SGR, DGR, GR, OVR, OVGR, RDR, RPR, 복합형 계전기	○	●	–
보호설비류	PF, COS, FDS, LBS(퓨즈붙임형) 등	○	◎, ●	PF(200[A] 초과 국내 미생산품)
	VC(고압진공접촉기)	○	◎, ● (V–CHECK 표시품 해당)	–
	VCS(퓨즈붙임형)	○	● (V–CHECK 표시품 해당)	–

피뢰기류	LA, SURGE ARRESTER	○	◎, ●	–
	SURGE ABSORBER		◎	○(관련규격 미제정)
변성기류	CT, PT, ZCT, GPT(퓨즈붙임형 포함), CPD, MOF, 전압검출기 (애자형태의 변성기)	○	◎, ●	–
개폐기류	LS, Int S/W, DS, LBS, OS, AISS, ASS (퓨즈부착형 포함) SECTIONALIZER, RECLOSER, ALTS, SF_6 가스절연개폐장치	○	◎, ●	–
케이블, 커패시터 모터 및 기동기, 케이블 종단접속재	–	23[kV]급 케이블 종단 접속재 (60[mm^2], 200[mm^2], 325[mm^2])	●, 23[kV]급 케이블종단 접속재 이외 제작사 자체시험성적서	–
발전설비	발전기(GENERATOR)	–	제작사 자체시험 성적서	–
특수품목 (초고압 : 5만[V] 이상)	초고압 변성기, 초고압피뢰설비, 대용량 커패시터, 리액터, 조상설비, 단로기, 접지 단로기(3만[kV] 이상 기중형)	–	제작사 자체시험 성적서	–
국내 미생산 수입품 또는 대체품	–	–	–	○

• ○ : 형식 시험 확인 필
• ● : 수전용 변압기 2차측 및 발전설비 중 사용전압 1만[V] 미만의 변성기, 개폐기, 피뢰기, 변압기
• ◎ : 공인인증시험 면제업체, V-CHECK마크 인증 표시품

(2) 비상용 예비전원 설비

① 전원배선 : 내화배선[FR-8] 840℃에서 30분 이상 견디는 것

② 제어배선 : 내열배선[FR-3] 380℃에서 15분 이상 견디는 것

③ 비상전원의 종류 : 발전, 전기저장장치, 축전지, 수전

④ 비상전원이 한전 배전망과 병렬운전이 가능한 경우 병렬운전조작 협의서 필요 (단순병렬, 역송병렬)

(3) 절연유 누설에 대한 보호(KEC에 전압규정 없음)

10만[V] 이상 유입변압기 절연유 구외 유출방지시설 의무화(전기사업법 시행규칙)

(4) 서지흡수기

① 한국산업진흥회 단체표준에 정격전류 추가

② 정격전압 : 4.5[kV], 9[kV], 18[kV]

③ 정격전류 : 100[A]

(5) 전기차 충전장치 시설장소

① 침수 등의 위험이 있는 곳에 설치하지 말아야 한다.

② 침수 등의 위험이 있는 곳 : 해안가 저지대, 천변 주차장 등 상습 침수 위험이 있는 장소로 공동 주택지하주차장은 제외

(6) 공사계획신고제출 자료 (검사판정기준 810절):설계검증을 위한 필수자료로 한정

① 자료목록

㉠ 고장전류 계산서

- 3상 단락전류 계산서
- 1상 지락전류 계산서

㉡ 접지설계 도면

- 접지설비 계통도(계통접지방식 포함)
- 접지설비평면도(접지극 형상 및 제원 포함)
- 접지상세도(PE도체, 주등전위본딩, SPD 설치위치 및 제원 등 포함)

㉢ 접지설계 계산서

- 대지저항률 측정 또는 토양 분석자료
- 접지계산 FACTOR 요약표
- 접지설계 결과서(상용프로그램 또는 수계산)

㉣ 저압보호장치 및 전선의 단면적 선정 계산서

- 회로별 감전 및 과전류 보호 계산서
- 회로별 전선의 단면적 선정서

② 검증방법

㉠ 원칙

- 설계자의 재량을 충분히 인정
- 계산 근거자료(INPUT DATA)의 적정성 확인

㉡ 계산범위

- 검증을 위한 최소 범위로 한정
- 설계조건이 동일한 사항은 반복계산 불필요

- 누전차단기 설치회로는 감전보호계산서 생략
- 분전반 단위의 단락전류를 모선단락전류로 일괄적용

㉢ 설계 및 계산 TOOL

- 상용프로그램을 원칙으로 간이 및 저압설비의 경우 수기 계산 인정
- 전기업계 대표기관 및 협·단체 공동계발 및 검증 TOOL 활용 가능

전기해결사 여수낚시꾼의

전기는 보인다

2022. 10. 26. 초 판 1쇄 발행
2024. 5. 8. 초 판 3쇄 발행

지은이 | 김인형
펴낸이 | 이종춘
펴낸곳 | BM ㈜도서출판 성안당
주소 | 04032 서울시 마포구 양화로 127 첨단빌딩 3층(출판기획 R&D 센터)
| 10881 경기도 파주시 문발로 112 파주 출판 문화도시(제작 및 물류)
전화 | 02) 3142-0036
| 031) 950-6300
팩스 | 031) 955-0510
등록 | 1973. 2. 1. 제406-2005-000046호
출판사 홈페이지 | **www.cyber.co.kr**
ISBN | 978-89-315-2803-9 (13560)
정가 | 42,000원

이 책을 만든 사람들
책임 | 최옥현
진행 | 박경희
교정 · 교열 | 최주연
전산편집 | 정희선
표지 디자인 | 박현정
홍보 | 김계향, 유미나, 정단비, 김주승
국제부 | 이선민, 조혜란
마케팅 | 구본철, 차정욱, 오영일, 나진호, 강호묵
마케팅 지원 | 장상범
제작 | 김유석